高等职业教育通识类课程教材

办公自动化高级应用

主　编　陈　萍　朱晓玉
副主编　刘培培　陈晓明　张　洁

中国水利水电出版社
www.waterpub.com.cn

内 容 提 要

本书以党的二十大精神为指引，以习近平新时代中国特色社会主义思想为指导，将思想政治素养与工作中应用的办公任务相结合，根据最新版《全国计算机等级考试二级 MS Office 高级应用与设计考试大纲》《上海市高等学校信息技术水平考试大纲》的要求精心编写而成，循序渐进地讲解现代办公技术的应用，是大学信息技术课程的实用教材。

本书在内容选取和软件版本上，以 Windows 10 操作系统为平台，软件涉及 Microsoft Office 2016 中文版（包括 Word、Excel、PowerPoint）。全书共分三篇，讲解 Word、Excel、PowerPoint 在工作中的高级应用，选取了 22 个实际工作任务与 33 个计算机等级考试二级知识点。

本书理实结合，既注重提高学生实际工作岗位的技能，又结合了全国计算机等级考试大纲的要求，适合作为本科、高职高专院校相应课程的教材，也可作为成人教育的培训教材，以及参加全国计算机等级考试人员的参考用书。

图书在版编目（CIP）数据

办公自动化高级应用 / 陈萍，朱晓玉主编. -- 北京：中国水利水电出版社，2023.12（2024.8 重印）
高等职业教育通识类课程教材
ISBN 978-7-5226-1971-2

Ⅰ．①办… Ⅱ．①陈… ②朱… Ⅲ．①办公自动化－应用软件－高等职业教育－教材 Ⅳ．①TP317.1

策划编辑：石永峰　　责任编辑：魏渊源　　加工编辑：白绍昀　　封面设计：苏敏

书　　名	高等职业教育通识类课程教材 办公自动化高级应用 BANGONG ZIDONGHUA GAOJI YINGYONG	
作　　者	主　编　陈　萍　朱晓玉 副主编　刘培培　陈晓明　张　洁	
出版发行	中国水利水电出版社 （北京市海淀区玉渊潭南路 1 号 D 座　100038） 网址：www.waterpub.com.cn E-mail：mchannel@263.net（答疑） 　　　　sales@mwr.gov.cn 电话：（010）68545888（营销中心）、82562819（组稿）	
经　　售	北京科水图书销售有限公司 电话：（010）68545874、63202643 全国各地新华书店和相关出版物销售网点	
排　　版	北京万水电子信息有限公司	
印　　刷	三河市鑫金马印装有限公司	
规　　格	184mm×260mm　16 开本　21.25 印张　538 千字	
版　　次	2023 年 12 月第 1 版　2024 年 8 月第 2 次印刷	
印　　数	3001—7000 册	
定　　价	68.00 元	

凡购买我社图书，如有缺页、倒页、脱页的，本社营销中心负责调换

版权所有·侵权必究

前 言

现代办公技术已经深入到社会的各个领域,办公技能成为当代大学生必备的技能之一。为了将思政教育与职业素养相结合,培养学生先进的科学技能、信息技术与创新意识,同时树立良好的世界观、人生观、价值观,达到德智体美劳共同发展的目标,我们编写了这本《办公自动化高级应用》教材,旨在帮助读者更好地学习现代办公技能,同时为备考全国计算机等级考试打下良好的基础,让读者在掌握基本理论的基础上,提高计算机实际操作和应用能力。

本教材的特点主要体现在以下几个方面:

(1)紧扣考试大纲,内容全面:本书严格按照全国计算机等级考试二级考试大纲的要求编写,内容全面,覆盖了考试的大多数知识点和技能要求。

(2)突出实践操作,实用性强:本书注重实践操作和应用,通过大量实例和习题,帮助读者提高实际操作和应用能力。

(3)重点知识突出,详略得当:本书对每个知识点和技能要求进行了详细讲解,同时对重点和难点进行了突出强调,帮助读者把握重点、攻克难点。

(4)配备实训试题,针对性强:本书配备了一系列的实训试题,这些试题紧扣考试大纲,针对性强,可以帮助读者更好地了解考试形式和题型,提高应试能力。

(5)强调应用能力,理实一体:本书不仅强调对理论知识的掌握,更注重对应用能力的培养。在编写过程中,通过大量的实例和案例分析,读者能够将理论与实践相结合,提高解决实际问题的能力。

(6)文字简单精练,通俗易懂:考虑到读者的实际情况和阅读习惯,在编写过程中力求用简练、通俗的语言对复杂的概念和技术进行解释与说明,详细介绍每一个任务的操作过程。

本书采用实际工作中应用的真实任务形式,将理论知识和实践操作相结合,通过实践操作来巩固和加深对理论知识的理解和掌握。本书紧扣全国计算机等级考试二级考试大纲,读者在使用本书时可以根据考试大纲的要求,结合书中的章节安排进行学习和复习。本书强调应用能力的重要性,读者在学习过程中应该注重培养自己的应用能力,通过阅读实例和案例分析,提高解决实际问题的能力;同时也要加强上机实操训练,通过完成书中的实操练习题来锻炼实践能力。

本书由陈萍、朱晓玉任主编,刘培培、陈晓明、张洁任副主编,参与本书部分案例及思考与实训编写工作的老师还有李立、徐菲、孙宇贺、崔柳锋、王岩松、程晓冰、陈敏、王青昊、丁姝慧、黎佳妮、赵炯光、张锦程、张彬、查瑶、代永辉、俞丽、李延娜、高艺、陈小红。

中国水利水电出版社的编辑对本书进行了认真的审校，并提出了许多宝贵的修改意见和建议，在此表示衷心的感谢。

由于编写时间仓促，加之编者水平有限，书中出现错误与不妥之处在所难免，恳请专家和读者提出批评意见，在此深表感谢！编者邮箱：katecp@126.com。

编 者

2023 年 9 月

目　录

前言

Word 篇

任务 1　公务文档的加工美化 ······················ 2
　1.1　任务描述 ···································· 2
　1.2　相关考点 ···································· 2
　　1.2.1　软件使用准备——功能区、工具栏 ··· 2
　　1.2.2　使用模板快速创建文档 ············ 4
　　1.2.3　设置文本格式 ····················· 5
　　1.2.4　设置段落格式 ····················· 5
　　1.2.5　插入文档封面 ····················· 7
　　1.2.6　定义并使用样式 ··················· 7
　　1.2.7　创建文档目录 ····················· 8
　　1.2.8　修订及共享文档 ··················· 9
　1.3　任务实施 ··································· 10
　1.4　思考与实训 ································· 15

任务 2　海报制作 ································ 17
　2.1　任务描述 ··································· 17
　2.2　相关考点 ··································· 17
　　2.2.1　粘贴纯文本与带格式文本 ········· 17
　　2.2.2　检查文档中文字的拼写与语法 ····· 17
　　2.2.3　调整页面设置 ····················· 18
　　2.2.4　设置页面颜色 ····················· 19
　　2.2.5　在文档中使用文本框 ············· 20
　　2.2.6　图表设计 ·························· 21
　　2.2.7　图片处理技术 ····················· 21
　　2.2.8　邮件合并 ·························· 22
　　2.2.9　实时预览功能 ····················· 23
　　2.2.10　文档的打印设置与后台视图 ····· 24
　2.3　任务实施 ··································· 25
　2.4　思考与实训 ································· 29

任务 3　课程表制作 ······························ 31
　3.1　任务描述 ··································· 31
　3.2　相关考点 ··································· 31
　　3.2.1　设置边框和底纹 ··················· 31

　　3.2.2　调整页面设置 ····················· 33
　　3.2.3　将文本转换为表格 ················· 33
　　3.2.4　美化表格 ·························· 34
　　3.2.5　表格的计算与排序 ················· 35
　　3.2.6　为列表添加项目符号 ·············· 36
　　3.2.7　共享文档 ·························· 37
　3.3　任务实施 ··································· 38
　3.4　思考与实训 ································· 43

任务 4　公示文的排版 ···························· 45
　4.1　任务描述 ··································· 45
　4.2　相关考点 ··································· 45
　　4.2.1　查找、替换及保存文本 ············ 45
　　4.2.2　特殊字符、特殊格式与通配符 ····· 47
　　4.2.3　拼音指南 ·························· 48
　　4.2.4　设置段落缩进 ····················· 48
　　4.2.5　调整文字方向 ····················· 48
　　4.2.6　使用主题调整文档外观 ············ 49
　　4.2.7　导航栏与大纲视图 ················· 50
　　4.2.8　文档分页及分节 ··················· 50
　　4.2.9　设置文档页眉与页脚 ·············· 50
　4.3　任务实施 ··································· 51
　4.4　思考与实训 ································· 54

任务 5　长篇文档编辑排版 1——论文 ······· 56
　5.1　任务描述 ··································· 56
　5.2　相关考点 ··································· 56
　　5.2.1　同类选择功能 ····················· 56
　　5.2.2　公式编辑环境 ····················· 57
　　5.2.3　常用公式库管理 ··················· 57
　　5.2.4　为表格或图片插入题注 ············ 57
　　5.2.5　交叉引用 ·························· 57
　　5.2.6　在文档中添加引用内容 ············ 57
　5.3　任务实施 ··································· 57

| 5.4 思考与实训 ································ 65
| **任务 6　长篇文档编辑排版 2——行业报告** ··· 67
| 6.1 任务描述 ································ 67
| 6.2 相关考点 ································ 67
| 6.2.1 文档部件管理器 ······················ 67
| 6.2.2 相关知识复习强化 ···················· 68
| 6.3 任务实施 ································ 68
| 6.4 思考与实训 ································ 78
| **任务 7　长篇文档编辑排版 3——管理手册** ··· 80
| 7.1 任务描述 ································ 80
| 7.2 相关考点 ································ 81
| 7.3 任务实施 ································ 81
| 7.4 思考与实训 ································ 91
| **任务 8　期刊文献的排版** ·································· 93
| 8.1 任务描述 ································ 93
| 8.2 相关考点 ································ 93
| 8.2.1 首字下沉效果 ······················ 93
| 8.2.2 文档分栏、分栏符 ···················· 94

　　8.3 任务实施 ································ 94
　　8.4 思考与实训 ································ 102
任务 9　流程图制作 ······················· 104
　　9.1 任务描述 ································ 104
　　9.2 相关考点 ································ 104
　　　　9.2.1 创建 SmartArt 图形 ·············· 104
　　　　9.2.2 设置艺术字 ···················· 105
　　　　9.2.3 文档加密保护 ·················· 105
　　　　9.2.4 标记文档状态 ·················· 106
　　9.3 任务实施 ································ 107
　　9.4 思考与实训 ································ 112
任务 10　批量制作邀请函 ·················· 114
　　10.1 任务描述 ································ 114
　　10.2 相关考点 ································ 114
　　　　10.2.1 快速比较文档 ················ 114
　　　　10.2.2 文档中的个人信息 ············ 114
　　10.3 任务实施 ································ 115
　　10.4 思考与实训 ································ 122

Excel 篇

任务 11　销售情况分析 ·················· 125
　　11.1 任务描述 ································ 125
　　11.2 相关考点 ································ 126
　　　　11.2.1 选区的表示、单元格批量选中
　　　　　　方法、绝对引用 ················ 126
　　　　11.2.2 自动查表填充——VLOOKUP
　　　　　　函数 ·························· 127
　　　　11.2.3 求和——SUM 函数、条件求
　　　　　　和——SUMIFS 函数 ············ 127
　　　　11.2.4 表值的精度 ················ 127
　　　　11.2.5 自定义序列 ················ 128
　　　　11.2.6 插入数据透视表 ············ 128
　　　　11.2.7 图表及设计方法 ············ 128
　　　　11.2.8 插入迷你图 ················ 129
　　　　11.2.9 分类汇总 ·················· 129
　　　　11.2.10 打印前的页面设置 ·········· 129
　　　　11.2.11 自动计算有效元素个数——
　　　　　　COUNT 函数 ·················· 130

　　11.3 任务实施 ································ 130
　　11.4 思考与实训 ································ 145
任务 12　考试成绩统计分析 ················ 147
　　12.1 任务描述 ································ 147
　　12.2 相关考点 ································ 148
　　　　12.2.1 SUM 函数（复习强化） ········ 148
　　　　12.2.2 实现隔行着色——ISODD 函数、
　　　　　　ROW 函数 ···················· 148
　　　　12.2.3 插入数据透视表（复习强化） ···· 148
　　　　12.2.4 图表及设计方法（复习强化） ···· 149
　　　　12.2.5 条件格式 ·················· 149
　　　　12.2.6 求平均值——AVERAGE 函数 ···· 149
　　　　12.2.7 计算排名——RANK 函数 ········ 149
　　　　12.2.8 相邻单元格的自动推算 ········ 150
　　　　12.2.9 数串中的信息提取——MID 函数、
　　　　　　LOOKUP 函数 ·················· 150
　　　　12.2.10 数据拆分为多列 ············ 151
　　　　12.2.11 从文本导入数据 ············ 151

	12.2.12	&运算符	151
	12.2.13	创建表格	152
	12.2.14	分类汇总（复习强化）	152
	12.2.15	IF 函数及其嵌套用法	152
12.3	任务实施		153
12.4	思考与实训		171

任务 13　员工工资统计 173

13.1	任务描述		173
13.2	相关考点		174
	13.2.1	插入数据透视表（复习强化）	174
	13.2.2	条件格式（复习强化）	175
	13.2.3	相邻单元格的自动推算（复习强化）	176
	13.2.4	超级透视表工具——Power Pivot	176
	13.2.5	单元格的格式	178
	13.2.6	时间段的计算——DATEDIF 函数、TODAY 函数	178
	13.2.7	单元格字体	179
	13.2.8	合并单元格	180
	13.2.9	工作表标签的操作	180
	13.2.10	设置行高与列宽	180
	13.2.11	工作簿、工作表、表格及区域的概念	181
	13.2.12	工作表的保护与隐藏	181
13.3	任务实施		181
13.4	思考与实训		193

任务 14　公司报销统计管理 195

14.1	任务描述		195
14.2	相关考点		196
	14.2.1	VLOOKUP 函数（复习强化）	196
	14.2.2	单元格的格式（复习强化）	196
	14.2.3	由日期推算星期——WEEKDAY 函数	199
	14.2.4	字符串截断——LEFT 函数	199
	14.2.5	SUMIFS 函数（复习强化）	199
	14.2.6	数据的筛选与排序	200
	14.2.7	格式刷的使用	201
	14.2.8	合并计算	202
	14.2.9	模拟分析	203
	14.2.10	多表同时操作	204
	14.2.11	极大值极小值函数——MAX 函数、MIN 函数	205
14.3	任务实施		205
14.4	思考与实训		217

任务 15　公司财务记账 219

15.1	任务描述		219
15.2	相关考点		219
	15.2.1	条件格式（复习强化）	219
	15.2.2	创建数据查询——Power Query	222
	15.2.3	打印前的页面设置（复习强化）	225
	15.2.4	IF 函数及嵌套用法（复习强化）	225
	15.2.5	由月份计算季度——MONTH 函数、ROUNDUP 函数	226
	15.2.6	边框和底纹	226
	15.2.7	设置带规则的数据——数据验证	227
15.3	任务实施		228
15.4	思考与实训		239

任务 16　人口普查数据统计 241

16.1	任务描述		241
16.2	相关考点		242
	16.2.1	图表及设计方法（复习强化）	242
	16.2.2	导入网页数据并取消链接	242
	16.2.3	创建数据查询（复习强化）	242
	16.2.4	数据透视表中值的显示方式	243
	16.2.5	INDEX 函数	243
	16.2.6	MATCH 函数	244
	16.2.7	表格的样式	244
	16.2.8	单元格的格式（复习强化）	244
	16.2.9	数据的筛选与排序（复习强化）	245
	16.2.10	边框和底纹（复习强化）	245
16.3	任务实施		246
16.4	思考与实训		255

任务 17 部门人员信息汇总	257
17.1 任务描述	257
17.2 相关考点	257
17.2.1 VLOOKUP 函数（复习强化）	257
17.2.2 AVERAGE 函数（复习强化）	258
17.2.3 RANK 函数（复习强化）	258
17.2.4 日期显示格式——TEXT 函数	258
17.2.5 DATEDIF 函数、TODAY 函数（复习强化）	258
17.2.6 合并单元格（复习强化）	259
17.2.7 工作表标签的操作（复习强化）	259
17.2.8 设置带规则的数据（复习强化）	259
17.2.9 共享功能	260
17.2.10 宏功能的简单介绍	260
17.3 任务实施	261
17.4 思考与实训	266

PowerPoint 篇

任务 18 课件制作	269
18.1 任务描述	269
18.2 相关考点	269
18.2.1 主题与页面版式	269
18.2.2 插入表格	272
18.2.3 动画与切换效果	274
18.2.4 为演示文稿分节	277
18.2.5 超链接	278
18.2.6 页面元素的图层关系	279
18.2.7 添加水印效果	279
18.3 任务实施	280
18.4 思考与实训	283
任务 19 方案汇报演示文稿	285
19.1 任务描述	285
19.2 相关考点	285
19.2.1 将文档转为演示文稿	285
19.2.2 创建 SmartArt 图形	286
19.2.3 自定义放映	286
19.2.4 幻灯片页眉页脚	287
19.2.5 设置元素的对齐	287
19.2.6 设置自动或手动换片	288
19.2.7 调整幻灯片宽高比	289
19.3 任务实施	289
19.4 思考与实训	295
任务 20 宣传演示文稿	297
20.1 任务描述	297
20.2 相关考点	298
20.2.1 图表展示	298
20.2.2 重用幻灯片	298
20.2.3 使用母版批量重复编辑	299
20.2.4 文本框的使用	299
20.2.5 粘贴时的格式	300
20.3 任务实施	300
20.4 思考与实训	309
任务 21 相册展示	312
21.1 任务描述	312
21.2 相关考点	312
21.2.1 批量导入图片	312
21.2.2 编辑幻灯片的备注	313
21.2.3 设置背景音乐	313
21.2.4 艺术字	314
21.3 任务实施	314
21.4 思考与实训	321
任务 22 城市景点介绍	323
22.1 任务描述	323
22.2 相关考点	323
22.2.1 插入图片	323
22.2.2 添加视频	324
22.3 任务实施	324
22.4 思考与实训	328
附录 计算机二级（Office）真题训练	330

Word 篇

任务 1　公务文档的加工美化

任务 2　海报制作

任务 3　课程表制作

任务 4　公示文的排版

任务 5　长篇文档编辑排版 1——论文

任务 6　长篇文档编辑排版 2——行业报告

任务 7　长篇文档编辑排版 3——管理手册

任务 8　期刊文献的排版

任务 9　流程图制作

任务 10　批量制作邀请函

任务 1　公务文档的加工美化

1.1　任务描述

公文，即公务文书，是法定机关或其他社会组织在公务活动中具有法律效力和规范的文档，它具有特定的格式。小张作为一名刚刚入职不久的公务人员，因工作需要现需制作一份关于"教师教学竞赛"的通知发送给相关高校，通知的具体要求如下：

要求1　打开"任务1"中的"素材1-1.docx"文件，以"XX市第五届高校青年教师教学竞赛通知.docx"为文件名另存在D盘根目录下，后续操作均基于此文件。

要求2　页边距：上为3.7厘米、下为3.5厘米、左为2.7厘米、右为2.7厘米；纸张大小：A4纸张。

要求3　文件头：方正小标宋简体、红色、加粗、"发文单位"文字大小72磅、"文件"两字大小36磅；分散对齐、双发文机关排版合理。

要求4　发文字号：仿宋体、三号；段前空1行、居中对齐；并在下方添加红色直线。

要求5　标题：方正小标宋简体、小二号、加粗；段前空2行、居中对齐。

要求6　主送机关：仿宋体、三号；左对齐、段前空1行。

要求7　正文：仿宋体、三号；首行缩进2个字符、单倍行距；一级标题用三号、黑体、不加粗。

要求8　附件：仿宋体、三号、首行缩进2个字符；第一行"1.XX市第五届高校青年教师教学竞赛实施方案"段前空1行。

要求9　发文机关、成文时间：仿宋体、三号、右对齐。

要求10　印发机关：仿宋体、三号、居左；印发日期：居右；该行内容段前空1行；并在该内容的上方、下方分别添加一条直线。

要求11　文档网格：文档设置为每页22行、每行28字。

要求12　保存文档。

1.2　相关考点

1.2.1　软件使用准备——功能区、工具栏

Word 2016是Microsoft Office 2016办公软件的组件之一，它拥有强大的文字处理功能，可以编辑处理公务文档、期刊、行业报告、通知海报等多种文档，应用广泛。

打开Word 2016，可以看到其窗口组成如图1-1所示，主要由"文件"菜单、快速访问工具栏、标题栏、快速搜索功能区、功能区、编辑区、状态栏、视图工具栏、显示比例控制栏等组成。

1."文件"菜单

"文件"菜单位于窗口的左上角，包含"信息""新建""打开""保存""另存为""打印"

"共享""导出""关闭""账户""选项"等。

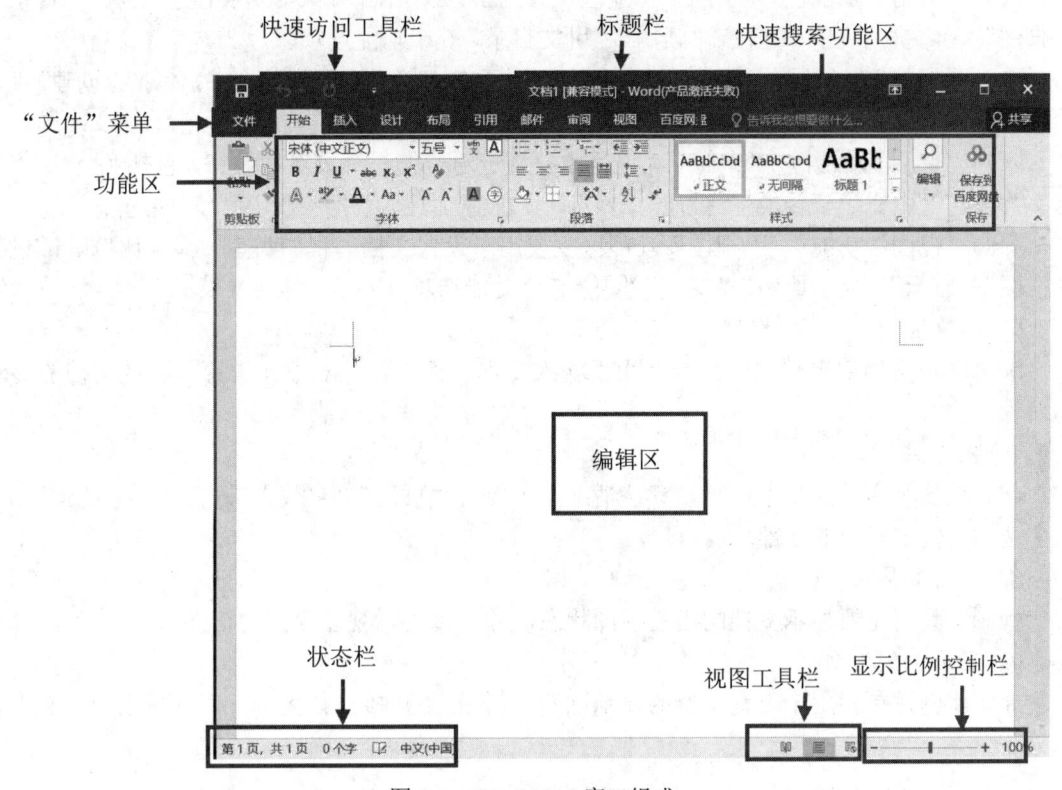

图 1-1 Word 2016 窗口组成

2. 快速访问工具栏

默认的快速访问工具栏位于功能区的上方，包含"撤销键入""重复键入"等按钮，可以单击"快速访问"工具栏右侧的"自定义快速访问工具栏"按钮添加常用的按钮。

3. 标题栏

标题栏显示当前文档的名称。

4. 快速搜索功能区

快速搜索功能区是 Word 2016 新增的功能，可以快速搜索并打开用户想要的其他功能，为用户提供更多功能入口。

5. 功能区

功能区是 Word 2016 非常重要的一个组成部分，默认情况下有以下八大功能区。

（1）"开始"功能区。"开始"功能区是最常用的功能区之一，主要帮助用户对文档进行文字编辑和格式设置，包括"剪贴板""字体""段落""样式""编辑"5 个功能选项。

（2）"插入"功能区。"插入"功能区主要用于在文档中插入各种元素，包括"页面""表格""插图""文本""符号"等 10 个功能选项。

（3）"设计"功能区。"设计"功能区主要用于设置文档页样式和背景，包括"文档格式""页面背景"2 个功能选项。

（4）"布局"功能区。"布局"功能区主要用于设置文档布局，包括"页面设置""稿纸"

任务 1　公务文档的加工美化

"段落""排列"4个功能选项。

（5）"引用"功能区。"引用"功能区主要用于为文档插入目录、标记等，包括"目录""脚注""引文与书目""题注""索引""引文目录"6个功能选项。

（6）"邮件"功能区。"邮件"功能区主要用于在文档中进行邮件合并，包括"创建""开始邮件合并""编写和插入域""预览结果""完成"5个功能选项。

（7）"审阅"功能区。"审阅"功能区主要用于对文档进行校对和修订，包括"校对""见解""语言""中文简繁转换""批注""修订""更改""比较""保护"9个功能选项。

（8）"视图"功能区。"视图"功能区主要用于设置文档的视图类型、显示比例等，包括"视图""显示""显示比例""窗口""宏"5个功能选项。

6. 编辑区

编辑区是文档编辑的主要区域，用于输入文本、插入各种对象元素等，实现文档的显示和编辑操作。

7. 状态栏

状态栏显示文档的基本信息，默认情况下主要有"页码""字数""语言（国家或地区）"几个选项，位于窗口的底部。

8. 视图工具栏

视图工具栏主要显示文档的当前视图状态，并可以进行视图模式的切换。

9. 显示比例控制栏

显示比例控制栏用于设置文档的显示比例，包括"缩放级别"按钮和"显示比例"滑块2部分。

1.2.2 使用模板快速创建文档

Word 2016 提供了多种格式的文档模板，既有"空白"文档，也有诸如"书法字帖""简历"等具有固定格式的文档，用户可以根据自己的需要选择相应的模板快速完成文档创建。

1. 新建文档

单击"文件"菜单"新建"命令，弹出"新建"窗口，如图 1-2 所示，选择其中的某一模板。

图 1-2 "新建"窗口

2. 保存文档

单击"保存"按钮，或者单击"文件"菜单"另存为"命令，弹出"另存为"对话框，如图 1-3 所示，并在"文件名"文本框中输入"公务文档"，然后单击"保存"按钮即可。

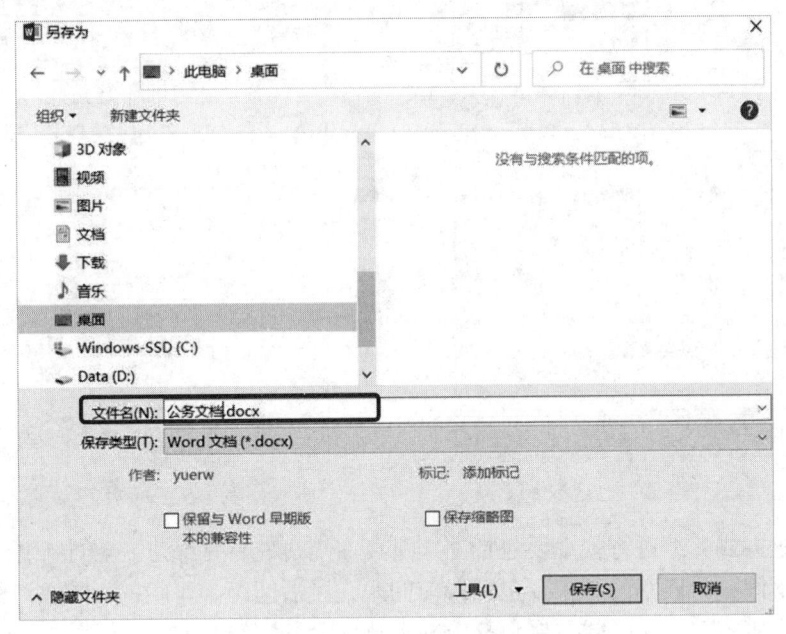

图 1-3　"另存为"对话框

1.2.3　设置文本格式

文本格式主要包括设置文档中字符的字体、字号、加粗、字体颜色、字符间距等。

1. "字体"选项

单击"开始"菜单"字体"功能组右下角的"对话框启动器"按钮，打开"字体"对话框，选择"字体"选项卡，如图 1-4 所示。可以在其中设置文本的中文字体、西文字体、字形、字号、字体颜色、下划线线型、下划线颜色等，还可以设置着重号、上标、下标等。

2. "高级"选项

文本格式设置除了基本的字体、字号、字体颜色等的设置之外，还可以设置文本的"字符间距"，如缩放、间距、位置等。单击"开始"菜单"字体"功能组右下角的"对话框启动器"按钮，打开"字体"对话框，选择"高级"选项卡，如图 1-5 所示，即可根据需要完成文本的高级设置。

1.2.4　设置段落格式

段落格式化是文档格式化中非常重要的一部分，主要包括段落的对齐方式、缩进方式、段落间距、中文版式等。

1. 段落格式的设置内容

（1）对齐方式。对齐方式主要包括左对齐、居中对齐、右对齐、两端对齐、分散对齐 5 种常用的方式。

任务 1　公务文档的加工美化

图 1-4 "字体"对话框   图 1-5 "高级"对话框

（2）缩进方式。缩进方式主要包括左缩进、右缩进、首行缩进、悬挂缩进 4 种方式。

（3）段落间距。段落间距主要包括段前间距、段后间距、行距的设置。

（4）中文版式。中文版式主要包括纵横混排、合并字符、双行合一等。

2. 段落设置的方法

方法一：利用"开始"菜单"段落"功能组中的功能按钮，如图 1-6 所示。

方法二：单击"开始"菜单"段落"功能组右下角的"对话框启动器"按钮，打开"段落"对话框，在其中进行设置，如图 1-7 所示。

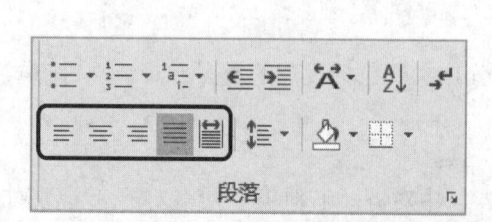

图 1-6 "段落"功能按钮   图 1-7 "段落"对话框

1.2.5 插入文档封面

在日常办公应用中,很多时候需要在 Word 文档中插入封面,使文档更美观精致,那么封面如何插入呢?插入方法如下:

单击"插入"菜单"页面"功能组中的"封面"按钮,在其下拉菜单中单击需要的封面类型,即可插入,如图 1-8、图 1-9 所示。

图 1-8 "封面"类型

图 1-9 "封面"样例

1.2.6 定义并使用样式

样式是一组字符格式或段落格式的特定集合,在 Word 文档编排过程中,使用样式可以简化文本格式的重复设置,节省文档编辑时间、加快编辑速度,同时确保文档格式的一致性。

1. 定义样式

单击"开始"菜单"样式"功能组右下角的"对话框启动器"按钮,在"样式"对话框

任务 1　公务文档的加工美化　　7

中单击"新建样式"按钮,打开"根据格式设置创建新样式"对话框,如图1-10所示,在对话框的"属性"栏中设置新样式的名称、类型等,在"格式"栏中设置新样式的字体格式和段落格式等,设置完毕之后即可在"样式"对话框中显示。

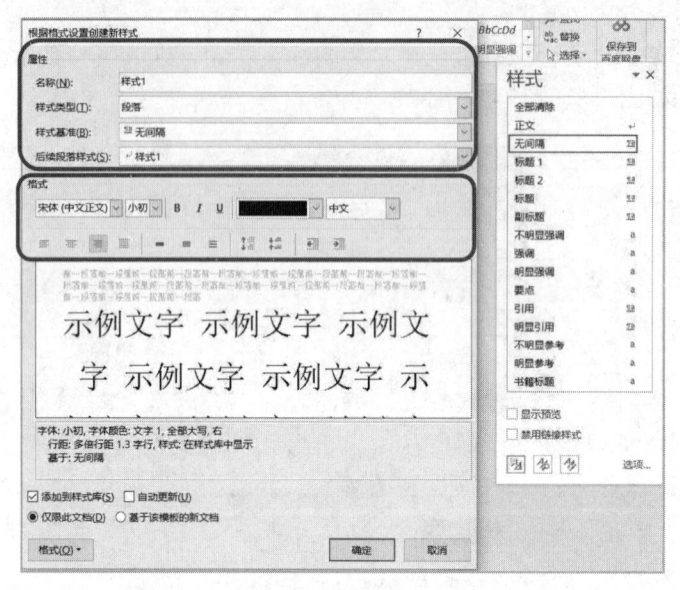

图1-10 "根据格式设置创建新样式"对话框

2. 使用样式

选中需要设置样式的段落,单击"开始"菜单"样式"功能组,在"样式"窗口中可以看到多种样式,如图1-11所示。单击其中的某种样式,即可将该样式应用至所选段落。

图1-11 "样式"窗口

1.2.7 创建文档目录

在编辑书籍、调研报告等篇幅较长的文件时,目录通常是不可或缺的重要部分。目录可以方便读者查询内容,了解文件的整体框架。Word 2016提供了自动生成目录的功能,使目录的制作变得较为简单,并且在文档发生改变后,还可以利用更新目录的功能来适应文档的变化。

1. 创建目录

在创建目录之前,首先要给文档的各级目录指定恰当的标题样式。标题样式设置好后,将光标定位于要插入目录的位置,然后单击"引用"菜单"目录"功能组中的"目录"按钮,在弹出的"目录"下拉菜单中单击"自定义目录"命令,如图1-12所示,在打开的"目录"对话框中完成相应设置,如图1-13所示。

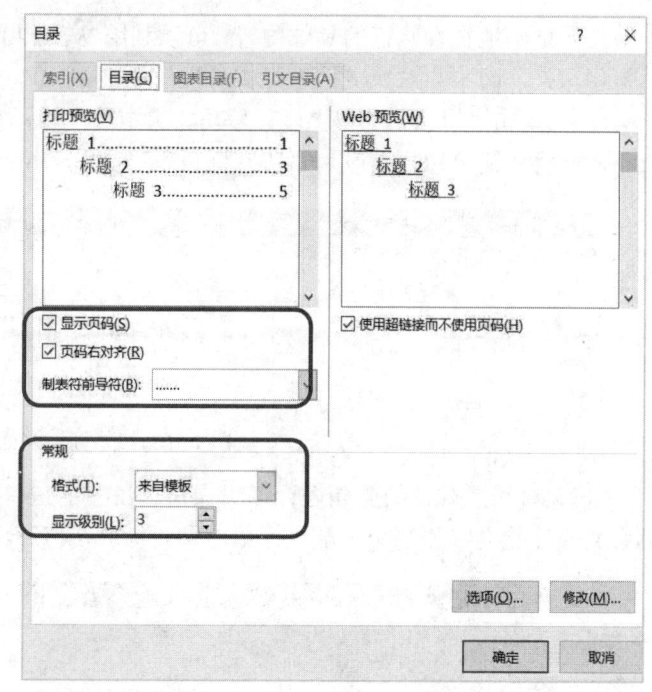

图 1-12　"目录"下拉菜单　　　　　　图 1-13　"目录"对话框

2. 更新目录

如果文档的内容发生了变化，如文档的标题做了部分修改，要更新目录，不要直接修改目录，以免它与文档的内容不一致。

方法一：单击"引用"菜单"目录"功能组中的"更新目录"按钮，在弹出的"更新目录"对话框中选择要更新的选项，如图 1-14 所示，单击"确定"按钮即可。

方法二：右击目录，在弹出的快捷菜单中单击"更新域"命令，如图 1-15 所示，也可以弹出"更新目录"对话框。

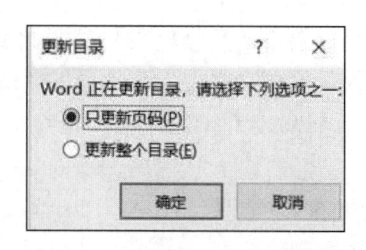

图 1-14　"更新目录"对话框　　　　　　图 1-15　"更新域"命令

1.2.8　修订及共享文档

在审阅文档时，有时会对文档的某些地方做一些修改、插入或者其他编辑操作，为了便

任务 1　公务文档的加工美化　　9

于原作者更好地查看修订的具体内容，可以利用 Word 2016 的修订功能，修订的内容会通过标记显示出来，而不会对原文档进行实质性的删减。

（1）单击"审阅"菜单"修订"功能组中的"修订"按钮，在其下拉菜单中单击"修订"命令，并将"简单标记"改为"所有标记"，如图 1-16 所示。

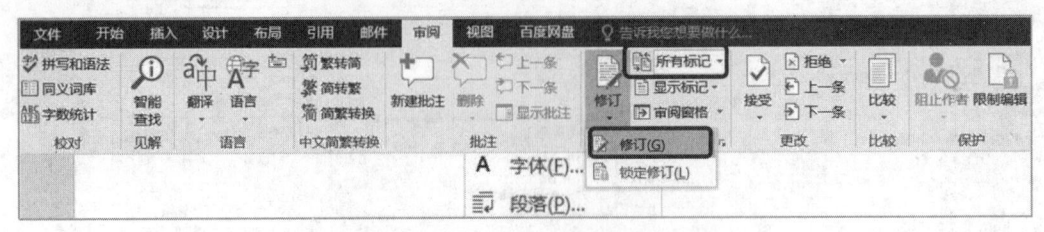

图 1-16 "修订"设置

（2）对需要修订的文档进行编辑操作。在图 1-17 中将文档中的"花面"修改为"画面"，可看到修订的文字和原文字都有标记，且鼠标放在修订内容上会显示修订信息提示框。

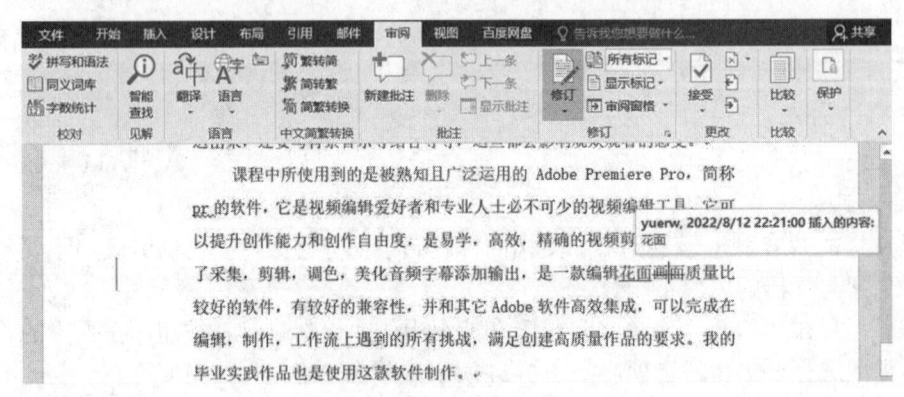

图 1-17 "修订"效果

1.3 任务实施

"XX 市第五届高校青年教师教学竞赛通知"公务文档制作过程如下：

要求 1 打开"任务 1"中的"素材 1-1.docx"文件，以"XX 市第五届高校青年教师教学竞赛通知.docx"为文件名另存在 D 盘根目录下，后续操作均基于此文件。

双击打开"任务 1"中的"素材 1-1.docx"文件，然后单击"文件"菜单中的"另存为"命令，保存路径选择 D 盘根目录，文件名为"XX 市第五届高校青年教师教学竞赛通知"，单击"保存"按钮。

要求 2 页边距：上为 3.7 厘米、下为 3.5 厘米、左为 2.7 厘米、右为 2.7 厘米；纸张大小：A4 纸张。

单击"布局"菜单"页面设置"功能组右下角的"对话框启动器"按钮，打开"页面设置"对话框，在"页边距"选项卡中设置参数，上为 3.7 厘米、下为 3.5 厘米、左为 2.7 厘米、右为 2.7 厘米；在"纸张"选项卡中设置纸张大小为 A4，如图 1-18 所示。

图 1-18　"页边距"参数设置

要求 3　文件头：方正小标宋简体、红色、加粗、"发文单位"文字大小 72 磅、"文件"两字大小 37 磅；分散对齐、双发文机关排版合理。

（1）首先安装字体。默认情况下，Word 2016 中不包括"方正小标宋简体"字体，需要自行安装。直接双击素材文件夹中的"方正小标宋简体"字体软件，执行安装即可（或者将"方正小标宋简体"字体软件复制到 C:\Windows\Fonts 文件夹中）。

（2）选中两个发文机关的名称"XX 市总工会 XX 市教育委员会"，单击"开始"菜单"段落"功能组"中文版式"右侧的三角按钮，在下拉菜单中单击"双行合一"命令，如图 1-19 所示。

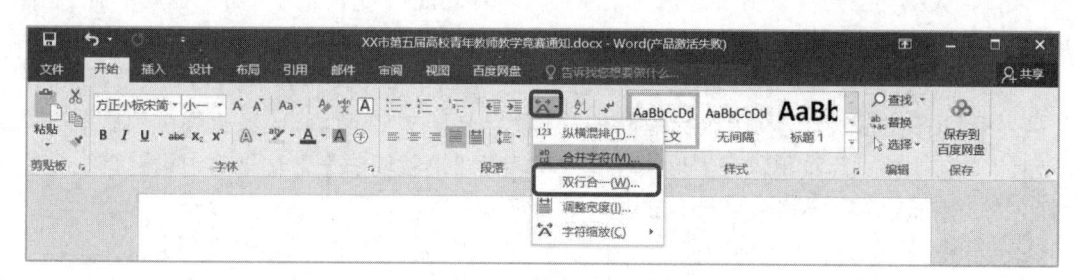

图 1-19　"双行合一"命令

（3）在打开的"双行合一"对话框中，在两个发文单位中插入空格，直到"预览"区域中两个单位分别位于两行，单击"确定"按钮，效果如图 1-20 所示。

（4）选中整个文件头"XX 市总工会 XX 市教育委员会文件"，在"开始"菜单"段落"功能组中设置对齐方式为"分散对齐"；在"开始"菜单"字体"功能组中设置字体为"方正小标宋简体"、"加粗"显示；单击"字体"选项卡中的"字体颜色"按钮，在其下拉菜单中选择标准色"红色"。

任务 1　公务文档的加工美化　11

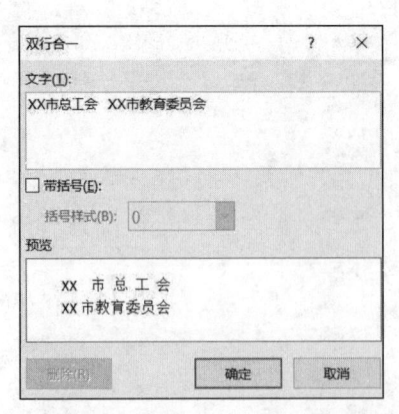

图1-20 "双行合一"文字调整

（5）选中两个发文机关的名称"XX市总工会XX市教育委员会"，在"开始"菜单"字体"功能组中设置字体大小为"72 磅"；选中"文件"两字，以同样的方法设置其大小为 36 磅，并打开"字体"对话框，选择"高级"选项卡，将"位置"设置为"提升""9 磅"，使"文件"二字在垂直位置上居中显示，效果如图 1-21 所示。

图1-21 "文件头"制作效果

要求4 发文字号：仿宋体、三号；发文字号：段前空 1 行、居中对齐；并在下方添加红色直线。

（1）选中发文字号"X 教卫党[2021]8 号"，在"开始"菜单"字体"功能组中设置字体为仿宋体、大小为三号；单击"开始"菜单"段落"功能组右下角的"对话框启动器"按钮，打开"段落"对话框，设置其段落对齐方式为居中对齐、段前 1 行。

（2）单击"插入"菜单"插图"功能组中的"形状"按钮，在其下拉菜单中选择"直线"工具，然后按住 Shift 键，利用鼠标拖拽在"发文字号"文字下面画一条直线；然后单击"绘图工具"中的"格式"菜单，在"形状样式"功能组"形状轮廓"下拉菜单中设置直线颜色为"红色"、粗细为"1.5 磅"，如图 1-22 所示。

要求5 标题：方正小标宋简体、小二号、加粗；居中对齐、段前空 2 行。

选中"关于举办 XX 市第五届高校教师教学竞赛的通知"，在"开始"菜单"字体"功能组中，设置字体为方正小标宋简体、大小为小二号、加粗；单击"开始"菜单"段落"功能组右下角的"对话框启动器"按钮，打开"段落"对话框，设置其段落对齐方式为居中对齐、段前 2 行，效果如图 1-23 所示。

要求6 主送机关：仿宋体、三号；左对齐、段前空 1 行。

选中主送机关文字"各高校、高校工会："，在"开始"菜单"字体"功能组中，设置字体为仿宋体、三号；单击"开始"菜单"段落"功能组右下角的"对话框启动器"按钮，打开"段落"对话框，设置其段落对齐方式为左对齐、段前 1 行。

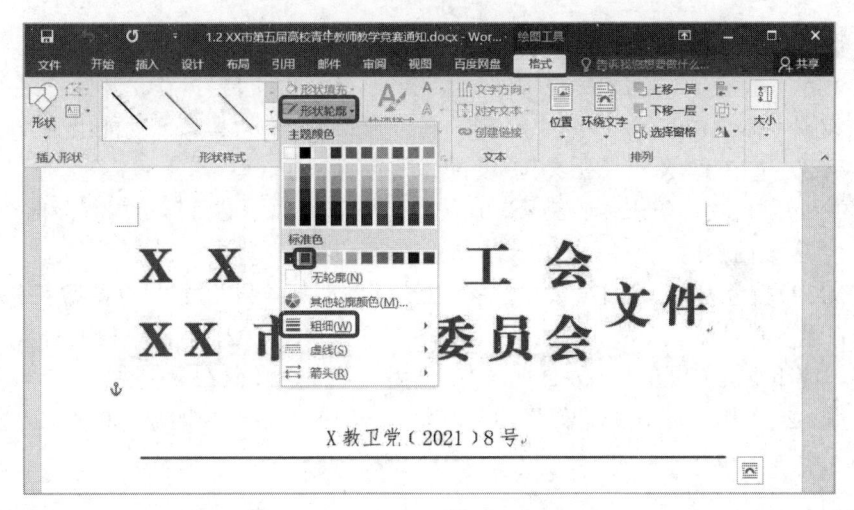

图 1-22 "直线"设置效果

X 教卫党〔2021〕8 号

关于举办 XX 市第五届高校教师教学竞赛的通知

图 1-23 "标题"制作效果

要求 7 正文：仿宋体、三号；首行缩进 2 个字符、单倍行距；一级标题用三号、黑体、不加粗。

选中文字"为深入学习贯彻习近平新时代中国特色社会主义思想，……"到"……联系电话：XXXXXXXX。"，在"开始"菜单"字体"功能组中，设置字体为仿宋体、大小为三号；单击"开始"菜单"段落"功能组右下角的"对话框启动器"按钮，打开"段落"对话框，设置为两端对齐、首行缩进 2 个字符、单倍行距；选择正文中的一级标题如"一、竞赛宗旨"，在"开始"菜单"字体"功能组中，设置字体为黑体、大小为三号，其他一级标题的设置可以用"格式刷"完成。

要求 8 附件：仿宋体、三号、首行缩进 2 个字符；第一行"1.XX 市第五届高校青年教师教学竞赛实施方案"段前空 1 行。

选中"附件：1.……2.……"，在"开始"菜单"字体"功能组中，设置字体为仿宋体、大小为三号；单击"开始"菜单"段落"功能组右下角的"对话框启动器"按钮，打开"段落"对话框，首行缩进 2 个字符；选中"附件：1.……"设置其段前空 1 行，效果如图 1-24 所示。

XX 号 XX 号楼，邮编：XXXXXX，联系电话：XXXXXXXX。

附件：1. XX 市第五届高校青年教师教学竞赛实施方案。
2. XX 市第五届高校青年教师竞赛参赛选手推荐表。

图 1-24 "附件"制作效果

要求9 发文机关、成文时间：仿宋体、三号，右对齐。

选中"XX 市总工会、XX 市教育委员会、2021 年 5 月 4 日"，在"开始"菜单"字体"功能组中，设置字体为仿宋体、大小为三号；在"开始"菜单"段落"功能组中，设置对齐方式为"右对齐"。选中"XX 市总工会"，设置其段前空 3 行。

要求10 印发机关：仿宋体、三号、居左；印发日期：居右；该行内容段前空 1 行；并在该内容的上方、下方分别添加一条直线。

选中"XX 市教育委员会工作党委办公室　2021 年 5 月 14 日印发"，设置其字体为仿宋体、大小为三号；设置其对齐方式为"左对齐"，段前空 1 行。在"2021 年 5 月 14 日印发"文字前添加多个空格，使印发机关居左、印发日期居右；利用"直线"工具在文字"XX 市教育委员会工作党委办公室　2021 年 5 月 14 日印发"的上方和下方分别添加一条直线，如图 1-25 所示。

XX 市总工会

XX 市教育委员会

2021 年 5 月 4 日

XX 市教育委员会工作党委办公室　　　　2021 年 5 月 14 日印发

图 1-25 "印发机关、印发日期"制作效果

要求11 文档网格：文档设置为每页 22 行、每行 28 字。

单击"布局"菜单"页面设置"功能组右下角的"对话框启动器"按钮，打开"页面设置"对话框，在"文档网格"选项卡中勾选"网格"中的"指定行和字符网格"选项，然后在"字符数"中设置每行 28 个字符，在"行数"中设置每页 22 行，参数设置如图 1-26 所示。

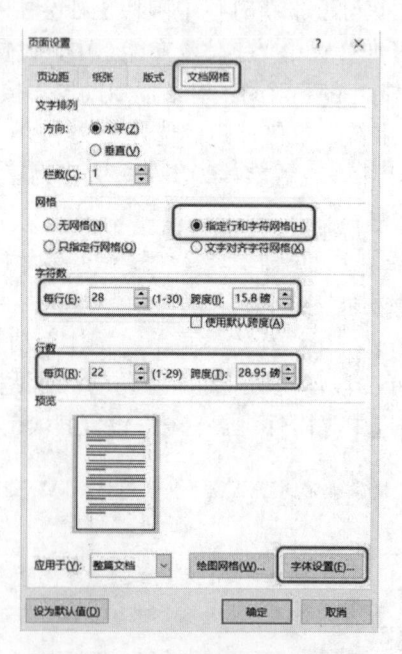

图 1-26 "文档网格"参数设置

提示：在设置"网格"中的"字符数"和"行数"之前首先单击该对话框右下角的"字体设置"按钮，并在打开的"字体"对话框中设置中文字体为"仿宋"、西文字体为"Times New Roman"、字形为"常规"、字号为"三号"，否则设置该网格后字符间距会变大。

要求 12　保存文档。

保存文档的方法有多种，常见的有如下三种：单击"文件"菜单"保存"命令；或按下组合键 Ctrl+S 快速保存；或单击 Word 左上角的"保存"按钮。大家可以选择以上三种保存方法中的任意一种。

至此，整个公文就制作完成了，效果如图 1-27 所示。

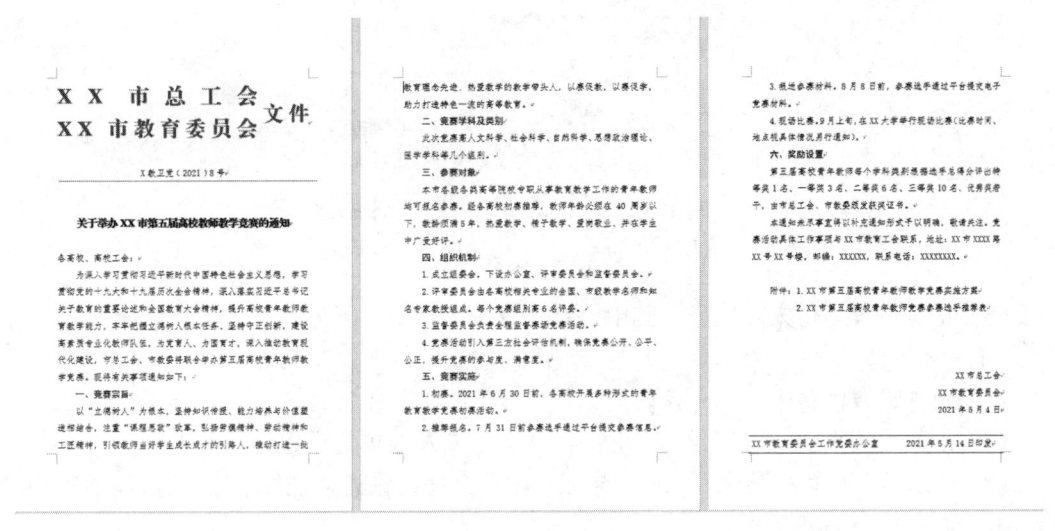

图 1-27　效果图

1.4　思考与实训

【问题思考】

（1）公务文书的标题一般用什么字体？该字体如何安装？
（2）公务文书的发文单位有两家或多家时，如何进行排版？
（3）直线如何绘制？如何调整直线的粗细和颜色？
（4）如何在文档中设置每页的行数和每行的字符数？

【实训案例】

打开"任务 1"中的素材文件"素材 1-2.docx"，根据所学知识制作图 1-28 所示的公文文档。
（1）文件头设置为方正小标宋简体、一号、居中显示、段后 1 行。
（2）发文字号设置为仿宋、三号、居中对齐。
（3）在发文字字号下插入直线，颜色为红色、粗细为 1.5 磅。
（4）标题文字设置为方正小标宋简体、三号、居中对齐、段前 2 行、段后 1 行。

任务 1　公务文档的加工美化　15

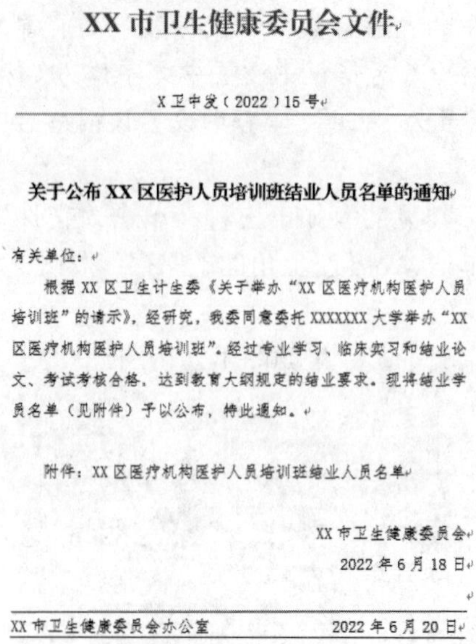
XX 市卫生健康委员会文件

X 卫中发（2022）15 号

关于公布 XX 区医护人员培训班结业人员名单的通知

有关单位：

根据 XX 区卫生计生委《关于举办“XX 区医疗机构医护人员培训班”的请示》，经研究，我委同意委托 XXXXXXX 大学举办“XX 区医疗机构医护人员培训班”。经过专业学习、临床实习和结业论文、考试考核合格，达到教育大纲规定的结业要求。现将结业学员名单（见附件）予以公布，特此通知。

附件：XX 区医疗机构医护人员培训班结业人员名单

XX 市卫生健康委员会

2022 年 6 月 18 日

XX 市卫生健康委员会办公室　　2022 年 6 月 20 日

图 1-28　案例效果

（5）正文设置为仿宋、三号，其中“有关单位”几个字无缩进，其他段落设置首行缩进 2 个字符。

（6）附件设置为仿宋、三号，段前 1 行、首行缩进 2 个字符。

（7）落款设置为仿宋、三号、右对齐，其中公文发布单位设置为段前 1 行。

（8）印发机关设置为仿宋、三号、居左；印发日期设置为阿拉伯数字、居右，并在其上、下分别添加黑色、1 磅的直线。

任务 2　海报制作

2.1　任务描述

小赵是某高校教务处的教务人员，学校为了提高教师的课程建设水平，更好地进行课堂教学和思政建设，提高教师教学能力，将于 2022 年 6 月 24 日（星期五）13:30-15:30，在学校会议中心举办题为"思政教育进课堂"的专题讲座，特别邀请资深教育专家 XXX 教授来校做专题讲座，现要求小赵根据上述情况制作一份宣传海报，具体要求如下：

要求 1　打开"任务 2"中的"素材 2-1.docx"文件，以"宣传海报.docx"为文件名另存在 D 盘根目录下，后续操作均基于此文件。

要求 2　整文档版面：页面宽度为 30 厘米、高度为 17 厘米；纸张方向为横向；页边距上、下为 1 厘米，左、右为 1.5 厘米，并设置页面背景为渐变背景。

要求 3　参照案例设置海报的标题文字。

要求 4　参照案例设置海报的正文部分。

要求 5　利用文本框调整"主讲人简介"的文本部分。

要求 6　添加"主讲人"照片并合理调整其大小和位置。

要求 7　设置文字"欢迎全体教职员工准时参加"的文本效果。

要求 8　保存文档。

2.2　相关考点

2.2.1　粘贴纯文本与带格式文本

人们上网查阅资料或浏览网页时，通常会将浏览到的网页内容保存到 Word 文档中，但是这些文字往往都带有一定的格式。在保存网页内容时，有时候需要保存纯文本，有时候需要保留原有的网页文本格式。

常见的操作方法：复制网页内容，在粘贴到 Word 文档中时，单击"开始"菜单"剪贴板"功能组中的"粘贴"选项，在其下拉菜单中单击"选择性粘贴"命令，将弹出"选择性粘贴"对话框，如图 2-1 所示，在"形式"中选择"无格式文本"或者"带格式文本（RTF）"即可。

2.2.2　检查文档中文字的拼写与语法

当编辑大篇幅文档时，很可能会出现错字的情况，如果逐行检查，工作量会比较大，此时使用 Word 2016 中的"拼写与语法"功能，可以直接检索到有错误的地方，以节省检查时间。

图 2-1 "选择性粘贴"对话框

单击"审阅"菜单"校对"功能组中的"拼写与语法"选项，如有拼写和语法错误，在窗口右侧会出现"拼写检查"对话框，如图 2-2 所示，可以在下方的提示中选择正确的拼写或语法，单击"更改"按钮即可。

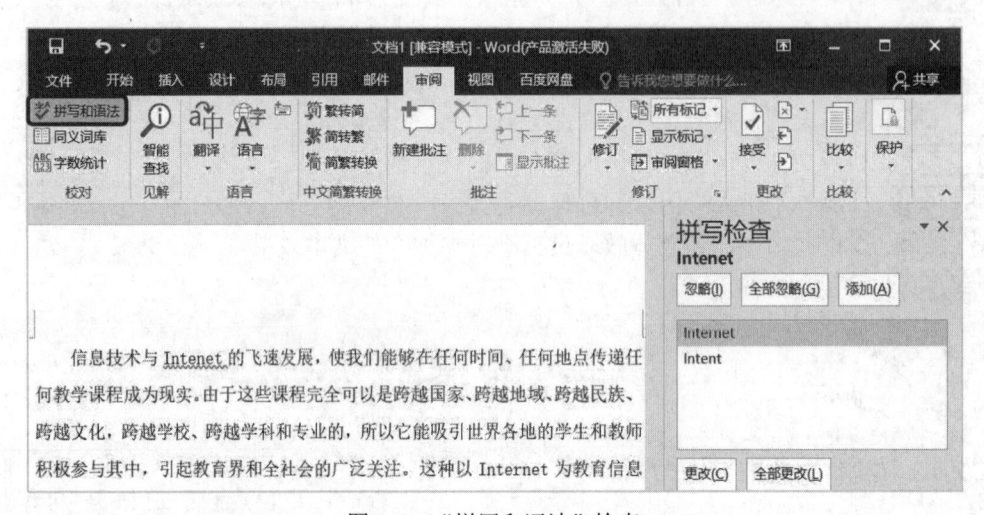

图 2-2 "拼写和语法"检查

2.2.3　调整页面设置

页面设置在文档排版中有举足轻重的作用，默认情况下的页面设置参数有时候不能满足日常排版的需要，此时需要通过修改页面设置参数来调整文档版面。

单击"布局"菜单"页面设置"功能组右下角的"对话器启动器"按钮，打开"页面设置"对话框，如图 2-3 所示。

"页面设置"对话框有"页边距""纸张""版式""文档网格"4 个选项。

页边距：设置上、下、左、右四个边的页边距（文字部分与页面边缘的距离），设置纸张方向（横向或纵向）。

纸张：设置纸张的大小，默认是 A4 纸，还可以设置为 A3 纸等其他纸张大小。

版式：设置文档的节、页眉页脚、页面等参数。

文档网格：设置文档的文字排列、网格、字符数、行数等信息。

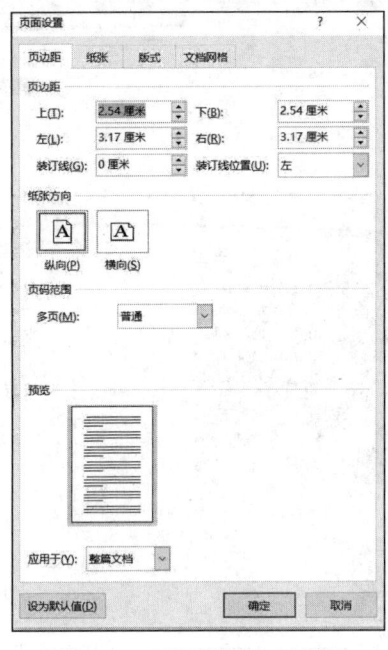

图 2-3　"页面设置"对话框

2.2.4　设置页面颜色

默认情况下，Word 2016 的页面颜色为白色，但是该颜色是可以更改的。

单击"设计"菜单"页面背景"功能组中的"页面颜色"选项，在其下拉菜单中可以选择"主题颜色""标准色""其他颜色"，还可以选择"填充效果"，如图 2-4 所示。单击"填充效果"命令，会弹出"填充效果"对话框，可以设置"渐变""纹理""图案""图片"等，如图 2-5 所示。

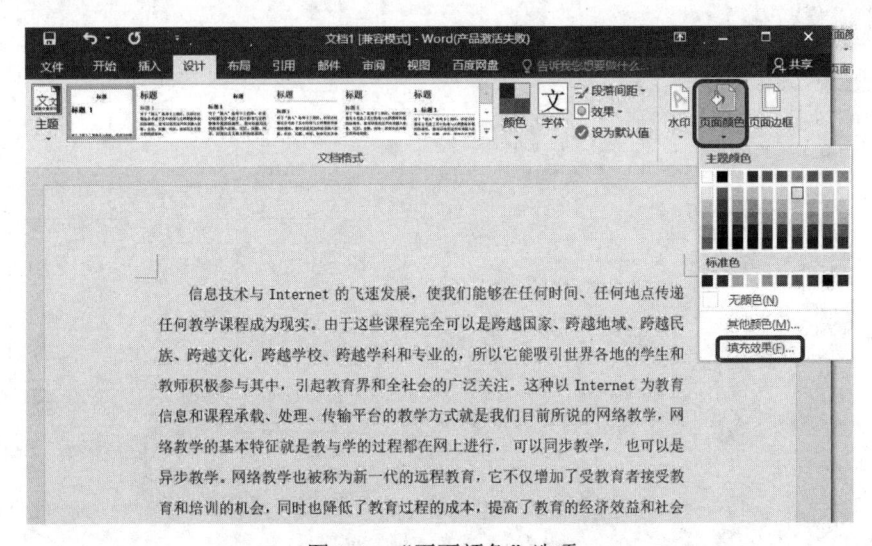

图 2-4　"页面颜色"选项

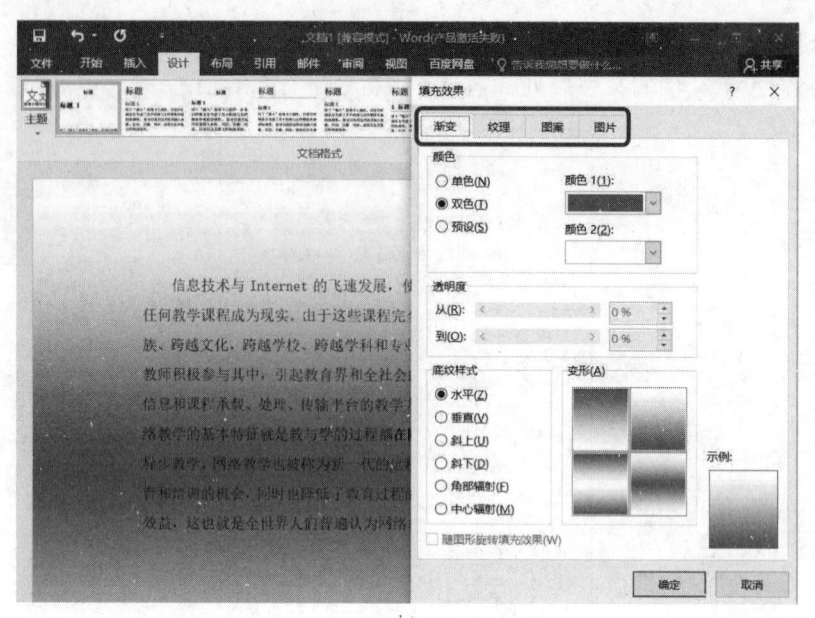

图 2-5 "填充效果"对话框

2.2.5 在文档中使用文本框

Word 中的文本框可以看作是存放文本的容器，它可以放置在页面上并调整其大小，利用文本框可以比较灵活地来处理文本。

单击"插入"菜单"文本"功能组中的"文本框"选项，可以在下拉菜单中看到一些内置的文本框。一般情况下，需要自己设置文本框，选择其中的"绘制文本框"或者"绘制竖排文本框"命令，然后在"文本框"中输入文本即可，如图 2-6 所示。

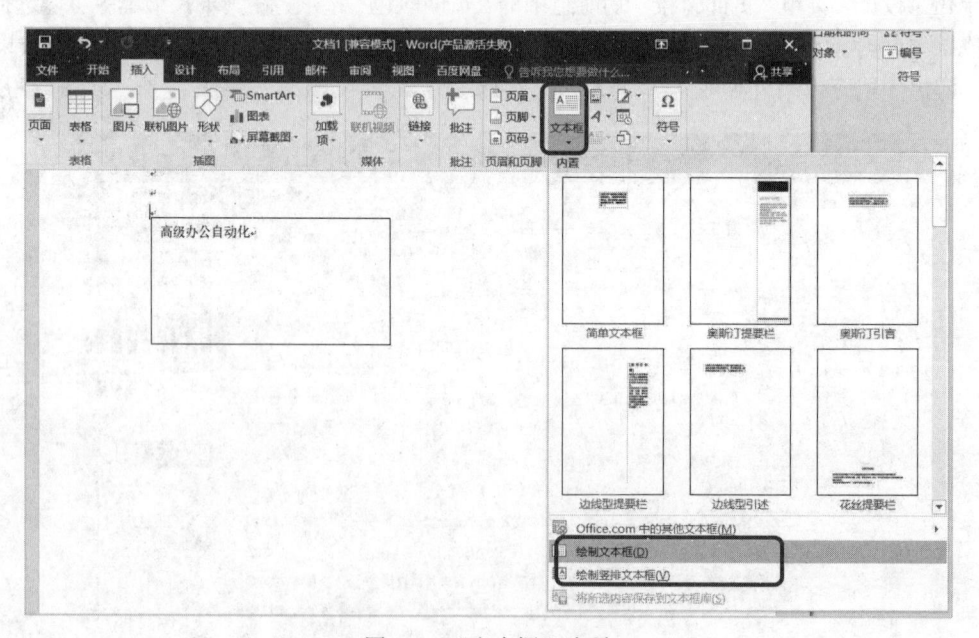

图 2-6 "文本框"选项

2.2.6 图表设计

在日常办公或学习中，为了能够更加直观地显示一些数据，可以在 Word 中插入各种图表，如柱状图或者饼状图等。

单击"插入"菜单"插图"功能组中的"图表"选项，弹出"插入图表"对话框，如图 2-7 所示。

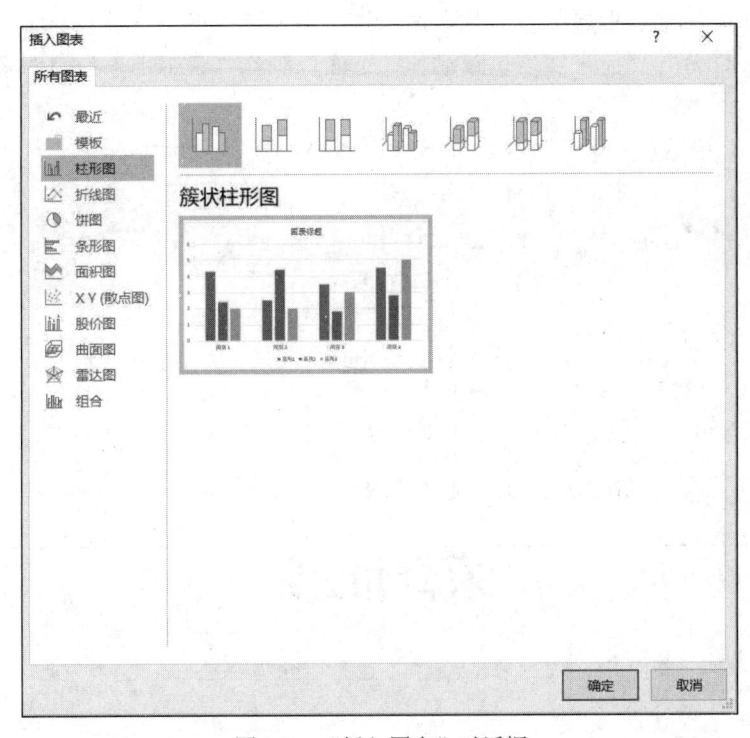

图 2-7 "插入图表"对话框

选择其中的一种图表，如柱状图，单击"确定"按钮，会弹出一个柱状图和一个 Excel 表格，在表格中可以将数据修改为自己的数据，修改完成后单击右上角的"关闭"按钮即可。

2.2.7 图片处理技术

单击"插入"菜单"插图"功能组中的"图片"选项，可以在 Word 2016 中插入图片，根据需要对插入的图片进行处理与编辑。当图片插入文档之后，会在菜单栏显示"图片工具"按钮，该工具下方的"格式"命令有四个选项：调整、图片样式、排列、大小，如图 2-8 所示。

图 2-8 "图片工具"菜单

调整：可以删除图片背景、制作“冲蚀”等多种艺术效果。

图片样式：可以为图片设置不同的样式，还可以为图片设置边框和图片效果。

排列：可以设置图片与文字的环绕方式，设置图片在文档中的对齐方式。

大小：可以裁剪图片，也可以修改图片的大小和比例。

2.2.8 邮件合并

在日常工作中经常会批量制作名片、邀请函、获奖证书等，一张张地制作效率会很低，此时可以使用邮件合并功能来实现批量制作。下面以制作“获奖证书”为例来介绍具体操作过程。

（1）首先在 Excel 表格中输入获奖的人员名单，并以“获奖人员”为文件名保存，如图 2-9 所示。

A	B	C	D
编号	姓名	班级	性别
1	张三	1班	男
2	李四	2班	男
3	王妍	2班	女
4	赵璐	3班	女

图 2-9 “获奖人员”数据

（2）打开制作好的 Word 获奖证书模板，如图 2-10 所示。

荣誉证书

同学在智能工程学院“短视频制作小达人”比赛中荣获三等奖。特发此状，以资鼓励。

XXX 学院

X 年 X 月 X 日

图 2-10 “模板”文件

（3）单击“邮件”菜单“开始邮件合并”功能组中的“选择收件人”选项，在其下拉菜单中单击“使用现有列表”命令，弹出“选取数据源”对话框，选择刚才的“获奖人员”Excel 表格，单击“打开”按钮。

（4）将光标定位在 Word 文档中需要插入信息的位置，单击“邮件”菜单“编写和插入域”功能组中的“插入合并域”选项，在其下拉菜单中选择对应的信息，本例中选择“姓名”，单击“插入”按钮，然后关闭“插入合并域”对话框，此时文档中相应位置会出现已插入的域标记，如图 2-11 所示。

（5）单击“邮件”菜单“完成”功能组中的“完成并合并”下拉按钮，在下拉菜单中单击“编辑单个文档…”，弹出“合并到新文档”对话框，选择“从 1 到 4”，单击“确定”按钮。

此时就会在新窗口中合并生成一系列包含姓名的"获奖证书"新文档,如图2-12所示。

图2-11 "插入合并域"效果

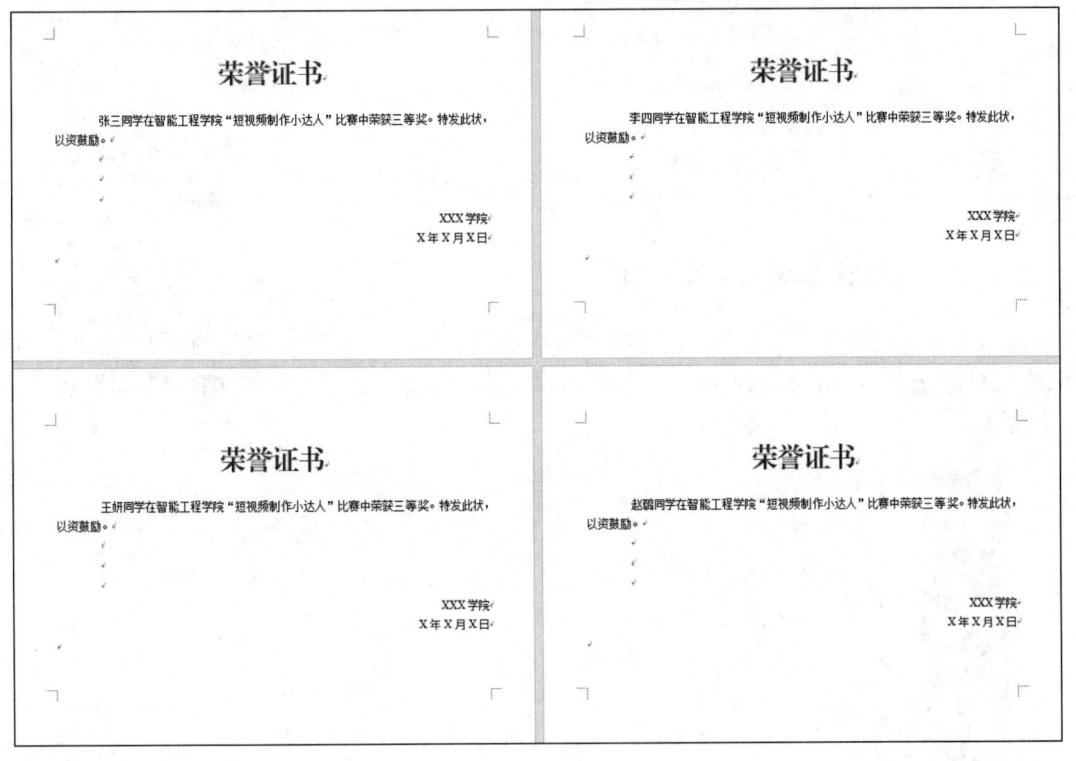

图2-12 "邮件合并"效果图

2.2.9 实时预览功能

实时预览是指在文档处理过程中,如设置文本的字体效果时,当鼠标悬停在不同字体上会直接显示不同的文本效果。

单击"文件"菜单"选项"命令,即可打开"Word 选项"对话框,如图2-13所示,在"用户界面选项"中勾选"启用实时预览"功能即可。

图 2-13 "Word 选项"对话框

2.2.10 文档的打印设置与后台视图

通常 Word 文档创建完成后，需要将其打印输出。单击"文件"菜单"打印"命令，即可弹出"打印"窗口，如图 2-14 所示，在此窗口中可以设置"打印页面""纸张方向""纸张大小"等多个参数，为打印做准备。

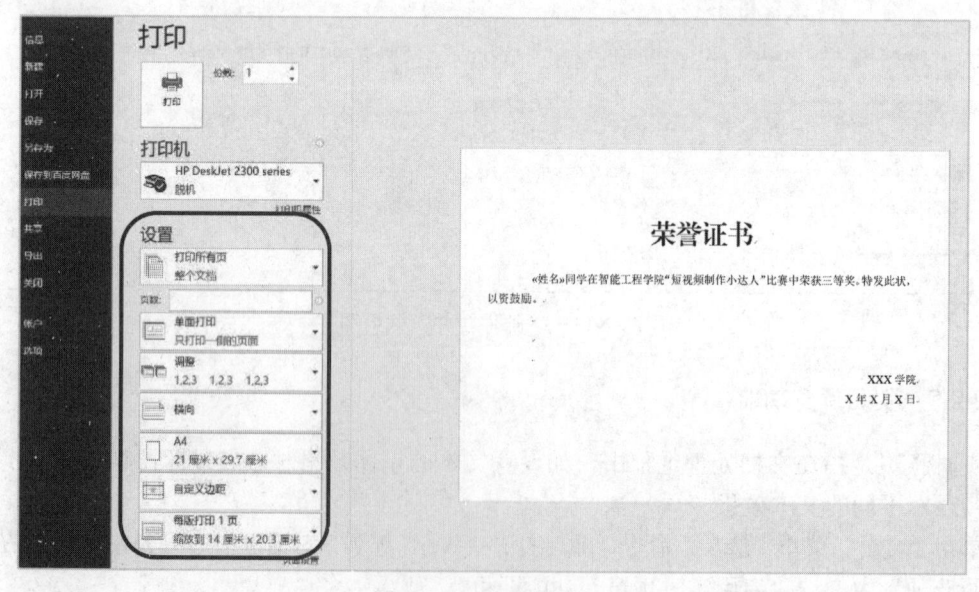

图 2-14 "打印"窗口

2.3 任务实施

"宣传海报"的制作过程如下:

要求1 打开"任务2"中的"素材2-1.docx"文件,以"宣传海报.docx"为文件名另存在D盘根目录下,后续操作均基于此文件。

双击打开"任务 2"中的"素材 2-1.docx",然后单击"文件"菜单"另存为"命令,保存路径选择D盘根目录,文件名为"宣传海报",单击"保存"按钮。

要求2 调整文档版面:页面宽度为30厘米、高度为17厘米;纸张方向为横向;页边距上、下为1厘米,左、右为1.5厘米,并设置页面背景为渐变背景。

(1) 单击"布局"菜单"页面设置"功能组右下角的"对话框启动器"按钮,打开"页面设置"对话框,在"页边距"选项卡中设置上、下、左、右四个页边距和纸张方向,(提示:有一处或多处边距设置在可打印区域之外时选择"忽略"),如图2-15所示。在"纸张"选项卡中设置页面大小,如图2-16所示。

图2-15 "页边距"设置图   图2-16 "页面大小"设置

(2) 单击"设计"菜单"页面背景"功能组中的"页面颜色"选项,在其下拉菜单中单击"填充效果"命令,在弹出的"填充效果"对话框中设置渐变效果,设置"颜色"为"双色",颜色1为"橄榄色、个性色3",颜色2为白色,底纹样式为"斜下",如图2-17所示。

要求3 参照案例设置海报的标题文字。

选中标题文字"'课程思政进课堂'专题讲座",设置字体为方正小标宋简体、小一号、红色、加粗,设置对齐方式为居中对齐、段前2行、段后3行。

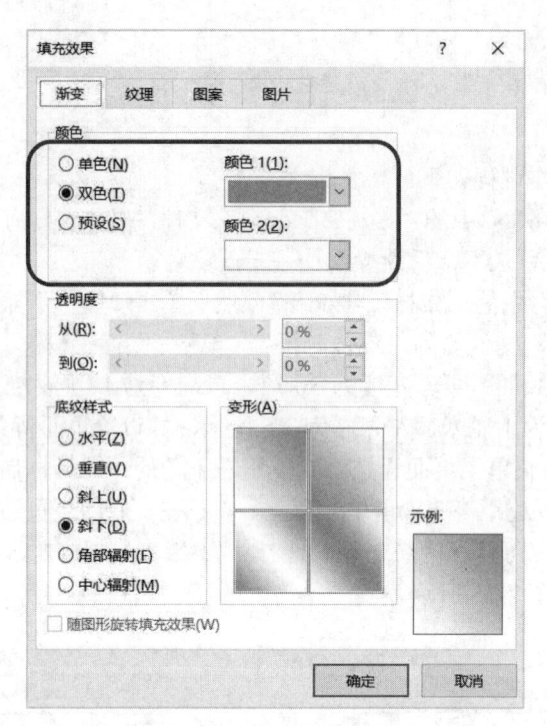

图 2-17 "页面背景"设置

要求 4　参照案例设置海报的正文部分。

（1）选中正文部分的"报告题目"，设置字体为黑体、三号、黑色。双击"格式刷"工具，运用"格式刷"工具将格式复制给"报告人""报告日期""报告时间""报告地点""参会人员""主办"。然后选中上述几行内容，设置首行缩进 2 个字符。

（2）选中正文部分的"课程思政进课堂"，设置字体为宋体、四号、深红色、加粗。运用"格式刷"工具复制格式到其他正文部分。

要求 5　利用文本框调整"主讲人简介"的文本部分。

（1）选中段落"主讲人简介：……教育理念先进。"，然后单击"插入"菜单"文本"功能组中的"文本框"选项，在下拉菜单中单击"绘制文本框"命令，插入水平文本框。

（2）选中文字"主讲人简介"，字体为宋体、三号、加粗。其他文字为宋体、小四号、首行缩进 2 个字符、1.5 倍行距。

（3）选中"文本框"，在"绘图工具"下"格式"菜单中，单击"排列"功能组中的"环绕文字"选项，在下拉菜单中单击"四周型"命令，如图 2-18 所示。

选中文本框，在"绘图工具"下"格式"菜单中，单击"形状样式"功能组中的"形状填充"选项，选择填充颜色为"红色、个性色 2、淡色 80%"；单击"形状轮廓"选项，选择颜色为"绿色"，效果如图 2-19 所示。

要求 6　添加"主讲人"照片并合理调整其大小和位置。

（1）单击"插入"菜单"插图"功能组中"图片"选项，插入"任务 2"素材文件夹中的"人物图片.jpg"。

（2）选中图片，按住 Shift 键，用鼠标左键拖拽图片的四个角，同比例缩放图片大小，将图片调整到合适的大小。

图2-18 "四周型"命令　　　　　　　　图2-19 "形状样式"效果

（3）选中图片，在"绘图工具"下"格式"菜单中，单击"排列"功能组中的"环绕文字"选项，在下拉菜单中单击"四周型"命令，然后将图片拖拽到右下角的位置，效果如图2-20所示。

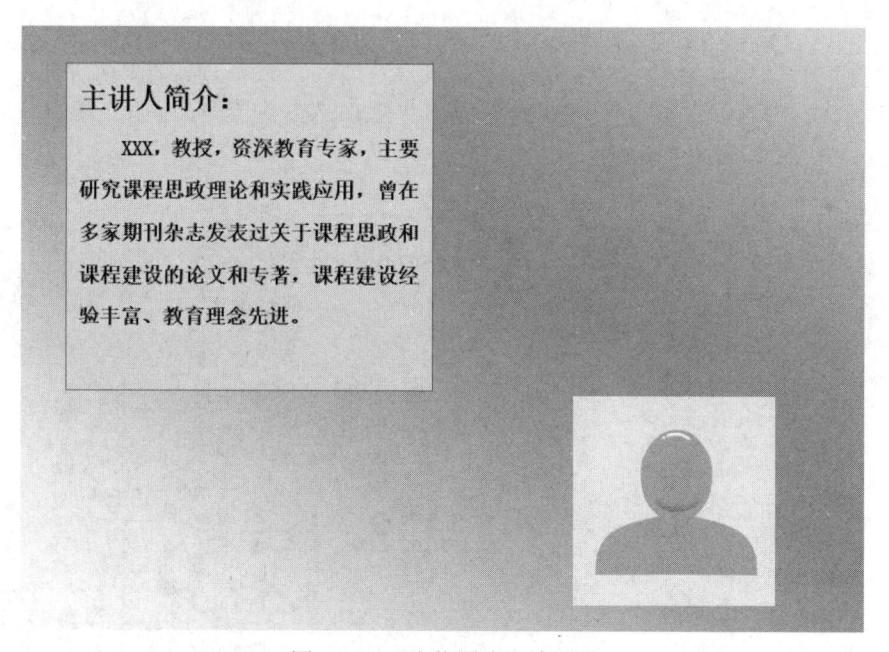

图2-20 "人物图片"效果图

要求7 设置文字"欢迎全体教职员工准时参加"的文本效果。

选中"欢迎全体教职员工准时参加！"，设置字体为华文行楷、小二号、首行缩进2个字符，单击"开始"菜单"字体"功能组的"文本效果"按钮，在其下拉菜单中选择字体颜色为"填充-黑色、文本1、阴影"；"阴影"效果选择"向右偏移"，效果如图2-21所示。

最后保存文档，至此，整个宣传海报就制作完成了，效果如图2-22所示。

图 2-21 "文字"阴影设置

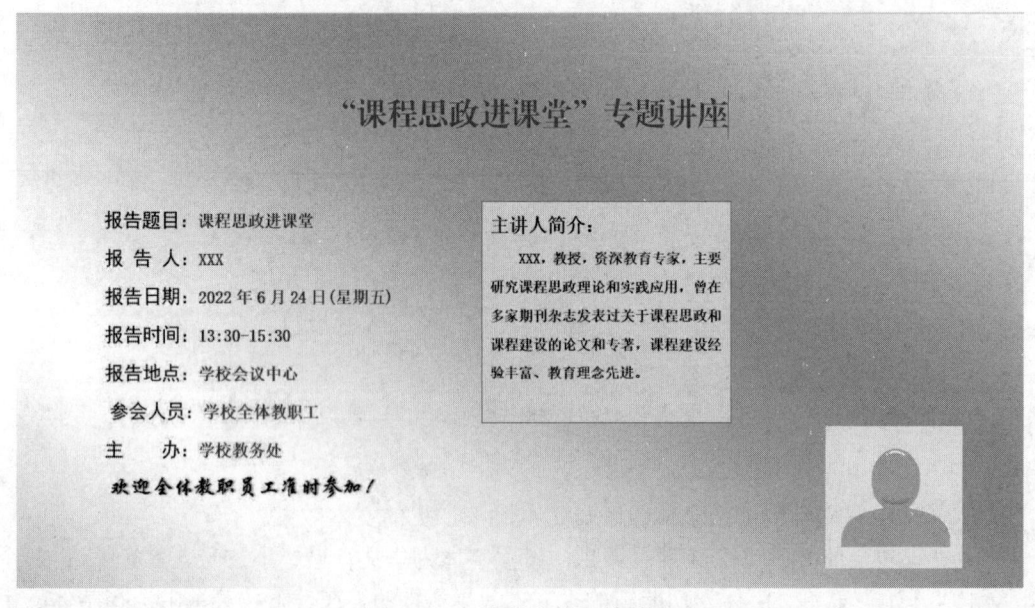

图 2-22 "宣传海报"效果图

2.4　思考与实训

【问题思考】

（1）如何设置文档页面的渐变背景？

（2）如何设置文本框的边框和填充色？

（3）如何设置图文混排？

（4）如何设置文字的文本效果？

【实训案例】

打开"任务 2"文件夹中的素材文件"素材 2-2.docx"，根据所学知识制作图 2-23 所示的"征稿启事"海报。

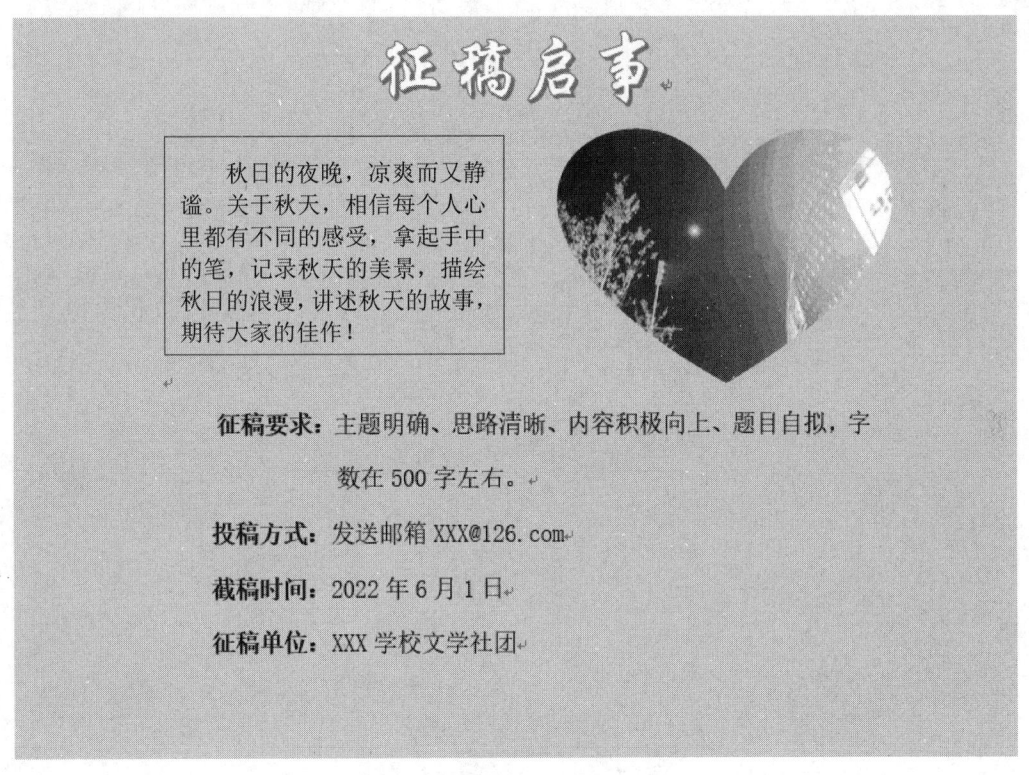

图 2-23　案例效果

（1）标题设置。插入文本框，输入标题文字"征稿启事"，字体设置为华文行楷、初号，文本效果为"填充-白色、轮廓-着色 2、清晰阴影-着色 2"；文本框无边框线、"四周型"环绕，参照案例调整其位置。

（2）正文设置。选中"秋日的夜晚……期待大家的佳作！"正文内容，然后单击"插入"菜单"文本"功能组中的"文本框"选项，在其下拉菜单中单击"绘制文本框"命令，设置文本框内的文字为宋体、小四；首行缩进 2 个字符，1.5 倍行距；文本框边框线为紫色、环绕文字为"紧密型"环绕，参照案例调整位置。

（3）添加图片。插入图片"秋景.jpg"，在"图片工具"下"格式"菜单中选择"裁剪背景"选项，将其裁剪为心形，并合理调整大小和位置（四周型环绕）。

（4）征稿信息设置。"征稿要求""投稿方式""截稿时间""征稿单位"设置为宋体、四号、加粗，其他文字设置为宋体、四号。"征稿要求"设置段落悬挂缩进 5 字符，左侧缩进 2.5 字符，其余内容首行缩进 2 字符，四段信息行距设置为 1.5 倍。

（5）页面背景：参照案例设置渐变背景。

（6）以"征稿启事.docx"为文件名保存文档。

任务 3　课程表制作

3.1　任务描述

小张是某学校的教务人员，主要负责统筹安排全校的课程，开学前他会把各个班级的课程表制作完成，以下是某个班级课程表的具体制作过程：

要求1 新建文档，将文档以"课程表.docx"为文件名保存在 D 盘根目录下，后续操作均基于此文件。

要求2 页面设置，纸张大小为 A4 纸张，上、下页边距为 2.5 厘米，左、右页边距为 2 厘米。

要求3 标题设置，字体为宋体、小二号、加粗、居中、段后 1 行。

要求4 参照样张，正确插入表格。

要求5 参照样张合并单元格并调整表格的行高。

要求6 绘制斜线表头。

要求7 美化表格：将表格设置为上粗下细样式的线型、3 磅、绿色的外边框；内部线条为默认设置；第一行的下边框设置为虚线、3 磅、绿色；第一行设置为颜色为"绿色、个性色 6、淡色 80%"，样式为"5%"，颜色"自动"的底纹。

要求8 文字格式设置：表格中第一行单元格的文字设置为宋体、小四、加粗；左侧的"上午""下午"设置为黑体、三号、加粗；其他单元格的文字设置为宋体、小四；表格中除了斜线表头的内容之外，其他内容在单元格均设置为水平、垂直居中。

要求9 将表格根据窗口自动进行调整。

要求10 参照样张完成"作息表"的制作，并进行表格的美化设置。

3.2　相关考点

3.2.1　设置边框和底纹

使用 Word 进行文档编辑的过程中，很多时候需要对某些重要部分做着重标识，此时可以考虑用边框和底纹。

单击"开始"菜单"段落"功能组中的"边框和底纹"选项，在其下拉菜单中单击"边框和底纹"命令，即可弹出"边框和底纹"对话框，如图 3-1 所示。

"边框"选项卡：设置边框的外观，如样式、颜色、宽度等，在预览区可以看到边框的设置效果，应用范围有文字、段落两种，如图 3-2 所示。图中第一段为段落加边框，第二段为文字加边框。

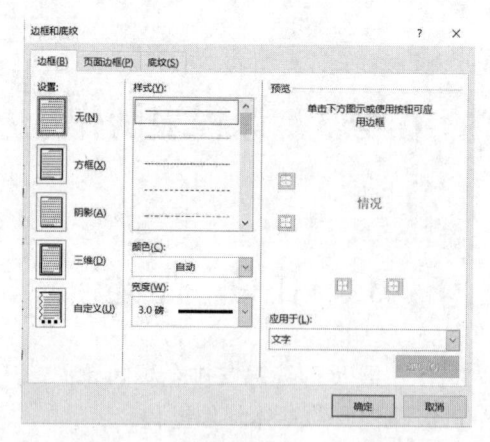

图 3-1 "边框和底纹"对话框

图 3-2 不同范围的边框效果

"页面边框"选项卡：设置整个文档页面的边框，如图 3-3 所示。

图 3-3 "页面边框"效果

"底纹"选项卡：为所选文字加底纹，如图3-4所示。

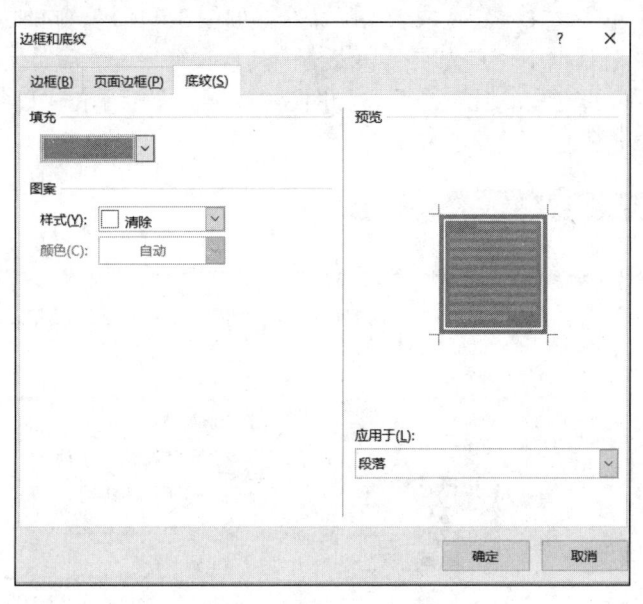

图3-4　"底纹"选项卡

3.2.2　调整页面设置

页面设置的相关知识点前面已有讲解，此处来看一个案例。目前有一篇文档，内容有2页，但是第2页只有一行文字，现在要求在不改变文字大小、行距的情况下，把2页文档调整为1页文档，此时可以考虑通过调整页边距来实现这个效果。

单击"布局"菜单"页面设置"功能组中的"页边距"选项，在其下拉菜单中单击"自定义页边距"命令，打开"页面设置"对话框，减少上、下页边距，将其改为2厘米，即可实现把2页调整为1页的效果，如图3-5所示。

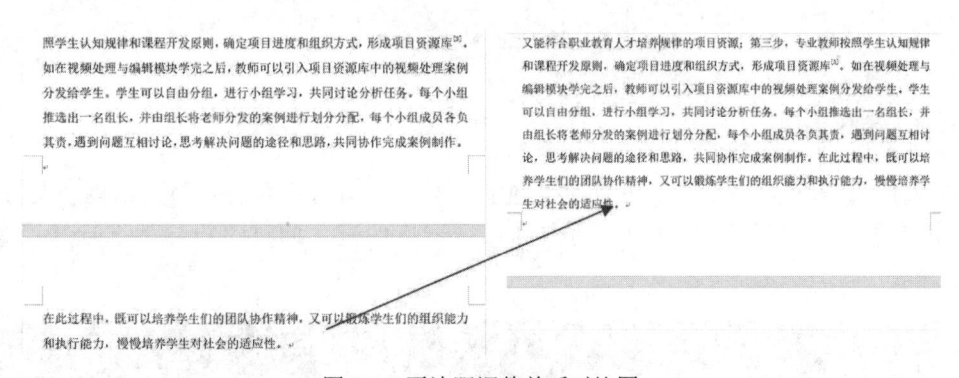

图3-5　页边距调整前后对比图

3.2.3　将文本转换为表格

在Word文档中，如果需要将文字转换成表格，可以使用Word 2016的"文本转换成表格"功能。

首先选中要转换成表格的文本，然后单击"插入"菜单"表格"功能组中的"表格"选项，在其下拉菜单中单击"文本转换成表格"命令，如图3-6所示，同时弹出"将文字转换成表格"对话框。在该对话框中，首先要确认表格的列数、行数，然后是文字分隔位置的选择，要根据文本的分隔标记来选择，比如逗号，如图3-7所示，最后单击"确定"按钮，文本即可转换成表格，如图3-8所示。

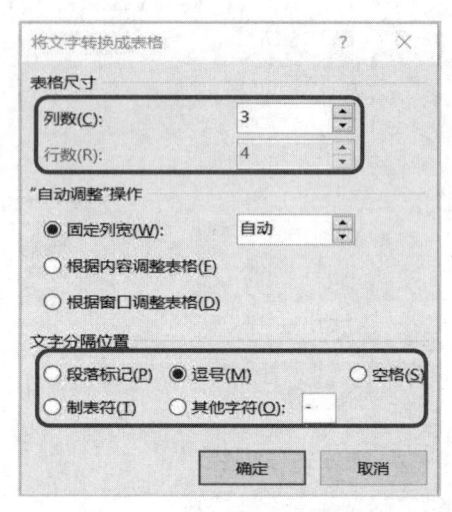

图3-6 "文本转换成表格"命令　　　　图3-7 "将文字转换成表格"对话框

姓名	学号	成绩
张三	001	80
李四	002	96
王五	003	89

图3-8 "文本转换成表格"效果图

3.2.4 美化表格

在Word中插入表格后，还可以对其进行美化设计。选中表格，即可出现"表格工具"按钮，其包括"设计"和"布局"两个选项，表格的美化通过"设计"选项来设置，如图3-9所示。

图3-9 "设计"功能组

表格样式："表格样式"中内置了多种已经设计好的样式，可以快速直接应用于所选的表格，如图3-10所示。

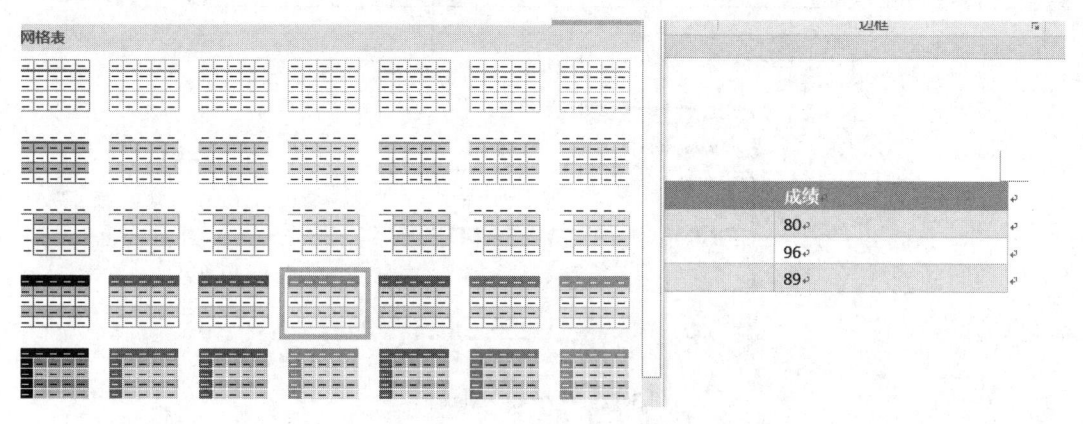

图3-10 "表格样式"效果图

底纹：主要用于设置整个表格或某些单元格的背景颜色。
边框：主要用于设置整个表格或者部分表格的边框线。

3.2.5 表格的计算与排序

在日常办公中，对Word中的表格数据进行计算和排序的情况也比较常见。

1. 表格计算

在Word中对表格中的数据进行计算，需要用到公式。常见的计算公式有SUM()求和、AVERAGE()求平均值、MAX()求最大值、MIN()求最小值等，而参数一般有四种：Above（上方的数据）、Below（下方的数据）、Left（左侧的数据）、Right（右侧的数据）。

单击"表格工具"菜单"布局"选项，在"数据"功能组中单击"公式"选项，如图3-11所示，弹出"公式"对话框，如图3-12所示，其中"公式"文本框显示公式及参数输入，"编号格式"是公式结果的显示格式，"粘贴函数"可以选择需要的公式类型。

图3-11 "公式"命令

2. 表格排序

Word 2016中还可以对表格中的数据进行排序。选中表格的任一单元格，单击"表格工具"菜单"布局"选项，在其"数据"功能组中单击"排序"选项，打开"排序"对话框，如图3-13所示，根据需要设置排序关键字、排序类型（笔画、数字、日期、拼音）、排序方式（升序或降序）。

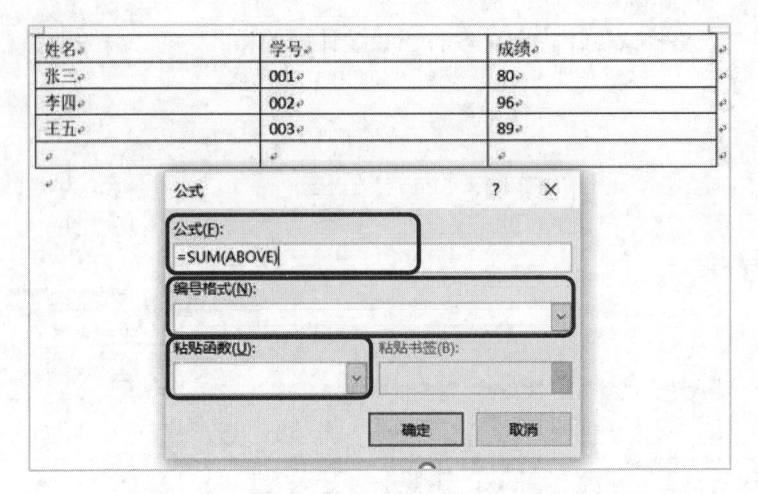

图 3-12 "公式"对话框

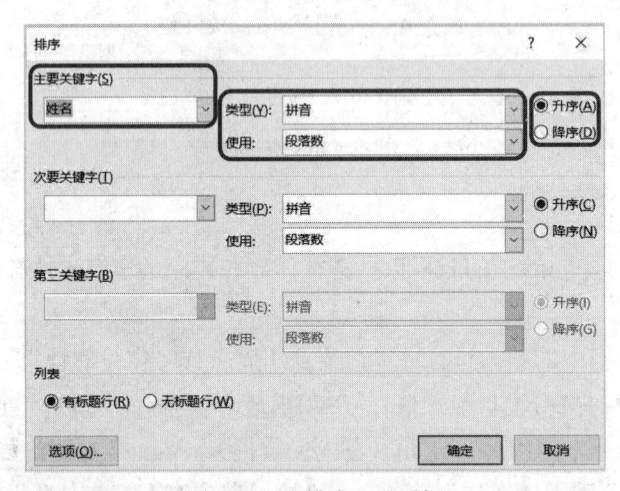

图 3-13 "排序"对话框

3.2.6 为列表添加项目符号

在 Word 2016 中编辑并列或有层次性的文档时，使用项目符号和编号会使文档更有条理性，提高文档编辑速度。

1. 项目符号

项目符号是放在列表项之前的符号，不具有顺序性。单击"开始"菜单"段落"功能组"项目符号"选项，即可看到多种项目符号，如图 3-14 所示。在其下拉菜单中单击"定义新项目符号"命令，弹出"定义新项目符号"对话框，如图 3-15 所示，在该对话框中可以根据需要选择相应的项目符号类型，并可以设置对齐方式。

2. 编号

编号也是放在列表项之前，但与项目符号不同的是，编号是有顺序的。单击"开始"菜单"段落"功能组"编号"右侧的三角按钮，即可看到多种编号，如图 3-16 所示。单击"定义新编号格式"命令，弹出"定义新编号格式"对话框，如图 3-17 所示，可在其中自定义编号样式。

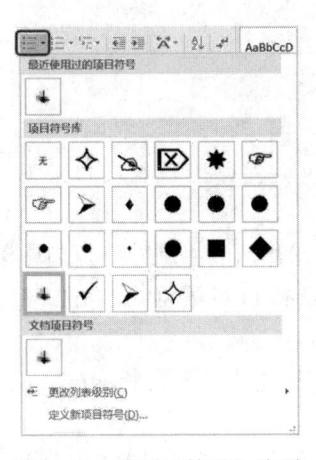

图 3-14 "项目符号"选项 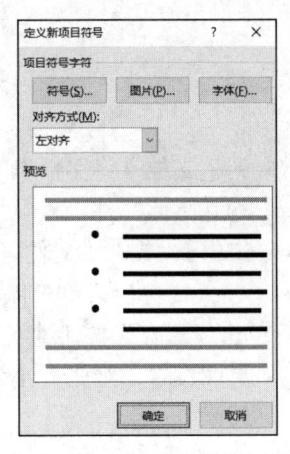　　　　图 3-15 "定义新项目符号"对话框

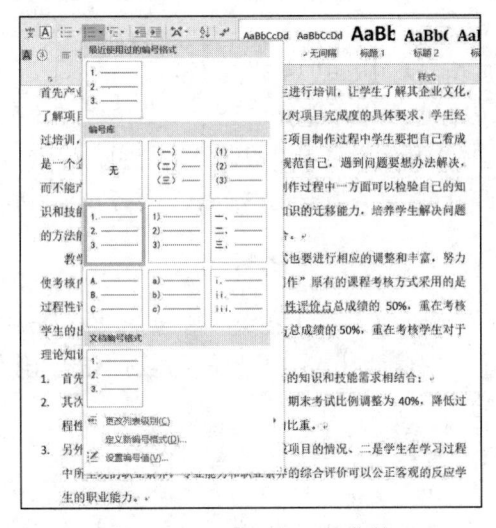

图 3-16 "编号"下拉菜单 　　　　图 3-17 "定义新编号格式"对话框

3.2.7 共享文档

Word 2016 提供了文件共享功能，单击"文件"菜单"共享"命令，弹出"共享"窗口，如图 3-18 所示。

图 3-18 "共享"窗口

任务 3　课程表制作　37

3.3 任务实施

要求1 新建文档,将文档以"课程表.docx"为文件名保存在 D 盘根目录下,后续操作均基于此文件。

打开 Word 2016,单击"文件"菜单"新建"命令,在弹出的"新建"窗口中选择"空白文档",然后单击"文件"菜单"保存"命令,保存路径选择 D 盘根目录,文件名设置为"课程表",然后单击"保存"按钮即可。

要求2 页面设置,纸张大小为 A4 纸张,上、下页边距为 2.5 厘米,左、右页边距为 2 厘米。

单击"布局"菜单"页面设置"功能组右下角的"对话框启动器"按钮,打开"页面设置"对话框,在"页边距"选项卡中分别设置上、下页边距为 2.5 厘米,左、右页边距为 2 厘米,在"纸张"选项卡中设置纸张大小为 A4 纸张。

要求3 标题设置:字体为宋体、小二号、加粗、居中、段后 1 行。

输入标题内容"计算机应用 1 班课程表",选中标题文字,选择"开始"菜单"字体"功能组,设置字体为宋体、字号为小二号、加粗。选择"开始"菜单"段落"功能组,单击右下角的"对话框启动器"按钮,弹出"段落"对话框,设置对齐方式为"居中"对齐,段后间距为 1 行。

要求4 参照样张,正确插入表格。

单击"插入"菜单"表格"功能组中的"表格"选项,在其下拉菜单中选择"插入表格"命令,弹出"插入表格"对话框,设置表格为 8 行、7 列,如图 3-19 所示,然后单击"确定"按钮,表格插入完毕。

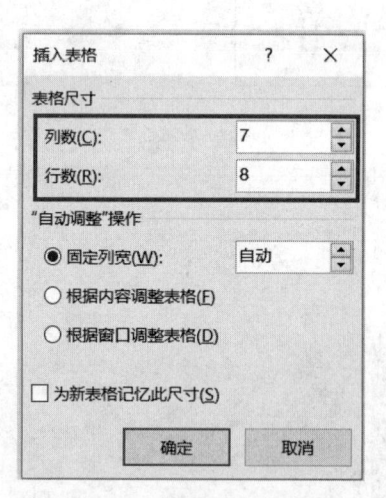

图 3-19 "插入表格"参数设置

要求5 参照样张合并单元格并调整表格的行高。

(1)选中第一行的第 1 和第 2 个单元格,然后单击"表格工具"菜单"布局"选项,在"合并"功能组中选择"合并单元格"命令;或者选择 2 个单元格,右键单击,在其快捷菜单中选择"合并单元格"命令。上述合并单元格的两种方法大家可自行选择。其他单元格的合并与上述操作相同。

（2）选中除第一行之外的其他单元格，右键单击，在其快捷菜单中选择"表格属性"命令，在弹出的"表格属性"对话框中选择"行"选项，并设置其尺寸为固定值 1 厘米，如图 3-20 所示，然后单击"确定"按钮。

要求6 绘制斜线表头。

（1）将光标定位在表格左上角第一个单元格，选择"开始"菜单"段落"功能组中的"边框"选项，在其下拉菜单中选择"斜下框线"选项，即可绘制如图 3-21 所示的斜线表头。

图 3-20 "插入表格"对话框　　　　　图 3-21 "斜线表头"绘制

（2）选中上述斜线表头的上方单元格，输入文字"星期"；然后按 Enter 键在下方单元格输入文字"节数"，文字格式设置为宋体、小四号、加粗，文字位置可运用空格键进行调整。除了上述文字输入方法之外，也可考虑运用文本框进行文字输入，可更为精确的定位文字位置。

要求7 美化表格：将表格设置为上粗下细样式的线型、3 磅、绿色的外边框；内部线条为默认设置；第一行的下边框设置为虚线、3 磅、绿色；第一行设置为颜色为"绿色、个性色 6、淡色 80%"，样式为"5%"，颜色"自动"的底纹。

（1）将光标定位在表格中的任意单元格，单击"开始"菜单"段落"功能组中的"边框"选项，在其下拉菜单中选择"边框和底纹"命令，打开"边框和底纹"对话框，在该对话框中选择"边框"选项，在左侧"设置"区域选择"自定义"，样式为"上粗下细"，颜色为"绿色"、粗细为"3 磅"，然后在右侧的预览区域分别点击表格的四个边框，应用范围为"表格"，如图 3-22 所示，即可完成表格外边框的设置，内部边框线保持默认。

（2）选中第一行单元格，单击"开始"菜单"段落"功能组中的"边框"选项，在其下拉菜单中选择"边框和底纹"命令，打开"边框和底纹"对话框，在该对话框中选择"边框"选项，在左侧"设置"区域选择"自定义"，样式为"虚线"，颜色为"绿色"、粗细为"3 磅"，然后在右侧的预览区域单击第一行单元格的下边框，应用范围为"单元格"，如图 3-23 所示，即可完成第一行单元格下边框的设置。

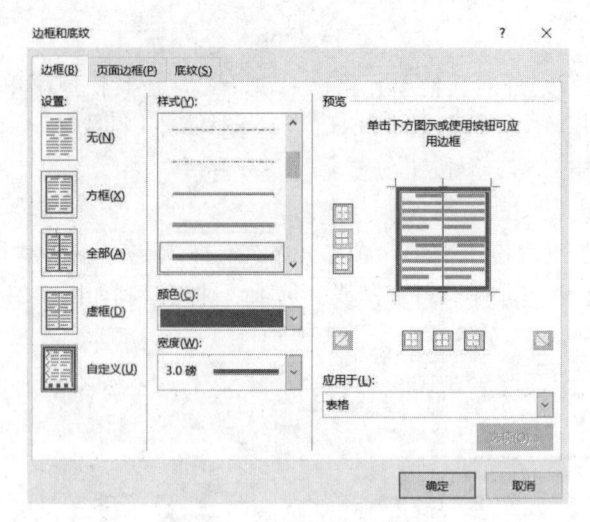

图 3-22 "外边框"设置

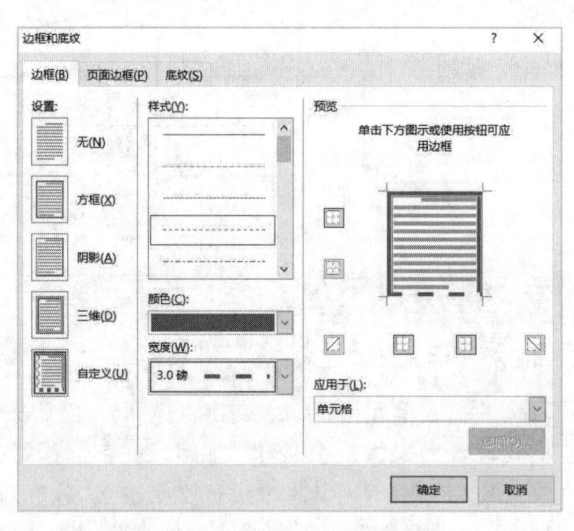

图 3-23 "单元格下边框"设置

（3）选中第一行单元格，单击"开始"菜单"段落"功能组中的"边框"选项，在其下拉菜单中选择"边框和底纹"命令，打开"边框和底纹"对话框，在该对话框中选择"底纹"选项，填充为"绿色、个性色 6、淡色 80%"，图案样式为"5%"，颜色"自动"，应用于"单元格"，如图 3-24 所示，然后单击"确定"按钮即可。

要求 8 文字格式设置：表格中第一行单元格的文字设置为宋体、小四、加粗；左侧的"上午""下午"设置为黑体、三号、加粗；其他单元格的文字设置为宋体、小四；表格中除了斜线表头的内容之外，其他内容在单元格均设置为水平、垂直居中。

选中表格中第一行除斜线表头之外的单元格，在"开始"菜单"字体"功能组中设置字体为宋体、小四、加粗；选择"表格工具"菜单"布局"选项"对齐方式"功能组中的"水平居中"按钮，如图 3-25 所示，即可完成文字在单元格中的水平、垂直居中对齐。选中左侧的"上午""下午"用上述同样的设置为黑体、三号、加粗。其他的单元格文字格式和对齐方式设置同上，此处不再赘述。

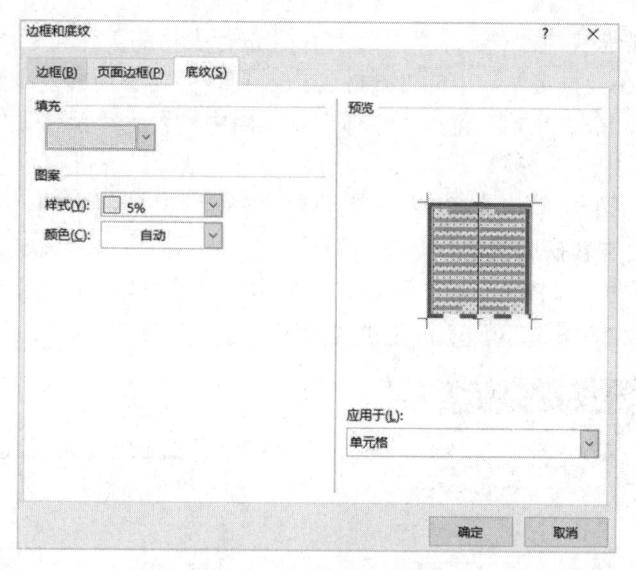

图 3-24 "底纹"设置

图 3-25 "居中对齐"设置

要求9 将表格根据窗口自动进行调整。

单击表格左上角的"四向按钮"选中整个表格,选择"表格工具"菜单"布局"选项中"单元格大小"功能组中的"自动调整表格"命令,在其下拉菜单中选择"根据窗口自动调整表格"选项即可。

课程表的制作效果如图 3-26 所示。

计算机应用 1 班课程表

时间	星期	星期一	星期二	星期三	星期四	星期五
上午	第一节	信息技术	网络安全	大学英语	人工智能	数据分析
	第二节	信息技术	网络安全	大学英语	人工智能	数据分析
	第三节	C语言	上机	Python 程序	上机	大学语文
	第四节	C语言		Python 程序		大学语文
下午	第五节	上机	操作系统	上机	高等数学	
	第六节		操作系统		高等数学	
	第七节	职业素养	体育	心理健康	法律	

图 3-26 "课程表"效果图

任务 3 课程表制作 41

要求 10 参照样张完成"作息表"的制作，并进行表格的美化设置。

（1）打开任务 3 素材文件夹中的"素材 3-1.docx"，并将其内容复制到课程表之下。选中标题文字"作息表"，在"开始"菜单"字体"功能组中设置为"黑体""小二"，在"段落"功能组中设置为"居中"对齐。

（2）选中标题下的文本，选择"插入"菜单"表格"功能组中的"表格"选项，在其下拉菜单中选择"将文本转换成表格"命令，如图 3-27 所示，单击"确定"按钮，弹出"将文本转换成表格"对话框，在该对话框中可以看到根据文字内容自动确定的行、列数，文字分隔位置选择"制表符"，如图 3-28 所示，单击"确定"按钮即可完成由文字到表格的转换。

图 3-27 "文本转换成表格"命令　　　　图 3-28 "参数"设置

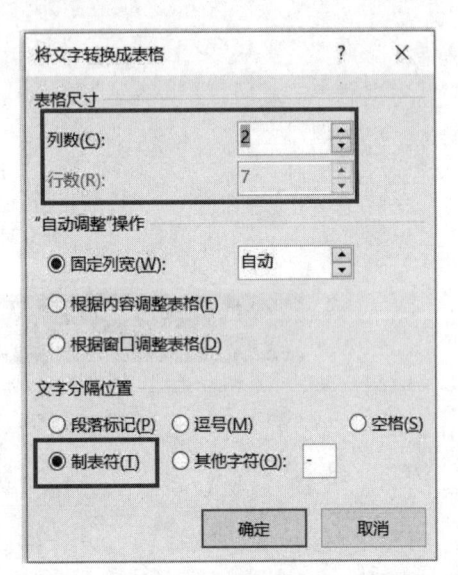

（3）选中表格，在"表格工具"菜单"设计"选项的"表格样式"功能组中选择"网格表 5 深色-着色 5"样式，如图 3-29 所示，即可完成表格样式的添加。

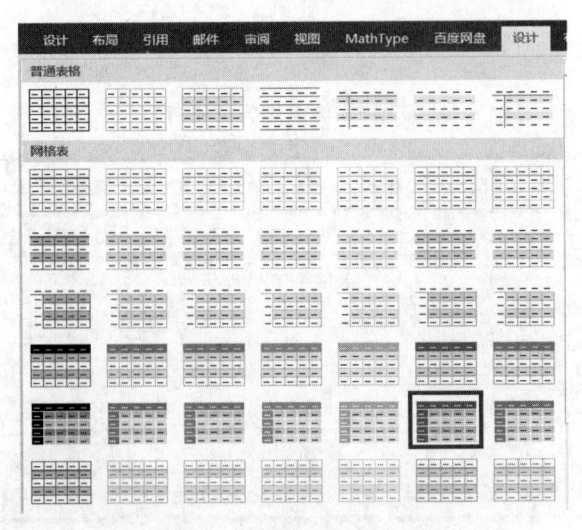

图 3-29 "表格样式"设置

（4）选中表格的所有单元格，在"表格工具"菜单"布局"选项的"对齐方式"功能组中选择"水平居中"按钮，设置文字在单元格中水平、垂直居中对齐。

（5）单击表格左上角的"四向按钮"选中整个表格，选择"表格工具"菜单"布局"选项下的"单元格大小"功能组，单击其中的"自动调整表格"命令，在其下拉菜单中选择"根据内容自动调整表格"选项即可调整表格的宽度。单击"开始"菜单"段落"功能组中的"居中"对齐，即可将表格居中对齐。

这样作息表也制作完成，任务3整体效果如图3-30所示。

计算机应用1班课程表

时间 \ 星期	星期一	星期二	星期三	星期四	星期五
上午 第一节	信息技术	网络安全	大学英语	人工智能	数据分析
上午 第二节	信息技术	网络安全	大学英语	人工智能	数据分析
上午 第三节	C语言	上机	Python程序	上机	大学语文
上午 第四节	C语言	上机	Python程序	上机	大学语文
下午 第五节	上机	操作系统	上机	高等数学	
下午 第六节	上机	操作系统	上机	高等数学	
下午 第七节	职业素养	体育	心理健康	法律	

作息表

第一节	8:30-9:10
第二节	9:20-10:00
第三节	10:10-10:50
第四节	11:00-11:40
第五节	13:00-13:40
第六节	13:50-14:30
第七节	14:40-15:20

图3-30 任务3 整体效果图

3.4 思考与实训

【问题思考】

（1）斜线表头如何制作？

（2）如何将文本转换成表格？

（3）表格的美化设置包括哪些？

【实训案例】

新建文档，根据所学知识制作如图3-31所示的课程表。

五年级 2 班课程表

	时间	星期一	星期二	星期三	星期四	星期五
上午	第 1 节	数学	语文	数学	语文	英语
	第 2 节	数学	语文	数学	语文	英语
	课间休息					
	第 3 节	语文	数学	语文	数学	语文
	第 4 节	自习	美术	自习	体育	自习
下午	第 5 节	美术	书法	音乐	作文	法制
	第 6 节	科学	自习	体育	美术	科学
	第 7 节	自习	音乐	书法	自习	自习

图 3-30　实训案例效果

（1）标题设置为宋体、二号，加粗、居中显示、段后 1 行；为标题文字设置"橙色、个性色 2"、图案为"样式 5%"，图案颜色为"橙色、个性色 2、淡色 80%"的底纹。

（2）参照样张添加 9 行、7 列的表格，正确合并单元格。

（3）参照样张输入文字，文字为宋体、小四。

（4）为表格设置表格样式为"网格表 4-着色 6"。

（5）设置所有文字在单元格中水平、垂直均居中。

任务 4 公示文的排版

4.1 任务描述

公示是一种常见的应用文文体,它事先预告群众周知,用以征询意见、改善工作。一个完整的公示应由标题、正文和落款三个部分组成。毕业季期间,某高校为激励广大学生勤奋学习、努力进取,进行了校级优秀毕业生的评选活动,现需将结果公示,因此需要根据如下要求制作一份公示文:

要求1 打开素材文件夹"任务 4"中的"素材 4-1.docx",并以"公示.docx"命名另存在 D 盘根目录下,后续操作均基于此文件。

要求2 标题:一般为"公示"或者"关于 XXXXX 的公示"。字体为黑体、二号、加粗、居中对齐,段前、段后各 1 行。

要求3 正文:

(1)进行公示的原因。字体为宋体、小四号、首行缩进 2 个字符、1.25 倍行距。将文本中所有的"工"字替换为"公"字。

(2)事物的基本情况。例如本任务中要包括有关人员的姓名、性别、学号等基本信息,并且将以上信息放在表格中。表格标题为黑体、四号、居中、加粗;表格内容为宋体、小四号、水平垂直均居中。

(3)公示的起始及截止日期(以工作日计)、意见反馈单位地址及联系方式。字体为宋体、小四号、1.25 倍行距,并与表格有一行的间距。

要求4 落款:发布公示的单位名称、发布时间。字体为宋体、小四号、1.25 倍行距、右对齐,并与正文保持合适的距离。

要求5 主题(非必需):可以根据需要为文档设置合理的主题。

要求6 保存文档。

4.2 相关考点

4.2.1 查找、替换及保存文本

在长文档中要查找或替换某个内容时,可以运用 Word 2016 中的查找、替换功能。单击"开始"菜单"编辑"功能组,在其中可以看到"查找""替换"选项,如图 4-1 所示。

图 4-1 "查找""替换"选项

例如，将图 4-2 所示的 Internet 改为中文"互联网"，并修改格式为红色、加粗、突出显示。

> Internet 又称为因特网。Internet 应用非常广泛，目前社会生活中人们都要用到 Internet，它已成为人们的生活中不可或缺的一部分。

图 4-2 原文档

将光标定位在段首，单击"开始"菜单"编辑"功能组中的"替换"选项，弹出"查找和替换"对话框，在"查找内容"文本框输入 Internet，在"替换为"文本框输入"互联网"，并单击左下角的"格式"按钮，选择其中的"字体"命令，在打开的"字体"对话框中设置字体为红色、加粗后，单击"突出显示"命令，如图 4-3 所示，即可完成替换效果，如图 4-4 所示。

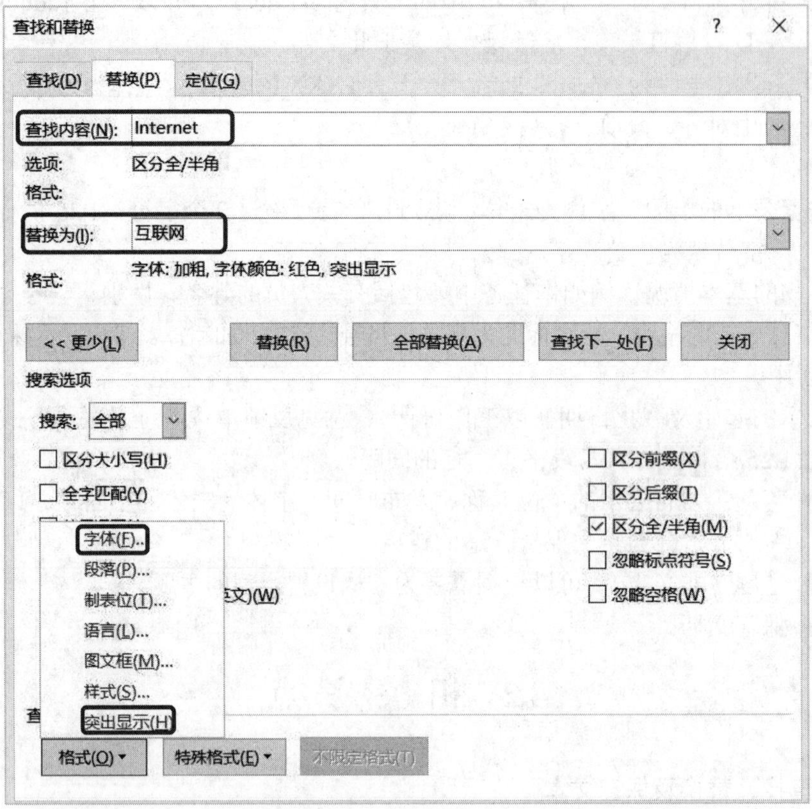

图 4-3 "查找和替换"对话框

互联网又称为因特网。互联网应用非常广泛，目前社会生活中人们都要用到互联网，它已成为人们的生活中不可或缺的一部分。

图 4-4 替换效果

4.2.2 特殊字符、特殊格式与通配符

1. 特殊字符

在 Word 文档编辑中，会出现一些特殊字符，如版权符号©、注册符号®等。单击"插入"菜单"符号"功能组"符号"选项，在其下拉菜单中单击"其他符号"命令，弹出"符号"对话框，在其中选择"特殊字符"选项卡即可，如图 4-5 所示。

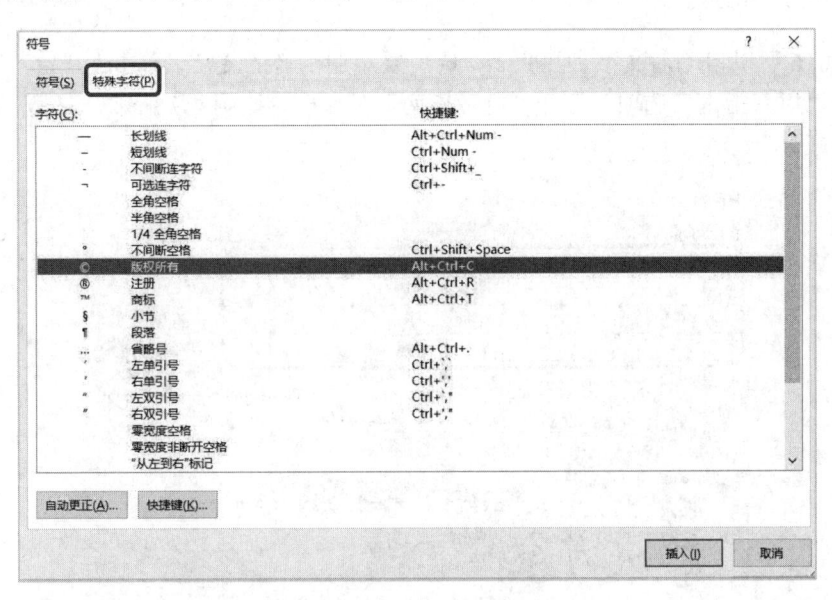

图 4-5 "特殊字符"选项卡

2. 特殊格式

"首字下沉"是文档中的一种特殊格式，可以起到点睛之笔的作用。单击"插入"菜单"文本"功能组"首字下沉"命令，在其下拉菜单中单击"首字下沉"命令，弹出"首字下沉"对话框，如图 4-6 所示。

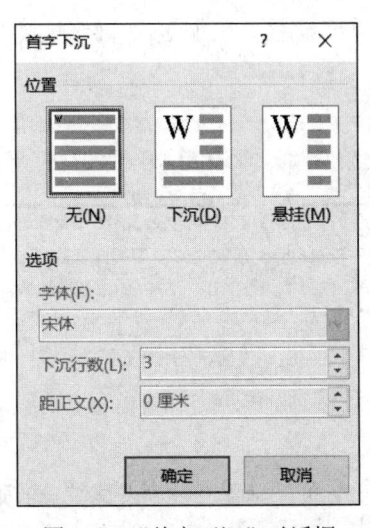

图 4-6 "首字下沉"对话框

3. 通配符

通配符是一种特殊语句，在进行文件搜索时可以选择用"通配符"来代替一个或多个真正的字符，主要有星号（*）和问号（？）。

（1）星号（*）：代表任意单个字符，如输入"*花"就可以找到"红花""紫花"等。

（2）问号（？）：代表任意多个字符，如输入"？花"就可能出到"黄花""百合花"等。

4.2.3 拼音指南

Word 2016 可以自动对文字加注拼音，选中要添加拼音的文字，单击"开始"菜单"字体"功能组中的"拼音指南"选项，打开"拼音指南"对话框，如图 4-7 所示，在其中可看到拼音已经添加完成。

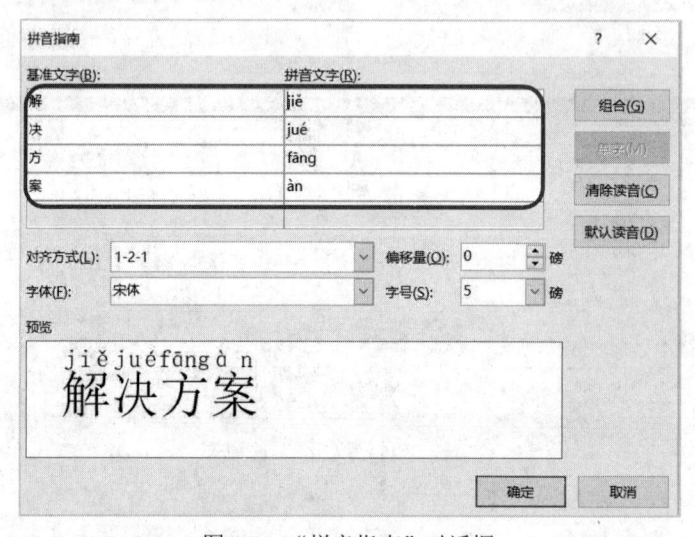

图 4-7　"拼音指南"对话框

4.2.4 设置段落缩进

在"段落"对话框中可以通过设置"左缩进""右缩进"实现段落的一种特殊效果，如图 4-8 所示。

图 4-8　"左、右缩进"效果图

4.2.5 调整文字方向

在"页面设置"对话框中可以通过设置"文档网格"选项卡中的"文字排列"来改变文字的方向，如图 4-9 所示。

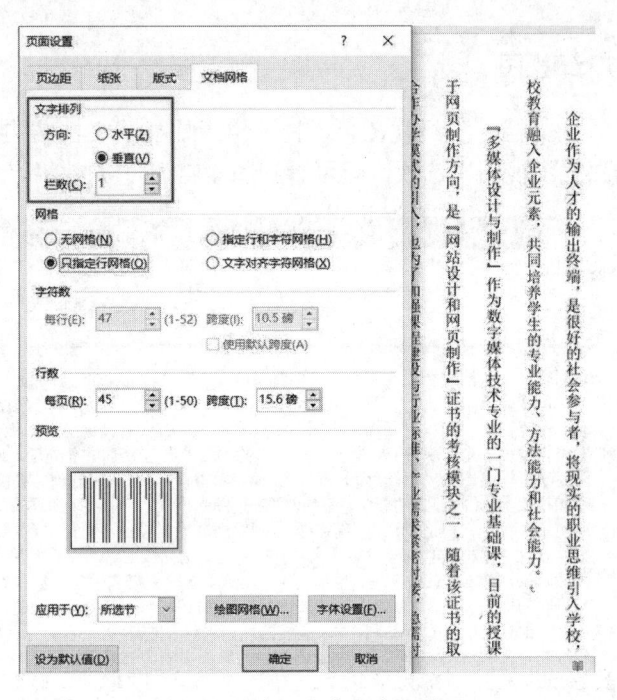

图 4-9 改变"文字方向"效果

4.2.6 使用主题调整文档外观

使用主题可以快速调整文档的整体外观。主题主要包括字体、字体颜色和图形对象的效果，单击"设计"菜单"文档格式"功能组中的"主题"选项，在其下拉菜单中可以看到多种主题样式，选择其中一种即可，如图 4-10 所示。

图 4-10 "主题"设置

任务 4 公示文的排版

4.2.7 导航栏与大纲视图

对于一篇篇幅较长的文档，大纲视图可以快速清晰地显示文档结构。单击"视图"菜单"视图"功能组中的"大纲视图"选项，即可看到图4-11所示的效果。

图4-11 "大纲视图"效果

4.2.8 文档分页及分节

在文档编辑过程中，通常情况下当文档内容充满一页时，Word 2016会自动转到新的一页，如果有特殊情况，也可手动添加分页符，对文档强制分页。

单击"插入"菜单"页面"功能组中的"分页"选项，如图4-12所示，即可完成文档的强制分页。

图4-12 "分页"选项

4.2.9 设置文档页眉与页脚

页眉位于上页边距的上方，常见的页眉内容是显示文档的核心主题或章节标题。页脚位于下页边距的下方，常见的页脚内容是用于显示页码等相关信息。

单击"插入"菜单"页眉和页脚"功能组"页眉"选项，在其下拉菜单中会显示内置的页眉，如图4-13所示。同样的，单击"页脚"选项，在其下拉菜单中会显示内置的页脚，根据文档要求选择合适的页眉、页脚类型即可。

图 4-13 "页眉"选项

4.3 任务实施

要求 1 打开素材文件夹"任务 4"中的"素材 4-1.docx",并以"公示.docx"命名另存在 D 盘根目录下,后续操作均基于此文件。

双击打开素材文件夹"任务 4"中的"素材 4-1.docx",单击"文件"菜单"另存为"命令,保存路径选择 D 盘根目录,文件名设置为"公示",然后单击"保存"按钮即可。

要求 2 标题:一般为"公示"或者"关于 XXXXX 的公示"。字体为黑体、二号、加粗、居中对齐,段前、段后各 1 行。

选中标题文字"关于 2021—2022 学年 XXXX 学院优秀毕业生公示",在"开始"菜单"字体"功能组中设置字体为黑体、二号、加粗显示;在"开始"菜单"段落"功能组中设置对齐方式为"居中"、段前 1 行、段后 1 行,如图 4-14 所示。

关于 2021-2022 学年 XXXX 学院优秀毕业生公示

图 4-14 "标题"效果

要求 3 正文:

(1)进行公示的原因。字体为:宋体、小四号、首行缩进 2 个字符、1.25 倍行距。将文本中所有的"工"字替换为"公"字。

选中文档的第一段文字"为激励广大学生勤奋学习……，现将获奖学生名单进行公示。"在"开始"菜单"字体"功能组中，设置字体为宋体、小四号。在"开始"菜单"段落"功能组中，设置首行缩进为2个字符，行距为1.25倍。

将光标定位在段首，单击"开始"菜单"编辑"功能组中的"替换"选项，在弹出的"查找和替换"对话框中，设置参数如图4-15所示，参数设置完毕后，单击"全部替换"按钮即可。

图4-15 "查找和替换"对话框

（2）事物的基本情况。例如本任务中要包括有关人员的姓名、性别、学号等基本信息，并且将以上信息放在表格中。表格标题为黑体、四号、居中、加粗。表格内容为宋体、小四号、水平垂直均居中。

选中文字"2021—2022学年XXXX学院优秀毕业生名单公示"，在"开始"菜单"字体"功能组中设置字体为黑体、四号、加粗。在"开始"菜单"段落"功能组中设置对齐方式为居中对齐。

选中"序号""姓名""性别""学号"及其具体内容，单击"插入"菜单"表格"功能组"表格"选项，在其下拉菜单中单击"文本转换成表格"命令，在弹出的"文本转换成表格"对话框中设置表格行数、列数为3行、4列，分隔符为"逗号"，然后单击"确定"按钮即可。

用鼠标拖选所有单元格，将字体设置为宋体、小四号，然后单击"表格工具"菜单"布局"选项，在"对齐方式"功能组中设置对齐方式为"水平居中"，即可将单元格中的内容设置为水平、垂直均居中，效果如图4-16所示。

（3）公示的起始及截止日期（以工作日计）、意见反馈单位地址及联系方式。字体为华文仿宋、小四号、1.25倍行距，并与表格有一行的间距。

选中"对公示存有异议的同学，请到学生处（办公楼503办公室）王XX老师处反映。"在"开始"菜单"字体"功能组中设置字体为华文仿宋、小四号。在"开始"菜单"段落"功能组中设置其段前 1 行，行距为 1.25 倍。

2021-2022 学年
XXXX 学院
优秀毕业生名单公示

序号	姓名	性别	学号
202206001	郑怡	女	109■■04
202206012	王崴	男	109■■26

图 4-16 "表格"效果图

选中"公示时间：6 月 11 日—6 月 15 日"，在"开始"菜单"字体"功能组中设置字体为宋体、小四号；在"开始"菜单"段落"功能组中设置其行距为 1.25 倍。

要求 4　落款：发布公示的单位名称、发布时间。字体为宋体、小四号、1.25 倍行距、右对齐，并与正文保持合适的距离。

选中"XXXX 学院"，在"开始"菜单"字体"功能组中设置字体为宋体、小四号。在"开始"菜单"段落"功能组中设置对齐方式为右对齐，段前间距为 3 行，行距为 1.25 倍。

选中"二〇二二年六月十日"，在"开始"菜单"字体"功能组中设置字体为宋体、小四号。在"开始"菜单"段落"功能组中设置对齐方式为右对齐、1.25 倍行距。

要求 5　主题（非必需）：可以根据需要为文档设置合理的主题。

将光标定位在文档中，在"设计"菜单"文档格式"功能组中单击"主题"选项，在其下拉菜单中选择"积分"主题，如图 4-17 所示。

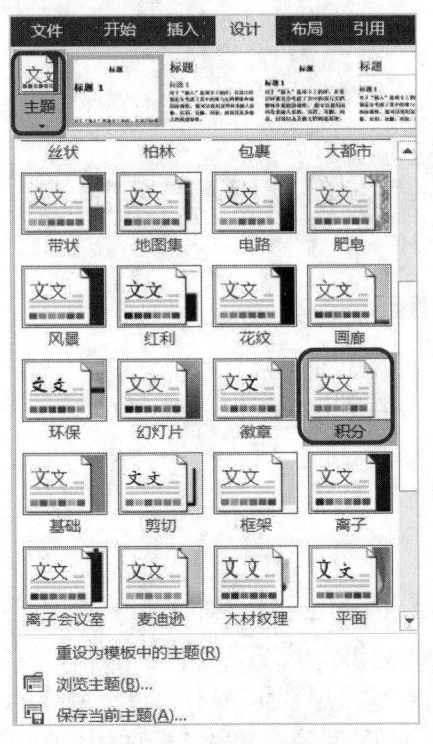

图 4-17 "主题"设置

任务 4　公示文的排版

要求6 保存文档。

最后保存文档，至此，整个公示文档就制作完成了，最终效果如图 4-18 所示。

关于 2021-2022 学年 XXXX 学院优秀毕业生
公示

为激励广大学生勤奋学习，努力进取，根据《XXXX 学生手册-学生服务篇》XXXX 学院关于优秀毕业生的评审办法，秉着公平、公正、公开的原则，严格按照程序进行评审，现将获奖学生名单进行公示。

2021-2022 学年
XXXX 学院
优秀毕业生名单公示

序号	姓名	性别	学号
202206001	郑怡	女	109320504
202206012	王戬	男	109320826

对公示存有异议的同学，请到学生处（办公楼 503 办公室）王 XX 老师处反映。

公示时间：6 月 11 日-6 月 15 日

XXXX 学院
二〇二二年六月十日

图 4-18 "公示"最终效果

4.4 思考与实训

【问题思考】

（1）公示文的基本结构包含几部分？
（2）将文本转换成表格最容易出错的地方是哪里？
（3）如何添加文档主题？
（4）如何强制生成新的一页？

【实训案例】

新建文档，根据所学内容制作图 4-19 所示的公示。
（1）标题设置：文字设置为黑体、二号、加粗，段前、段后各 1 行。
（2）第一段文字设置为宋体、小四号，首行缩进 2 字符、1.5 倍行距。
（3）按照案例插入表格并输入内容，文字设置为宋体、小四号，并在单元格中水平、垂直均居中。

（4）表格下方的段落文字设置为宋体、小四号，首行缩进2字符、1.5倍行距。

（5）公示单位与日期设置为宋体、小四号，右对齐、1.5倍行距；公示单位段前3行。

关于拟新增医保定点医疗机构名单的公示

根据国家及本市定点医药机构协议管理的有关规定，经市、区两级医保经办机构组织评估，拟将以下2家医疗机构纳入医保定点，现公示如下：

序号	医疗机构名称	地址
1	XX市XX区医疗急救中心	XX市XX区XX村8号
2	XXXX康复医院	XX市XX区XX路12号6号楼

公示期自即日起7天，即6月5日至6月11日。凡对上述公示内容有异议者，致电咨询电话XXXXX。

XX市医疗保险事业管理中心

2022年6月5日

图4-19　案例效果

任务 5　长篇文档编辑排版 1——论文

5.1　任务描述

小张是今年高校毕业生，毕业前学校要求完成一篇毕业论文，毕业论文作为申请学位时评审用的学术论文，包括多个图、表、多级标题等元素，是某种已知原理应用于实际，并取得新进展的科学总结。因此毕业论文要科学、严谨地表达课题研究的结果，必须有严格、规范的格式。现需小张按照如下要求完成毕业论文的排版：

要求 1　打开"任务 5"文件夹中的"素材 5-1.docx"，以文件名"论文.docx"另存在 D 盘根目录下，后续操作均基于此文件。

要求 2　页面设置：论文用纸规格为 A4，页面上边距和左边距分别为 3 厘米，下边距和右边距分别为 2.5 厘米。

要求 3　论文题目和正文内容的格式设置。

要求 4　标题样式设置："标题 1"的格式为黑体、三号、居中、单倍行距、段前段后 1 行；"标题 2"的格式为黑体、小三号、左对齐、单倍行距、段前段后 0.5 行；"标题 3"的格式为黑体、四号、左对齐、单倍行距、段前段后 0.5 行。

要求 5　参照案例编辑公式。

要求 6　参照案例为图自动编号。

要求 7　交叉引用，首先要制作书签，其次要引用书签。

要求 8　设置页眉、页脚。页脚需要设置页码，页码从正文第一页开始编写，用阿拉伯数字编排，正文以前的页码用罗马数字，一律居中；页眉奇数页为论文题目，偶数页为学校名称"××××职业学校"。

要求 9　自动生成目录。

5.2　相关考点

5.2.1　同类选择功能

选中文本内容，单击"开始"菜单"编辑"功能组中的"选择"选项，在其下拉菜单中单击"所有格式类似的文本"命令。或者利用查找和替换功能选中文本，按 Ctrl+H 组合键打开"查找和替换"对话框，选择"查找"选项卡，并输入想要的格式，比如查找红色字体，之后在"以下选项中查找"中选择"当前所选内容"命令。

5.2.2 公式编辑环境

Math Type 是强大的数学公式编辑器，可以在各种文档中插入复杂的数学公式和符号，是编辑数学资料的得力工具。首先下载并安装 Math Type，需要将该编辑器作为插件加入 Word 等文字编辑软件中，因此要先关闭文字处理软件如 Word 2016 再进行安装。

安装完成后，将在 Word 中自动添加 Math Type 选项，通过此选项卡的各个项目可以完成复杂公式的编辑。

5.2.3 常用公式库管理

Word 2016 也可以用自带的公式编辑器编写公式不太复杂的公式，单击"插入"菜单"符号"功能组"公式"选项 π公式 ，即可插入公式。

5.2.4 为表格或图片插入题注

首先选中需要设置编号的图，然后单击"引用"菜单"题注"功能组"插入题注"选项，打开"题注"对话框，单击"编号"按钮，将编号设置为阿拉伯数字，位置为所选项目下方，因为预设标签里没有"图 1-"的标签，需要单击"新建标签"按钮，在"新建标签"对话框中的"标签"文本框中输入"图 1-"。

5.2.5 交叉引用

1. 制作书签

首先选中题注中的文字，单击"插入"菜单"书签"选项，在"书签名"文本框中输入"书签名"（注意：不能有"数字""点""空格"，否则无法成功添加书签），单击"添加"命令，这样就把题注文字做成了一个书签。

2. 引用书签

将光标定位在插入的地方，单击"插入"菜单"引用"功能组中的"交叉引用"选项，打开"交叉引用"对话框。将"引用类型"设置为"书签"，"引用内容"设置为"书签文字"，选择刚才键入的书签名。单击"插入"按钮，将文字插入到光标所在的地方，在其他地方直接插入该书签的交叉引用即可再次引用该标签。

5.2.6 在文档中添加引用内容

选中需要进行注释或者引用的内容，单击"引用"菜单"脚注"功能组"插入尾注"选项后，尾注出现在文档的末尾。尾注是进行引用说明的，输入引用的话语来源，或者需要解释的话语后再回到引用的那句话，会发现末尾有一个罗马数字标志，将鼠标移到上面就会出现引用的文字部分的注释内容。

5.3 任务实施

要求1 打开"任务 5"文件夹中的"素材 5-1.docx"，以文件名"论文.docx"另存在 D 盘根目录下，后续操作均基于此文件。

双击打开"任务 5"文件夹中的"素材 5-1.docx",然后单击"文件"菜单"另存为"命令,保存路径选择 D 盘根目录,文件名设置为"论文",单击"保存"按钮即可。

要求2 页面设置:论文用纸规格为 A4,页面上边距和左边距分别为 3 厘米,下边距和右边距分别为 2.5 厘米。

单击"布局"菜单"页面设置"功能组"纸张大小"选项,在其下拉菜单中选择"A4 纸"。在"页面设置"功能组中单击"页边距"选项,在其下拉菜单中选择"自定义边距"命令,弹出"页面设置"对话框,在该对话框中设置上边距和左边距分别为 3 厘米,下边距和右边距分别为 2.5 厘米,如图 5-1 所示。

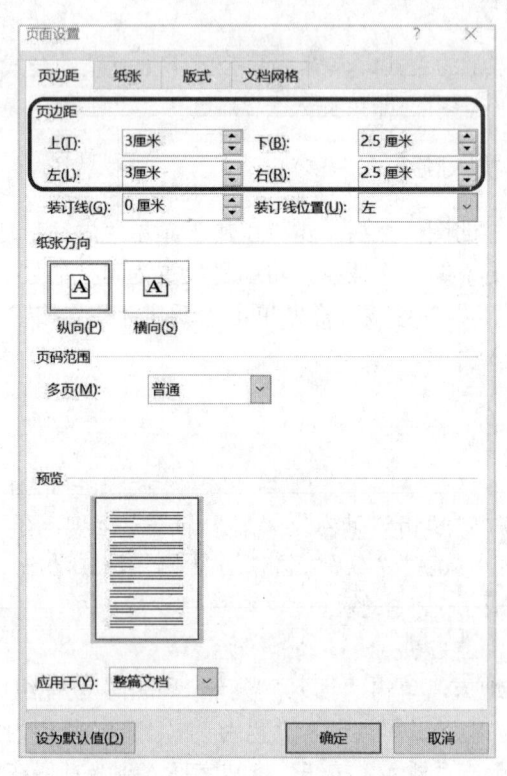

图 5-1 "页面设置"对话框

要求3 论文题目和正文内容的格式设置。

选中论文题目"校企合作下'多媒体设计与制作'课程建设思索",在"开始"菜单"字体"功能组中设置字体格式为黑体、小二号,在"段落"功能组中设置段落对齐方式为居中对齐、段前段后间距为 1 行、行距为 1.5 倍行距。

选中第一段正文内容"企业作为人才的输出终端……社会能力。",在"开始"菜单"字体"功能组中设置字体格式为宋体、小四号,在"段落"功能组中设置段落对齐方式为两端对齐、首行缩进 2 个字符,行距为 1.5 倍行距。

要求4 标题样式设置:"标题 1"的格式为黑体、三号、居中、单倍行距、段前段后 1 行;"标题 2"的格式为黑体、小三号、左对齐、单倍行距、段前段后 0.5 行;"标题 3"的格式为黑体、四号、左对齐、单倍行距、段前段后 0.5 行。

(1)"标题 1"样式设置。单击"开始"菜单"样式"功能组,选择样式库里的"标题 1"

样式，然后右击，在弹出的快捷菜单中单击"修改"命令打开"修改样式"对话框，如图 5-2 所示，设置为黑体、三号。

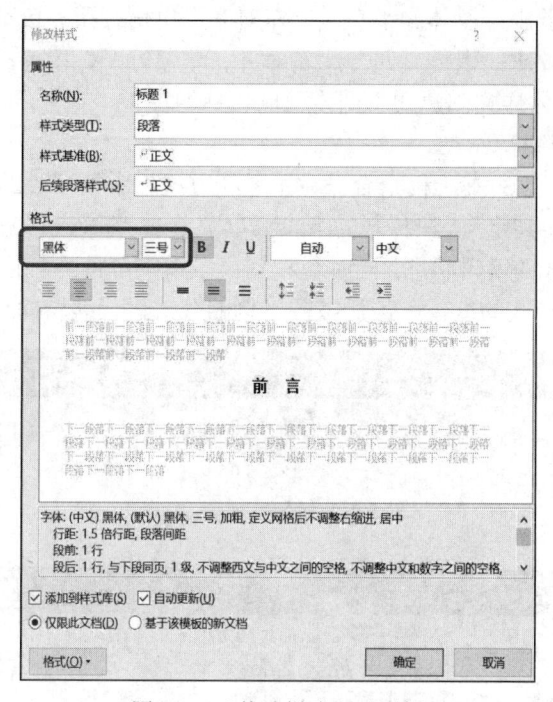

图 5-2 "修改样式"对话框

单击对话框左下角的"格式"按钮，在其下拉菜单中单击"段落"命令打开"段落"对话框，如图 5-3 所示。设置对齐方式为"居中"、行距为"单倍行距"、段前段后各为"1 行"，大纲级别设置为"1 级"，方便后续生成目录。

图 5-3 设置段落

选中"0 引言"，单击"开始"菜单"样式"功能组中的"标题 1"选项，即可将其设置为

任务 5 长篇文档编辑排版 1——论文

"标题1"的格式,后续其他一级标题的内容设置同上。

(2)"标题2"和"标题3"样式设置。

"标题2"的样式要求:黑体、小三号、左对齐、单倍行距、段前段后 0.5 行。

"标题3"的样式要求:黑体、四号、左对齐、单倍行距、段前段后 0.5 行。

以上两种标题的具体样式创建和引用步骤同"标题1"。

要求5 参照案例编辑公式。

将光标定位在正文:"3 基于校企合作完善考核方式"中第一段的末尾,单击"插入"菜单"公式"选项,如图 5-4 所示。在打开的下拉菜单中单击"插入新公式"命令,即可出现"公式工具"菜单,进入公式的编辑状态,同时会看到很多系统自带的"工具""符号""结构"等,如图 5-5 所示,以辅助公式的编辑,最后按照案例的公式进行编辑即可。

图 5-4 "插入公式"命令

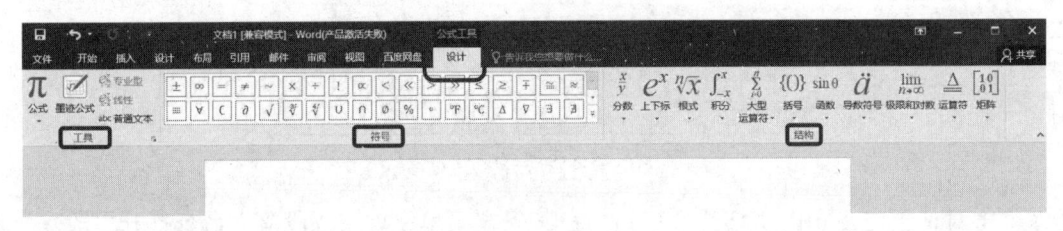

图 5-5 "公式编辑"窗口

要求6 参照案例为图自动编号。

选中"1.1 岗位技能需求分析"段落中的图片。单击"引用"菜单"题注"功能组中的"插入题注"选项,打开"题注"对话框,如图 5-6 所示,位置设置为"所选项目下方","编号"设置为"阿拉伯数字"。因为预设标签里没有"图 1-"的标签,需要单击"新建标签"按钮,在打开的"新建标签"对话框的"标签"文本框中输入"图 1-",如图 5-7 所示。

图 5-6 "题注"对话框　　　　图 5-7 "新建标签"设置

单击"确定"按钮,回到"题注"对话框,即可看到设置好的标签,如图 5-8 所示。再次单击"确定"按钮,图编号就出现在了图的下一行,再手动输入图的文字说明即可。

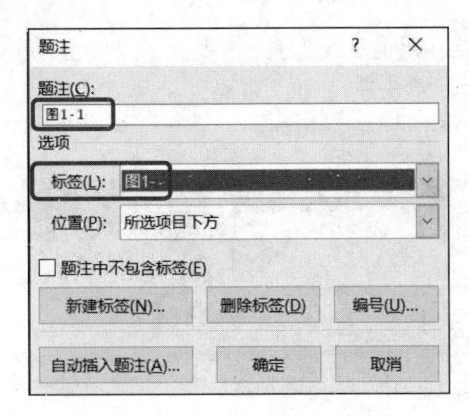

图 5-8 "标签"设置效果

<u>要求7</u> 交叉引用，首先要制作书签，其次要引用书签。

（1）制作书签。为"图 1-1"制作书签，首先，选中题注中的文字"图 1-1"，依次单击"插入"菜单"书签"选项，在"书签"对话框的"书签名"文本框中输入"图 1 杠 1"（注意：不能有"-"和"点"和"空格"，否则无法添加书签成功），单击"添加"按钮，如图 5-9 所示，这样就把题注文字"图 1-1"做成了一个书签。

（2）引用书签。将光标定位在图 1-1 的上方段落"如"字后面，单击"插入"菜单"引用"功能组的"交叉引用"选项，弹出"交叉引用"对话框，如图 5-10 所示。将引用类型设置为"书签"、引用内容设置为"书签文字"，选择刚才键入的书签名"图 1 杠 1"。

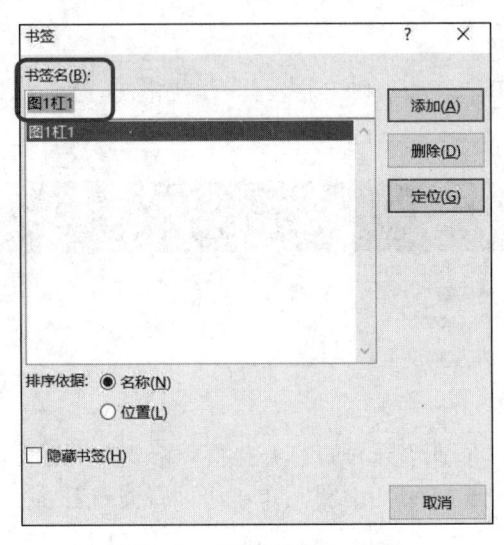

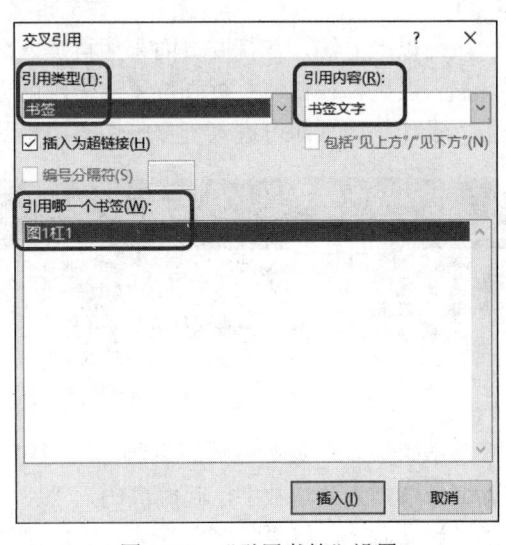

图 5-9 "制作书签"设置　　　　图 5-10 "引用书签"设置

单击"插入"按钮，将文字"图 1-1"插入光标所在的地方，在其他地方直接插入该书签的交叉引用即可再次引用该标签。

<u>要求8</u> 设置页眉、页脚。页脚需要设置页码，页码从正文第一页开始编写，用阿拉伯数字编排，正文以前的页码用罗马数字，一律居中；页眉奇数页为论文题目，偶数页为学校名称"××××职业学校"。

（1）页脚设置。封面无页码；正文以前的页码用罗马数字；正文从第一页开始编号，用

任务 5　长篇文档编辑排版 1——论文　61

阿拉伯数字编排；因此页码要分为三个部分，需要插入 2 个分节符，将论文分成 3 部分。

在光标停留在封面最后，单击左上角"布局"菜单"页面设置"功能组中的"分隔符"选项，在其下拉菜单中单击"分节符"中的"下一页"命令，如图 5-11 所示。

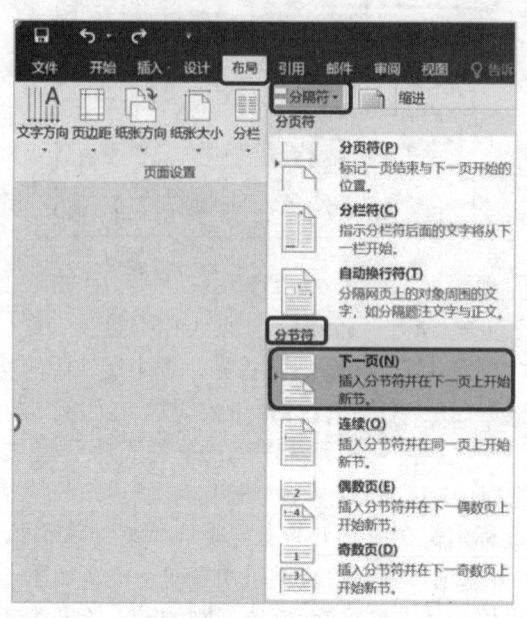

图 5-11　插入"分节符"

按照以上方法，在摘要页面末尾再加入分节符。

插入页码，在摘要页页脚位置双击，就会打开"页眉页脚工具"菜单，如图 5-12 所示，单击"设计"选项即可进入"页脚"的编辑状态。

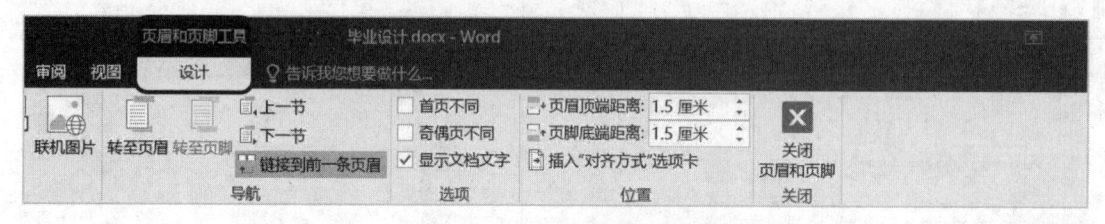

图 5-12　"页眉与页脚"工具

单击"插入"菜单"页眉页脚"功能组中的"页码"选项，打开"页码格式"对话框，设置编号格式为罗马数字，起始页码为"I"，如图 5-13 所示。然后单击"页眉页脚工具"下的"设计"命令，将"导航"功能组中的"链接到前一条页眉"取消勾选。再次单击"插入"菜单"页眉页脚"功能组中的"页码"选项，选择"页面底端"中的"普通数字 2"选项。

为正文添加从"1……"开始的页码。方法同前面一样，在正文起始页的底部双击进入页眉页脚的编辑状态，设置页码格式为阿拉伯数字，起始值为 1；取消勾选"链接到前一条页眉"，并再次单击"插入"菜单中的"页码"选项，选择"页面底端"中的"普通数字 2"选项。

（2）页眉设置。单击"布局"菜单"页面设置"选项，在打开的"页面设置"对话框中选择"版式"选项卡，在"页眉和页脚"模块中将"奇偶页不同"复选框选中，将"预览"模块下方的"应用于"设置为"本节"，如图 5-14 所示。至此，论文的奇偶页页眉就可以单独设置了。

图 5-13　"页码格式"设置　　　　　图 5-14　页面设置

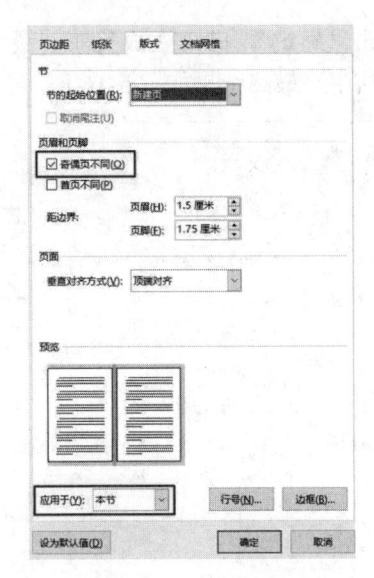

单击"插入"菜单"页眉和页脚"功能组中的"页眉"按钮，在其下拉菜单中选择"空白"型页眉，进入页眉编辑状态。把奇数页页眉设置为论文题目"校企合作下'多媒体设计与制作'课程建设思索"，偶数页页眉设置为学校名称"XXXX 职业学校"。

提示：因奇偶页不同，需要重新插入偶数页的页码，起始页码为"2"。

要求9　自动生成目录。

自动生成目录时，首先需要设置论文的各级大纲的级别。因为前面的标题样式都已设置完毕，此时自动插入目录将会非常地简单。

在封面下方插入一页，将插入点定位在需要创建论文目录的位置，单击"引用"菜单"目录"功能组中的"自定义目录"选项，打开"目录"对话框，选中"目录"选项卡，勾选"显示页码"和"页码右对齐"复选框，"显示级别"设置为3，如图 5-15 所示。

图 5-15　"目录"设置

任务 5　长篇文档编辑排版 1——论文

单击"确定",即可生成目录。最后在生成目录的上方输入文字"目录",设置为黑体、三号、居中,最终结果如图 5-16 所示。

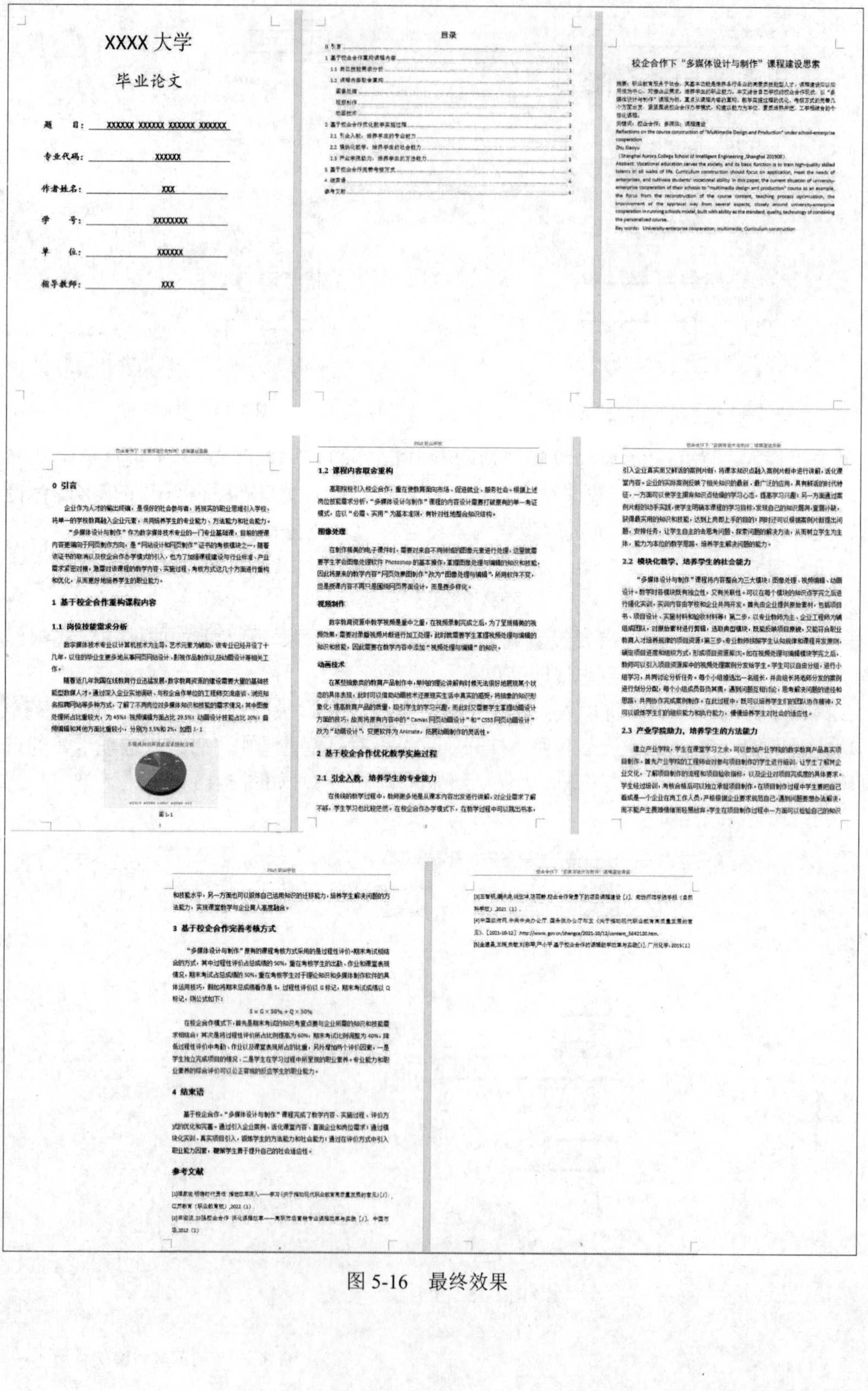

图 5-16 最终效果

5.4　思考与实训

【问题思考】

（1）如何设置标题样式？
（2）如何运用公式编辑器？
（3）如何为图或表格添加题注？
（4）自动生成目录应该注意什么？

【实训案例】

打开"任务 5"文件夹中的素材文件"素材 5-2.docx"，参照图 5-17、图 5-18 所示的案例效果，根据所学知识对素材进行如下排版，并将其以文件名"论文.docx"另存在 D 盘根目录下。

（1）页面设置：纸张大小 A4，上、左边距各为 2.5 厘米，下、右边距各为 2.8 厘米，装订线 1 厘米。

（2）标题格式：黑体、二号、居中、1.5 倍行距；正文格式：宋体、小四号、两端对齐、首行缩进 2 个字符、1.5 倍行距。

（3）各级标题样式：标题 1 样式为宋体、小三号、段前段后 0.5 行、单倍行距、1 级大纲；标题 2 样式宋体、小四号、单倍行距、2 级大纲。

（4）为论文中的表格添加题注，并居中显示。

（5）摘要和目录不添加页码，正文页码设置为阿拉伯数字。

（6）自动生成目录。

图 5-17　案例效果 1

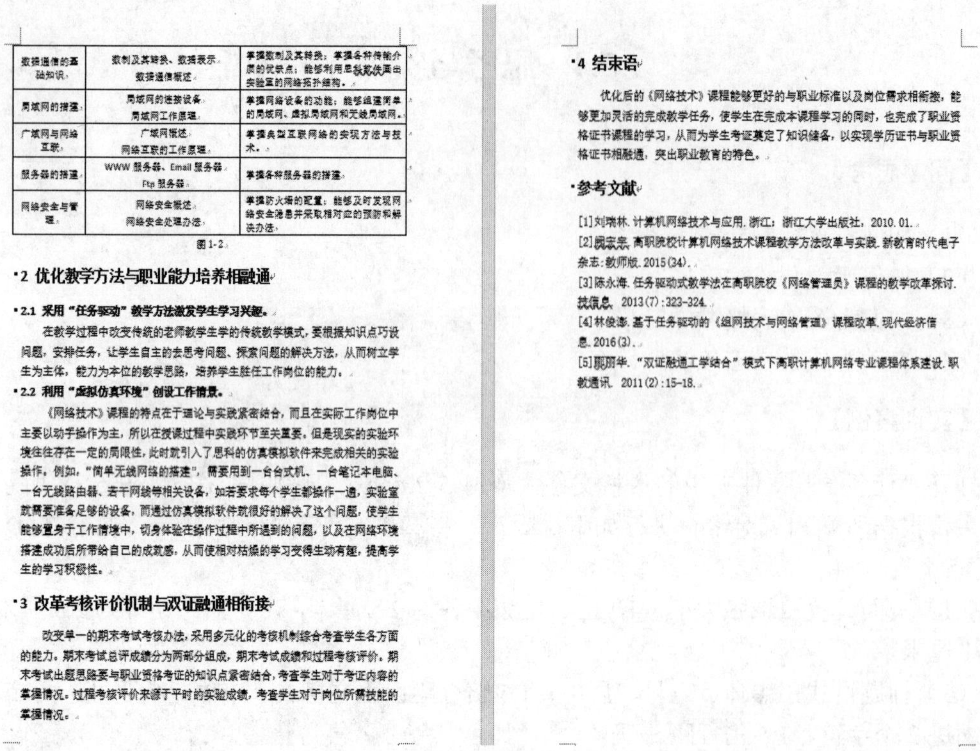

数据通信的基础知识	数制及其转换、数据表示；数据通信概述	掌握数制及其转换；掌握各种传输介质的优缺点；能够利用局域网仿真软件实现仿真工具的网络拓扑结构。
局域网的搭建	局域网的连接设备；局域网工作原理	掌握局域网设备的功能；能够组建简单的局域网、虚拟局域网和交换局域网。
广域网与网络互联	广域网概述；网络互联的工作原理	掌握典型互联网络的实现方法与技术。
服务器的搭建	WWW 服务器、Email 服务器；Ftp 服务器	掌握各种服务器的搭建。
网络安全与管理	网络安全概述；网络安全处理办法	掌握防火墙的配置；能够及时发现网络安全信息并采取相对应的预防和解决办法。

图 1-2

2 优化教学方法与职业能力培养相融通

2.1 采用"任务驱动"教学方法激发学生学习兴趣。

在教学过程中改变传统的老师教学生学的传统教学模式，要根据知识点巧设问题，安排任务，让学生自主的去思考问题、探索问题的解决方法，从而树立学生为主体，能力为本位的教学思路，培养学生胜任工作岗位的能力。

2.2 利用"虚拟仿真环境"创设工作情境。

《网络技术》课程的特点在于理论与实践紧密结合，而且在实际工作岗位中主要以动手操作为主，所以在授课过程中实践环节至关重要，但是现实的实验环境往往存在一定的局限性，此时就引入了思科的仿真模拟软件来完成相关的实验操作。例如，"简单无线网络的搭建"，需要用到一台台式机、一台笔记本电脑、一台无线路由器、若干网线等相关设备，如若要求每个学生都操作一遍，实验室就需要准备足够的设备，而通过仿真模拟软件就很好的解决了这个问题，使学生能够置身于工作情境中，切身体验在操作过程中所遇到的问题，以及在网络环境搭建成功后所带给自己的成就感，从而使相对枯燥的学习变得生动有趣，提高学生的学习积极性。

3 改革考核评价机制与双证融通相衔接

改变单一的期末考试考核办法，采用多元化的考核机制综合考查学生各方面的能力。期末考试总评成绩分为两部分组成，期末考试成绩和过程考核评价。期末考试出题思路要与职业资格证的知识点紧密结合，考查学生对于考证内容的掌握情况。过程考核评价来源于平时的实验成绩，考查学生对于岗位所需技能的掌握情况。

4 结束语

优化后的《网络技术》课程能够更好的与职业标准以及岗位需求相衔接，能够更加灵活的完成教学任务，使学生在完成本课程学习的同时，也完成了职业资格证书课程的学习，从而为学生考证奠定了知识储备，以实现学历证书与职业资格证书相融通，突出职业教育的特色。

参考文献

[1] 刘瑞林. 计算机网络技术与应用. 浙江：浙江大学出版社，2010.01.
[2] 阙实宏. 高职院校计算机网络技术课程教学方法改革与实践. 新教育时代电子杂志：教师版，2015(34).
[3] 陈永海. 任务驱动式教学法在高职院校《网络管理员》课程的教学改革探讨. 找信息，2013(7)：323-324.
[4] 林俊泰. 基于任务驱动的《组网技术与网络管理》课程改革. 现代经济信息，2016(2).
[5] 郁丽华. "双证融通工学结合"模式下高职计算机网络专业课程体系建设. 职教通讯，2011(2)：15-18.

图 5-18　案例效果 2

任务 6　长篇文档编辑排版 2——行业报告

6.1　任务描述

某单位的办公室助理小唐接到经理的指示，要求其提供一份关于区块链产业人才发展方面的行业报告，小唐在网上下载了一份未经整理的网络资料，现需按照以下要求对文档进行整理和排版操作并按照指定的文件名进行保存。

要求 1　打开"任务 6"文件夹中的"素材 6-1.docx"，以文件名"区块链产业人才发展报告.docx"另存在 D 盘根目录下，后续操作均基于此文件。

要求 2　页面设置：对称页边距，上、下边距各为 2.5 厘米，左、右边距各为 2.8 厘米，装订线 1 厘米，纸张大小 A4。

要求 3　参照案例为文档设计"封面"，同时对"序"进行排版，"封面"和"序"必须位于同一节中。

要求 4　运用样式设置文档中的一级标题和二级标题，并参照案例对样式进行适当调整。

要求 5　参照案例设置文档正文部分，宋体、小四号、首行缩进 2 个字符、1.25 倍行距；查找正文"当前，各国政府正在有条不紊地推进区块链产业发展……，交易后结算和监管合规等方面。"两个段落中的"区块链"，并将其设置为红色、加粗、加着重号、突出显示。

要求 6　为正文部分添加"空白型"页眉，内容为资料来源"来源：工业和信息化部人才交流中心"，小五号、居中显示；添加"边线型"页脚，居中显示；"封面"和"序"不显示页眉页脚。

要求 7　在"序"的后面插入自动目录，要求包含标题第一级、第二级及对应页码。

要求 8　将文档"附：预测数据"后面的内容转换成表格，并为表格设置样式，然后将该表格保存到"文档部件库"中；将表格的数据转换成"簇状柱形图"，插入文字"图 1 2018—2023 年全球区块链市场规模预测"的上方。

要求 9　为文档设置文字水印页面背景，文字为"区块链产业人才发展报告"，水印版式为斜式。

6.2　相关考点

6.2.1　文档部件管理器

文档部件是对某一段指定文档内容（文本、图片、表格、段落等文档对象）的保存和重复使用。如在制作某一文档时，会需要加上公司的 logo，但如果每次都要输入文字或者插入 logo 图片，会很耗时，此时即可使用 Word 文档部件的功能来减少重复性的工作。

例如，选中文档中的某些文字，单击"插入"菜单"文本"功能组中的"文档部件"选项，单击其下拉菜单中的"将所选内容保存到文档部件库"命令即可，如图 6-1 所示。在"文档部件"下拉菜单中还有"自动图文集""文档属性""域""构建基块管理器"等几个命令。

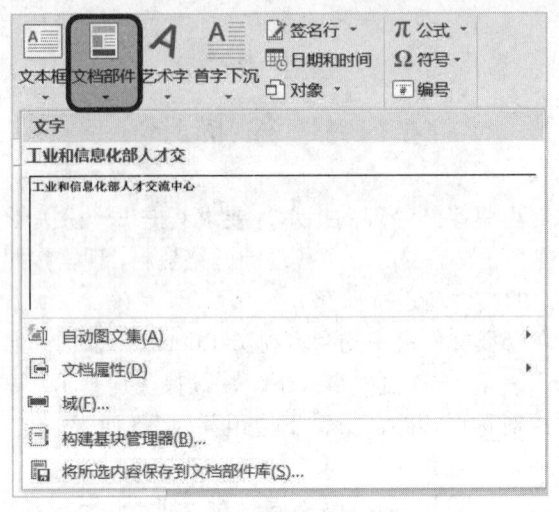

图 6-1　"文档部件"下拉菜单

6.2.2　相关知识复习强化

除了上述知识之外，本任务涉及的"同类选择功能""查找、替换及保存文本""特殊字符、特殊格式与通配符""样式的使用""导航栏与大纲视图""文档的分页与分节""页眉和页脚""目录生成"等知识点在前面已有讲述，同学们可以自行复习强化。

6.3　任务实施

要求 1　打开"任务 6"文件夹中的"素材 6-1.docx"，以文件名"区块链产业人才发展报告.docx"另存在 D 盘根目录下，后续操作均基于此文件。

打开素材文件夹"任务 6"中的文档"素材 6-1.docx"，单击"文件"菜单"另存为"命令，将其命名为"区块链产业人才发展报告"，保存路径选择 D 盘根目录，然后单击"保存"按钮即可。也可以将素材文件"素材 6-1.docx"复制并粘贴到 D 盘根目录，对副本进行重命名。

要求 2　页面设置：对称页边距，上、下边距各为 2.5 厘米，左、右边距各为 2.8 厘米，装订线 1 厘米，纸张大小 A4。

将光标定位在文档中，然后单击"布局"菜单中"页面设置"功能组右下角的"对话启动器"按钮，弹出"页面设置"对话框，然后在"页边距"选项卡中设置参数如图 6-2 所示，在"纸张"选项卡中设置纸张大小如图 6-3 所示。

要求 3　参照案例为文档设计"封面"，同时对"序"进行排版，"封面"和"序"必须位于同一节中。

将光标定位在文档的第一页，单击"插入"菜单"页面"功能组的"封面"选项，在其下拉菜单中选择内置的"怀旧"封面样式，如图 6-4 所示，即可在文档中添加封面样式。在封面中会显示"文档标题""文档副标题"和"封面底部"三部分内容，如图6-5所示。

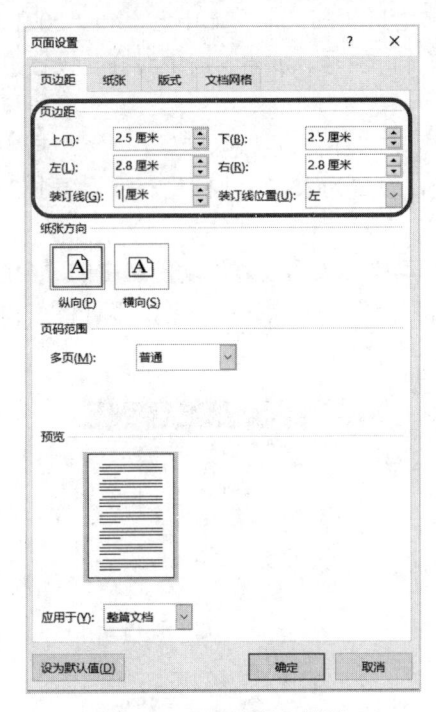

图6-2 "页边距"设置

图6-3 "纸张"设置

图6-4 插入封面

图6-5 "怀旧"封面样式

将文字"区块链产业人才发展报告"复制粘贴到"文档标题"的位置，并在"开始"菜单"字体"功能组中设置为宋体、小初、加粗显示，在"开始"菜单"段落"功能组中设置为居中对齐；将文字"（2020年版）"复制粘贴到"文档副标题"中，同主标题的设置方法一样，字体设置为黑体、二号、居中对齐；将文字"工业和信息化部人才交流中心"和"2021年12月1日"复制到封面的底部，将文字设置为白色、宋体、四号、加粗、居中对齐，设置方法同上。封面最终效果如图6-6所示。

封面制作完成后，接下来是"序"的排版。选中标题"序"，设置为宋体、二号、居中、加粗、段前段后间距各为1行。选中"序"的内容部分，设置为宋体、小四号、首行缩进2个字符、1.25倍行距。

将光标定位在"序"的正文末尾，单击"布局"菜单"页面设置"功能组中的"分隔符"选项，在其下拉菜单中选择"分节符"中的"下一页"命令，如图6-7所示，即可将序和正文部分分开。

图6-6 "封面"最终效果　　　　　图6-7 "下一页"命令

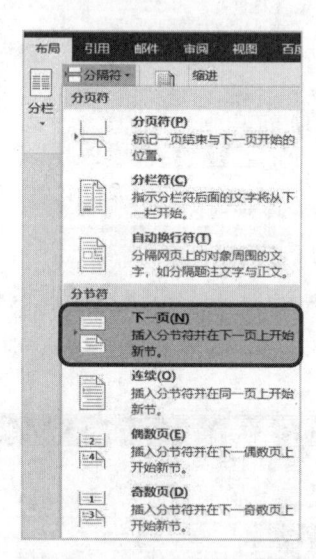

要求4 运用样式设置文档中的一级标题和二级标题，并参照案例对样式进行适当调整。

选中正文部分的一级标题"1 第一章区块链产业发展综述"，单击"开始"菜单"样式"功能组中的"标题1"样式类型，即可将标题文字设置为"标题1"样式。现在要求一级标题处于居中位置，需要单击"样式"功能组右下角的"对话启动器"按钮，弹出"样式"对话框，如图6-8所示。单击"样式"对话框"标题1"右侧的三角按钮，在下拉菜单中单击"修改"命令，弹出"修改样式"对话框，修改段落对齐格式为居中对齐，如图6-9所示。

选中二级标题"1.1 全球区块链产业发展概述"，单击"开始"菜单"样式"功能组中的"标题2"样式类型，即可将文字设置为"标题2"样式。为了使文档更为美观，现在需要修改"标题2"的段前段后距离为0行，行距为1.5倍行距。此时运用与修改"标题1"相同的方法，打开"修改样式"对话框，单击对话框左下角的"格式"按钮，在其下拉菜单中单击"段落"命令，如图6-10所示，在打开的"段落"对话框中设置段前段后距离和行距如图6-11所示。

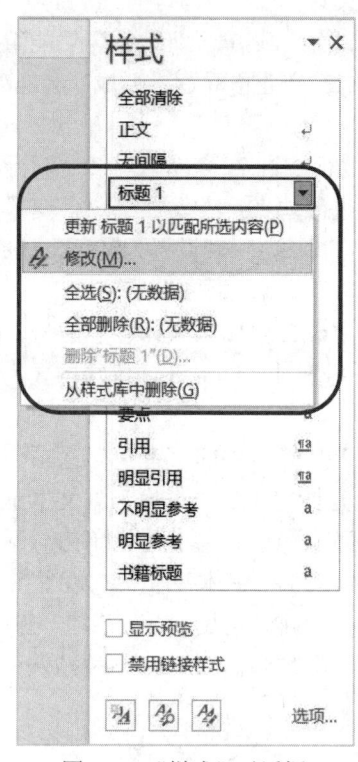

图 6-8 "样式"对话框

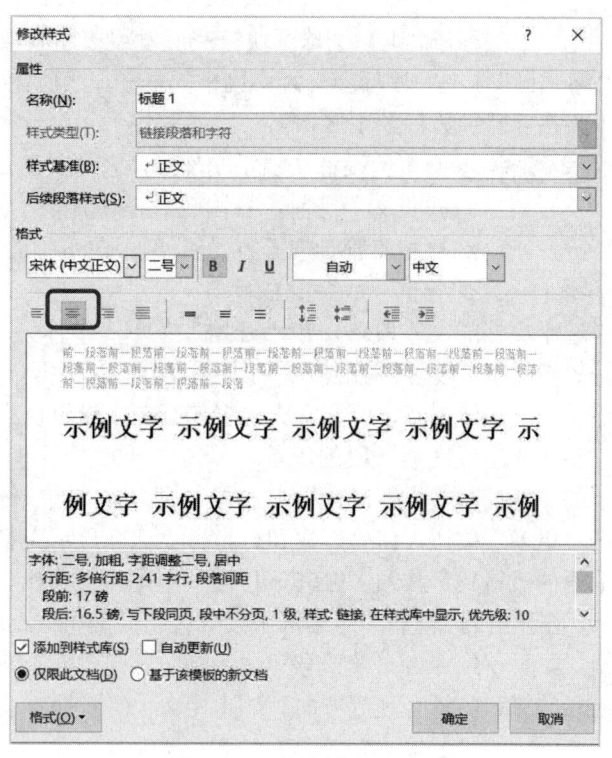

图 6-9 "修改样式"对话框

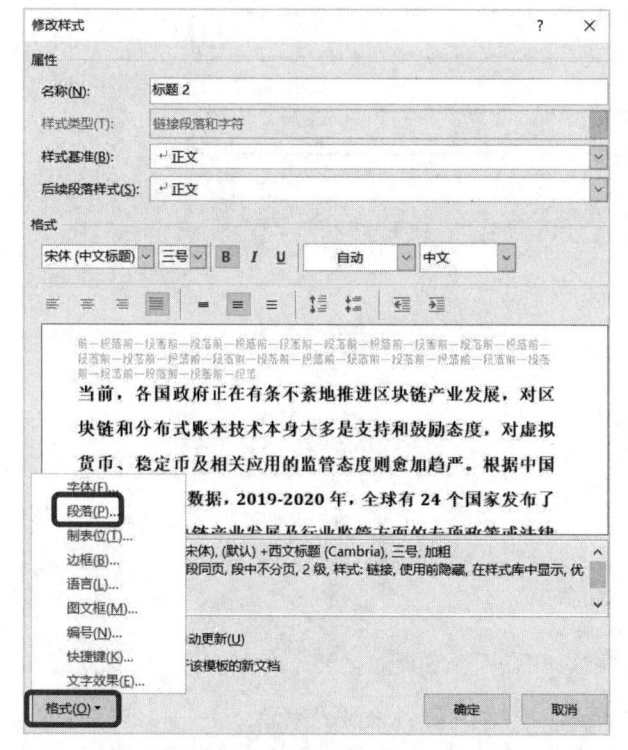

图 6-10 "段落"命令

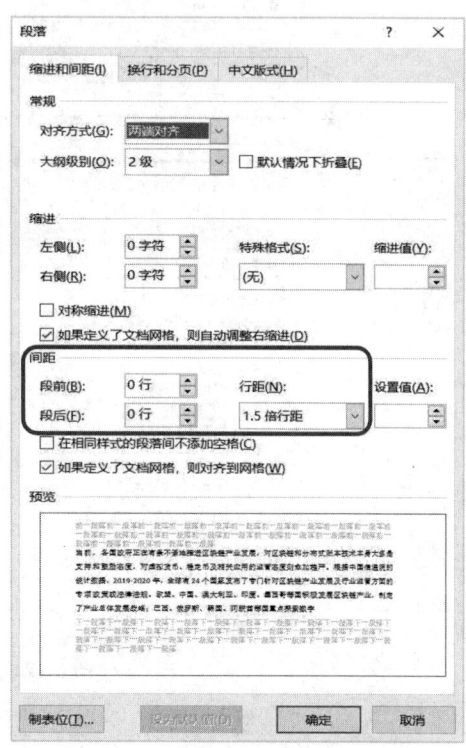

图 6-11 "段落间距"设置

任务 6　长篇文档编辑排版 2——行业报告

选中二级标题"1.1 全球区块链产业发展概述",单击"开始"菜单"剪贴板"功能组中的"格式刷"工具,鼠标会变为小刷子的样子,然后在文字"1.2 产业格局逐步形成"上拖动,便可将格式复制给标题1.2。

要求5 参照案例设置文档正文部分,宋体、小四号、首行缩进2个字符、1.25倍行距;查找正文"当前,各国政府正在有条不紊地推进区块链产业发展……,交易后结算和监管合规等方面。"两个段落中的"区块链",并将其设置为红色、加粗、加着重号、突出显示。

选中文档的文本段落,在"开始"菜单"字体"功能组中设置字体为宋体、小四号,在"开始"菜单"段落"功能组,打开"段落"对话框,在"段落"对话框中设置特殊格式为首行缩进、缩进值为2字符、行距为多倍行距、设置值为1.25。

将光标定位在第一段的段首,单击"开始"菜单"编辑"功能组中的"替换"选项,在弹出的"查找和替换"对话框中输入查找内容"区域链",将光标定位到"替换为"文本框,单击"更多"按钮,使"查找和替换"对话框显示完整,搜索范围选择"向下",单击对话框左下角的"格式"按钮,在其下拉菜单中单击"突出显示"命令和"字体"命令,如图 6-12 所示,在弹出的"字体"对话框中设置替换后的格式,最后依次单击"查找下一处"和"替换"按钮,如图 6-13 所示,直到段落"当前,各国政府正在有条不紊地推进区块链产业发展……,交易后结算和监管合规等方面"的末尾。

图 6-12 "查找和替换"对话框

要求6 为正文部分添加"空白型"页眉,内容为资料来源"来源:工业和信息化部人才交流中心",小五号、居中显示;添加"边线型"页脚,居中显示;"封面"和"序"不显示页眉页脚。

图 6-13 "替换"按钮、"查找下一处"按钮

将光标定位在正文的起始页，单击"插入"菜单"页眉和页脚"功能组中的"页眉"选项，在其下拉菜单中选择"空白型"页眉，在"页眉和页脚工具"菜单中选择"设计"选项卡，单击"导航"功能组中的"链接到前一条页眉"，使其处于非选中状态，在"选项"功能组中取消勾选"首页不同"复选框，然后在页眉的位置输入"来源：工业和信息化部人才交流中心"，最后单击"关闭页眉和页脚"按钮即可，如图 6-14 所示。

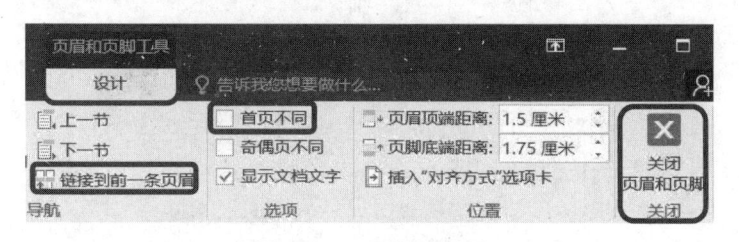

图 6-14 "页眉"设置

首先是页码格式设置，单击"插入"菜单"页眉和页脚"功能组中的"页码"选项，在其下拉菜单中选择"设置页码格式"命令，在打开的"页码格式"对话框中设置"编号格式"为"-1-,-2-,-3-……"，起始页码为"-1-"。单击"插入"菜单"页眉和页脚"功能组中的"页脚"选项，在其下拉菜单中选择"边线型"页脚，如图 6-15 所示，即可在页脚的位置看到页码，并设置其为居中对齐，最后单击"关闭页眉和页脚"按钮即可。

提示：与页眉相同，在插入页脚之前首先将"导航"功能组中的"链接到前一条页眉"处于非选中状态，"首页不同"复选框处于非勾选状态。

要求7 在"序"的后面插入自动目录，要求包含标题第一级、第二级及对应页码。

任务6 长篇文档编辑排版2——行业报告 73

图 6-15 "页脚"设置

首先将光标定位在"序"的最后,单击"插入"菜单"页面"功能组中的"分页"选项,如图 6-16 所示,使目录在单独的一页。

图 6-16 "分页"命令

然后输入"目录"二字,并设置为宋体、三号、加粗、居中对齐。

最后单击"引用"菜单"目录"功能组的"目录"选项,在其下拉菜单中单击"自定义目录"命令,在弹出的"目录"对话框中勾选"显示页码""页码右对齐"复选框,选择制表符前导符的类型,设置显示级别为 2,如图 6-17 所示,然后单击"确定"按钮,即可完成目录的自动生成。

图 6-17 "目录"对话框

要求 8 将文档"附:预测数据"后面的内容转换成表格,并为表格设置样式,然后将该表格保存到"文档部件库"中;将表格的数据转换成"簇状柱形图",插入文字"图 1 2018—2023 年全球区块链市场规模预测"的上方。

(1)转换成表格。选中预测数据的文本部分,单击"插入"菜单"表格"功能组中的"表格"选项,在其下拉菜单中单击"文本转换成表格"命令,在弹出的"将文本转换成表格"对话框中检查表格的行、列数,"文字分隔位置"选择"逗号",如图 6-18 所示,然后单击"确定"按钮即可。

（2）设置样式。选中表格，在"表格工具"下"设计"菜单"表格样式"功能组中选择"网格表 4-着色 3"的表格样式，如图 6-19 所示。

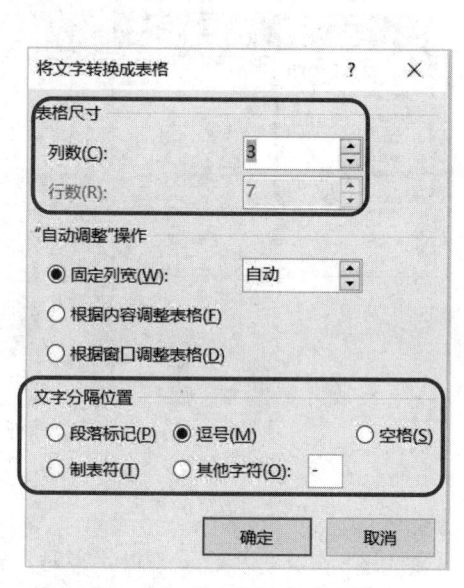

图 6-18　将文字转换成表格

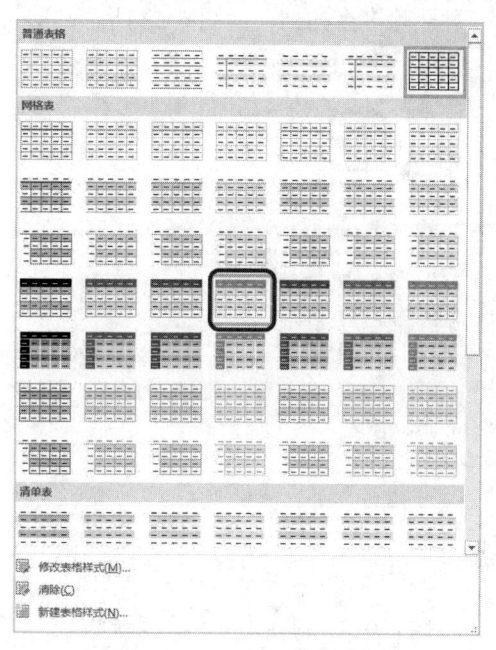

图 6-19　"表格样式"设置

选中表格，在"开始"菜单"段落"功能组中设置居中对齐，将表格居中显示，设置所有单元格列宽为 4.7 厘米，行高为 0.55 厘米。

（3）将表格保存为文档部件。选中表格，单击"插入"菜单"文本"功能组中的"文档部件"选项，在其下拉菜单中单击"将所选内容保存到文档部件库"命令，弹出"新建构建基块"对话框，如图 6-20 所示，在"名称"文本框输入"预测数据表"，其他保持默认设置，单击"确定"按钮。

图 6-20　"新建构建基地"对话框

（4）将数据转换成簇状柱形图。首先复制表格中的所有内容，将光标定位在文字"图 1 2018—2023 年全球区块链市场规模预测"的前面，然后单击"插入"菜单"插图"功能组中的"图表"选项,弹出"插入图表"对话框,选择"柱形图"中的"簇状柱形图",如图 6-21 所示,单击"确定"按钮,弹出 Excel 表格的窗口,将 Word 表格中的数据粘贴到 Excel 表格中,并删除多余的列,如图 6-22 所示,即可完成图表的添加,然后将 Excel 表格关闭。

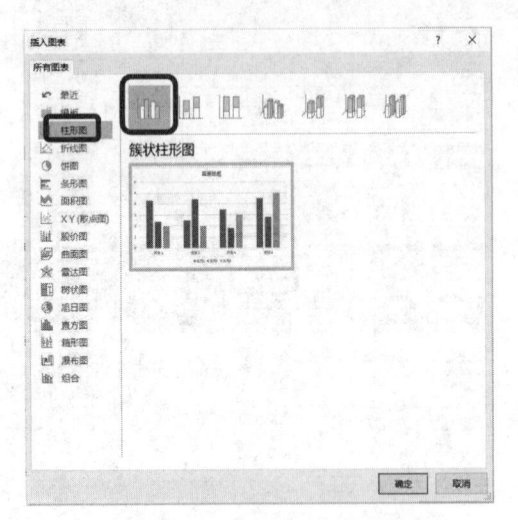

图 6-21 "插入图表"对话框

图 6-22 数据的添加

将图表中的标题改为"数据预测表",单击"图表标题",当文字处于编辑状态时,输入标题文字即可。同时还要添加数据标记,选中图表,右击图表中的柱形区域,在弹出的快捷菜单中选择"添加数据标签"级联菜单中的"添加数据标签"命令,如图 6-23 所示。

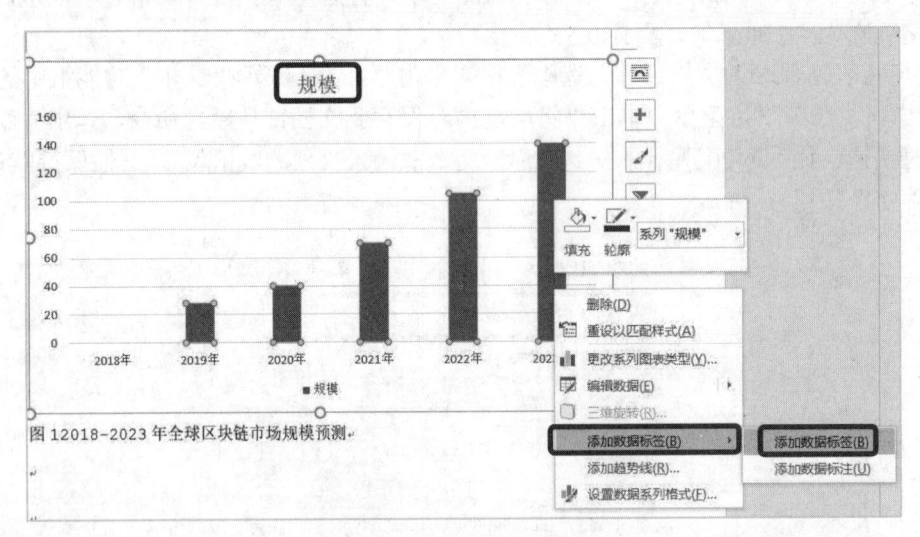

图 6-23 图表的格式设置

要求9 为文档设置文字水印页面背景,文字为"区块链产业人才发展报告",水印版式为斜式。

将光标定位在文档任意位置,单击"设计"菜单"页面背景"功能组中的"水印"选项,在其下拉菜单中单击"自定义水印"命令,弹出"自定义水印"对话框,在该对话框中勾选"文字水印"选项,在"文字"文本框输入"区块链产业人才发展报告",字体为宋体、字号为 48、颜色为深红色,取消勾选"半透明"复选框,版式为"斜式",如图6-24所示,然后单击"确定"按钮。

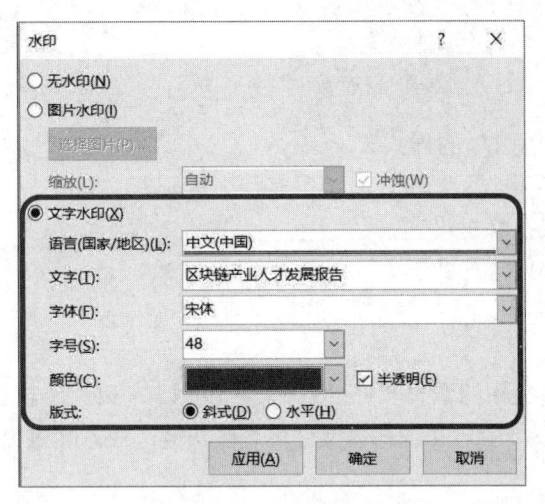

图6-24 "水印"对话框

至此,该任务中的具体操作已完成,整体效果如图6-25所示。

图6-25 最终效果

6.4　思考与实训

【问题思考】

（1）如何修改"标题1"的样式？
（2）分节符中的"下一页"和"连续"有什么区别？
（3）突出显示效果在哪里设置？
（4）插入图表时如何添加数据？

【实训案例】

打开"任务6"文件夹中的素材文件"素材6-2.docx"，参照图6-26所示的案例效果，根据所学知识对素材进行如下排版，并将其以文件名"区块链产业人才供需情况.docx"另存在D盘根目录下。

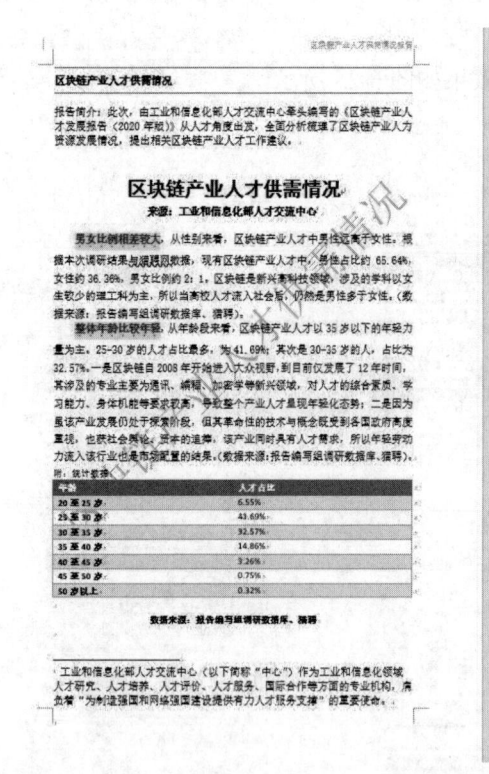

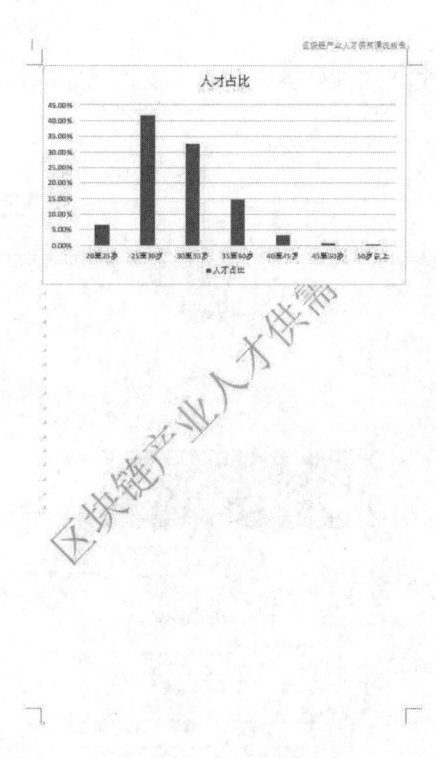

图6-26　案例效果

（1）页面设置：纸张大小A4，对称页边距，上、下边距各为2.5厘米，左、右边距各为2.8厘米，装订线1厘米。

（2）在页面顶部插入"花丝提要栏"文本框，在标题处输入文字"区块链产业人才供需情况"，字体为黑色、宋体、加粗、左对齐；在内容处输入文字"此次，由工业和信息化部人才交流中心牵头编写的《区块链产业人才发展报告（2020年版）》从人才角度出发，全面分析梳理了区块链产业人力资源发展情况，提出相关区块链产业人才工作建议。"，字体为小四、宋体、黑色。在该文本的最前面插入"文档部件"下拉菜单"文档属性"中的"主题"选项，名称为"报告简介："。

（3）设置主标题文字"区块链产业人才供需情况"为黑体、二号、深蓝色、加粗、居中显示；设置副标题文字"来源：工业和信息化部人才交流中心"为宋体、小四、黑色、加粗、居中显示、段后1行。

（4）为副标题"来源：工业和信息化部人才交流中心"添加脚注，脚注位于页面底部，编号格式为1、2……，内容为"工业和信息化部人才交流中心（以下简称'中心'）作为工业和信息化领域人才研究、人才培养、人才评价、人才服务、国际合作等方面的专业机构，肩负着"为制造强国和网络强国建设提供有力人才服务支撑"的重要使命。"。

（5）设置正文部分的文字为宋体、小四、首行缩进2个字符、1.25倍行距。将第一段段首文字"男女比例相差较大"和第二段的段首文字"整体年龄比较年轻"设置为突出显示、加粗、红色并加着重号。

（6）将文档"附：统计数据"后面的内容转换成表格，并为表格设置样式"清单表4-着色1"；将表格的数据转换成柱形图，插入到表格的后面。

（7）为文档设置"边线型"页眉，内容为"区块链产业人才供需情况报告"，右对齐；设置文字水印页面背景，文字为"区块链产业人才供需情况"，颜色为"蓝色个性色1"，取消勾选"半透明"选项、水印版式为"斜式"，其他保持默认设置。

任务 7 长篇文档编辑排版 3——管理手册

7.1 任 务 描 述

某高校教务处行政人员小刘需要整理一份有关学生学籍管理的手册呈送给领导查阅。参照案例，利用素材文件夹下提供的相关素材，按下列要求帮助小刘完成文档的排版。

要求 1 打开"任务 7"文件夹中的素材文件"素材 7-1.docx"，将其以文件名"学籍管理手册.docx"另存在 D 盘根目录下，后续操作均基于此文件。

要求 2 设置页面的纸张大小为 A4，上、下页边距为 2.8 厘米，左、右页边距为 3 厘米。

要求 3 在正文之前插入空白页，作为目录页。

要求 4 参照案例中的"封面"效果，插入"丝状"封面模板，将封面模板中的"日期"删除；在主标题文本框中输入文字"上海 XXXX 职业学院"，设置为小初号、华文中宋、加粗、居中显示；将副标题文本框删除；将文字"学籍管理手册"放置在文本框中，竖排显示，设置为华文中宋、初号，调整字间距为 2 磅；将其余文字设置为四号、仿宋、加粗、居中显示，并添加底纹设置为"蓝色，个性色 1，淡色 80%"，将其调整到页面的底部。封面要单独在一节。

要求 5 将正文中的标题"第一章总则"设置为"一级标题"的样式，单倍行距、段前段后为自动、居中显示，其他几个标题均参照第一个标题设置；将正文部分设置为宋体、小四号、首行缩进 2 个字符、1.25 倍行距；将正文中所有条款"第一条、第二条、第三条……"设置为"要点"的样式，并在所有条款"第一条、第二条、第三条……"的"条"字后面添加两个"空格"。

要求 6 为第三章入学与注册第七条中"新生入学后，学校在三个月内按照国家招生规定进行复查，复查内容主要包括以下方面："下面的列表项添加编号：编号格式为（一）、（二）、（三）……，以同样的方法设置"第四章考核与成绩记载第十五条每学期末，学生均应按学校规定参加考试，否则作'缺考'处理（缺考者不得参加缓考、补考考试），如有特殊情况可按以下规定办理：""第五章转专业与转学第二十五条学生因患病或者有特殊困难、特别需要，无法继续在本校学习或者不适应本校学习要求的，可以申请转学。有下列情形之一，不得转学：""第八章退学第三十七条学生有下列情况之一者，学校将予以退学："的列表项。

要求 7 在目录页插入目录，目录需要在右侧带有页码。为正文插入自"1"开始的页码，并插入"镶边"页眉，内容为"上海 XXXX 职业学院学籍管理手册"，封面和目录不显示页眉和页码。

要求 8 保存文档。

7.2 相关考点

本任务涉及的"查找、替换及保存文本""特殊字符、特殊格式与通配符""设置边框和底纹""插入文档封面""样式的运用""使用编号列表""修订及共享文档""目录生成"等知识点在前面已有讲述,同学们可以自行复习强化。

7.3 任务实施

要求1 打开"任务 7"文件夹中的素材文件"素材 7-1.docx",将其以文件名"学籍管理手册.docx"另存在 D 盘根目录下,后续操作均基于此文件。

打开素材文件夹"任务 7"中的文档"素材 7-1.docx",依次单击"文件"菜单"另存为"命令,将其命名为"学籍管理手册",保存路径选择 D 盘根目录,然后单击"保存"按钮即可。也可以将素材文件"素材 7-1.docx"复制并粘贴到 D 盘根目录,对副本进行重命名即可。

要求2 设置页面的纸张大小为A4,上、下页边距为2.8厘米、左、右页边距为3厘米。

将光标定位在文档中,然后单击"布局"菜单中"页面设置"功能组右下角的"对话启动器"按钮,弹出"页面设置"对话框,在"页边距"中设置参数如图 7-1 所示,设置纸张大小如图 7-2 所示。

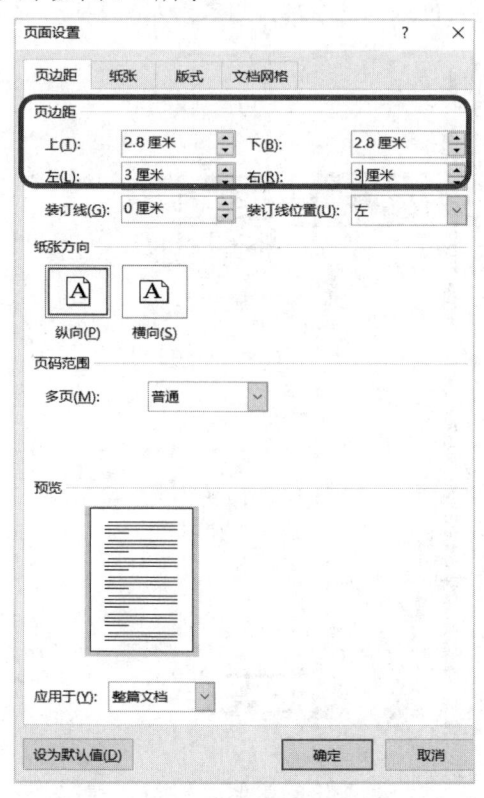

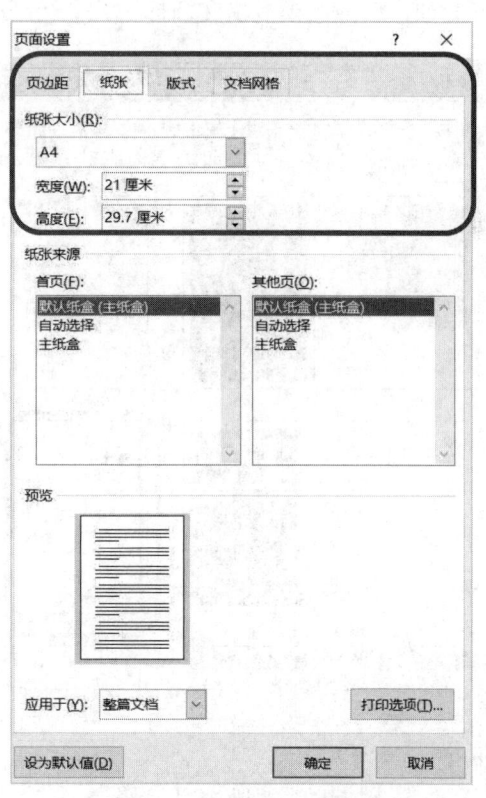

图 7-1 "页边距"设置　　　　图 7-2 "纸张大小"设置

要求 3 在正文之前插入空白页,作为目录页。

将光标定位在正文第一页的页首,单击"插入"菜单"页面"功能组中"空白页"选项,如图 7-3 所示,即可插入一张空白页面。

图 7-3 插入"空白页"

要求 4 参照案例中的"封面"效果,插入"丝状"封面模板,将封面模板中的"日期"删除;在主标题文本框中输入文字"上海 XXXX 职业学院",设置为小初号、华文中宋、居中显示;将副标题文本框删除;将文字"学籍管理手册"放置在文本框中,竖排显示,设置为华文中宋、初号、调整字间距为 3 磅;将其余文字设置为四号、仿宋、居中显示,并添加浅蓝色底纹,将其调整到页面的底部。封面要单独在一节。

(1)添加封面。将光标定位在文档的目录页之前,单击"插入"菜单"页面"功能组中"封面"选项,在其下拉菜单中选择内置的"丝状"封面样式,如图 7-4 所示,即可在文档中添加封面。该封面模板由文档标题、文档副标题、封面底部三个部分组成,如图 7-5 所示。

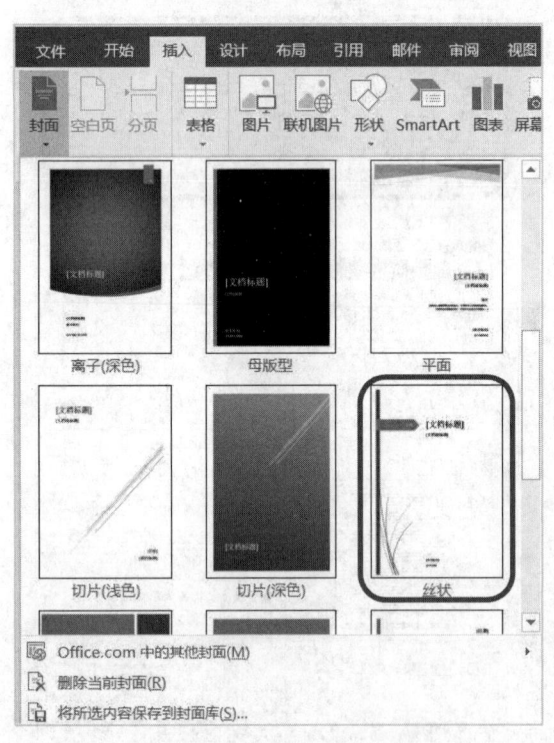

图 7-4 "封面"下拉菜单   图 7-5 "封面"组成

(2)编辑封面主标题。首先将封面中的"日期"文本框删除,对封面模板做适当调整。

其次在主标题文本框中输入文字"上海XXXX职业学院",在"开始"菜单"字体"功能组中设置为小初号、华文中宋、加粗;选中主标题文本框,在"绘图工具"下"格式"菜单中,单击"排列"功能组中的"对齐"选项,在其下拉菜单中单击"水平居中"命令,如图7-6所示。

图7-6 "居中对齐"设置

(3)编辑封面副标题。因为副标题要用到垂直版式,所以先将模板中的"副标题"文本框删除。单击"插入"菜单"文本"功能组中的"文本框"选项,在其下拉菜单中单击"绘制竖排文本框"命令,如图7-7所示,添加竖排文本框,并在文本框中输入文字"学籍管理手册"。单击"开始"菜单"字体"功能组右下角的"对话启动器"按钮,在弹出的"字体"对话框中"字体"选项卡设置字体为华文中宋、初号;在"高级"选项卡中设置字符间距"加宽"2磅,如图7-8所示。

图7-7 绘制"竖排文本框"

图7-8 "字符间距"设置

任务7 长篇文档编辑排版3——管理手册

选中竖排文本框,在"绘图工具"下"格式"菜单中,单击"形状样式"功能组中的"形状轮廓"命令,在其下拉菜单中单击"无轮廓"命令,如图 7-9 所示。单击"排列"功能组"对齐"选项,在其下拉菜单中单击"水平居中"命令,如图 7-10 所示。

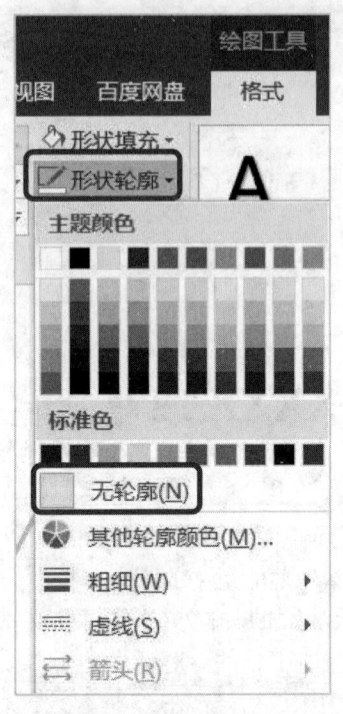

图 7-9 "形状轮廓"设置

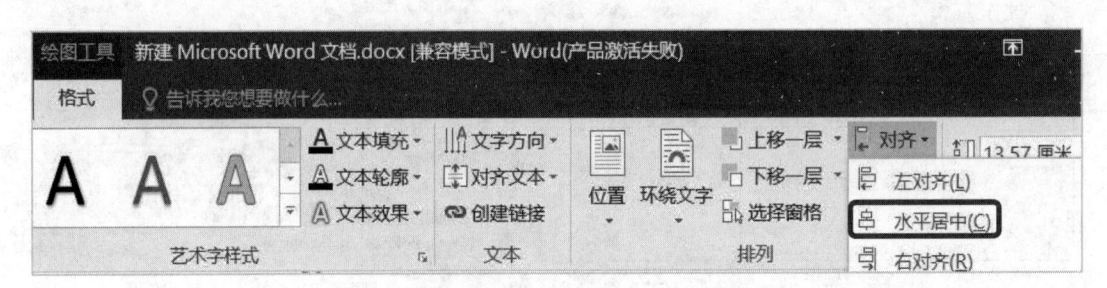

图 7-10 "居中对齐"设置

(4)编辑封面底部。将文字"上海 XXXX 职业学院教务处、2022 年 5 月"分两行移动到封面底部,并设置为仿宋体、四号、加粗、居中对齐。选中封面底部文本框,在"绘图工具"下"格式"菜单中,单击"形状样式"功能组中的"形状填充",在其下拉菜单中选择"主题颜色"中的"蓝色,个性色 1,淡色 80%",如图 7-11 所示。在"形状轮廓"下拉菜单中单击"无轮廓"命令,如图 7-12 所示。文本框的水平居中对齐设置方法同副标题,此处不再赘述。

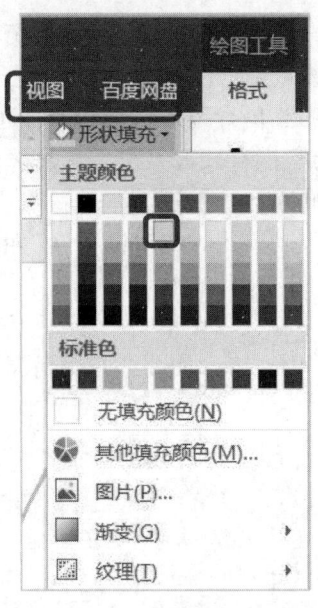

图 7-11　"形状填充"设置　　　　　　图 7-12　"形状轮廓"设置

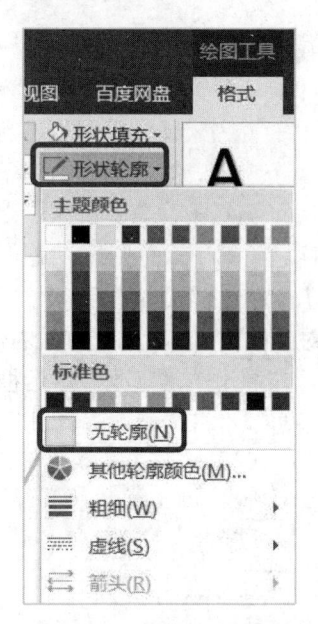

至此，文档的封面制作完成，最终效果如图 7-13 所示。

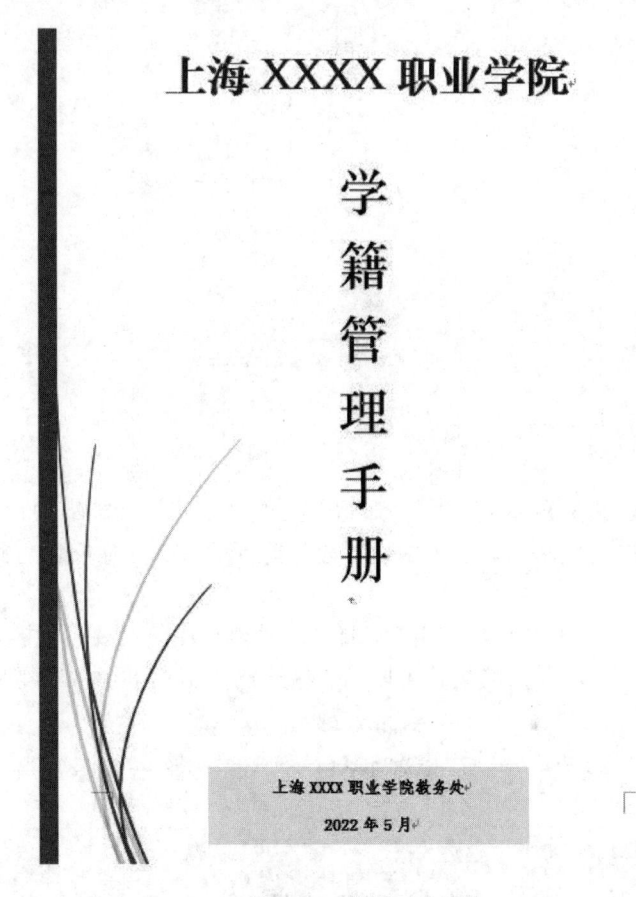

图 7-13　"封面"效果

要求5　将正文中的标题"第一章总则"设置为"一级标题"的样式,单倍行距、段前段后为自动、居中显示,其他几个标题均参照第一个标题设置;将正文部分设置为宋体、小四号、首行缩进 2 个字符、1.25 倍行距;将正文中所有条款"第一条、第二条、第三条……"设置为"要点"的样式,并在所有条款"第一条、第二条、第三条……"的"条"字后面添加两个"空格"。

选中标题"第一章总则",单击"开始"菜单"样式"功能组中的"标题 1"样式,文字即被添加了标题 1 样式,然后单击"样式"功能组右下角的"对话框启动器"按钮,在弹出的"样式"对话框中单击"标题 1"右侧的三角按钮,在其下拉菜单中单击"修改"命令,如图 7-14 所示,在弹出的"修改"对话框中设置对齐方式为居中对齐,如图 7-15 所示。文档中的其他标题可通过"格式刷"工具进行格式复制。

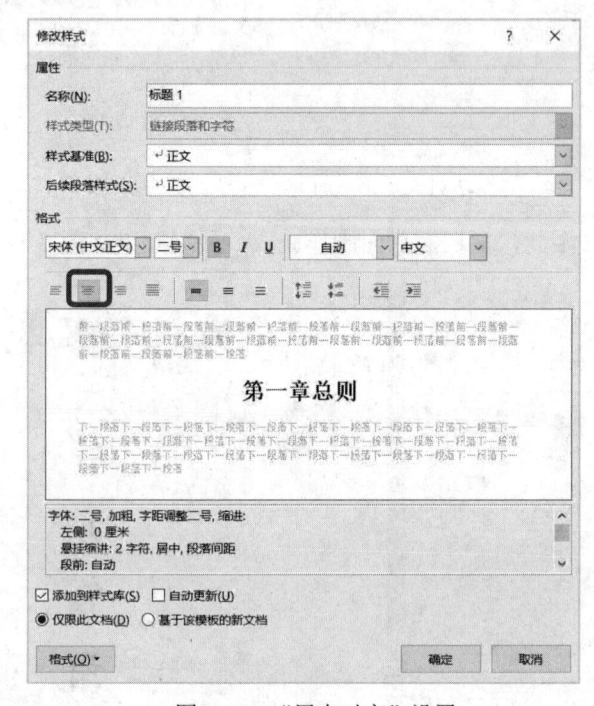

图 7-14　修改样式　　　　　　　图 7-15　"居中对齐"设置

选中正文中除了标题之外的内容,在"开始"菜单"字体"功能组中设置文字为宋体、小四号,在"开始"菜单"段落"功能组中设置段落首行缩进 2 个字符,行距为 1.25 倍的多倍行距。

选中文字"第一条",单击"开始"菜单"样式"功能组中的"要点"样式,如图 7-16 所示,为"第一条"设置样式,其余的条款可以用"格式刷"工具进行格式复制。

图 7-16　"要点"样式

在"条"字后面添加空格：将光标定位在"第一条"的前面，然后单击"开始"菜单"编辑"功能组中的"替换"选项，弹出"查找和替换"对话框，在"查找内容"文本框中输入"条"，在"替换为"文本框中输入"条"，并在后面输入四个 1/4 全角空格"^q^q^q^q"，在"搜索"选项中设置搜索范围为"向下"。空格的输入可以在对话框左下角的"特殊格式"中选择，如图 7-17 所示，最后单击"查找下一处"按钮和"替换"按钮即可，需要注意的是段落中出现的"条"字后面不进行替换。

图 7-17 "查找和替换"设置

要求6 为第三章入学与注册第七条中"新生入学后，学校在三个月内按照国家招生规定进行复查，复查内容主要包括以下方面："下面的列表项添加编号：编号格式为（一）、（二）、（三）……，以同样的方法设置"第四章考核与成绩记载第十五条每学期末，学生均应按学校规定参加考试，否则作'缺考'处理（缺考者不得参加缓考、补考考试），如有特殊情况可按以下规定办理：""第五章转专业与转学第二十五条学生因患病或者有特殊困难、特别需要，无法继续在本校学习或者不适应本校学习要求的，可以申请转学。有下列情形之一，不得转学："
"第八章退学第三十七条学生有下列情况之一者，学校将予以退学："的列表项。
选中第七条中后面的文字"录取手续及程序……移交有关部门调查处理。"，然后单击"开始"菜单"段落"功能组中的"编号"选项，在其下拉菜单中选择"编号库"中"（一）（二）（三）"编号样式，如图 7-18 所示，以同样的方法设置"第四章""第五章""第八章"中的编号列表。

要求7 在目录页插入目录，目录需要在右侧带有页码。为正文插入自"1"开始的页码，并插入"镶边"页眉，内容为"上海 XXXX 职业学院学籍管理手册"，封面和目录不显示页眉和页码。

图 7-18 "编号"设置

为了使封面和目录不显示页眉和页码，需要在目录页添加分节符，使封面和目录在同一节中。将光标定位在目录页，单击"布局"菜单"页面设置"中的"分隔符"选项，在其下拉菜单中单击"下一页"命令，如图 7-19 所示，即可添加分节符。

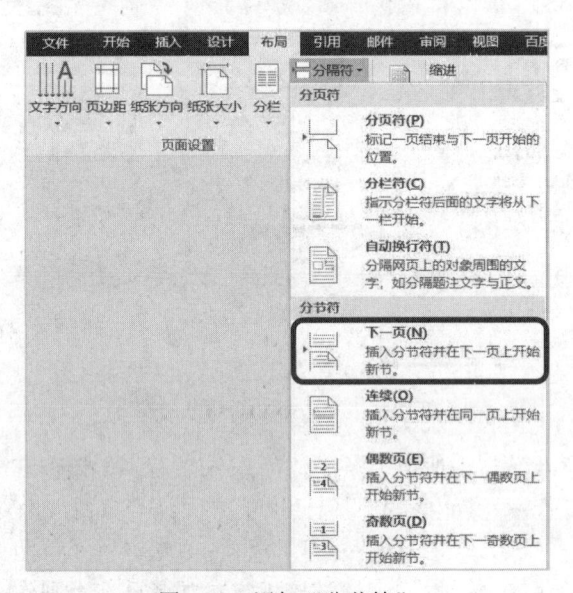

图 7-19 添加"分节符"

分节符添加之后，开始为正文部分添加页眉和页码。

首先设置页眉，单击"插入"菜单"页眉和页脚"功能组中的"页眉"选项，在其下拉菜单中选择"镶边"页眉，如图 7-20 所示。此处需要注意的是，因为目录页和封面页均无页码和页眉，所以需要在"页眉和页脚工具"下"设计"菜单中，将"导航"功能组中的"链接到前一条页眉"处于非选中状态，"首页不同"复选框处于非勾选状态，如图 7-21 所示。

然后设置页码，单击"插入"菜单"页眉和页脚"功能组中的"页码"选项，在其下拉菜单中单击"页边距"命令，在其级联菜单中选择"圆（右侧）"形状，如图 7-22 所示，设置页码的起始页码为1，并调整页码在圆形中居中显示（提示：与页眉相同，在插入页码之前，先将"导航"功能组中的"链接到前一条页眉"要处于非选中状态，"首页不同"复选框处于非勾选状态），然后单击"关闭页眉和页脚"按钮即可。

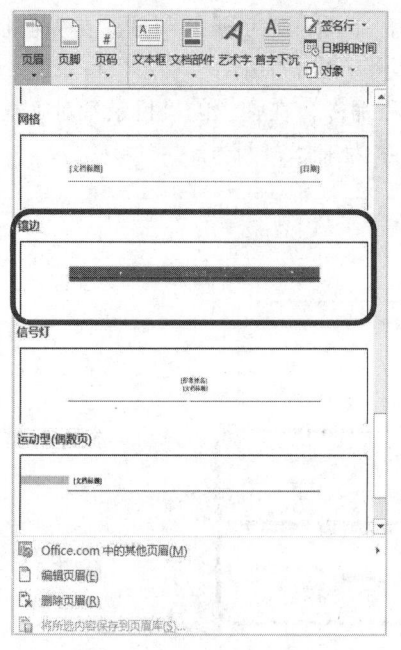

图 7-20 "页眉"设置

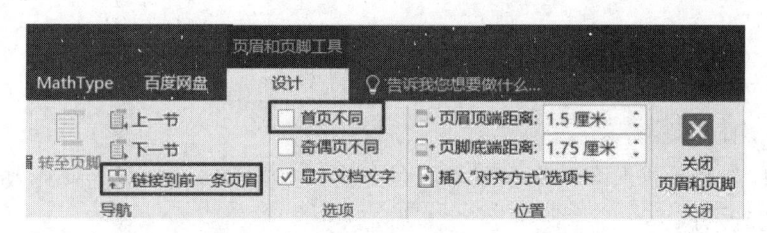

图 7-21 "导航与选项"参数设置

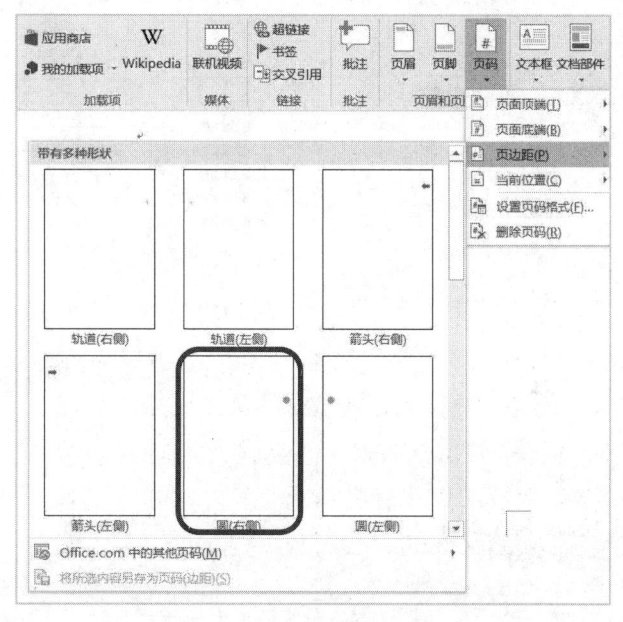

图 7-22 "页码"设置

页眉和页码添加完毕之后，下面开始目录的制作。首先在目录页输入标题文字"目录"，并设置为黑体、二号、居中显示。单击"引用"菜单"目录"功能组中的"目录"选项，在其下拉菜单中单击"自定义目录"命令，在弹出的"目录"对话框中设置参数，如图 7-23 所示。目录插入完成后，设置目录文字为宋体、四号。

图 7-23 "目录"设置

要求 8 保存文档。

单击"文件"菜单"保存"命令即可保存文档。文档编辑完成后的最终效果（部分）如图 7-24、图 7-25 所示。

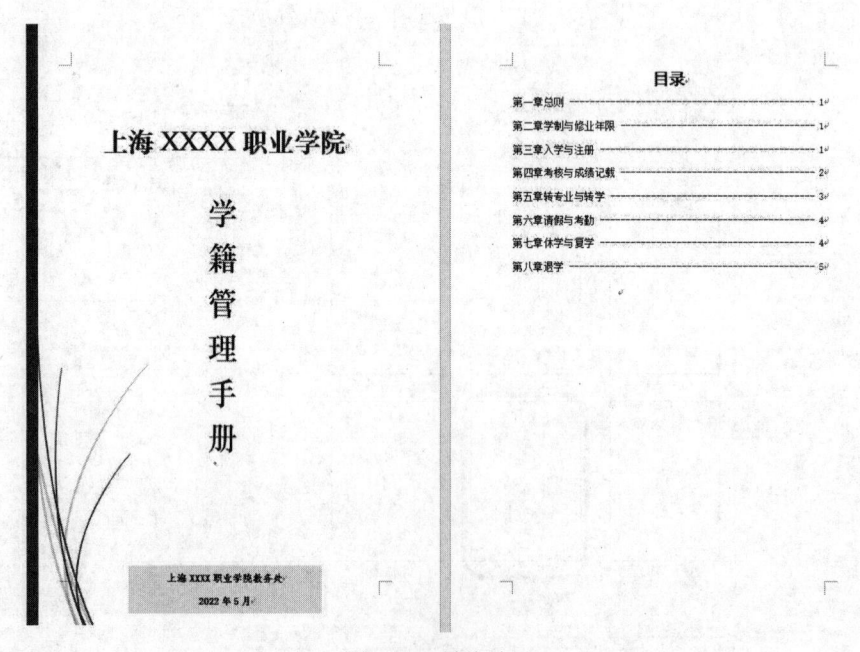

图 7-24 最终效果 1

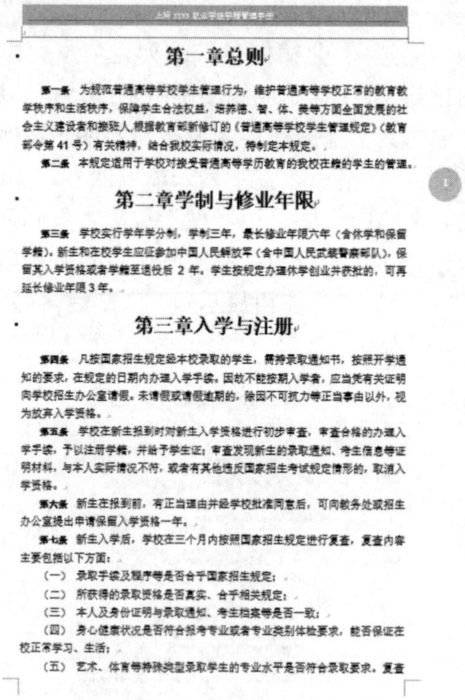

第一章总则

第一条　为规范普通高等学校学生管理行为，维护普通高等学校正常的教育教学秩序和生活秩序，保障学生合法权益，培养德、智、体、美等方面全面发展的社会主义建设者和接班人,根据教育部新修订的《普通高等学校学生管理规定》(教育部令第 41 号）有关精神，结合我校实际情况，特制定本规定。

第二条　本规定适用于学校对接受普通高等学历教育的我校在籍的学生的管理。

第二章学制与修业年限

第三条　学校实行学年学分制，学制三年，最长修业年限六年（含休学和保留学籍）。新生和在校学生应征参加中国人民解放军（含中国人民武装警察部队），保留其入学资格或者学籍至退役后 2 年。学生按规定办理休学创业并获批的，可再延长修业年限 3 年。

第三章入学与注册

第四条　凡按国家招生规定经本校录取的学生，需持录取通知书，按照开学通知的要求，在规定的日期内办理入学手续。因故不能按期入学者，应当凭有关证明向学校招生办公室请假。未请假或请假逾期的，除因不可抗力等正当事由以外，视为放弃入学资格。

第五条　学校在新生报到时对新生入学资格进行初步审查，审查合格的办理入学手续，予以注册学籍，并给予学生证；审查发现新生的录取通知、考生信息等证明材料，与本人实际情况不符，或者有其他违反国家招生考试规定情形的，取消入学资格。

第六条　新生在报到前，有正当理由并经学校批准同意后，可向教务处或招生办公室提出申请保留入学资格一年。

第七条　新生入学后，学校在三个月内按照国家招生规定进行复查，复查内容主要包括以下方面：

（一）　录取手续及程序等是否合乎国家招生规定；

（二）　所获得的录取资格是否真实、合乎相关规定；

（三）　本人及身份证明与录取通知、考生档案等是否一致；

（四）　身心健康状况是否符合报考专业或者专业类别体检要求，能否保证在校正常学习、生活；

（五）　艺术、体育等特殊类型录取学生的专业水平是否符合录取要求。复查

图 7-25　最终效果 2

7.4　思考与实训

【问题思考】

（1）查找替换的时候遇到特殊字符如何输入？

（2）如何保证封面和目录在同一节？

（3）如何保证封面和目录不显示页眉和页码？

（4）特殊格式的页码如何插入？

（5）如何制作垂直文字效果？

【实训案例】

打开“任务 7”文件夹中的素材文件“素材 7-2.docx”，参照案例进行图 7-26 所示的排版操作，并将其以文件名“创新创业教育学分.docx”另存在 D 盘根目录下。

（1）设置页面纸张大小为 A4，上、下页边距为 2.8 厘米、左、右页边距为 3.1 厘米，装订线居左 1 厘米。

（2）设置正文标题为黑体、二号、居中显示、段前段后间距各 1 行；设置正文内容为宋体、小四、首行缩进 2 个字符、1.25 倍行距。

（3）正文中的章节标题设置为“标题 2”样式，并修改样式，添加段落底纹为“橄榄色、个性色 3、淡色 80%”。

（4）正文中的条款"第一条……"后加 4 个"1/4 全角空格",并加粗文字、添加着重号。

（5）为"第一章"中"第三条""第四条"的列表项添加样式为"（1）……"的编号列表；同时为"第四条"中的列表项内容添加如案例所示的边框和底纹。

（6）将文档"附件"中的文字部分转换为表格，并参照案例制作表格的边框和底纹；表格中的文字水平、垂直均居中，表格标题文字为宋体、四号、加粗、居中、段后 0.25 行。

（7）为正文部分添加如案例所示的"边线型"页脚，页码从"-1-"开始。

（8）为文档添加"积分"样式的封面，参照案例设置主标题和副标题；在封面中添加目录（手动目录）并将标题"目录"二字加粗显示。

图 7-26　案例效果

任务 8 期刊文献的排版

8.1 任务描述

小王是某高校的教师，在教学之余还积极投身科研工作，今年小王在完成一个科研项目的同时写了一篇文章，现要向某期刊投稿，期刊文献都有严格的格式要求，为了满足期刊要求，小王需要按照以下要求对文献进行排版。

要求 1 打开"任务 8"文件夹中的"素材 8-1.docx"，以文件名"期刊文献.docx"另存到 D 盘根目录下，后续操作均基于此文件。

要求 2 页面设置：纸张大小 A4，上、下页边距 2.5 厘米，左、右页边距 2.8 厘米。

要求 3 文章标题设置为二号、黑体、加粗、居中、1.3 倍行距、段前段后 12 磅。

要求 4 作者设置为小四、楷体，居中对齐、段前段后 0 行、1.3 倍行距；对作者进行标注；作者的单位、地址设置为宋体、六号，居中对齐、1.5 倍行距。

要求 5 "摘要""关键词""中图分类号""文献标志码"设置为小五、黑体、加粗，首行缩进 2 字符，其内容用小五楷体。

要求 6 正文标题样式：一级标题设置为小四、宋体、段前段后 1.1 行、单倍行距；二级标题设置为黑体、五号、段前段后 0.8 行、1.3 倍行距；三级标题设置为小五、楷体、段前段后 0.5 行、1.3 倍行距。正文设置为小五、宋体、段前段后 0 行、1.3 倍行距。

要求 7 引言第一段的第一个文字下沉两行。

要求 8 表格设置为三线格，线宽度为 1.5 磅，表格的标题设置为小五、黑体，表格的标题行设置为五号、宋体、加粗，表格的其他内容设置为六号、中文设置为宋体、英文设置为 Times New Roman。

要求 9 参考文献设置为六号、宋体，英文设置为六号、Times New Roman，段前段后 0 行，1.3 倍行距。

要求 10 将正文部分设置为两栏显示。

要求 11 页脚中"收稿日期""基金项目""作者简介"为小五、黑体，具体内容设置为楷体。

8.2 相关考点

8.2.1 首字下沉效果

将光标放在需要设置首字下沉的段落（任意位置），单击"插入"菜单"文本"功能组中的"首字下沉"选项，在其下拉菜单中单击"首字下沉选项"命令，在弹出的"首字下沉"对话框中单击"下沉"选项，然后设置"选项"组中的参数，包括"字体""下沉行数""距正文"，最后单击"确定"按钮。

8.2.2 文档分栏、分栏符

首先打开 Word 文档，单击"布局"菜单"页面设置"功能组中的"分栏"选项，在其下拉菜单中可以快速选择常用分栏，如两栏，也可以单击"更多分栏"命令进入"分栏"对话框进行更详细的设置。如果勾选"分隔线"复选框就会在两栏中间添加上分隔线，勾选"栏宽相等"复选框，可以使每个分栏的宽度是相等的。

除上述知识点外，本任务还涉及"文本转换表格""表格美化""图表设计""表格的计算与排序""公式编辑"等知识点，在前面已有讲述，在此不再赘述，同学们可以自行复习强化。

8.3 任务实施

要求1 打开"任务 8"文件夹中的"素材 8-1.docx"，以文件名"期刊文献.docx"另存到 D 盘根目录下，后续操作均基于此文件。

双击打开"任务 8"中的"素材 8-1.docx"，然后单击"文件"菜单"另存为"命令，文件名为"期刊文献"，单击"保存"按钮。

要求2 页面设置：纸张大小 A4，上、下页边距 2.5 厘米，左、右页边距 2.8 厘米。

单击"布局"菜单"页面设置"功能组右下角的"对话框启动器"按钮，打开"页面设置"对话框，在其中设置"纸张大小"为 A4，如图 8-1 所示。在"页面设置"对话框"页边距"模块中，设置左右边距分别为 2.5 厘米，上下边距分别为 2.8 厘米，如图 8-2 所示。

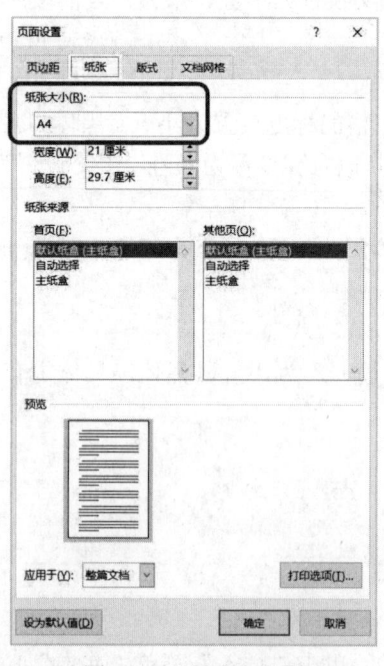

图 8-1 "纸张"设置　　　　　图 8-2 "页边距"设置

要求 3 文章标题设置为二号、黑体、加粗、居中、1.3 倍行距、段前段后 12 磅。

选中标题文字"文题",单击"开始"菜单"字体"功能组,设置字体为黑体、二号、加粗,然后单击"段落"功能组右下角的"对话框启动器"按钮,在弹出的"段落"对话框中设置行距和段前、段后距离,如图 8-3 所示。

图 8-3 "段落"设置

要求 4 作者设置为小四、楷体,居中对齐、段前段后 0 行、1.3 倍行距;对作者进行标注;作者的单位、地址设置为宋体、六号、居中对齐、1.5 倍行距。

文献作者设置,选中"第 1 作者,第 2 作者,第 3 作者",单击"开始"菜单"字体"功能组,设置字体为小四、楷体,单击"段落"功能组中右下角的"对话框启动器"按钮,在弹出的"段落"对话框中设置居中对齐,段前段后 0 行、1.3 倍行距。然后选中作者名后面的标注 1,2,在"字体"功能组中单击"X^2"字样的"上标",对作者进行上标注。将介绍作者的单位、地址等文字设置为宋体、六号、居中对齐、1.5 倍行距。完成效果如图 8-4 所示。

文题

第 1 作者 [1,2],第 2 作者 [1*],第 3 作者 [2]

(1. 一级单位全称 二级单位全称,省 城市 邮编;2. 一级单位全称 二级单位全称,省 城市 邮编)

(*通信作者电子邮箱**********@*****)

图 8-4 "文献作者"设置

要求 5 "摘要""关键词""中图分类号""文献标志码"设置为小五、黑体、加粗,首行缩进 2 字符,其内容用小五楷体。

选中"摘要""关键词""中图分类号""文献标志码",单击"开始"菜单"字体"功能组,在"字体"对话框中设置字体格式为小五、黑体、加粗,单击"段落"功能组右下角的"对话框启动器"按钮,在"段落"对话框中设置首行缩进 2 字符。用相同的办法设置其具体内容为小五、楷体、段前段后 0 行、1.3 倍行距,效果如图 8-5 所示。

摘 要: 摘要用于提示研究对象、目的、课题的基本观点、成果及意义,要求简明精当、忠于原文、突出特色,摘要应具有独立性,即不阅读论文全文,便能获得文中必要的信息。

关键词: 中文关键词;中文关键词;中文关键词;中文关键词;中文关键词 (关键词是为了文献标引和检索的需要而从论文中选取的词或词组,一般从题名、摘要、正文中抽出若干个能表达全文内容主题的单词或术语,对论文的研究范围、方向、主要观点、内容作出标志,其作用主要是为文献检索提供方便。以分号(;)相隔,5~8 个,要求是与文章相关的专业领域术语,作者自己在文章提出的一些算法名等一般不列为关键词。)

中图分类号: 必须填写中图分类号　　**文献标志码:** A

图 8-5　"摘要""关键词""中国分类号""文献标志码"效果

要求 6 正文标题样式:一级标题设置为小四、宋体、段前段后 1.1 行、单倍行距;二级标题设置为黑体、五号、段前段后 0.8 行、1.3 倍行距;三级标题设置为小五、楷体、段前段后 0.5 行、1.3 倍行距。正文设置为小五、宋体、段前段后 0 行、1.3 倍行距。

创建"标题 1 样式"的操作步骤如下:

右击"开始"菜单"样式"功能组"标题 1"样式,在弹出的下拉菜单中单击"修改"命令打开"修改样式"对话框,设置格式为小四、宋体,如图 8-6 所示。

然后单击对话框左下角的"格式"按钮,弹出"段落"对话框,修改行距为"单倍行距"、段前段后各为"1.1 行",大纲级别设置为"1 级",方便以后目录生成,如图 8-7 所示。

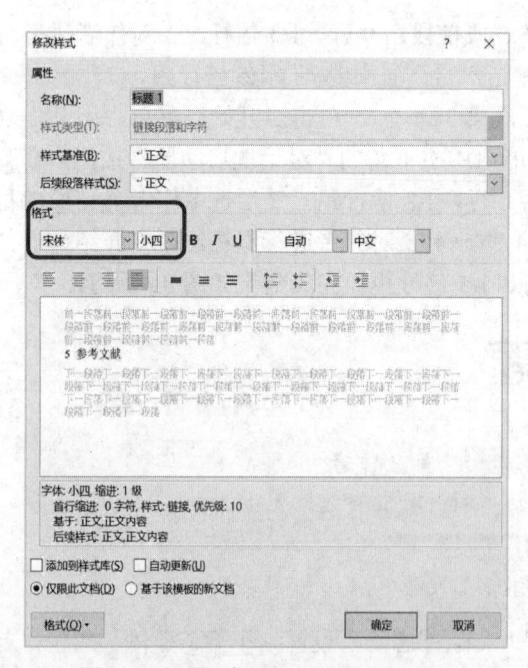

图 8-6　设置"标题 1"的字体、字号　　　　　图 8-7　段落设置

按照以上步骤，设置"标题 2"为黑体、五号、段前段后为 0.8 行、1.3 倍行距；"标题 3"设置为小五、楷体、段前段后 0.5 行、1.3 倍行距。

把光标放到一级标题前，选择"样式"功能组的"标题 1"样式，用同样的方式设置二级标题、三级标题。

选中正文部分，设置字体为小五、宋体、段前段后 0 行、多倍行距 1.3 倍。

要求 7 引言第一段的第一个文字下沉两行。

把光标放在第一段的任意位置，然后单击"插入"菜单"文本"功能组中的"首字下沉"选项，在其下拉菜单中单击"首字下沉选项"命令，如图 8-8 所示，即可弹出"首字下沉"对话框，在该对话框中设置"字体""下沉行数"和"距正文"等相关参数，如图 8-9 所示，最后单击"确定"按钮即可。

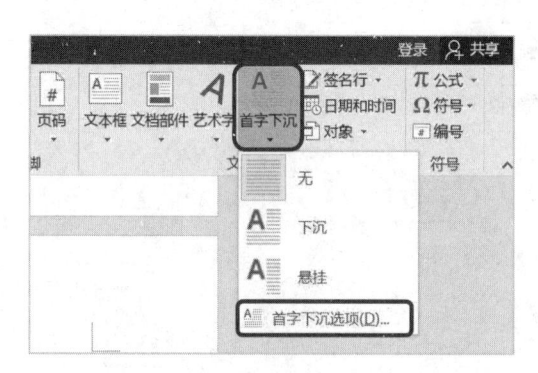

图 8-8 "首字下沉"命令　　　　图 8-9 "首字下沉"对话框

要求 8 表格设置为三线格，线宽度为 1.5 磅，表格的标题设置为小五、黑体，表格的标题行设置为五号、宋体、加粗，表格的其他内容设置为六号、中文设置为宋体、英文设置为 Times New Roman。

选中表格的标题文字"文献类型"，在"开始"菜单"字体"功能组中设置为黑体、小五；选中表格的标题行，在"开始"菜单"字体"功能组中设置为宋体、五号、加粗；选中除标题行之外的其他单元格，单击"开始"菜单"字体"功能组右下角的"对话框启动器"按钮，打开"字体"对话框，在其中设置中文、英文字体，并设置文字大小为六号，如图 8-10 所示。

在"表格工具"中"设计"菜单下，单击"边框"功能组右下角的"对话框启动器"按钮，弹出"边框和底纹"对话框，在"边框"选项卡中设置边框类型为"自定义"，边框宽度为 1.5 磅，设置右侧预览区田字格中最上面、最下面的两条线，同时取消左、右两侧的线，如图 8-11 所示，然后单击"确定"按钮，即可完成表格上边框线和下边框线的设置。

再选中表格的第一行，按照以上操作，打开"边框和底纹"对话框，在预览区设置下边框，如图 8-12 所示。此处需要特别注意应用范围为单元格而不是表格。

最后效果如图 8-13 所示。

图 8-10 "字体"对话框

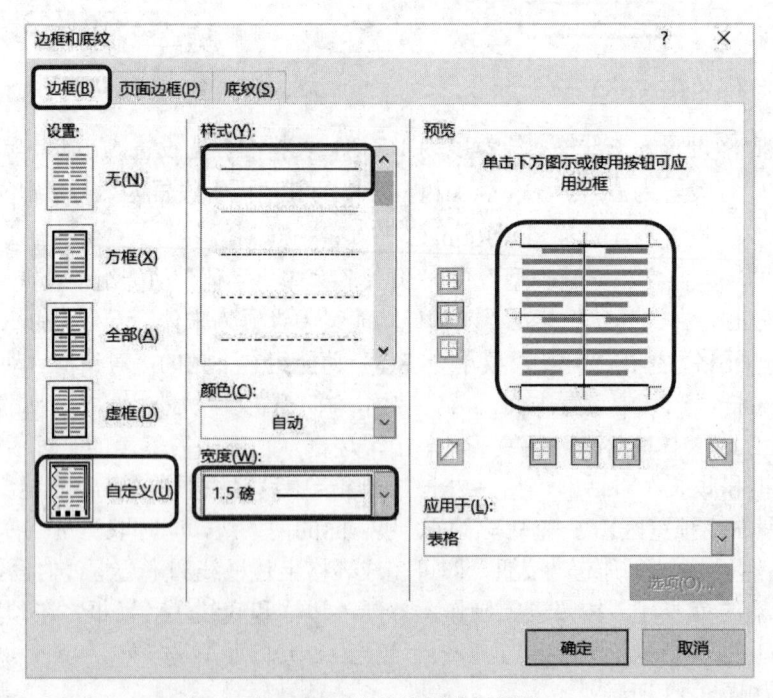

图 8-11 "表格边框线"设置

图 8-12　"第一行边框"设置

图 8-13　表格边框线设置效果

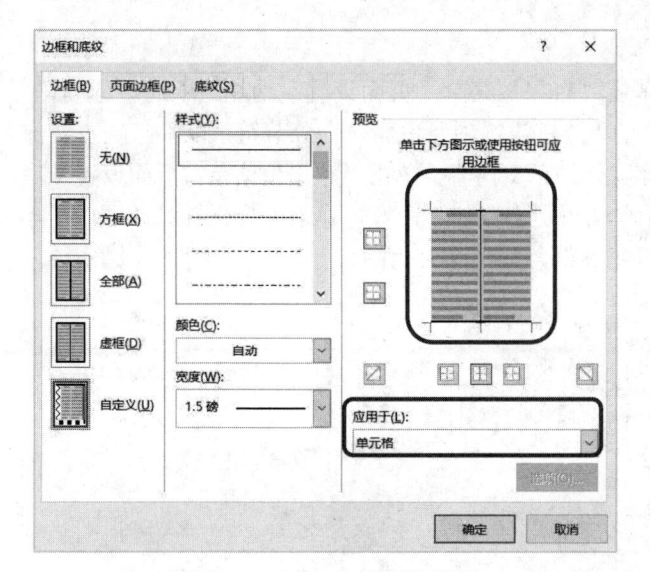

> **要求9**　参考文献设置为六号、宋体，英文设置为六号、Times New Roman，段前段后 0 行、1.3 倍行距。

选中参考文献部分，单击左上角"开始"菜单"字体"功能组右下角的"对话框启动器"按钮，弹出"字体"对话框，在"字体"选项卡中分别设置中文字体为宋体、英文字体为 Times New Roman，设置字体大小为六号，如图 8-14 所示。然后单击"开始"菜单"段落"功能组右下角的"对话框启动器"按钮，在弹出的"段落"对话框中设置段前、段后为 0 行，行距为多倍行距、1.3 倍行距。

图 8-14　"字体"设置

任务 8　期刊文献的排版

要求10 将正文部分设置为两栏显示。

首先将光标定位在"引言"之前,单击"布局"菜单"页面设置"功能组中的"分隔符"命令,在其下拉菜单中选择"分节符"中的"连续"选项,添加一个分节符,以不影响正文部分的分栏设置。然后选中除标题、摘要等以外的正文内容,单击"布局"菜单"页面设置"功能组中的"分栏"选项,在其下拉菜单中单击"更多分栏"命令,弹出"分栏"对话框,在其中选择"两栏"选项,勾选"栏宽相等"复选框,如图8-15所示。

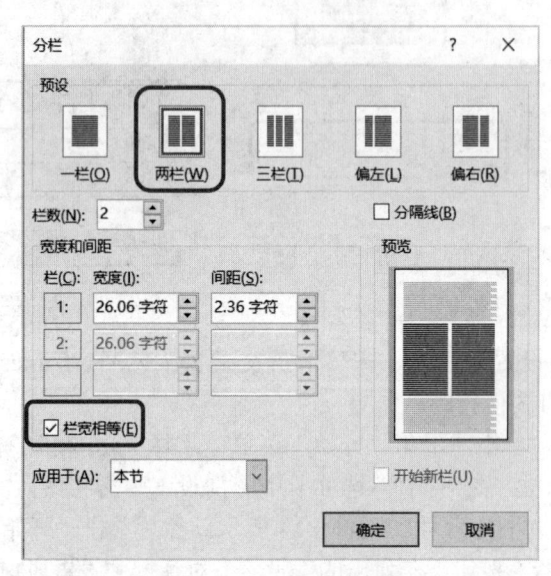

图8-15 "分栏"设置

分栏效果如图8-16所示。

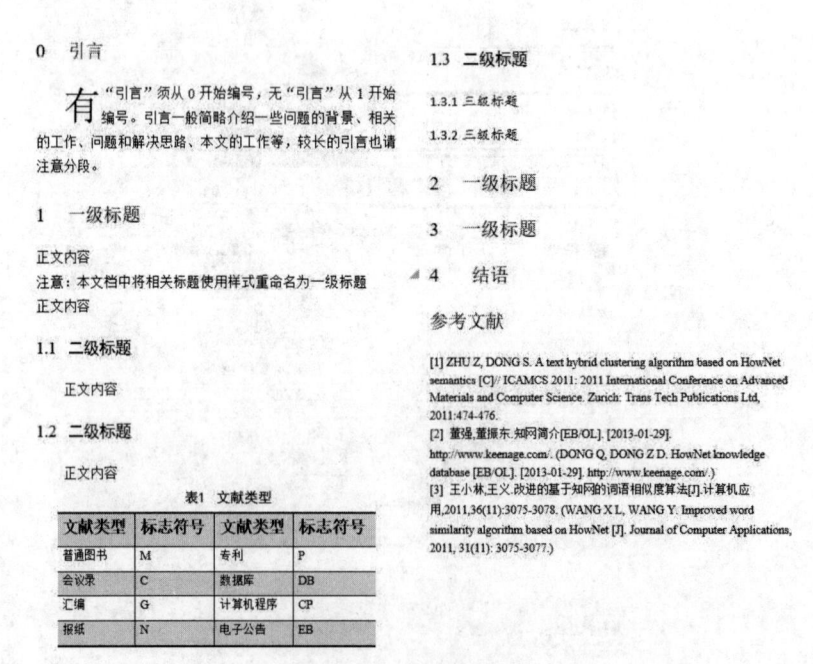

图8-16 "分栏"效果

要求 11 页脚中"收稿日期""基金项目""作者简介"为小五、黑体,具体内容设置为楷体。

单击"插入"菜单"页眉和页脚"功能组中的"页脚"选项,在其下拉菜单中单击"空白页脚"命令,为文档添加页脚。在"页眉和页脚工具"下"设计"菜单"位置"功能组中设置"页脚底端距离"为 1.3 厘米,如图 8-17 所示。

图 8-17 "页脚底端距离"设置

根据案例插入直线,设置直线粗细为 1 磅,并于直线下方输入"收稿日期""基金项目""作者简介"等,设置其字体格式为小五、黑体,具体内容设置为楷体。

最终期刊文献的排版效果如图 8-18 所示。

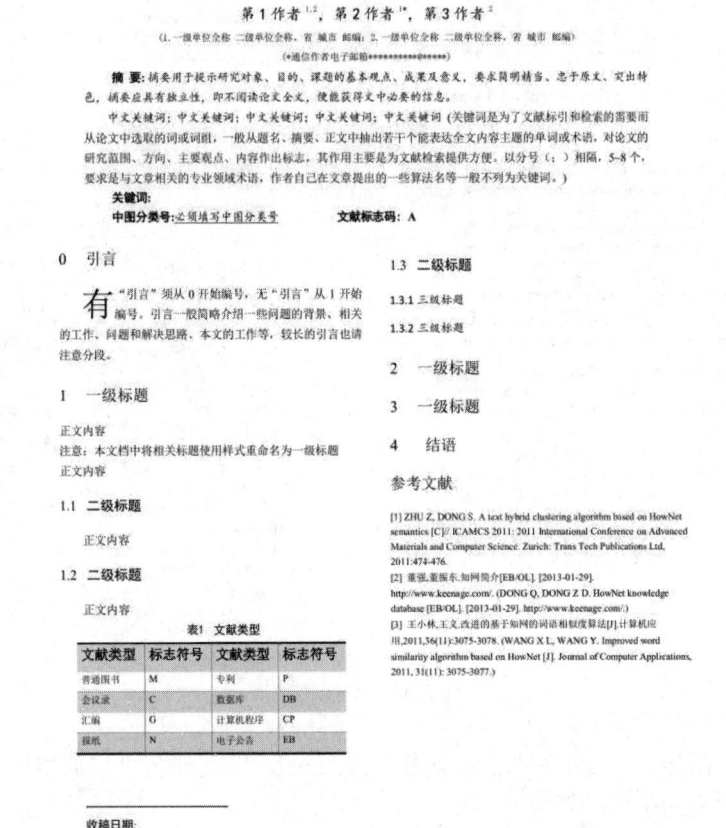

图 8-18 最终文献效果图

8.4 思考与实训

【问题思考】

（1）如何设置上标？
（2）如何分别设置表格的不同边框线？
（3）如何设置页脚底端距离？
（4）如何修改和运用标题样式？

【实训案例】

请结合所学知识，制作如图 8-19 所示的排版效果。

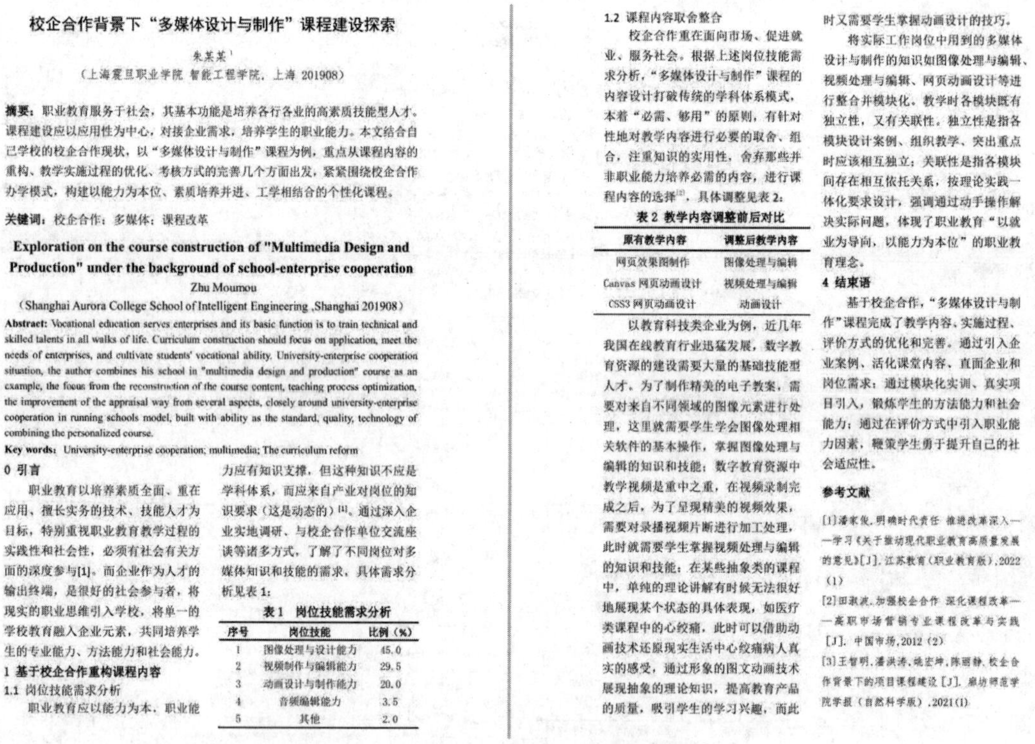

校企合作背景下“多媒体设计与制作”课程建设探索

朱某某[1]
（上海震旦职业学院 智能工程学院，上海 201908）

摘要：职业教育服务于社会，其基本功能是培养各行各业的高素质技能型人才。课程建设应以应用性为中心，对接企业需求，培养学生的职业能力。本文结合自己学校的校企合作现状，以“多媒体设计与制作”课程为例，重点从课程内容的重构、教学实施过程的优化、考核方式的完善几个方面出发，紧紧围绕校企合作办学模式，构建以能力为本位、素质培养并进、工学相结合的个性化课程。

关键词：校企合作；多媒体；课程改革

Exploration on the course construction of "Multimedia Design and Production" under the background of school-enterprise cooperation

Zhu Moumou
（Shanghai Aurora College School of Intelligent Engineering ,Shanghai 201908）

Abstract: Vocational education serves enterprises and its basic function is to train technical and skilled talents in all walks of life. Curriculum construction should focus on application, meet the needs of enterprises, and cultivate students' vocational ability. University-enterprise cooperation situation, the author combines his school in "multimedia design and production" course as an example, the focus from the reconstruction of the course content, teaching process optimization, the improvement of the appraisal way from several aspects, closely around university-enterprise cooperation in running schools model, built with ability as the standard, quality, technology of combining the personalized course.

Key words: University-enterprise cooperation; multimedia; The curriculum reform

0 引言

职业教育以培养素质全面、重在应用、擅长实务的技术、技能人才为目标，特别重视职业教育教学过程的实践性和社会性，必须有社会有关方面的深度参与[1]。而企业作为人才的输出终端，是很好的社会参与者，将现实的职业思维引入学校，将单一的学校教育融入企业元素，共同培养学生的专业能力、方法能力和社会能力。

1 基于校企合作重构课程内容

1.1 岗位技能需求分析

职业教育应以能力为本，职业能力应有知识支撑，但这种知识不应是学科体系，而应来自产业对岗位的知识要求（这是动态的）[1]。通过深入企业实地调研、与校企合作单位交流座谈等诸多方式，了解了不同岗位对多媒体知识和技能的需求，具体需求分析见表 1：

表 1 岗位技能需求分析

序号	岗位技能	比例（%）
1	图像处理与设计能力	45.0
2	视频制作与编辑能力	29.5
3	动画设计与制作能力	20.0
4	音频编辑能力	3.5
5	其他	2.0

1.2 课程内容取舍整合

校企合作重在面向市场、促进就业、服务社会。根据上述岗位技能需求分析，“多媒体设计与制作”课程的内容设计打破传统的学科体系模式，本着“必需、够用”的原则，有针对性地对教学内容进行必要的取舍、组合，注重知识的实用性，舍弃那些并非职业能力培养必需的内容，进行课程内容的选择[2]，具体调整见表 2：

表 2 教学内容调整前后对比

原有教学内容	调整后教学内容
网页效果图制作	图像处理与编辑
Canvas 网页动画设计	视频处理与编辑
CSS3 网页动画设计	动画设计

以教育科技类企业为例，近几年我国在线教育行业迅猛发展，数字教育资源的建设需要大量的基础技能型人才。为了制作精美的电子教案，需要对来自不同领域的图像元素进行处理，这里就需要学生学会图像处理相关软件的基本操作，掌握图像处理与编辑的知识和技能；数字教育资源中教学视频是重中之重，在视频录制完成之后，为了呈现精美的视频效果，需要对录播视频片断进行加工处理，此时就需要学生掌握视频处理与编辑的知识和技能；在某些抽象类的课程中，单纯的理论讲解有时候无法很好地展现某个状态的具体表现，如医疗类课程中的心绞痛，此时可以借助动画技术还原现实生活中心绞痛病人真实的感受，通过形象的图文动画技术展现抽象的理论知识，提高教育产品的质量，吸引学生的学习兴趣，而此时又需要学生掌握动画设计的技巧。

将实际工作岗位中用到的多媒体设计与制作的知识如图像处理与编辑、视频处理与编辑、网页动画设计等进行整合并模块化。教学时各模块既有独立性，又有关联性。独立性是指各模块设计案例、组织教学、突出重点时应该相互独立；关联性是指各模块间存在相互依托关系，按理论实践一体化要求设计，强调通过动手操作解决实际问题，体现了职业教育“以就业为导向，以能力为本位”的职业教育理念。

4 结束语

基于校企合作，“多媒体设计与制作”课程完成了教学内容、实施过程、评价方式的优化和完善。通过引入企业案例、活化课堂内容、直面企业和岗位需求；通过模块化实训、真实项目引入，锻炼学生的方法能力和社会能力；通过在评价方式中引入职业能力因素，鞭策学生勇于提升自己的社会适应性。

参考文献

[1]潘家俊.明确时代责任 推进改革深入——学习《关于推动现代职业教育高质量发展的意见》[J].江苏教育（职业教育版）,2022（1）
[2]田淑波.加强校企合作 深化课程改革——高职市场营销专业课程改革与实践[J].中国市场,2012（2）
[3]王智明.潘洪涛.姚宏坤.陈丽静.校企合作背景下的项目课程建设[J].廊坊师范学院学报（自然科学版）.2021(1)

图 8-19 案例效果

（1）打开“任务 8”文件夹中的“素材 8-2.docx”，以文件名“实训案例.docx”另存。
（2）标题设置为黑体、三号、居中对齐。
（3）作者姓名及单位信息设置为仿宋、小四，并设置上标。
（4）关键词不少于 3 个，各词之间用分号隔开，段前段后 0.5 行、1.25 倍行距。
（5）正文部分中文设置为宋体、小四；英文设置为 Times New Roman；1.25 倍行距。

（6）标题设置：一级标题为宋体、小四、加粗、1.25 倍行距；二级标题为宋体、小四、单倍行距，效果如图 8-20 所示。

- **1 *****（一级标题）**
- 1.1*******（二级标题）

图 8-20　标题效果图

（7）图表用三线格式，线宽 1.5 磅。
（8）参考文献设置为五号、仿宋。

任务 9　流程图制作

9.1　任务描述

某公司财务处的财务人员小周，近期收到了公司多名员工的来电咨询。由于公司近期出台的费用报销制度与之前有了些许变化，很多员工对于报销流程存在一些疑问，基于此，小周为了让大家更清晰报销流程，需要制定一份报销流程图，具体要求如下：

要求1　打开"任务 9"文件夹中的素材文件"素材 9-1.docx"，将其以文件名"报销流程.docx"另存在 D 盘根目录下，后续操作均基于此文件。

要求2　设置页面的纸张大小为 A4，上下页边距为 2.5 厘米、左右页边距为 2.8 厘米。

要求3　制作标题：标题文字设置为宋体、初号、加粗，应用艺术字库中"填充：橄榄色，主题色 3；锋利棱台"的艺术字样式，并为艺术字添加发光变体"红色、5pt 发光、个性色 2"文本效果，艺术字居中显示。

要求4　在"流程图如下："几个字的后面，添加 SmartArt 图形中的"交错流程图形"，并根据流程的项数添加流程图的形状，输入文字内容，完成流程框架图的制作。

要求5　美化流程图，调整流程图的色彩，合理调整文字的大小和颜色。

要求6　将正文中的第一段设置为宋体、小四、首行缩进 2 个字符、1.25 倍行距。将落款部分设置为宋体、小四、右对齐。

要求7　保存文档。

9.2　相关考点

9.2.1　创建 SmartArt 图形

在一些会议通知的文档中，为了更清晰地展示会议的流程，可以通过插入有层次感的图形来说明参加会议的程序。在 Word 2016 中提供了 SmartArt 图形，在该图形中既可以只包含文字，也可以是文字和图片的逻辑组合。SmartArt 图形包括列表、流程、循环、层次结构、关系、矩阵、棱锥图、图片 8 种图形，单击"插入"菜单"插图"功能组中的"SmartArt"选项，即可打开"选择 SmartArt 图形"对话框，如图 9-1 所示，可以根据需要选择不同的图形。

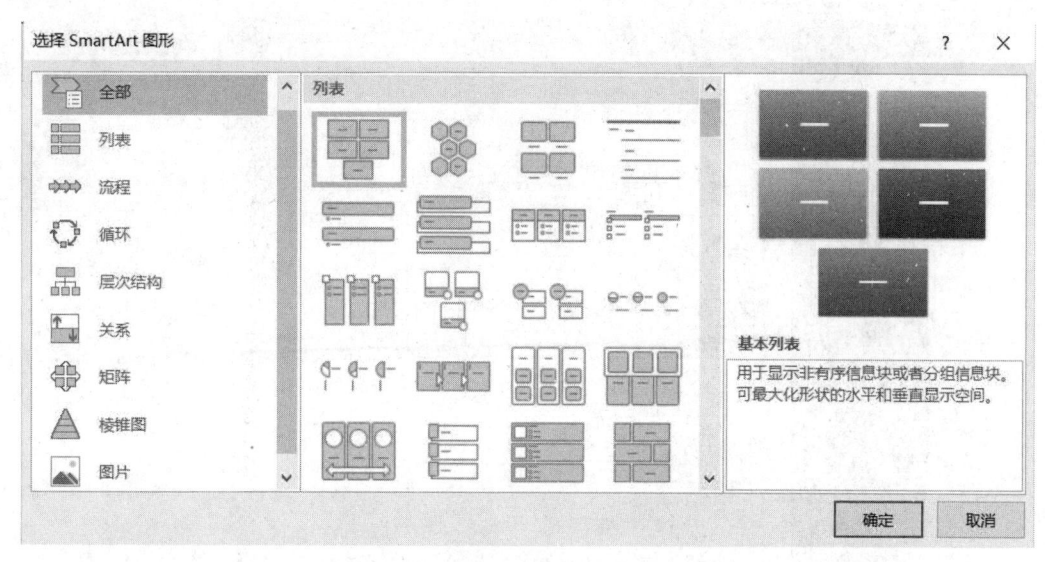

图 9-1 "选择 SmartArt 图形"对话框

9.2.2 设置艺术字

在编辑文档的时候，为了使某些文字更为醒目，也为了使文档看起来更为美观，可以利用艺术字来修饰、美化个别文字。单击"插入"菜单"文本"功能组中的"艺术字"选项，在其下拉菜单中可以看到多种艺术字形式，如图 9-2 所示，选择其中的一种样式，即可添加艺术字效果。

图 9-2 "艺术字"设置

9.2.3 文档加密保护

在日常工作生活中，有时候文档比较重要，此时为了不轻易让他人看到文档的内容，可以通过设置密码来保护文档。在 Word 2016 中就提供了加密文档的功能，单击"文件"菜单"信息"命令，打开"信息"窗格单击其中"保护文档"按钮，在下拉菜单单击"用密码进行加密"命令，如图 9-3 所示，弹出"加密文档"对话框，如图 9-4 所示，在"密码"文本框输入密码即可。

任务 9 流程图制作 105

图 9-3 "保护文档"按钮

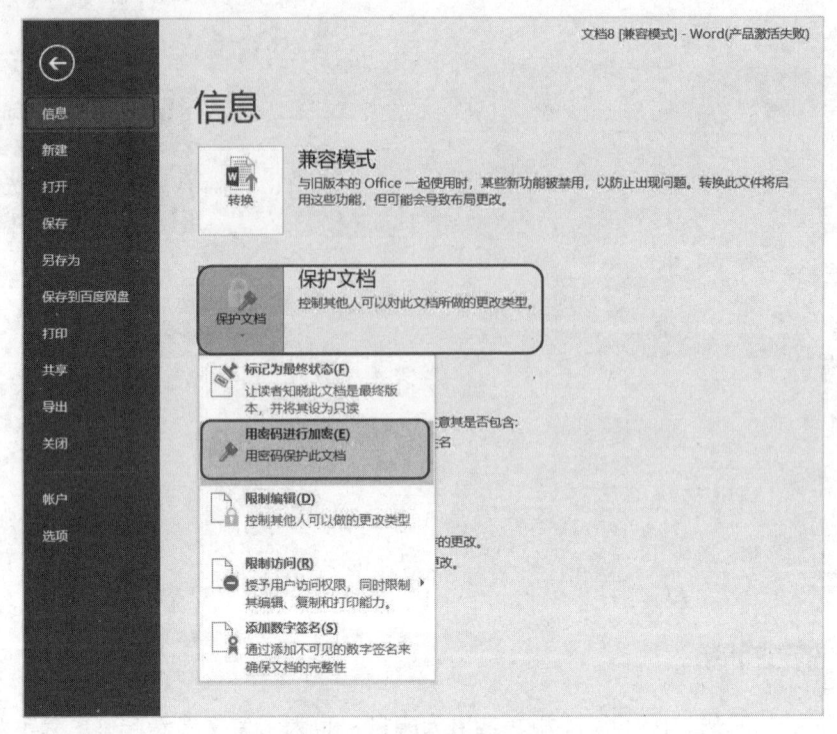

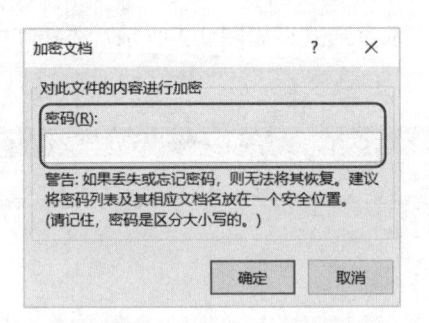

图 9-4 "加密文档"设置

9.2.4 标记文档状态

在进行文档审阅和修订时，会在做过修订的地方显示标记。Word 2016 提供了四种不同的标记状态，单击"审阅"菜单"修订"功能组中的"修订"选项，在"显示以供审阅"按钮右侧可以看到四种标记状态，如图 9-5 所示。

图 9-5 标记状态

简单标记：Word 会在文本左侧显示红色标记，可以显示该行被修改过，如图 9-6 所示。

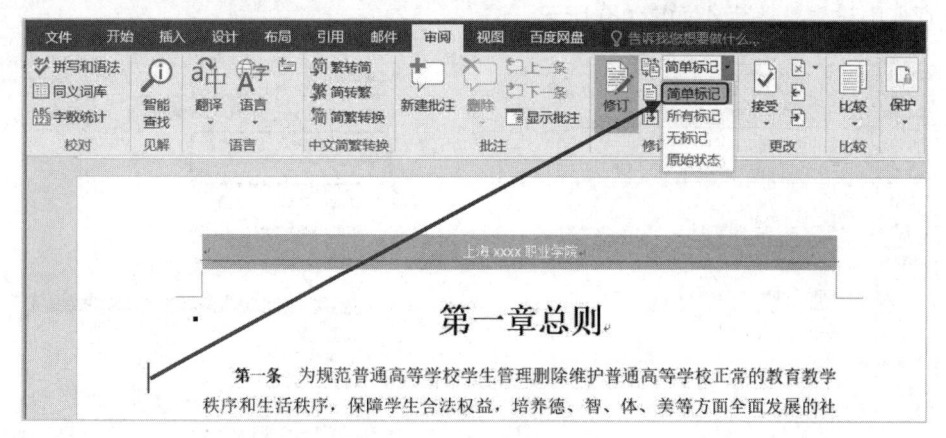

图 9-6 "简单标记"状态

所有标记：此标记状态是最常用的一种标记状态，它不仅在修改文本的左侧显示修订标记，还会显示具体修订的具体行为，如图 9-7 所示。

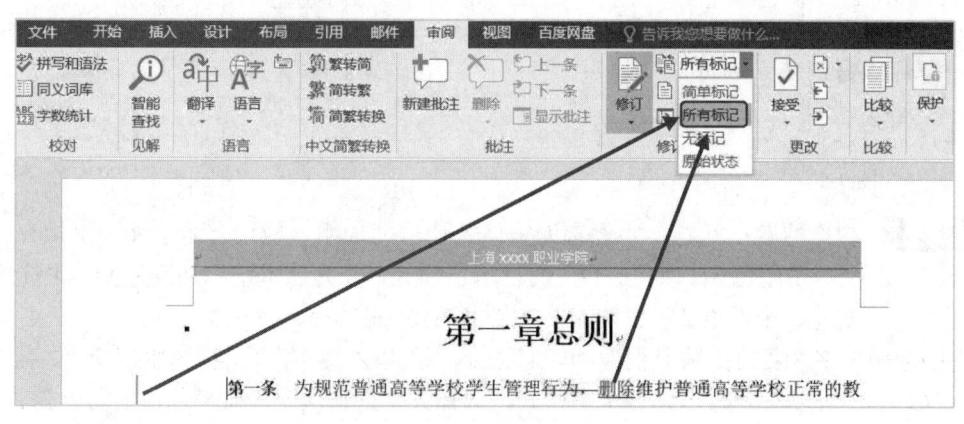

图 9-7 "所有标记"状态

无标记：虽然做了修订但不显示任何标记。
原始状态：修订之前的状态。

9.3 任务实施

要求1　打开"任务 9"文件夹中的素材文件"素材 9-1.docx"，将其以文件名"报销流程.docx"另存在 D 盘根目录下，后续操作均基于此文件。

打开素材文件夹"任务 9"中的文档"素材 9-1.docx"，依次单击"文件"菜单"另存为"命令，将其命名为"报销流程.docx"，保存路径选择 D 盘根目录，然后单击"保存"按钮。也可以将素材文件"素材 9-1.docx"复制并粘贴到 D 盘根目录，对副本进行重命名即可。

要求2　设置页面的纸张大小为 A4，上下页边距为 2.5 厘米、左右页边距为 2.8 厘米。

将光标定位在文档中，单击"布局"菜单"页面设置"功能组右下角的"对话框启动器"

任务 9　流程图制作

按钮 ，弹出"页面设置"对话框，在"页边距"选项卡中设置参数如图 9-8 所示，在"纸张"选项卡中设置纸张大小如图 9-9 所示。

图 9-8 "页边距"设置

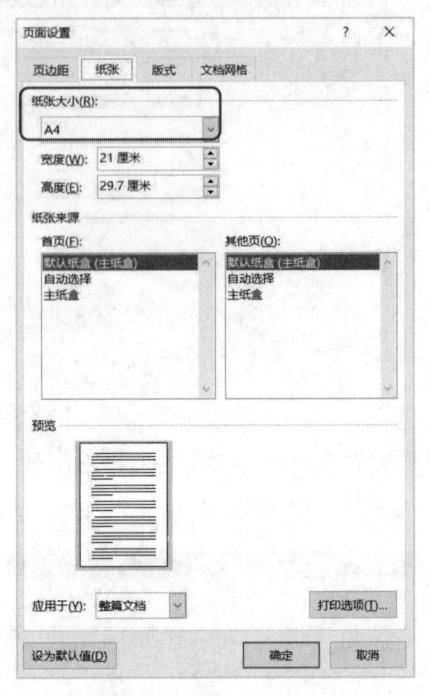

图 9-9 "纸张大小"设置

要求 3 制作标题：标题文字设置为宋体、初号、加粗，应用艺术字库中"填充：橄榄色，主题色 3；锋利棱台"的艺术字样式，并为艺术字添加发光变体"红色、5pt 发光、个性色 2"文本效果，艺术字要居中显示。

选中标题文字"费用报销流程"，单击"插入"菜单"文本"功能组中的"艺术字"选项，在其下拉菜单中可以看到有多种艺术字样式，选择其中的"填充：橄榄色，主题色 3；锋利棱台"的样式，如图 9-10 所示，即可将标题文字设置为艺术字效果。然后选中文字，在"开始"菜单"字体"功能组中设置其为宋体、初号、加粗。然后单击"绘图工具"下"格式"菜单"艺术字样式"功能组中的"文字效果"选项，在其下拉菜单中单击"发光"命令，在级联菜单中选择"变体发光"中的"红色、5pt 发光、个性色 2"发光效果，如图 9-11 所示。

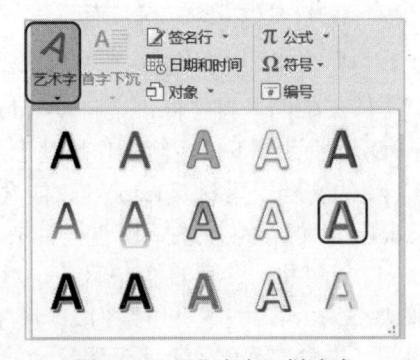

图 9-10 "艺术字"样式库

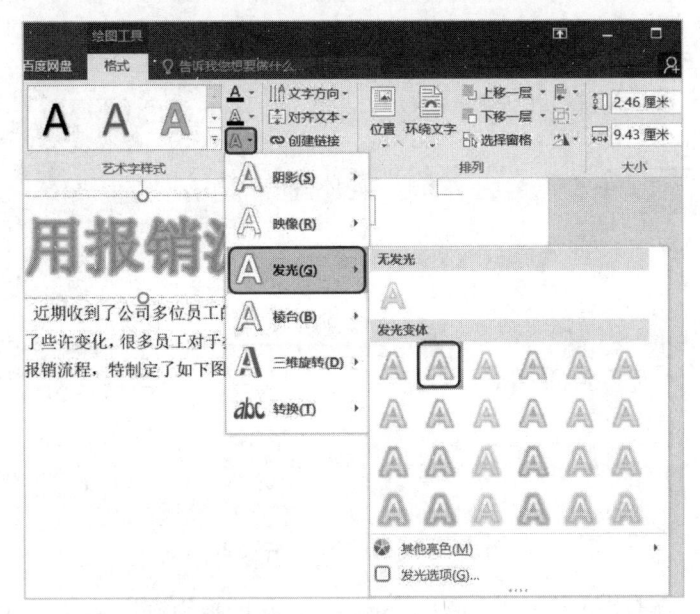

图 9-11 "发光效果"设置

选中艺术字文本框,单击"绘图工具"下"格式"菜单"排列"功能组中的"文字环绕"选项,在其下拉菜单中单击"上下型环绕"命令,如图 9-12 所示;同时在"排列"功能组中单击"对齐"选项,在其下拉菜单中单击"水平居中"命令,如图 9-13 所示。

图 9-12 "文字环绕"方式设置　　　　图 9-13 "对齐方式"设置

要求 4 在"流程图"几个字的后面,添加 SmartArt 图形中的"交错流程图形",并根据流程的项数添加流程图的形状,输入文字内容,完成流程框架图的制作。

将光标定位在"流程图"的下一行,单击"插入"菜单"插图"功能组中的"SmartArt"选项,弹出"插入 SmartArt 图形"对话框,在该对话框中选择"流程"图形中的"交错流程图"图形样式,如图 9-14 所示,将流程图插入到文档中。

任务 9　流程图制作　109

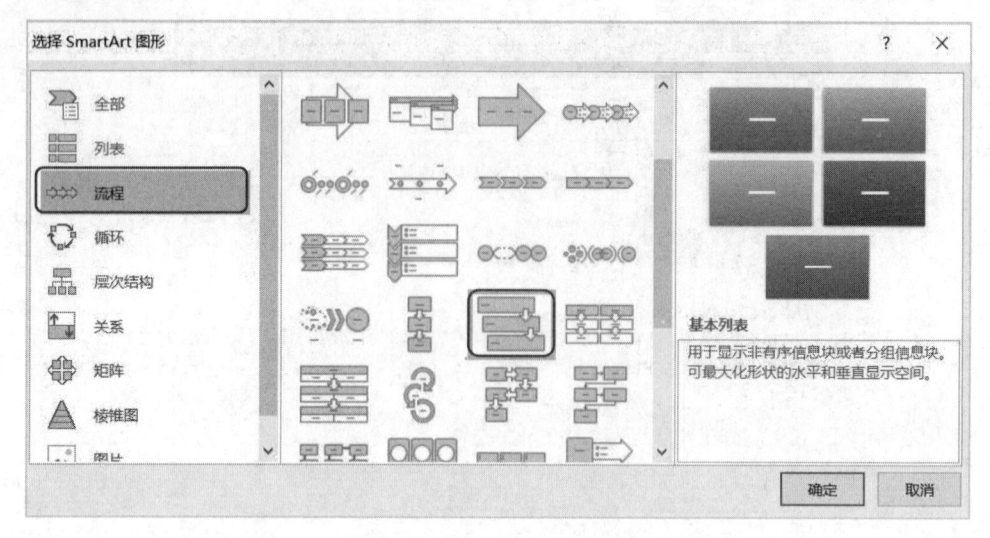

图 9-14 插入 SmartArt 图形

默认情况下，交错流程图有三个形状，但是该公司的报销流程需要 5 个步骤，所以需要增加两个形状。单击"绘图工具"下"设计"菜单"创建图形"功能组中的"添加形状"选项，在其下拉菜单中单击"在后面添加形状"命令，如图 9-15 所示，即可在原图形的后面添加一个形状，用同样的操作方法再添加一个形状。

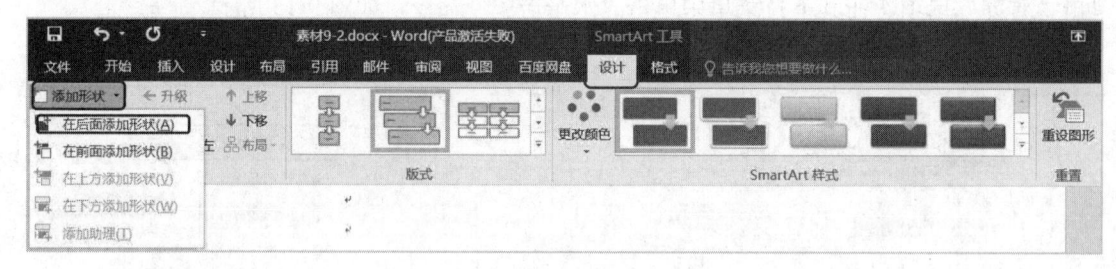

图 9-15 "添加形状"选项

流程图框架制作完成后，即可输入文字内容。

要求5 美化流程图，调整流程图的色彩，合理调整文字的大小和颜色。

为了使流程图看起来更为美观，可以将流程图单一的颜色改为不同的彩色。选中流程图，单击"绘图工具"下"设计"菜单中的"更改颜色"选项，在其下拉菜单中选择"彩色，个性色"效果，如图 9-16 所示，即可套用 Word 2016 提供的流程图色彩样式。

除了可以修改流程图框架的颜色，还可以为流程图添加背景。右击流程图的画面框线，在弹出的快捷菜单中单击"设置对象格式"命令，在右侧弹出"设置形状格式"窗格，在窗格中单击"填充与线条"命令，在下方的"填充"模块选择"图片或纹理填充"选项，如图 9-17 所示，单击下方的"纹理"按钮，在其下拉菜单中选择"信纸"纹理，如图 9-18 所示，即可为流程图填充纹理背景。

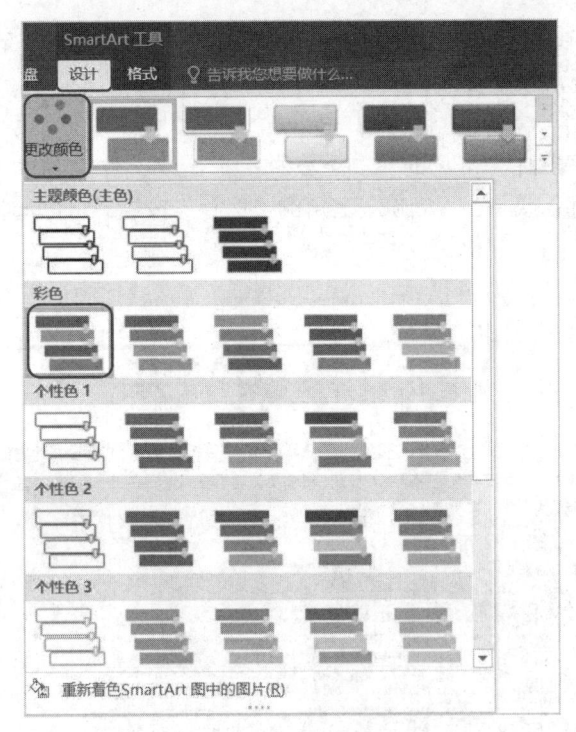

图 9-16　SmartArt 图形"颜色"设置

图 9-17　"设置形状格式"窗格

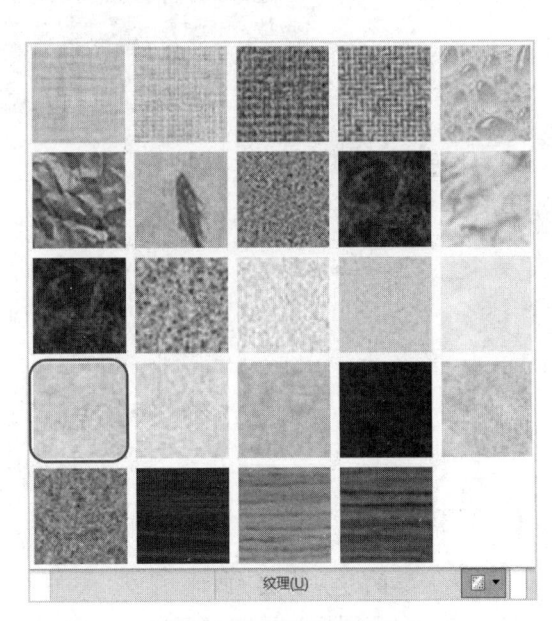

图 9-18　"信纸"纹理

流程图美化完成之后，可以适当调整流程图文字部分的大小，颜色设置为白色，"流程图："标题加粗，首行缩进 2 个字符，1.25 倍行距。

要求6　将正文中的第一段设置为宋体、小四、首行缩进 2 个字符、1.25 倍行距。将落款部分设置为宋体、小四、右对齐。

选中正文中的第一段文字，在"开始"菜单"字体"功能组中设置文字为宋体、小四；

任务 9　流程图制作　111

在"开始"菜单"段落"功能组中设置段落格式为首行缩进 2 个字符，行间距为多倍行距、1.25 倍。以相同的方法设置落款处文字的文字格式和对齐方式。

> 要求 7　保存文档。

保存文档的方法有多种，常见的有如下三种：单击"文件"菜单"保存"命令；或按下组合键 Ctrl+S 快速保存；或单击 Word 左上角的"保存"按钮。可以选择以上三种保存方法中的任意一种。

流程图的最终效果如图 9-19 所示。

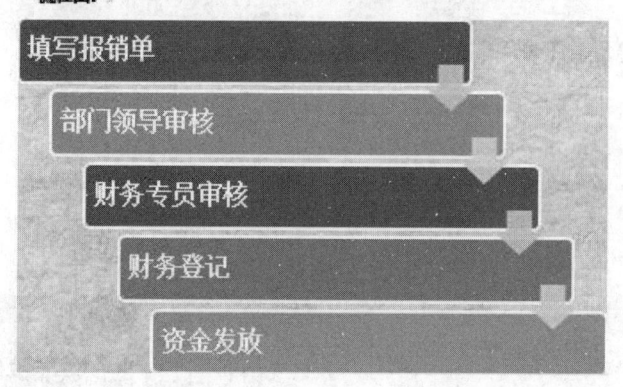

图 9-19　流程图最终效果

9.4　思考与实训

【问题思考】

（1）艺术字的发光效果如何设置？
（2）SmartArt 图形如何增加形状？
（3）如何全部显示修订过的文档标记？
（4）如何加密文档？

【实训案例】

根据所学知识制作图 9-20 所示的案例效果。

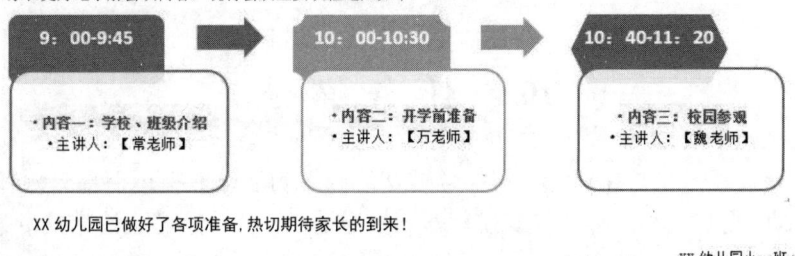

图 9-20　案例效果

（1）打开"任务 9"文件夹中的素材文件"素材 9-2.docx",将其以文件名"家长会通知.docx"另存在 D 盘根目录下。

（2）设置页面的纸张大小为 A4,纸张方向为横向,上下页边距为 1.5 厘米、左右页边距为 2 厘米。

（3）利用艺术字制作标题,并添加发光效果。

（4）利用 SmartArt 图形制作会议议程流程图框架（重点流程）,并通过"SmartArt 工具"下"设计"菜单"SmartArt 样式"中"更改颜色"选项调整流程图的颜色,将颜色设置为"彩色-个性色";单击"SmartArt 工具"下"格式"菜单中的"更改形状"选项,将第 2 个形状改为基本形状中的"缺角矩形",第 3 个形状改为基本形状里的"六边形"。

（5）编辑文字内容：将"时间"设置为宋体、18 号、白色、加粗；将"会议信息"设置为宋体、14 号,并分别设置颜色为红色和黑色,加粗。文字内容在文本框内水平、垂直均居中,水平居中可以通过"开始"菜单"段落"功能组设置居中对齐,垂直居中可以右击形状打开"设置形状格式"对话框,在"文本选项"中修改文本框的"垂直对齐方式"为"中部对齐"。

（6）"结束语"设置为黑体、小四号、首行缩进 2 字符。底部添加落款信息和日期,设置为宋体、小四号、右对齐、段前段后 0.25 行,1.25 行距。

（7）保存文档。

任务 10　批量制作邀请函

10.1　任务描述

某城市计划举办一场"高层人工智能领域交流会"的活动，拟邀请部分领域专家及学者来参加交流活动。因此，小王被领导安排制作一批邀请函，并分别递送给相关专家和学者。请按如下要求，完成邀请函的制作：

要求1 打开"任务10"文件夹中的"素材 10-1.docx"，以文件名"邀请函模板.docx"另存到 D 盘根目录下，后续操作均基于此文件。

要求2 调整文档版面，纸张方向为横向，页面高度为 20 厘米、宽度为 35 厘米，上、下页边距为 2 厘米，左、右页边距为 3 厘米。

要求3 将邀请函背景设置为新闻纸效果。

要求4 标题文字设置为黑体、一号、加粗、居中对齐；文本效果设置为"渐变填充-金色，着色 4，轮廓-着色 4"。

要求5 正文文字设置为微软雅黑、小二；文本效果设置为"填充-黑色，文本 1，阴影"。将文字"尊敬的"设置为左对齐，无缩进，其余文字首行缩进 2 个字符。将"日期"设置为右对齐。

要求6 根据内容调整表格列宽并居中对齐；表格中的内容在单元格内水平、垂直均居中。

要求7 根据上述制作的"邀请函"模板，运用"邮件合并"功能批量生成邀请函。

要求8 删除邀请函的个人信息。

10.2　相关考点

10.2.1　快速比较文档

使用 Word 的文档比较功能可以快速实现两个文档的对比。打开一个空白文档，依次单击"审阅"菜单"比较"功能组中的"比较"选项，打开"比较文档"对话框，在该对话框中先后选择要比较的原文档和修改后的文档，单击"确定"按钮即可。

10.2.2　文档中的个人信息

文档中有许多个人信息，比如作者、编辑时间等，如果要查看文档的个人信息，可以在"文件"菜单"信息"窗口中查看。如果要删除文档的个人信息，可以在"文件"菜单"信息"窗口中选择"检查文档"选项，在其下拉菜单中依次单击"检查问题"→"检查文档"命令，在打开的"文档检查器"窗口中勾选"文档属性及个人信息"复选框，然后单击"检查"按钮，可以检查出文档中所有的个人信息，单击"全部删除"按钮，就可以把个人信息全部删除。

除了上述知识点外，本任务还涉及"文本格式设置""图表处理技术""为列表添加项目符号""邮件合并"等知识点，因在前面任务中已经学过，在此不再赘述。

10.3 任务实施

要求1 打开"任务10"文件夹中的"素材10-1.docx"，以文件名"邀请函模板.docx"另存到D盘根目录下，后续操作均基于此文件。

双击打开"任务10"中的"素材10-1.docx"，然后单击"文件"菜单"另存为"命令，文件名为"邀请函模板"，单击"保存"按钮。

要求2 调整文档版面，纸张方向为横向，页面高度为20厘米、宽度为35厘米，上、下页边距为2厘米，左、右页边距为3厘米。

首先单击"布局"菜单"页面设置"功能组中的"纸张方向"选项，在其下拉菜单中单击"横向"命令，如图10-1所示。

然后单击"页面设置"功能组中的"纸张大小"选项，在其下拉菜单中单击"其他纸张大小"命令，在弹出的"页面设置"对话框中，修改页面高度为20厘米、宽度为35厘米，如图10-2所示。

图10-1 "纸张方向"设置　　　　图10-2 "纸张大小"设置

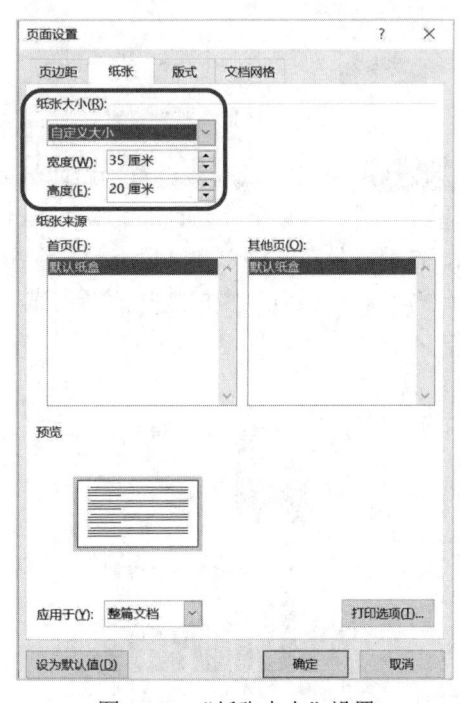

最后单击"页面设置"功能组中的"页边距"命令，在其下拉菜单中单击"自定义边距"命令，在弹出的"页面设置"对话框中，修改上、下页边距为2厘米，左、右页边距为3厘米，如图10-3所示。

上述是分开设置的方法，也可以单击"布局"菜单"页面设置"功能组右下角的"对话框启动器"按钮,打开"页面设置"对话框,依次在相应的选项卡中设置各个选项的参数,如图 10-4 所示。

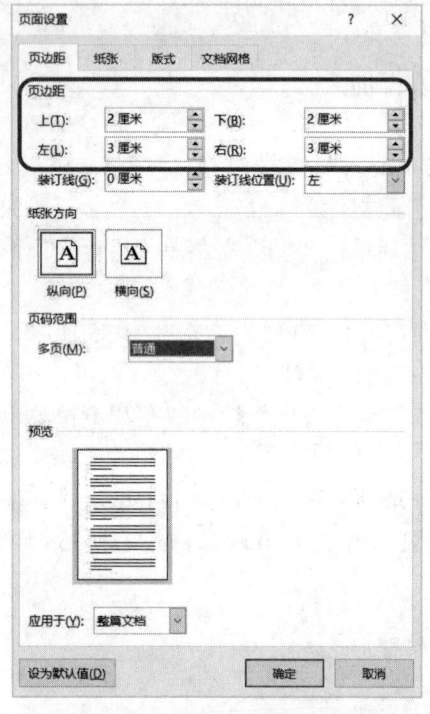

图 10-3 "页边距"设置

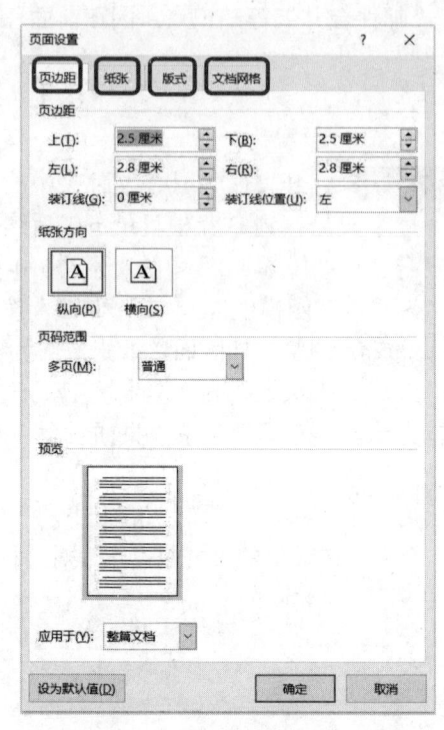

图 10-4 "页面设置"对话框

要求3 将邀请函背景设置为新闻纸效果。

单击"设计"菜单"页面背景"功能组中的"页面颜色"选项,弹出的下拉菜单如图 10-5 所示。在其下拉菜单中单击"填充效果"命令,然后在弹出的"填充效果"对话框中单击"纹理"选项卡,在纹理类型中选择"新闻纸"背景,如图 10-6 所示。

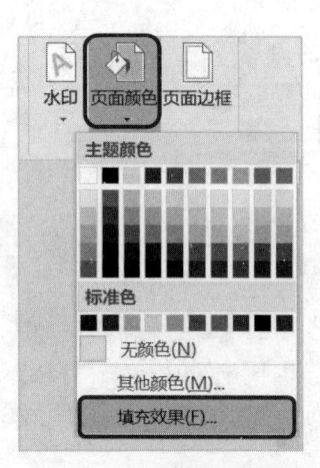

图 10-5 选择页面纹理

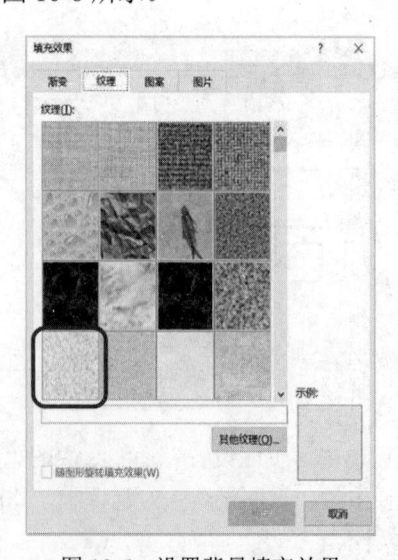

图 10-6 设置背景填充效果

要求4　标题文字设置为黑体、一号、加粗、居中对齐；文本效果设置为"渐变填充-金色，着色4，轮廓-着色4"。

　　选中标题文字，在"开始"菜单"字体"功能组中设置字体为黑体、一号、加粗。在"开始"菜单"字体"功能组中单击"文本效果"右侧的三角按钮，在里面选择"渐变填充-金色，着色4，轮廓-着色4"文本效果，如图10-7所示。在"开始"菜单"段落"功能组中设置对齐方式为居中对齐。

要求5　正文文字设置为微软雅黑、小二；文本效果设置为"填充-黑色，文本1，阴影"。将文字"尊敬的"设置为左对齐，无缩进，其余文字首行缩进2个字符。将"日期"设置为右对齐。

　　选中正文部分，在"开始"菜单"字体"功能组中设置字体为微软雅黑、小二。在"开始"菜单"字体"功能组中单击"文本效果"右侧的三角按钮，在下拉菜单中选择"填充-黑色，文本1，阴影"文本效果，如图10-8所示。

图10-7　标题"文本效果"设置　　　　　图10-8　正文"文本效果"设置

　　选中文字"尊敬的"，单击"开始"菜单"段落"功能组右下角的"对话框启动器"按钮，打开"段落"对话框，设置段落对齐方式为左对齐，无缩进。选中其他文字，在"段落"对话框中，设置"特殊格式"为首行缩进。

　　选中"日期"，在"开始"菜单"段落"功能组中设置对齐方式为右对齐。

要求6　根据内容调整表格列宽，并居中对齐；表格中的内容在单元格内水平、垂直均居中。

　　选中表格，在"表格工具"下"布局"菜单"单元格大小"功能组"自动调整"下拉菜单中，单击"根据内容自动调整表格"命令，即可按内容多少自动调整表格列宽，如图10-9所示。

　　选中表格，在"开始"菜单"段落"功能组中设置对齐方式为居中对齐。

选中表格中所有的单元格,在"表格工具"下"布局"菜单"对齐方式"功能组中单击"水平居中"选项,即可将内容水平、垂直均设置为居中,如图10-10所示。至此,邀请函模板已制作完毕。

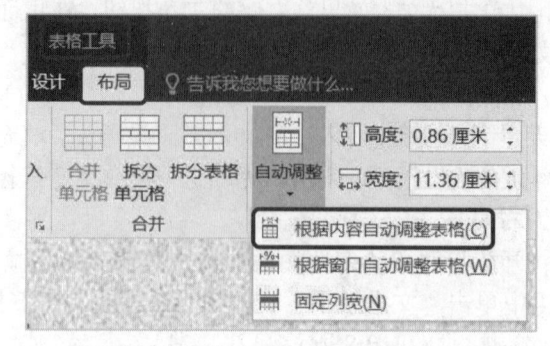

图10-9 表格"自动调整列宽"设置

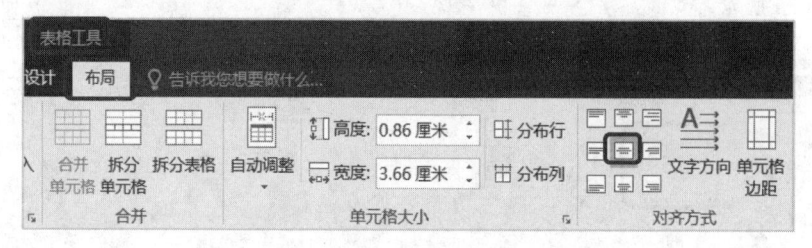

图10-10 单元格内容"居中对齐"设置

要求7 根据上述制作的"邀请函"模板,运用"邮件合并"功能批量生成邀请函。

打开"邀请函模板.docx",单击"邮件"菜单"开始邮件合并"功能组中"开始邮件合并"选项,在其下拉菜单中单击"邮件合并分步向导"命令,如图10-11所示。在打开的"邮件合并"任务窗格中按其提示的6个步骤便可完成"邮件合并"操作。

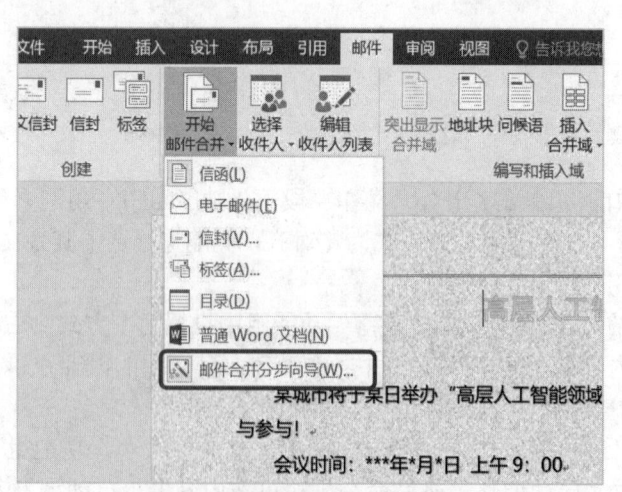

图10-11 "邮件合并分步向导"命令

(1)选择文档类型。选择"信函"选项,如图10-12所示。

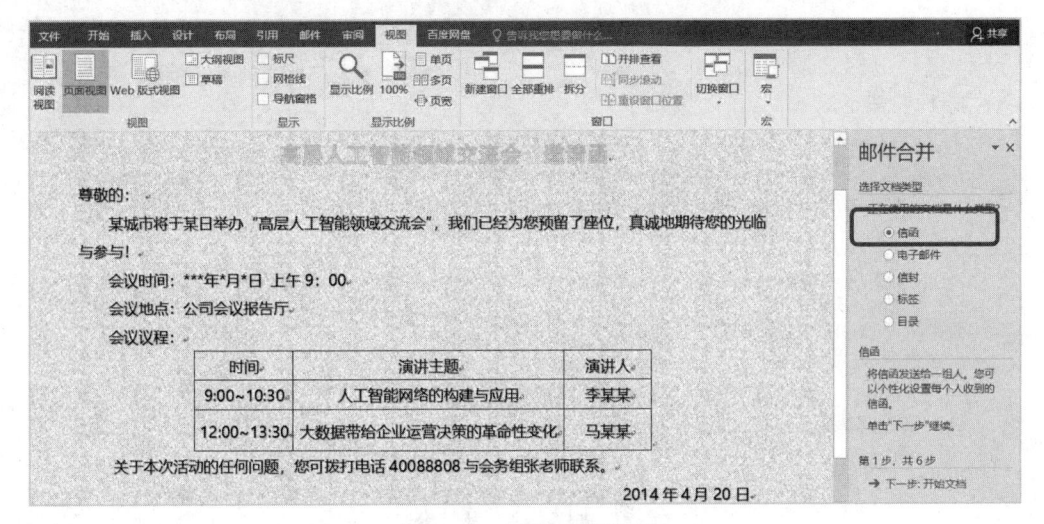

图 10-12　选择文档类型

（2）选择开始文档。选择"使用当前文档"选项，如图 10-13 所示。

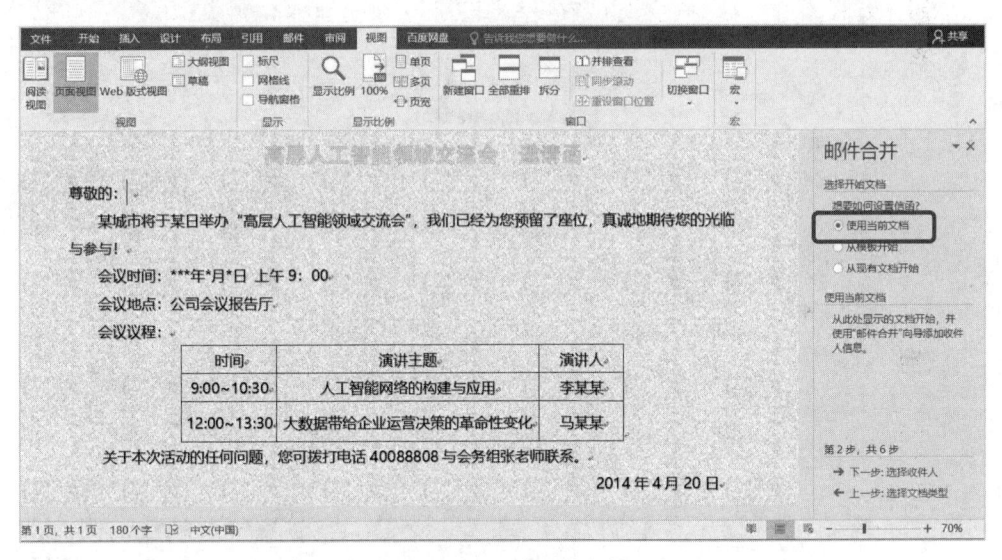

图 10-13　选择开始文档

（3）选择收件人。本例选择已经存在的数据源，单击"浏览"命令，如图 10-14 所示。在弹出的"选择数据源"对话框中找到并打开数据源"人员名单信息.xlsx"，单击"确定"按钮。此时在后台打开了数据源，并在使用现有列表的下面显示出数据源的名称。

（4）撰写信函。将插入点定位到主文档中需要插入合并域的位置，然后根据需要单击"地址块""问候语"等超链接。本实例是单击"其他项目"命令，弹出"插入合并域"对话框，如图 10-15 所示，然后在主文档相应"尊敬的"位置插入合并域中的"姓名"。

（5）预览信函。在"预览信函"向导页可以查看信函内容，单击收件人两旁的"上一个记录" ◀ 按钮或"下一个记录" ▶ 按钮可以预览其他联系人的信函，如图 10-16 所示。

任务 10　批量制作邀请函

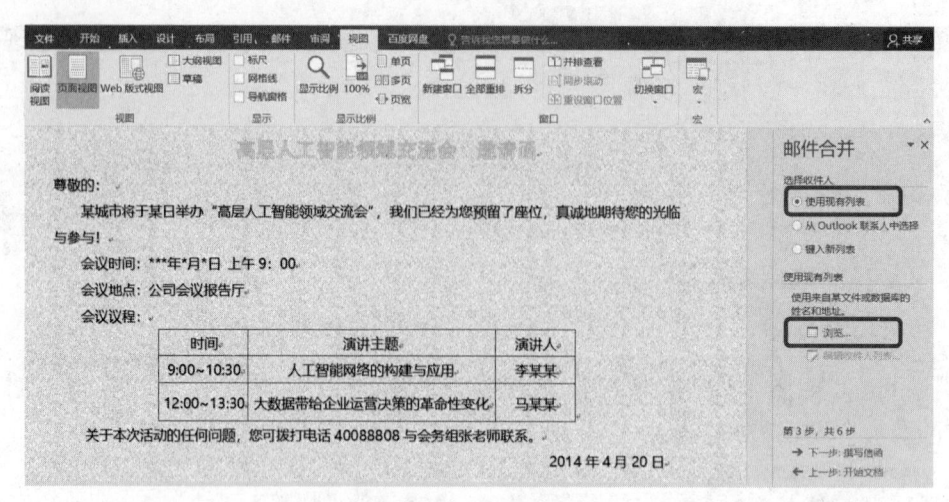

图 10-14　选择收件人

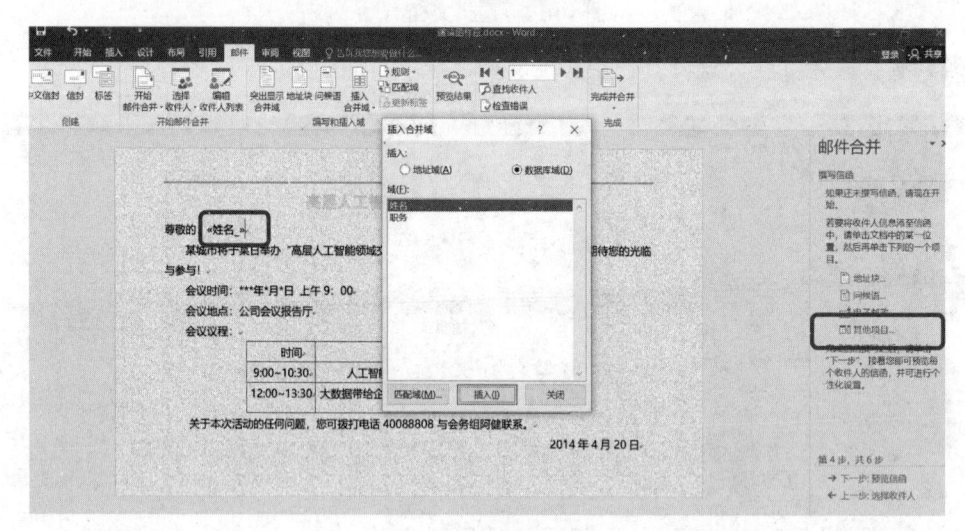

图 10-15　撰写信函

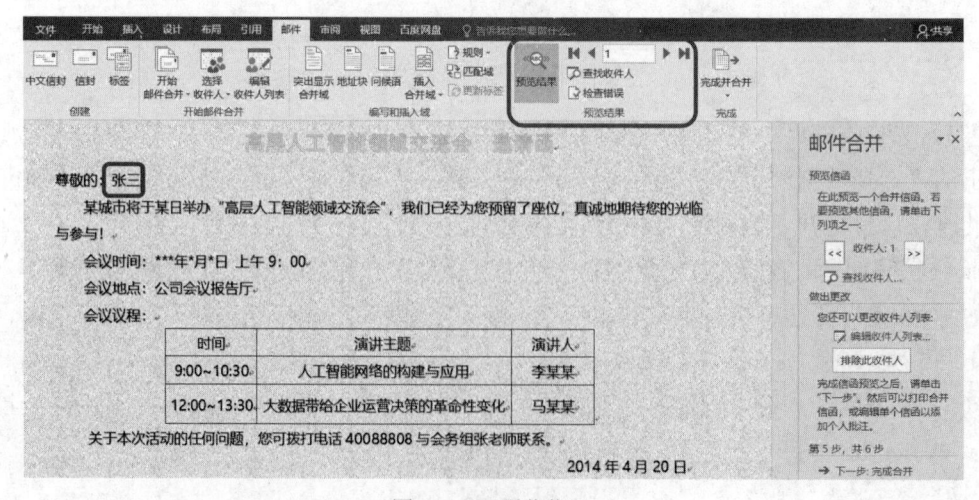

图 10-16　预览信函

（6）完成合并。打开"完成合并"向导页，在其中用户既可以单击"打印"命令开始打印信函，也可以单击"编辑单个信函"命令，打开"合并到新文档"对话框，如图10-17所示，选择要合并的记录。本实例选择1~4（也可以选择全部），则所有的记录都被合并到新文档中（合并到新文档中，不包含邀请函背景，重新设置背景），完成合并后的打印预览效果如图10-18所示。

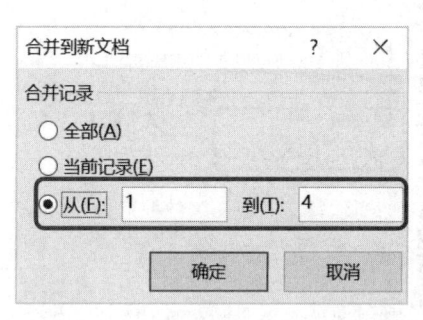

图10-17 "合并到新文档"对话框

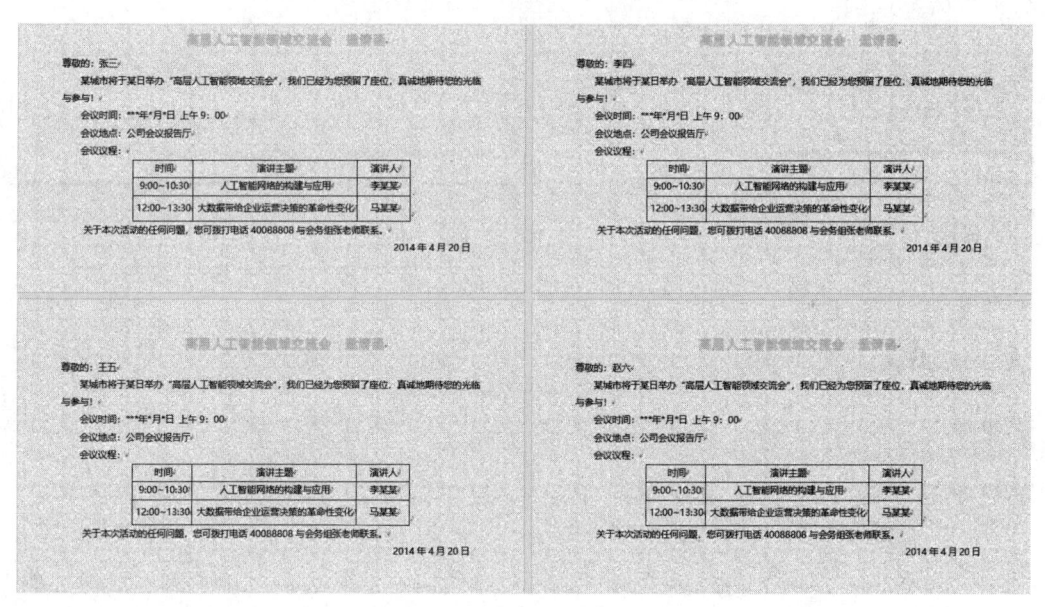

图10-18 合并1~4邀请函预览效果

> 要求8 删除邀请函的个人信息。

制作完邀请函后，要删除个人信息。单击"文件"菜单"信息"命令，在右侧窗格中单击"检查文档"选项，在其下拉菜单中单击"检查文档"命令，如图10-19所示。

勾选要检查的内容，本案例中要删除个人信息，所以勾选"文档属性和个人信息"复选框，如图10-20所示，然后单击"检查"按钮。弹出"文档检查器"对话框，在"文档属性和个人信息"位置显示已经找到的文档信息：文档属性、作者等，然后单击右侧的"全部删除"按钮，如图10-21所示，这样个人信息就不会显示了。

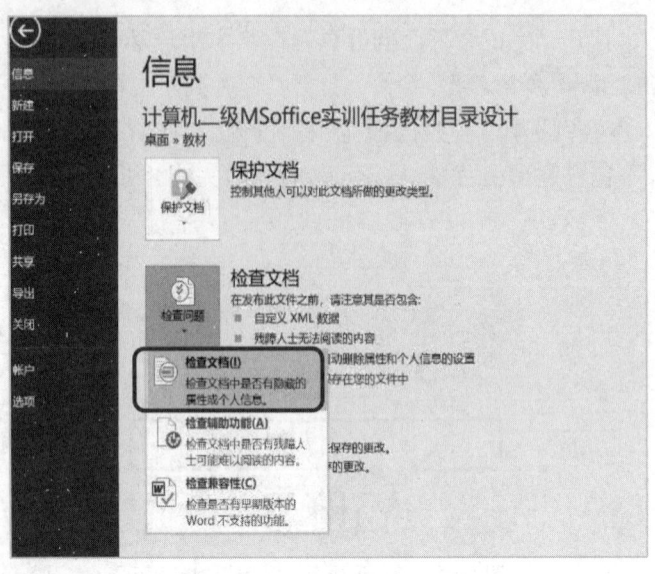

图 10-19 "检查文档"命令

图 10-20 "检查文档器"设置

图 10-21 信息删除

10.4 思考与实训

【问题思考】

（1）如何设置文档的页面背景？
（2）如何运用比较文档？
（3）在邮件合并中如何引入收件人的数据源？
（4）如何删除个人信息？

【实训案例】

某公司要举办"农村、农业发展交流会",想邀请农业领域的专家来参加交流会,邀请专家名单见"参会人员名单.xlsx"。公司领导安排办公室小王根据邀请名单制作邀请函,邀请函模板如图 10-22 所示,部分批量邀请函案例如图 10-23 所示。

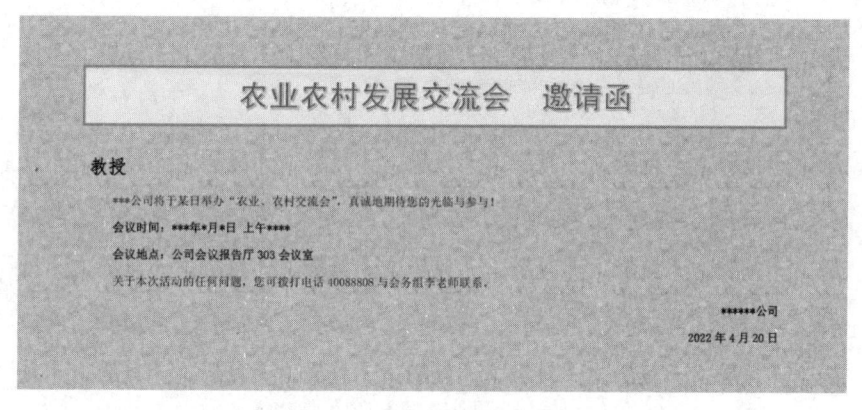

图 10-22　邀请函模板效果图

图 10-23　部分邀请函效果图

具体要求如下:

(1)打开"任务 10"文件夹中的"素材 10-2.docx",另存为"邀请函.docx"文件。

(2)设置页面纸张大小为宽 35 厘米、高 20 厘米,调整页面方向为横向,设置上、下页边距为 2 厘米,左、右页边距为 3 厘米。

(3)标题文字设置为小初号、黑体,文本效果设置为"填充-蓝色,着色 1,轮廓-背景 1,清晰阴影-着色 1"的效果,段后间距 2 行、居中显示。标题所在的段落边框设置为蓝色、3 磅,图案底纹设置为 12.5%、蓝色。

(4)设置正文"教授"为二号、仿宋、加粗、段前段后 0.5 行、左对齐、无缩进。设置"***公司将于某日举办农业、农村交流会,真诚地期待您的光临与参与!"和"关于本次活动的任何问题,您可拨打电话 400××× 8 与会务组李老师联系。"两段文字为宋体、四号、首行缩进 2 个字符、1.25 倍行距。设置"会议地点……""会议时间……"为宋体、四号、加粗、首行缩进 2 个字符、1.25 倍行距。设置落款文字为宋体、四号、加粗、右对齐。

(5)页面背景设置为粉色面巾纸纹理。

(6)根据制作好的模板运用"邮件合并"功能进行邀请函的批量制作。

Excel 篇

任务 11　销售情况分析

任务 12　考试成绩统计分析

任务 13　员工工资统计

任务 14　公司报销统计管理

任务 15　公司财务记账

任务 16　人口普查数据统计

任务 17　部门人员信息汇总

任务 11　销售情况分析

11.1　任务描述

小李今年毕业后，在一家计算机图书销售公司担任市场部助理，主要的工作职责是为部门经理提供销售信息的分析和汇总。请根据销售数据报表（"Excel.xlsx"文件），按照如下要求完成统计和分析工作：

要求1　将"Excel 素材.xlsx"另存为"Excel.xlsx"，后续操作均基于此文件。

要求2　根据图书编号，在"订单明细"工作表"图书名称"列中，使用 VLOOKUP 函数完成图书名称的自动填充。"图书名称"和"图书编号"的对应关系在"编号对照"工作表中。利用类似的方法根据"编号对照"表中的"售价"数据完成图书单价的自动填充。

要求3　对"订单明细"工作表进行格式调整，将"单价"列和"小计"列的单元格调整为"会计专用（人民币）"数字格式，并要求单元格的实际值保留两位小数。

要求4　在"订单明细"工作表"小计"列中，计算每笔订单的销售额。

要求5　新建一个工作表，命名为"各书店汇总"，在该表中以三家书店为分类条件进行分类汇总，汇总"小计"列的数额。书店的顺序为鼎盛书店、隆华书店、博达书店。

要求6　根据"订单明细"工作表中的销售数据，统计所有订单的总销售金额，并将其填写在"统计报告"工作表的 B3 单元格中。

要求7　根据"订单明细"工作表中的销售数据，统计《MS Office 高级应用》图书在 2012 年的总销售额，并将其填写在"统计报告"工作表的 B4 单元格中。

要求8　根据"订单明细"工作表中的销售数据，统计隆华书店在 2011 年每月的平均销售额（保留 2 位小数），并将其填写在"统计报告"工作表的 B5 单元格中。

要求9　根据"各书店汇总"工作表中的销售数据，统计鼎盛书店的订单总数，并将其填写在"统计报告"工作表的 B9 单元格中。

要求10　根据"订单明细"工作表中的销售数据，制作数据透视表，分析图书销售数量在 2011 年各季度内的情况。将"统计报告"工作表中的 E2 单元格作为数据透视表的第一个单元格，"图书名称"作为行标签。

要求11　根据"要求 10"中的数据透视表，制作所有图书在 2011 年四个季度中销售数量的迷你折线图，在"统计报告"工作表 K 列中完成。

要求12　根据"统计报告"工作表中"书店——销售额统计表"中的数据绘制图表，要求与参考图表"门店营业额占比.png"尽可能相似，将图表放置在"统计报告"工作表中 A16 与 B32 之间的区域。

要求13　保存"Excel.xlsx"文件。

11.2 相关考点

11.2.1 选区的表示、单元格批量选中方法、绝对引用

选中一系列表格以进行批量操作是 Excel 中非常重要的基本操作。批量选中单元格的方法如下：

（1）行列编号：在工作表中，以字母表示列编号，以数字表示行编号，例如 B2 表示第二行第二列单元格。当光标在工作表中以空心白十字显示时，拖动鼠标可以选中一块连续的矩形区域；当光标在工作表顶部字母标区域时会显示为黑色向下箭头，此时单击鼠标即可选中一整列，拖动即可选中连续的几列；同理当光标在工作表左侧数字标识区域时会显示为黑色向右箭头，此时单击鼠标即可选中一整行，拖动即可选中连续的几行；单击工作表左上角，则可以选中整个工作表。

（2）Shift 键：使用 Shift 键选中连续区域。例如，先单击 B2 单元格，再按住 Shift 键单击 D5 单元格即可选中一个四行三列的区域。

（3）Ctrl 键：使用 Ctrl 键选中不连续的单元格或区域。例如，先单击 B 列标，再按住 Ctrl 键单击 G 列标，即可选中两列区域。以上两个操作与 Windows 系统的选中逻辑是一致的。

（4）Ctrl+Shift 键：值得介绍的是，Excel 提供了一种特殊选中方法（Ctrl+Shift+方向键），以便用户在操作大型工作表中快速进行选中操作。例如，在一个写有内容的区域内选中一个单元格，再按下 Ctrl+Shift+↓ 组合键即可选中该单元格下方所有填有内容的单元格。

上述介绍了如何选中表格，那么在函数语句中，选区又是如何表示的呢？例如，左上角为 B2、右下角为 D5 的选区可以表示为 B2:D5，而第 7 列则可表示为 G:G。借助这种表示方法，可以在函数或绘图场景中引用需要的区域。

在 Excel 中，自动填充是被高频使用的功能，该功能会仿造参考单元格而进行类推，从而快速完成连续的填写工作。例如，假设 A 列、B 列存在 2 列数据，现在希望在 C 列写出 A、B 每一行数据相乘的结果，则可以在 C1 单元格输入：

$$=A1*B1$$

按下回车键，然后再将光标悬停在 C1 右下角，在光标变为黑色十字时双击，即可完成自动填充。值得介绍的是，在输入算式时，更推荐使用鼠标单击的形式来引用单元格，这样操作更为直观，降低错误率。例如，需要输入 A1 时，改为用鼠标单击第一行第一列单元格。

实际使用中还会这样场景：将 A 列每一个元素都与 B 列第一个元素相乘。这时就需要绝对引用，则在 C1 单元格输入：

$$=A4*\$B\$1$$

其中，$B 表示该公式引用 B 列是固定不变的，$1 表示引用第一行是固定不变的，于是在自动填充时，Excel 不会随单元格的变化而改变 B1 这一引用位置。若选择使用单击方法操作，则可在选中 B1 单元格后按下键盘上的 F4 键，此时 B1 自动变为$B$1，多次按下 F4 键还可使之改为 B$1、$B1。

11.2.2 自动查表填充——VLOOKUP 函数

VLOOKUP 函数属于查找与引用函数，功能是在所选区域内根据数据找到匹配的行，并根据指定的列号返回该列的值，其语法格式为：

VLOOKUP (lookup_value, table_array, col_index_num, [range_lookup])

（1）lookup_value：表示需要匹配的数据所在单元格。

（2）table_array：表示数据的范围，要匹配的数据要求是该范围的第一列。

（3）col_index_num：表示需要返回的匹配行中的列号。

（4）range_lookup：可不填写，如果为 FALSE（或填"0"），表示精确匹配；如果为 TRUE（或填"1"），表示模糊匹配。如果数据范围中的第一列按升序排列，匹配结果为比第一个参数 lookup_value 小的最大值。

注意：VLOOKUP 函数属于计算机二级考试热门考点，其四个参数意义以及填写细节应掌握。

11.2.3 求和——SUM 函数、条件求和——SUMIFS 函数

1. SUM 函数

SUM 函数为求和函数，该函数将返回所有参数的和，其语法格式为：

SUM(number1,number2,number3,…)

使用此函数时需注意如下几点：

（1）参数的数量范围为 1～255。

（2）若参数均为数值，则直接返回计算结果，如：SUM(10,20)将返回 30。

（3）若参数中包含文本数字和逻辑值，则会将文本数字判断为对应的数值，将逻辑值 TRUE 判断为 1，如：SUM("10",20,TRUE)将返回 31。

2. SUMIFS 函数

SUMIFS 函数为条件求和函数，其语法格式为：

SUMIFS(sum_range, criteria_range1, criteria1, [criteria_range2, criteria2], …)

（1）sum_range：定义求和范围，往往选中一个统计表中的一整列数值数据。

（2）criteria_range1：在其中计算关联条件的第一个区域，往往也会选中统计表中的一整列数值型或文本型数据。

（3）criteria1：条件的形式为数字、表达式、单元格引用或文本，可用来定义对 criteria_range1 参数中的哪些单元格用于求和。填写为条件表达式时，筛选满足表达式的值；填写为文本时，筛选与该文本一致的值，填写为单元格地址时，筛选与该地址内容一致的值。

（4）criteria_range2, criteria2：可不填写，条件不只有一项时可补充，最多允许有 127 项条件。

注意：当条件仅有一条时，可以使用该函数的简化版 SUMIF 函数，请读者在函数窗口中探索其参数与 SUMIFS 函数有何不同。

11.2.4 表值的精度

在 Excel 单元格中存储的数据，其显示值与存储值是分开的，而参与计算的是其存储值。

例如，一个精度为 10 位的小数，在显示时仅保留 2 位小数，后面的位被省略，而在公式中真正参与计算的是精度为 10 位的值。这就导致了有时人们会感觉计算结果与看上去的不完全正确。在一些场景中需要避免这样的情况，可进行如下设置：

在 Excel 中，单击"文件"菜单"选项"命令，打开"Excel 选项"对话框，选中"高级"选项卡，在该界面下方找到"计算此工作簿时"模块，在其中勾选"将精度设为所显示的精度"复选框，单击"确定"按钮。设置完毕后，工作簿中单元格的存储值将会与显示的值完全相等。

显示精度还可以用如下方法进行设置：

选中一个或多个单元格后右击，在弹出的菜单中单击"设置单元格格式"命令，在默认的"数字"选项卡中选择"数值"分类，在"小数位数"后填写需要保留的小数位数，单击"确定"按钮即可。

11.2.5 自定义序列

Excel 支持记录一个固定次序的列表，称为自定义序列，借助这一功能，可帮助用户按自定义的顺序进行排序，或是通过自动填充功能快速列出常用项。例如，某公司职级排序为"总监—经理—主管—专员"，那么可以先定义好这四个职级顺序，再对该公司的人员进行排序。此时也可以以内容为"总监"的单元格进行列自动填充，自动列出后面单元格的职级，以提升效率。定义自定义序列的方法如下：

（1）在工作表中的任意的一列上按顺序连续填写序列中的每一个元素，并选中这些单元格。

（2）在 Excel 中，单击"文件"菜单"选项"命令，打开"Excel 选项"对话框，选中"高级"选项卡，在该界面下方找到"常规"模块，单击"编辑自定义列表"命令，打开"自定义序列"对话框。

（3）在"从单元格中导入序列"文本框中，确定选区即为所选列表时，单击"导入"按钮后，单击"添加"按钮，最后单击"确定"按钮即可。

11.2.6 插入数据透视表

数据透视表是 Excel 中一个非常强大的数据审阅工具，它能帮助用户直观地分析含有多对多关系的复杂统计表。例如，一家专卖店可以售卖多款手机，一款手机又会由多家专卖店售出，分析这类复杂且庞大的统计表就可以借助 Excel 数据透视表完成。下面简要介绍其操作。

选中工作表中所有的数据，单击"插入"菜单"数据透视表"选项，在弹出的对话框中单击"确定"按钮，进入数据透视表编辑界面。在右侧的数据透视表字段工作区中，可以通过拖拽的方式自行设计数据透视表的行、列及统计值内容，可以看到用于选择的字段全部来自数据源的表头行。

注意： 如果在编辑数据透视表的过程中，误将"数据透视表字段"编辑窗口关闭，则可单击"数据透视表工具"下"分析"菜单"显示"功能组"字段列表"选项，将其重新调出。

关于数据透视表的具体功能，限于篇幅与其抽象性，后续将在任务实施中配合案例数据对常见功能展开介绍。

11.2.7 图表及设计方法

图表是数据展示中的重要工具，Excel 提供了类型丰富、编辑自由度高的图表工具。

在选中数据源的情况下，单击"插入"菜单，可以看到在"图表"功能组中，有八种常见图表方案以供选择。这里要求读者对饼图、柱状图、堆积图、折线图、散点图的外观与设计细节比较熟悉，在计算机二级考试当中，应能按照参考图形绘制出一致的图表。

在创建出图表后，选中图表时，Excel 上方的菜单栏将出现两项新菜单"图表工具—设计""图表工具—格式"。

在"图表工具"下"设计"菜单中，通过"图表样式"功能组可以快速调整所选图表的样式，通过"图表布局"功能组可以调整图表的坐标轴、标题、网格线等要素的细节，通过"数据"功能组可以管理图表数据的来源。

在"图表工具"下"格式"菜单中，可管理图表辅助线的形状、颜色，文字的细节等，还可以在此调整三维图形的形状效果。

11.2.8 插入迷你图

迷你图可将一组数据转换为简练的折线图或柱状图并放置单个单元格内，用于快速阅读数据的情况。

选择要放置迷你图的单元格，单击"插入"菜单，在"迷你图"功能组中选择"折线图"或"柱形图"选项，在弹出的对话框中单击"数据范围"右侧的按钮，再选定一列或一行数据（注意如果数据中含有文字型单元格，则这一格的值在迷你图中视为 0，因此选择数据源时不能将表头也选入其中），单击"确定"按钮即可。在该对话框中，还可以看到"选择放置迷你图的位置"选项，这意味着 Excel 也支持将迷你图放在工作表中的一个区域而不一定是单个单元格。

11.2.9 分类汇总

一类典型的账目记录模式为每一条记录写在同一行内，这些记录都具备多个类似的要素，将这些要素按一定顺序记录在每一列上。在 Excel 中，如果用户需要将具有某些相同要素的条目全部放置在一起进行分析，则可以借助分类汇总功能来实现。

该功能在"数据"菜单"分级显示"功能组中，在选中一个统计表的情况下，单击"分类汇总"选项即可弹出对话框。在对话框中选择需要分类的字段、进行汇总的项目，单击"确定"按钮即可。

以下两点需特别注意：

（1）选中的统计表第一行必须为表头，整张数据表都为统计内容，而没有表头的统计表，分类汇总功能无法正常使用。

（2）使用分类汇总功能之前，需先将表格按分类字段进行排序，以将同类信息集合在一起。

关于多级分类汇总，详见后续 12.2.14 小节。

11.2.10 打印前的页面设置

Excel 的使用逻辑决定其不能像 Word 那样具有清晰的打印页面结构，一般而言，对工作表直接按默认方式进行打印时，打印效果往往不理想。但 Excel 还是提供了编辑打印页面的方法，读者需掌握如何将用户想要呈现的区域控制在一个打印页中，并能控制打印纸张的页边距、纸张方向与大小，掌握使表头出现在打印稿的每一页上的方法。下面介绍这些基本操作。

单击"视图"菜单"工作簿视图"功能组"分页预览"选项，将工作表的显示方式变为按页显示，视图中的蓝色线条就代表着该表格被打印时的边界，拖动蓝色边界以获得预期的打印大小。编辑完成后，单击"视图"菜单"工作簿视图"功能组"普通"选项，将视图变为原来的状态。

一项较为常见的需求是，使表头行能显示在打印稿中的每一页。单击"页面布局"菜单"页面设置"功能组"打印标题"选项，然后选中表头行，按下回车键即可实现该效果。

Excel 打印纸的页边距、纸张的设置与 Word 一致，都可通过"页面布局"菜单下的选项完成设置。

11.2.11 自动计算有效元素个数——COUNT 函数

COUNT 函数为计数函数，属于统计函数，功能是返回包含数字的单元格及参数列表中数字的个数，其语法格式为：

COUNT(value1,value2,…)

使用此函数时需注意以下几点：

（1）如果参数为数字、日期或代表数字的文本（用引号引起的数字，如"1"），则将被计算在内。

（2）逻辑值和直接输入参数列表中代表数字的文本将被计算在内。

（3）如果参数为错误值或不能转换为数字的文本，不会被计算在内。

（4）如果参数为数组或引用，则只计算数组或引用中数字的个数，不会计算数组或引用中的空单元格、逻辑值、文本、错误值。

对于某个范围内，部分内容参与计数、部分不参与计数的条件计数问题，则应使用 COUNTIFS 函数求解，将在任务 14 中讲解该函数。

11.3 任务实施

要求 1 将"Excel 素材.xlsx"另存为"Excel.xlsx"，后续操作均基于此文件。

将文件夹中的"Excel 素材.xlsx"复制并粘贴到相同文件夹，对副本进行重命名即可。也可打开素材文件，在 Excel 软件中依次单击"文件"→"另存为"命令将其命名，并保存。

要求 2 根据图书编号，在"订单明细"工作表"图书名称"列中，使用 VLOOKUP 函数完成图书名称的自动填充。"图书名称"和"图书编号"的对应关系在"编号对照"工作表中。利用类似的方法完成图书单价的自动填充。

打开文件"Excel.xlsx"，选中"图书名称"列下方的第一个单元格，单击表格编辑栏的 fx 按钮，如图 11-1 所示，打开"插入函数"对话框。对于函数的输入，本书更推荐使用对话框的方式进行，在这里 Excel 对于函数的提示与引导能减少用户操作差错。

此时，可以看到该单元格中出现了"="符号，表示该单元格的值将由公式计算而得，在"插入函数"对话框的"搜索函数"文本框中输入函数名称 vlookup，单击"转到"按钮，可以看到"选择函数"文本框中自动选中了该函数，如图 11-2 所示，单击"确定"按钮进入 VLOOKUP 函数的参数编辑对话框。

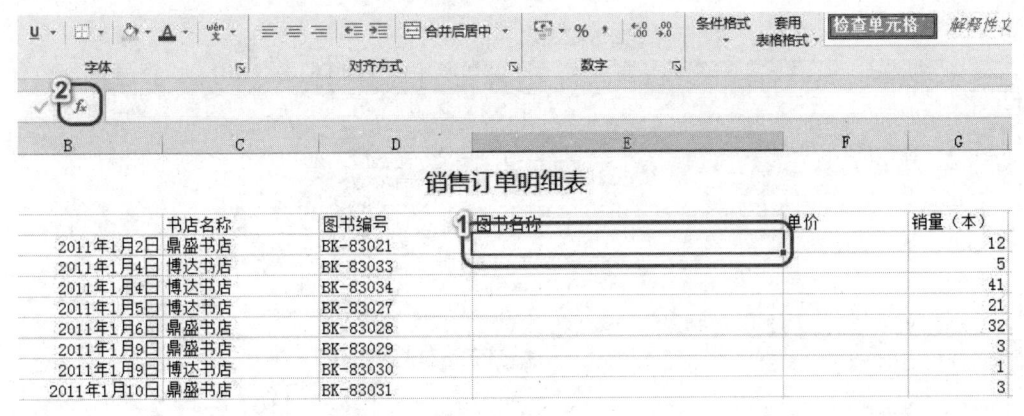

图 11-1　fx 按钮

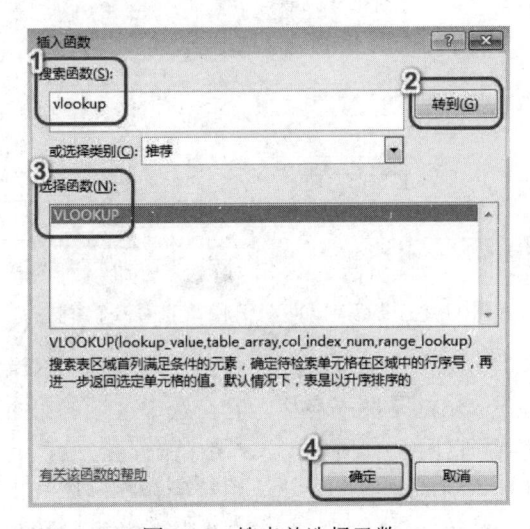

图 11-2　搜索并选择函数

首先，由于本任务要求依据图书编号来确定图书名称，因此 VLOOKUP 函数的第一个参数应引用"图书编号"单元格，在弹出的对话框中单击第一个参数输入框，即单击 D3 单元格，如图 11-3 所示。

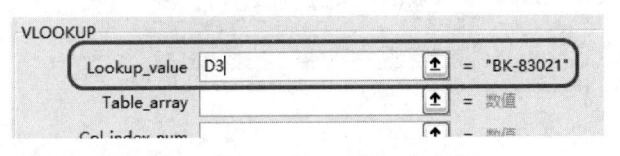

图 11-3　VLOOKUP 第一个参数

接下来，需要设定 VLOOKUP 函数在哪个范围里查询图书编号，而题目给定的素材中提供了一个工作表"编号对照"用于查询这一信息。需要注意的是，选定区域的第一列必须是含有"图书编号"一列。因此具体操作是，单击第二个参数的输入框后，单击下方"编号对照"工作表，选中含有"图书编号"与"图书名称"信息的区域，完成后的效果如图 11-4 所示。

任务 11　销售情况分析　131

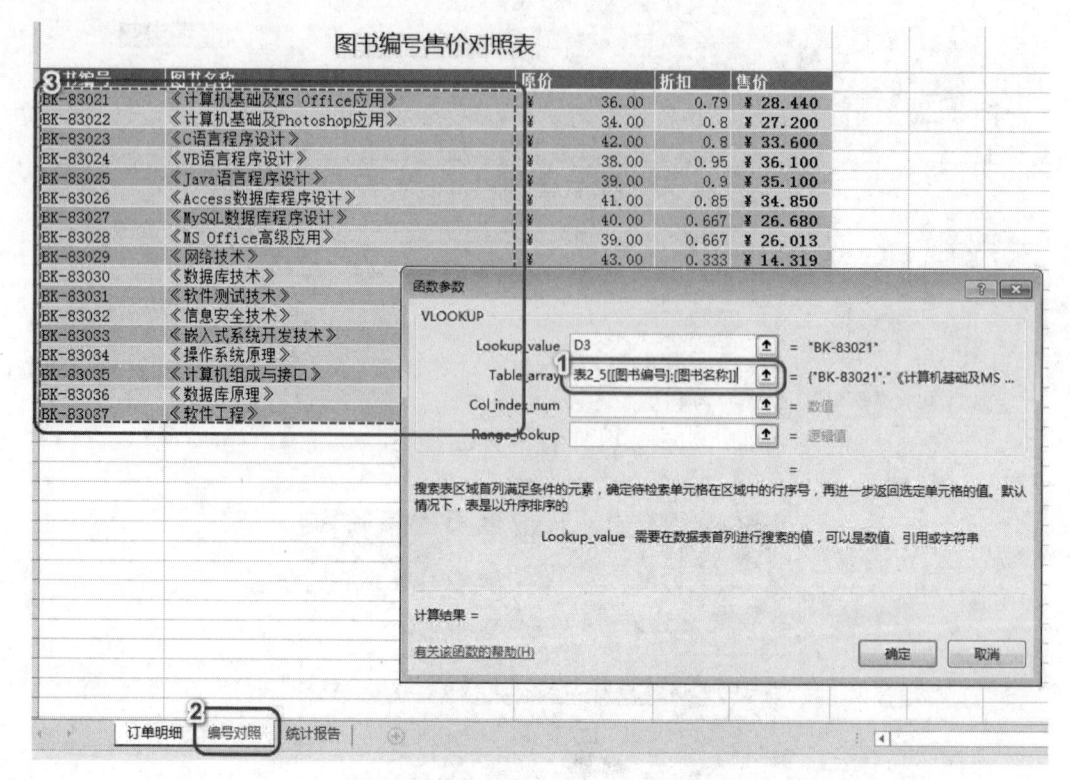

图11-4 设定VLOOKUP函数的第二个参数

其次，设定第三个参数，它负责告诉函数如果在所选区域中查到了编号，那么取出其所在行的哪个元素，显然需要取出的是图书名称，它在选中区域的第2列，因此填写2。

最后，设定第四个参数，它用于控制查找方式是精确查找（填0），还是模糊匹配（填1），由于编号与书名是确定且唯一对应的值，因此选用精确查找，填0即可，如图11-5所示。在图中，可以看到在正确输入参数后，对话框下方的"计算结果"将显示函数输出值，可通过该值的合理性判断参数是否正确输入。单击"确定"按钮，可以看到第一个编号对应的图书名称输入到了E3单元格中。

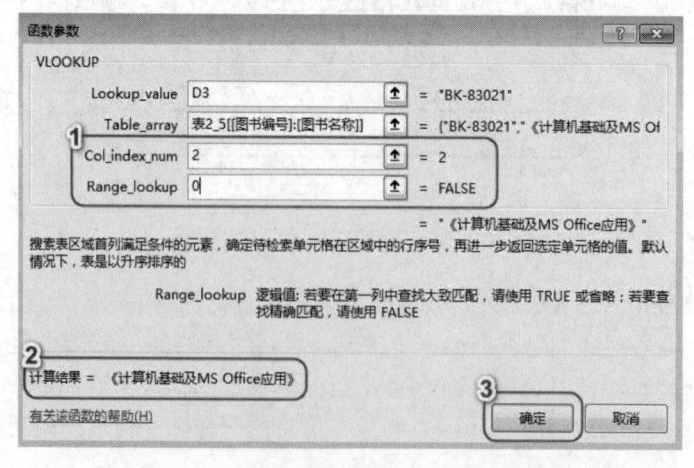

图11-5 VLOOKUP第三个、第四个参数

选中 E3 单元格，可以看到编辑框是一个 VLOOKUP 函数的语句，可知在编辑框中直接输入 "=VLOOKUP(D3,表 2[[图书编号]:[图书名称]],2,0)" 是等效的操作。通过对话框交互的方法相比输入公式而言效率会低一些，但熟练使用对话框可降低用户对 Excel 函数参数的学习成本。

将光标悬停在 E3 单元格右下角，当光标变为黑色十字时双击，"图书名称"一列全部自动填充完成。

单价一列的填写可用类似方法完成，只需注意选中查找区域时应包含"编号对照"表的最后一列，并在 VLOOKUP 函数的第三个参数中填写列号 5，如图 11-6 所示。

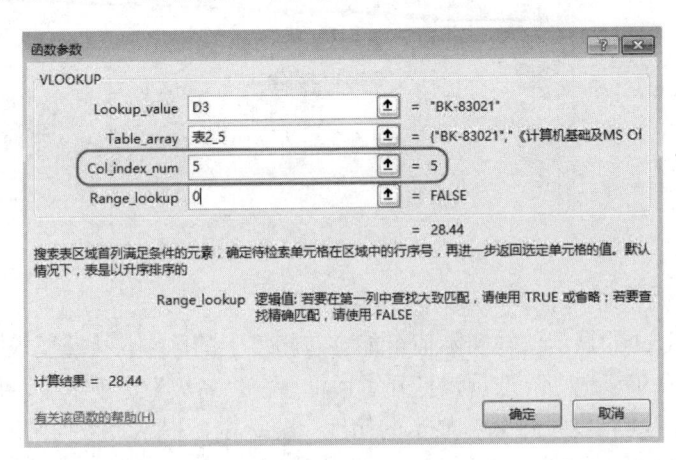

图 11-6 使用 VLOOKUP 函数完成单价的填写

要求 2 完成后的效果如图 11-7 所示。

销售订单明细表

订单编号	日期	书店名称	图书编号	图书名称	单价	销量（本）	小计
BTW-08001	2011年1月2日	鼎盛书店	BK-83021	《计算机基础及MS Office应用》	28.44	12	
BTW-08002	2011年1月4日	博达书店	BK-83033	《嵌入式系统开发技术》	22	5	
BTW-08003	2011年1月4日	博达书店	BK-83034	《操作系统原理》	33.15	41	
BTW-08004	2011年1月5日	鼎盛书店	BK-83027	《MySQL数据库程序设计》	26.68	21	
BTW-08005	2011年1月6日	鼎盛书店	BK-83028	《MS Office高级应用》	26.013	32	
BTW-08006	2011年1月9日	博达书店	BK-83029	《网络技术》	14.319	3	
BTW-08007	2011年1月9日	博达书店	BK-83030	《数据库技术》	24.6	1	
BTW-08008	2011年1月10日	鼎盛书店	BK-83031	《软件测试技术》	28.8	3	
BTW-08009	2011年1月10日	博达书店	BK-83035	《计算机组成与接口》	19.6	43	
BTW-08010	2011年1月11日	隆华书店	BK-83022	《计算机基础及Photoshop应用》	27.2	22	
BTW-08011	2011年1月11日	博达书店	BK-83023	《C语言程序设计》	33.6	31	
BTW-08012	2011年1月12日	隆华书店	BK-83032	《信息安全技术》	26.013	19	
BTW-08013	2011年1月13日	鼎盛书店	BK-83036	《数据库原理》	22.2	43	
BTW-08014	2011年1月13日	隆华书店	BK-83024	《VB语言程序设计》	36.1	39	
BTW-08015	2011年1月15日	鼎盛书店	BK-83025	《Java语言程序设计》	35.1	30	
BTW-08016	2011年1月16日	鼎盛书店	BK-83026	《Access数据库程序设计》	34.85	43	
BTW-08017	2011年1月16日	鼎盛书店	BK-83037	《软件工程》	21.07	40	
BTW-08018	2011年1月17日	鼎盛书店	BK-83021	《计算机基础及MS Office应用》	28.44	44	
BTW-08019	2011年1月18日	博达书店	BK-83033	《嵌入式系统开发技术》	22	33	
BTW-08020	2011年1月19日	鼎盛书店	BK-83034	《操作系统原理》	33.15	35	
BTW-08021	2011年1月22日	鼎盛书店	BK-83027	《MySQL数据库程序设计》	26.68	22	
BTW-08022	2011年1月23日	博达书店	BK-83028	《MS Office高级应用》	26.013	38	
BTW-08023	2011年1月24日	隆华书店	BK-83029	《网络技术》	14.319	5	
BTW-08024	2011年1月24日	鼎盛书店	BK-83030	《数据库技术》	24.6	32	
BTW-08025	2011年1月25日	鼎盛书店	BK-83031	《软件测试技术》	28.8	19	

图 11-7 要求 2 效果

要求3 对"订单明细"工作表进行格式调整，将"单价"列和"小计"列的单元格调整为"会计专用"（人民币）数字格式，并要求单元格的实际值保留两位小数。

选中"单价"列与"小计"列，由于"订单明细"表具有 600 多行，属于较为庞大的统计表，使用框选的方法较难拖动到统计表末尾，因此推荐使用快捷键法。单击 F3 单元格，按

任务 11 销售情况分析　133

下组合键 Ctrl+Shift+↓，选中全部单价数据，在快捷菜单中选中"设置单元格格式"命令，在弹出的对话框单击"数字"选项卡下的"会计专用"项，"小数位数"与"货币符号"保留默认选项，如图 11-8 所示，单击"确定"按钮即可。

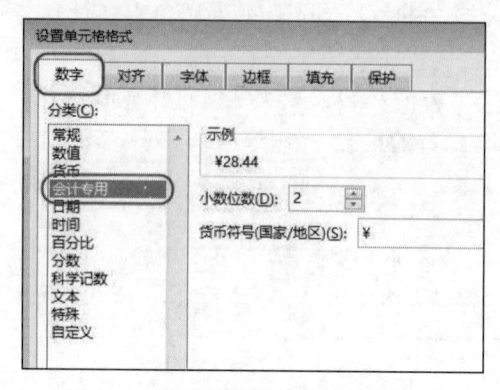

图 11-8 将单元格格式设置为价格型

以同样的方法完成对"小计"一列的设置。

默认情况下 Excel 的显示值与实际值可能会有精度上的区别，按照要求，应将它们修改一致。单击"文件"菜单"选项"选项，打开对话框。在"高级"选项卡中，找到"计算此工作簿时"模块，勾选"将精度设置为所显示的精度"复选框，提示"数据精度将会受到影响"，单击"确定"按钮即可，如图 11-9 所示。

图 11-9 将单元格显示值与实际值一致化

要求4 在"订单明细"工作表"小计"列中,计算每笔订单的销售额。

订单的营业额即销售书本数量乘以单价,因此先使用引用单元格的算式计算出 H3 单元格的值,再使用自动填充即可。具体操作如下:

单击 H3 单元格,在编辑栏中输入"="号;单击 F3 单元格,在编辑栏中输入"*"号;单击 G3 单元格,按下回车键即可,如图 11-10 所示。

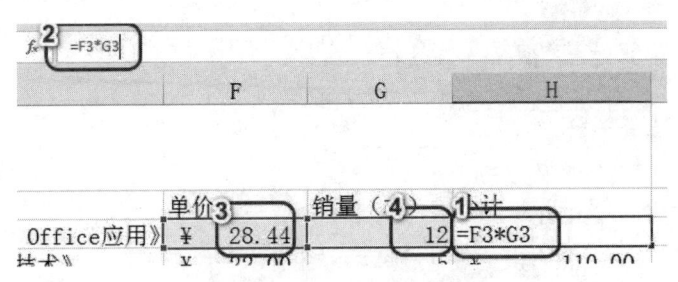

图 11-10 引用单元格进行计算

将光标悬停在 H3 单元格右下角,当光标变为黑色十字时双击,完成"小计"一列的填写。

要求5 新建一个工作表,命名为"各书店汇总",在该表中以三家书店为分类条件进行分类汇总,汇总"小计"列的数额。书店的顺序为鼎盛书店、隆华书店、博达书店。

由于是对"订单明细"进行分类汇总,因此可先将"订单明细"工作表复制一份,在副本中进行分类汇总。右击"订单明细",在快捷菜单中单击"移动或复制"命令,在弹出的对话框中选择"订单明细"并勾选"建立副本"复选框。

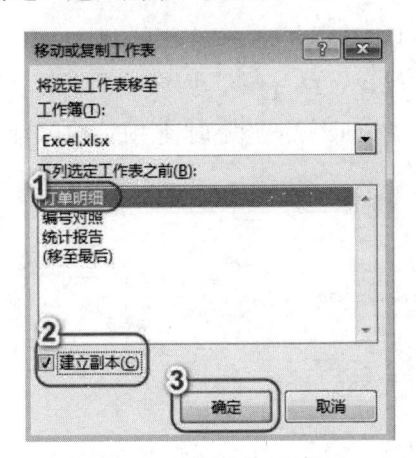

图 11-11 复制工作表

可以在下面的标签栏看到出现了一个新标签"订单明细(2)",这是一个与原工作表完全一致的表,右击该标签,在快捷菜单中单击"重命名"命令,将题目要求的名称输入其中。

在分类汇总前,需先将分类项进行排序,Excel 默认的排序是依照拼音首字母顺序进行的,而题目要求了一个指定顺序,因此需要使用自定义序列。

借助表中空闲的单元格,如 K10、K11、K12,在单元格依次输入"鼎盛书店""隆华书店""博达书店",并选中。单击"文件"菜单"选项"选项,打开"Excel 选项"对话框,在"高级"选项卡"常规"模块中，单击"编辑自定义列表"按钮，如图 11-12 所示。

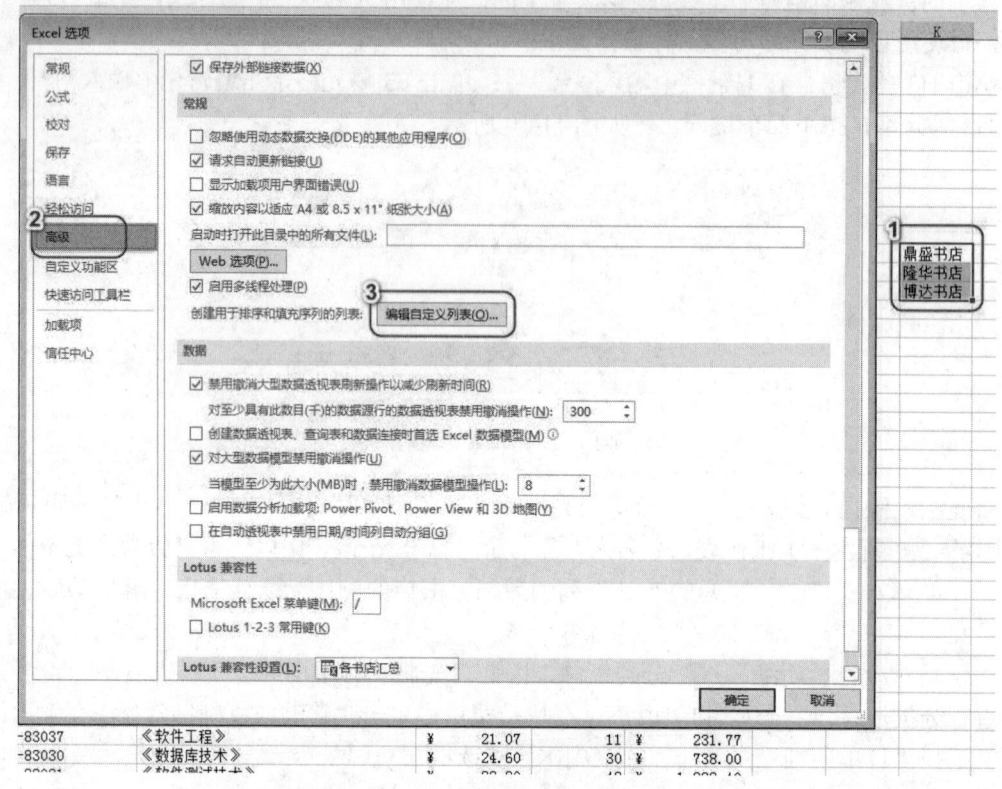

图 11-12　打开"自定义序列"对话框的方法

在弹出的对话框中，依次单击"导入"→"添加"→"确定"按钮，如图 11-13 所示，自定义序列就添加成功了。按下 Delete 键清除临时使用的 K10、K11、K12 单元格中的内容。

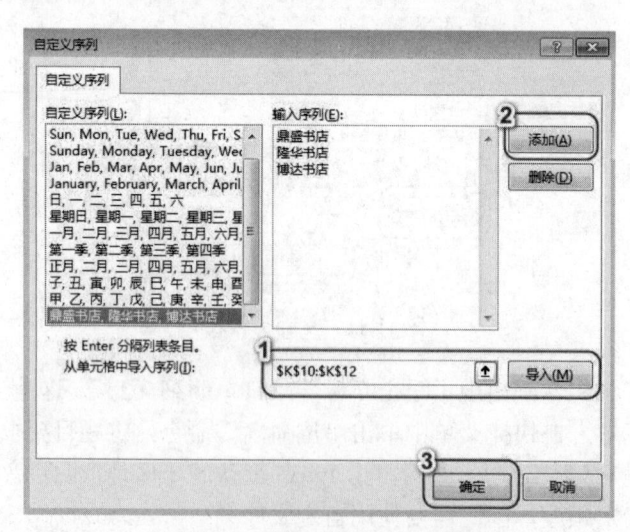

图 11-13　"自定义序列"对话框

选中 C3 单元格，按下 Ctrl+Shift+↓组合键选中所有内容行中的所有书店名，单击"数据"

菜单"排序和筛选"功能组"排序"选项，在弹出的对话框中勾选默认的"扩展选定区域"选项，以保持行内容的对应关系不变，单击"排序"按钮，如图11-14所示。

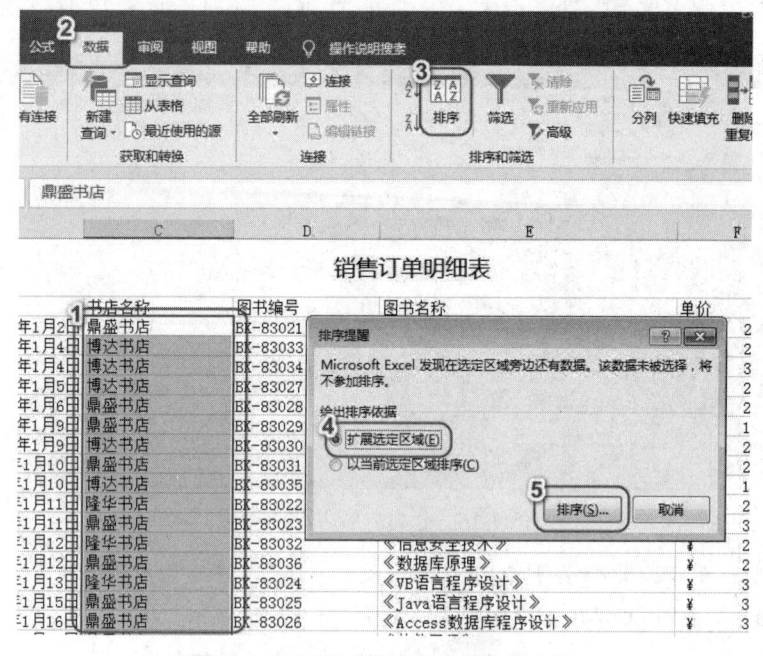

图11-14 打开"排序"对话框的方法

在弹出的"排序"对话框中，设置"主要关键字"为"书店名称"，在"次序"项中选择"自定义序列"，选中刚才添加的书店序列，如图11-15所示，单击"确定"按钮，可以看到，工作表中"鼎盛书店"的相关订单被排在了前面。

图11-15 按自定义序列进行排序

分类汇总第一步需要选定一个区域,且第一行为表头行,该 Excel 表表头行为第二行,选中 B2 到 H2 共计 7 个单元格,按下组合键 Ctrl+Shift+↓即可选中除标题行以外的所有单元格。在"数据"菜单"分级显示"功能组中单击"分类汇总"选项,如图 11-16 所示。

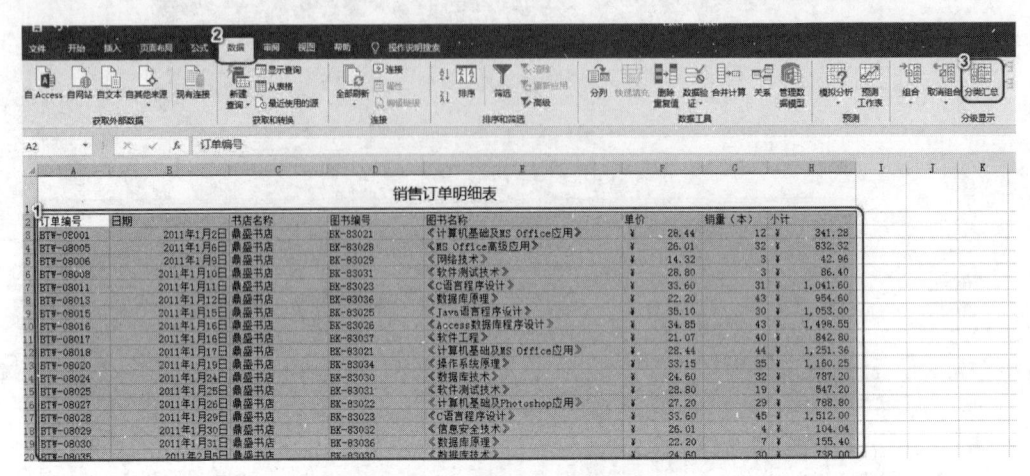

图 11-16 分类汇总功能的调用

在弹出的对话框中,将"分类字段"设置为"书店名称",将"选定汇总项"设置为"小计",单击"确定"按钮即可完成分类汇总,如图 11-17 所示。

图 11-17 按要求进行分类汇总的设置

此时,可以看到统计表变为一个具有展开结构的表格,单击左侧"-"符号收起三家书店的汇总表单,可以得到图 11-18 所示的效果。

图 11-18 分类汇总结果

要求6 根据"订单明细"工作表中的销售数据,统计所有订单的总销售金额,并将其填写在"统计报告"工作表的 B3 单元格中。

要求 6 的实质是对"订单明细"表中的"小计"一列进行求和,可以使用 SUM 函数完成。

在"统计报告"工作表中单击 B3 单元格,单击编辑栏左侧的 fx 按钮,在弹出的对话框中输入 sum 搜索求和函数,按下回车键,双击搜索备选项 SUM,打开"函数参数"对话框。单击 Number1 项的输入框,无需手动输入,选择"订单明细"中的 H3 单元格,按下组合键 Ctrl+Shift+↓选中所有"小计"单元格,单击"确定"按钮即可,如图 11-19 所示。

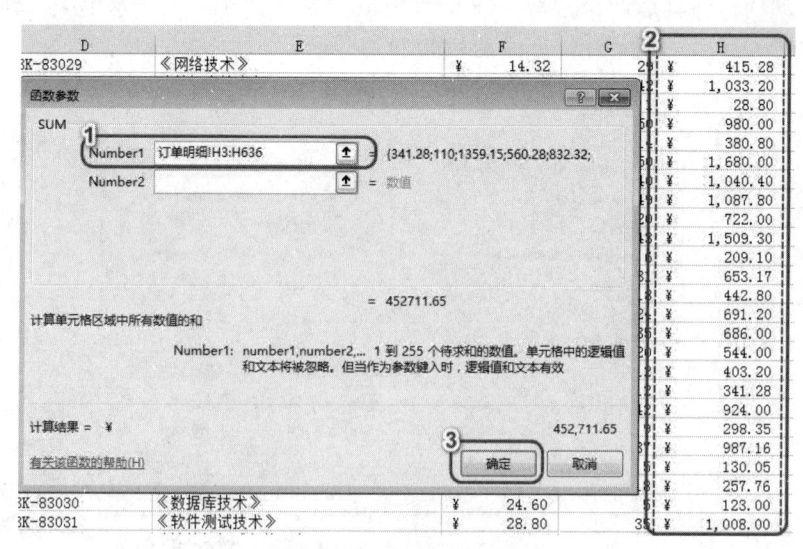

图 11-19 求和函数 SUM 的使用

完成后工作表显示会自动跳转回"统计报告"中,最终返回到 B3 单元格的计算值为￥452,711.65。

要求7 根据"订单明细"工作表中的销售数据,统计《MS Office 高级应用》图书在 2012 年的总销售额,并将其填写在"统计报告"工作表的 B4 单元格中。

这是一个带有条件的汇总求和问题,且条件不止一个,可以使用筛选功能按条件筛出订单,再使用求和函数求和,也可以直接使用 SUMIFS 函数求解,这里介绍 SUMIFS 函数求解的方法。题目的要求可以拆解为三个条件:①图书名是《MS Office 高级应用》;②销售时间在 2012 年 1 月 1 日之后;③销售时间在 2012 年 12 月 31 日前。

在"统计报告"工作表中单击 B4 单元格,单击编辑栏左侧的 fx 按钮,在弹出的对话框中输入 sumifs,按下回车键,双击备选项 SUMIFS,打开"函数参数"对话框。SUMIFS 第一个参数 Sum_range 表示求和的数值来源,由于题目要求统计总销售额,数据应是"订单明细"表中的 H 列,因此可以切换到该工作表,单击 H3 列,按下组合键 Ctrl+Shift+↓选择所有"小计"项数据,SUMIFS 函数将在这一范围内选择合适的数据进行求和。

设置 SUMIFS 函数的第二个参数时会自动生成第三个参数,这两个参数分别代表进行判断的数据来源和判断条件,代入条件 1,单击第二个参数的编辑框,单击"订单明细"表中的 E3 单元格,按下组合键 Ctrl+Shift+↓选择 E 列所有的数据;单击第三个参数的编辑框,输入《MS Office 高级应用》,如图 11-20 所示。

图 11-20　SUMIFS 函数的前三个参数

此时条件 1 编辑完成，对话框自动生成条件 2～127 的输入框。单击第四个参数 Criteria_range2，选中"订单明细"表中 B 列数据，单击第五个参数 Criteria2，输入>=2012/1/1，使用窗口右侧的拖动柄，将其后两个参数"Criteria_range3""Criteria3"显示出来。使用与上一条件类似的方法输入最后一个条件，完成后如图 11-21 所示。

图 11-21　条件求和参数完整输入后的计算结果

该条公式的完整表达为：
=SUMIFS(订单明细!H3:H636,订单明细!E3:E636,"《MS Office 高级应用》",订单明细!B3:B636,">=2012/1/1",订单明细!B3:B636,"<=2012/12/31")

直接将其键入 B4 单元格也可得到相同效果。

要求 8　根据"订单明细"工作表中的销售数据，统计隆华书店在 2011 年每月的平均销售额（保留 2 位小数），并将其填写在"统计报告"工作表的 B5 单元格中。

虽然是一个求平均值的问题，但本质依然是求和问题。月均销售额即为年销售总额除以 12，因此可以使用 SUMIFS 函数求解，最后在表达式后补写"/12"即可，函数的参数设置如图 11-22 所示。

最后，在公式末尾补充"/12"，该条公式的完整表达为：
=SUMIFS(订单明细!H3:H636,订单明细!C3:C636,"隆华书店",订单明细!B3:B636,">=2011/1/1",订单明细!B3:B636,"<=2011/12/31")/12

求得 B5 单元格的值应为¥6,571.58。

要求 9　根据"各书店汇总"工作表中的销售数据，统计鼎盛书店的订单总数，并将其填写在"统计报告"工作表的 B9 单元格中。

前面在要求 5 中已经对书店进行了分类汇总，想要知道订单数，可在"各书店汇总中"工作表中很容易地获取到。

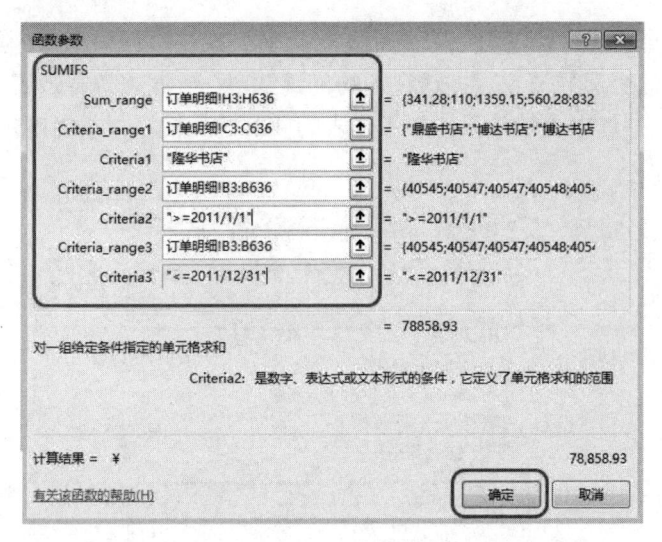

图 11-22　利用 SUMIFS 函数求解月度平均值问题

在"各书店汇总中"工作表仅展开"鼎盛书店"的汇总情况，可以看到第 3～275 行都是该书店的订单，可知共有 273 笔，但如何利用函数获取这一数值呢？COUNT 函数可以用于自动计数，但需要注意的是，只有选中的单元格是以数字或日期形式存入数据时，才会被计数，对于纯文本单元格，COUNT 函数不予计算。

选中"统计报告"中的 B9 单元格，单击 fx 按钮，在"插入函数"对话框中，搜索出 COUNT 函数并打开"函数参数"对话框。单击第一个参数框，切换至"各书店汇总"，并选中"鼎盛书店"汇总项目 B 列的所有数据（也可以是 F、G、H 的其中一列），单击"确定"按钮，参数如图 11-23 所示。

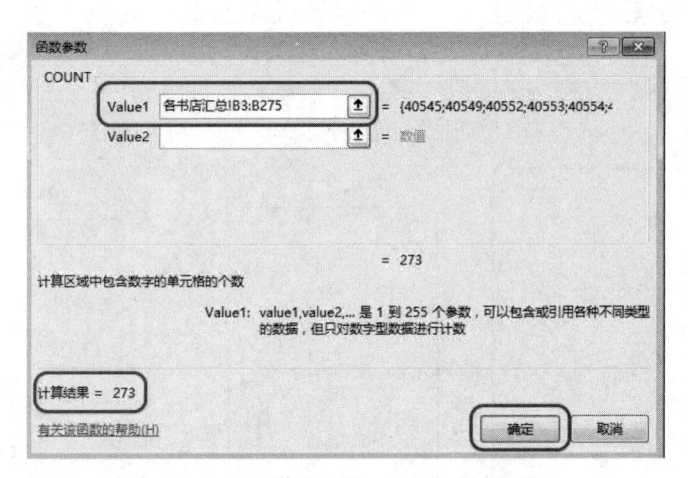

图 11-23　计数函数 COUNT 的使用

最终返回给 B9 单元格的统计值为 273。

要求10　根据"订单明细"工作表中的销售数据，制作数据透视表，分析图书销售数量在 2011 年各季度内的情况。将"统计报告"工作表中的 E2 单元格作为数据透视表的第一个单元格，"图书名称"作为行标签。

切换到"订单明细"工作表，选中数据区域的任意一个单元格，如 B6，在"插入"菜单

任务 11　销售情况分析　141

"表格"功能组中单击"数据透视表"选项,可以看到选择区域自动变为统计表的内容区域,只需按题目要求修改"选择放置数据透视表的位置"项,修改"选择放置数据透视表的位置"为"现有工作表",并选中"统计报告"工作表的 E2 单元格,单击"确定"按钮即可,如图 11-24 所示。

图 11-24　数据透视表的基本选项

此时 Excel 界面右侧出现数据透视表字段的编辑栏,将"图书名称"字段拖动到下方"行"的空白处,将"日期"字段拖动到"列"的空白处,可以看到,表格框架已经基本形成,最后选择想要分析的数据即可。依照题目,应选择"销量(本)"字段用于分析,将该字段拖动到"值"的空白处,如图 11-25 所示。

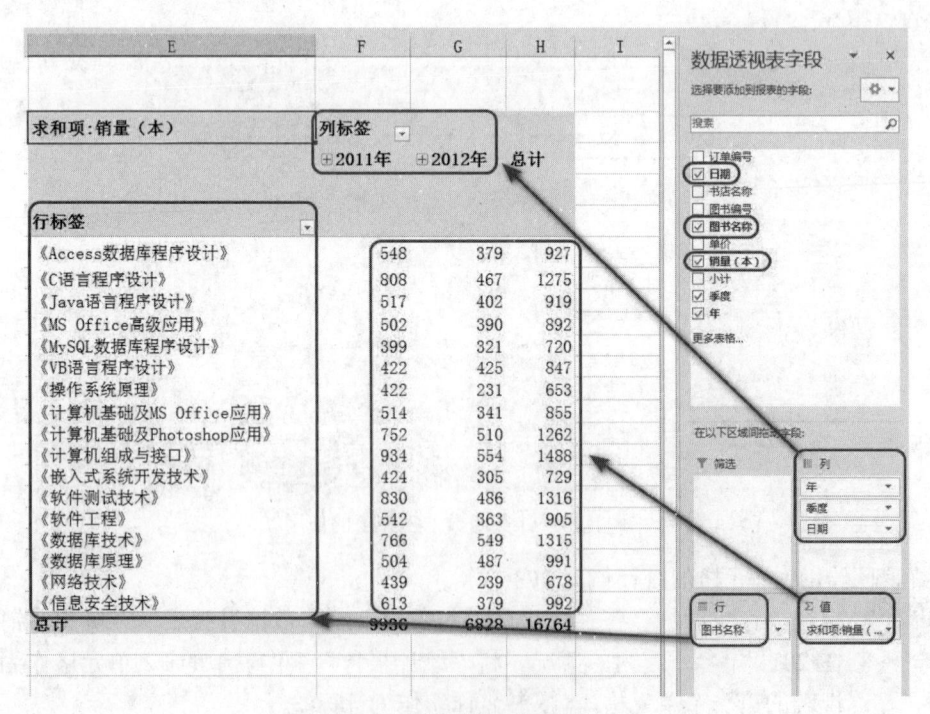

图 11-25　选择数据透视表字段

按"日期"分析时，系统自动视为按年度分析，但题目要求按字段分析，这需要进一步设置。可以看到，当选中的单元格在数据透视表中时，Excel 菜单栏将增加两项"分析""设计"，"分析"菜单用于详细配置表格的分析内容，"设计"菜单用于设置数据透视表的外观。选中列标签下的任意单元格，如 F3 单元格，在"分析"菜单中，单击"分组字段"选项，这里可以设置列标签的字段详情，取消选中"月"与"年"，并将起始时间设定为 2011/1/1，终止时间设定为 2011/12/31，注意取消"勾选"复选框，如图 11-26 所示。

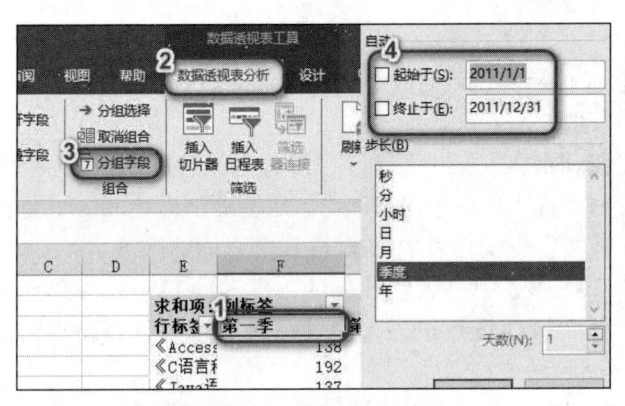

图 11-26　分组字段编辑器

单击"确定"按钮后，数据透视表变为按季度分析，但在"第四季"后，还统计了不在时间范围内的数据，应隐藏。单击"列标签"右侧的筛选箭头，仅勾选第一季到第四季，最终效果如图 11-27 所示。

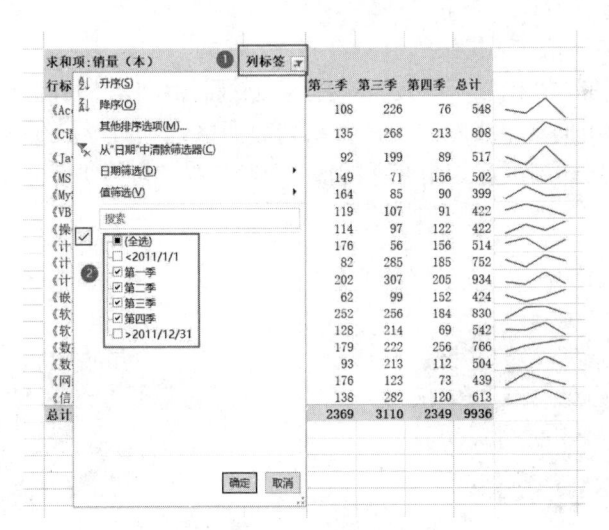

图 11-27　按季度分析的数据透视表

要求 11　根据"要求 10"中的数据透视表，制作所有图书在 2011 年四个季度中销售数量的迷你折线图，在"统计报告"工作表 K 列中完成。

选中 K4 单元格，单击"插入"菜单"迷你图"功能组"折线图"选项，在弹出的对话框中，将"数据范围"选定为第一本书四个季度的销售量数据，即 F4~I4 单元格，放置的设置保持不变，单击"确定"按钮，最终效果如图 11-28 所示。

求和项:销量（本）	列标签				
行标签	第一季	第二季	第三季	第四季	总计
《Access数据库程序设计》	138	108	226	76	548
《C语言程序设计》	192	135	268	213	808
《Java语言程序设计》	137	92	199	89	517
《MS Office高级应用》	126	149	71	156	502
《MySQL数据库程序设计》	60	164	85	90	399
《VB语言程序设计》	105	119	107	91	422

图 11-28　插入迷你图

选中 K4 单元格将光标悬停在该格右下角，当光标变为黑色十字时拖动鼠标到 K20 单元格，使该列以 K4 为参考自动填充。

要求 12　根据"统计报告"工作表中"书店——销售额统计表"中的数据绘制图表，要求与素材文件夹中的参考图表"门店营业额占比.png"尽可能相似，将图表放置在"统计报告"工作表中 A16 与 B32 之间的区域。

选中"统计报告"工作表中书店营业额的数据源 A13～B15 单元格，在"插入"菜单"图表"功能组中单击"圆饼图"选项，在其下拉菜单中选择三维饼图。默认情况下，图表如图 11-29 所示。

需分析它与参考图表有哪些要素不相同，分析后可知需要作出以下修改：
（1）修改图表标题，并修改字体。
（2）饼图转角需修改，并使饼图略微分离。
（3）修改区块的颜色。
（4）为区块添加百分比标签。
（5）为饼图增加导角与阴影。

双击图表标题，在"开始"菜单设置字体为微软雅黑、18、加粗。

右击饼图，在弹出的菜单中单击"设置系列数据格式"命令，在右侧的"设置图表区格式"界面中，修改"第一扇区起始角度"的值到 77°左右，将"饼图分离"增加到 10%左右，效果如图 11-30 所示。

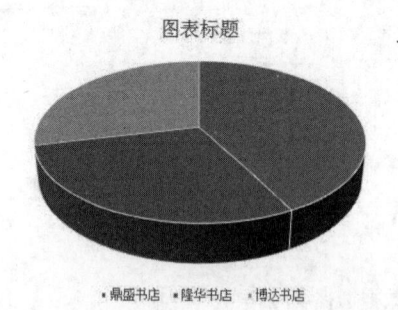

图 11-29　默认情况下的三维饼图　　　　图 11-30　为图表设置系列数据格式

双击饼图上的分块（如"鼎盛书店"），当显示的包围端点仅在一块扇形区域上时，在右侧的界面中单击"油漆桶"按钮，并将颜色设置为红色。用类似的操作将其余两块修改为浅蓝色与橙色。

右击饼图，在弹出的菜单中单击"添加数据标签"命令，自动生成的标签是销售额的数据，需再右击饼图，单击"设置数据标签格式"命令，在界面右侧的"标签选项"中勾选"百分比"复选框，再取消勾选"值"选项。

选择饼图上的分块，当端点显示在整个圆柱上时，单击右侧界面中的"效果"按钮，在"三维格式"下选择一个导角类似的方案，并设置适当的磅数，如图 11-31 所示，适当添加阴影效果，如图 11-32 所示。

调整结束后拖动图表到"统计报告"表中适当的位置即可。

图 11-31　调整图表的三维效果　　　　图 11-32　编辑后的三维饼图效果

要求 13　保存"Excel.xlsx"文件。

单击 Excel 左上角的"保存"按钮；或按下组合键 Ctrl+S 快速保存。最推荐的方法是在"开始"菜单中单击"保存"命令来保护文件，这将降低错误操作的可能。

11.4　思考与实训

【问题思考】

（1）选区有哪些快捷方法？Excel 中表达行、列的符号分别是什么？如何在语句中表达一块区域？

（2）VLOOKUP 函数第二个参数与第三个参数的意义是什么？

（3）SUMIFS 函数第一个参数与 SUMIF 第一个参数有何不同？

（4）如何添加自定义序列？

（5）使用 COUNT 函数计算一列数据时，哪些单元格不会被计入总数中？

【实训案例】

在 Excel 中输入如下超市售卖记录数据，并完成后续统计任务：

表 11-1　商品表

编号	商品	单价
JC4635	土豆	¥1.50
JC4636	萝卜	¥1.70
JC4637	洋葱	¥2.10
JC4638	鸡蛋	¥5.20
JC4639	黄瓜	¥1.50
JC4640	青椒	¥2.00

表 11-2　订单表

订单	商品编号	商品	单价	数量	小计
001	JC4635			3.236	
001	JC4636			1.032	
001	JC4637			0.893	
002	JC4636			4.229	
002	JC4637			1.205	
002	JC4638			1.035	
002	JC4639			2.365	

（1）利用 VLOOKUP 函数填写订单表中的“商品”“单价”列。

（2）填写“小计”列，小计=单价×数量，将显示的计算结果保留 2 位小数。

（3）用订单表生成数据透视表，实现以订单号为行，商品为列的价格总计。

（4）将订单表进行分类汇总，按订单分类，并对“小计”进行求和。

最终统计结果如图 11-33 所示。

求和项:小计	列标签					
行标签	黄瓜	鸡蛋	萝卜	土豆	洋葱	总计
001			1.7544	4.854	1.8753	8.4837
002	3.5475	5.382	7.1893		2.5305	18.6493
总计	3.5475	5.382	8.9437	4.854	4.4058	27.133

订单	商品编号	商品	单价	数量	小计
001	JC4635	土豆	1.5	3.236	4.85
001	JC4636	萝卜	1.7	1.032	1.75
001	JC4637	洋葱	2.1	0.893	1.88
001 汇总					8.48
002	JC4636	萝卜	1.7	4.229	7.19
002	JC4637	洋葱	2.1	1.205	2.53
002	JC4638	鸡蛋	5.2	1.035	5.38
002	JC4639	黄瓜	1.5	2.365	3.55
002 汇总					18.65
总计					27.13

图 11-33　最终效果

任务 12 考试成绩统计分析

12.1 任 务 描 述

小李是某政法学院教务处的工作人员，为更好地掌握各个教学班级的整体情况，教务处领导要求她制作成绩分析表。请根据素材文件夹下"素材.xlsx"文件，帮助小李完成学生期末成绩分析表的制作。具体要求如下：

要求1　将"Excel 素材.xlsx"另存为"成绩分析.xlsx"文件，后续操作均基于此文件。

要求2　导入文本文件"法律专业期末成绩单.txt"，作为工作表"成绩信息"的统计内容。

要求3　在"成绩信息"工作表的 A 列、B 列之间插入一列，表头填写为"班级"，在成绩列的最右侧分别按序插入"总分"列、"平均分"列、"年级排名"列。所有列的对齐方式设为居中，其中"年级排名"列数值格式为整数，其他成绩统计列的数值均保留 1 位小数。

要求4　借助适合的公式完成上面 4 列的填写，班级信息可以通过"学号班级对应"工作表中的信息获得，年级排名依据各科平均分进行评判。

要求5　利用条件格式功能，为"成绩信息"工作表内容部分设置 RGB 参数为 250、230、220 的填充底纹，要求仅对行号为奇数的行着色。

要求6　创建新的工作表，将其命名为"班级汇总"，在该表中将"成绩信息"工作表中的内容进行分类汇总，要求按班级分类，并对姓名进行计数。

要求7　在"总体情况表"工作表中，更改工作表标签为红色，并将工作表内容套用"表样式中等深浅 15"的表格格式；将所有列的对齐方式设为居中；设置"排名""班级人数"列数值格式为整数，"人数占比"为 1 位小数的百分数，其他列的数值格式保留 1 位小数。

要求8　在"总体情况表"工作表 B3:J6 单元格区域内，计算填充各班级每门课程的平均成绩，并计算"总分""平均分""排名""班级人数""人数占比"所对应单元格的值，其中排名的依据应按平均分进行。注意 M7 至 O7 部分不填写。

要求9　创建新的工作表，将其命名为"优秀生"，更改工作标签为黄色，并从"成绩信息"工作表中筛选年级出排名前 15 的行复制到该工作表中。根据表中的数据绘制图表，要求与参考图表"优秀生刑法民法成绩.png"尽可能相似。

要求10　在"体育评级"工作表中，需将"成绩信息"对应的列复制到其中，并利用 IF 函数填写"体育评级"一列，将大于或等于 90 分的成绩评级为"优"，将 60～90 分（包含 60 分）的成绩评级为"合格"，其余评级为"不合格"。将该表创建为表格，并命名为"体育"。

要求 11 创建新的工作表，将其命名为"总分分段表"，更改工作标签为蓝色，在该工作表 A1 位置插入一张以"成绩信息"为数据源的数据透视表，要求行标签为"总分"，值的项目选择为 9 门课程的成绩，将行标签进行分段显示，步长为 10 分，分段范围为 630~810 分，将所有的值汇总依据设置为平均值。

要求 12 保存"成绩分析.xlsx"文件。

12.2 相关考点

12.2.1 SUM 函数（复习强化）

直接求和类问题可以使用 SUM 函数完成累加计算，其参数可以是一个引用范围地址，也可以是数值、逻辑值。

这里补充说明 SUM 函数的忽略文本特性与其快捷键。

（1）忽略文本特性。当 SUM 参数中引用的区域含有纯文本单元格时，该单元格将被忽略，即使文本单元格的文本为一个纯数字串，该规则依然成立。例如，在对成绩求和时，误将纯文本的学号列也选作 SUM 函数的参数时，成绩求和结果不受影响。

（2）快捷键。在统计工作中 SUM 函数是非常常用的，Excel 提供了一个快捷键专门用于快速调用 SUM 函数。当选中一列数据时，按下 Alt+=组合键可自动将选区下方外的单元格自动调用 SUM 函数进行求和；而选中一行数据时则将在选区右侧调用；选中一个矩形区域时，将在下方新增一行调用 SUM 函数，对每一列进行求和。

12.2.2 实现隔行着色——ISODD 函数、ROW 函数

ISODD 函数可用于判断数值是否是奇数，当输入一个数值型变量时，返回值仅有 2 种情况：TRUE 或 FALSE。当输入了非数字时，将返回#VALUE! 错误值；而当输入的数值不是整数时，将会向下取整再进行判断。语法为：

ISODD(number)

ROW 函数可用于提取当前单元格的行号，如在 C4 单元格写=ROW()时，其计算结果为 4，ROW 函数的一般使用场景不写参数，注意不需参数时括号也必须填写，其语法为：

ROW()

但如果参数填写了一个选区时，则仅计算第一行的行号。

使用这两个函数的简单嵌套=ISODD(ROW())，可以判断工作表中的单元格是否是在奇数行，配合后续学习的条件格式，可实现隔行着色效果。

12.2.3 插入数据透视表（复习强化）

在任务 11 的学习中，初步使用了数据透视表。本节补充说明数据透视表编辑窗中的三个重要值的意义，并介绍按值分段的场景以及按百分比显示的场景的对应操作。

在数据透视表字段编辑窗口中，行标签将决定透视表的最左一列是什么内容，列标签将决定透视表的最上方一行是什么内容，值标签将决定透视表呈现的数据。

在数值类的行标签中，可以通过右击首列，在快捷菜单中单击"创建组"命令，进行数值上的分级。这类似于对数值分散的数据进行直方图分析的分组，在统计工作中非常常见。

在值标签区域中，右击，在快捷菜单中单击"值显示方式"命令，可以将数值转变为占总额的百分比的显示模式。

12.2.4 图表及设计方法（复习强化）

在前面的任务中，分别对图表标题、饼图进行了细节调整，设置参数前的选择是通过单击图形完成的，其实在"格式"菜单左侧的"当前所选内容"功能组中，也可以通过下拉菜单选择自由选择图形内容。可以在一些难以在图上选中的情况下使用这种方式，并且这种方式能帮助用户在设计中具有更好的效率与完成度。

本节补充介绍次要坐标轴的相关内容，在一些对比分析中，经常需要在同一横坐标下分析两个数据的关系，但如果两个数据的单位不一致，图形将会不够直观，这时就需要引入主次坐标轴。在"格式"菜单中，选中需要在次要坐标轴上呈现的系列，单击"设置所选内容格式"选项，在弹出的对话框中改变"系列绘制在"项中的选择，将其绘制到"次坐标轴"即可。

12.2.5 条件格式

条件格式功能可使表格能自动将一些满足条件的数据强调显示，便于进行人工审阅与分析。

选中一个需要套用格式的区域，在"开始"菜单单击"条件格式"选项，在其下拉菜单中，提供了几种常见的设置模板，如突出显示日期在某个范围的、大于某值、排位靠前的单元格。读者除了需要熟练掌握上面几种情况的设置外，还需了解在"新建规则"对话框中设置更为复杂的判断条件的方法，尤其需要了解其中的"使用公式确定要设置格式的单元格"。

对于使用公式确定条件格式的场景，一般需要借助带有判断功能的函数来完成，将公式填入"为符合此公式的值设置格式"一栏。该工具的基本逻辑为：当判断结果返回 TRUE 时，则启用特殊格式，若返回 FALSE 则不受影响。

关于条件格式的部分进阶设置，如"整行着色"的操作详见后续 13.2.2 小节。

12.2.6 求平均值——AVERAGE 函数

与求和函数 SUM 类似，AVERAGE 函数可以将输入的参数进行求平均计算，以反映数据的总体水平，其语法格式为：

AVERAGE(number1, [number2], ...)

需要注意以下问题：

（1）参数可以是数字或者是包含数字的名称、单元格区域、单元格引用。

（2）引用的列表中含有文本，则该单元格会被忽略，或单元格留空，也会被忽略。

（3）如果参数为错误值或为不能转换为数字的文本，将会导致错误。

12.2.7 计算排名——RANK 函数

RANK 函数属于统计函数，功能是返回一个数值在一组数值中的排位，其语法格式为：

RANK(number,ref,order)

（1）number：第一个参数，表示需要计算其排位的一个数字。

（2）ref：第二个参数，作用是包含一组数字的数组或引用。

（3）order：第三个参数，作用是指明排位的方式。如果 order 为 0 或省略，则按降序排列的数据清单进行排位；如果 order 不为 0，则按升序排列的数据清单进行排位。

12.2.8 相邻单元格的自动推算

在 Excel 中选中一个单元格，将光标停留在该单元格右下角，此时光标会以黑色十字的外观显示，此时可进行两种操作：

（1）双击鼠标左键，Excel 将会对该单元格以下的一整列采用自动推算填充，直至其周围没有任何有内容的单元格。

（2）拖拽区域操作，则会对选中单元格的所在行或列自动填充。

在前面的任务中，多次使用了这一方法的列计算功能。下面对自动推算的规则进行进一步说明，理解该逻辑将有效避免自动填写公式时发生错误。

以列填充（双击黑色十字或向下拖拽）为例，如果参考单元格填写了一个公式，并引用了某个区域，则自动填充时，所涉及区域的行号都会随行逐增；而如果参考单元格填写了一个含有数字与字母的文本，则其中的最后一个数字将会随行逐增。

因此在输入公式时，如果明确该公式将会整列同类引用，则必须特别关注其中选区地址的绝对引用与相对引用，以免发生难以发现的错误。图 12-1 所示的案例为计算团队成员的贡献度。

图 12-1　错误使用相对引用时自动填充可能出错

在 F2 单元格填入公式，如果不考虑绝对引用与相对引用，直接使用自动填充，则下一单元格公式将自动填充为=E3/SUM(E3:E5)，这将会导致在计算小张贡献度时漏算老刘的得分，并导致计算小吴贡献度时漏算老刘与小张的得分。因此正确的公式应写为=E2/SUM(E$2:E$4)，应将分母的计算范围锁定。

12.2.9 数串中的信息提取——MID 函数、LOOKUP 函数

在统计信息表时，往往存在这种需求，数据源仅有用户的身份证号码，但需要了解其年龄。此时，可以根据身份证号编排规则（前 6 位为地址标识，7～14 位为出生日期）来提取年份信息，用当年年份减这一值即可。Excel 提供了提取字符串内容的 MID 函数，其语法结构为：

MID(text, start_num, num_chars)

（1）text：是包含要提取字符的文本字符串，一般引用一个单元格或区域。

（2）start_num：在文本中提取的第一个字符的位置，如：文本中第一个字符的 start_num 为 1，以此类推。

（3）num_chars：指定希望 MID 函数从文本中返回字符的个数。

注意：MID 函数的返回值一定是一个文本类数据，即使其结果是一个纯数字串。

LOOKUP 函数与前面介绍的 VLOOKUP 函数都是查找类函数，值得介绍的是，LOOKUP 函数能对数值进行分段查找，这是 VLOOKUP 函数难以实现的。例如，成绩大于等于 60 分视为及格，大于等于 90 分视为优秀，想在成绩表中生成所有分数对应的分段，则可以使用 LOOKUP 函数实现，其语法结构为：

LOOKUP(lookup_value, lookup_vector, [result_vector])

（1）lookup_value：用于搜索的值，可以是数字、文本、逻辑值、名称或对值的引用。

（2）lookup_vector：只包含一行或一列的区域，可以是文本、数字或逻辑值。选中范围的值必须按升序排列，否则，LOOKUP 函数可能无法返回正确的值。文本不区分大小写。

（3）result_vector（可不填写）：只包含一行或一列的区域。result_vector 参数必须与 lookup_vector 参数大小相同。

在上面说明的成绩例子中，使用了 LOOKUP 函数的一个重要特性：如果 LOOKUP 函数找不到 lookup_value，则该函数会与 lookup_vector 中小于或等于 lookup_value 的最大值进行匹配。

12.2.10　数据拆分为多列

对于一些统计表的列，有时希望将前部分内容作为一列、后部分内容作为一列，如源数据有姓名一列，现想拆分为姓氏列与名字列，就需要使用 Excel 的拆分功能。

在"数据"菜单"数据工具"功能组下，单击"分列"选项，只有在选中了一个单列区域时，该按钮才能正常使用。在弹出的对话框中，可以设定这列数据中的前几位被拆分出来，或当字符串遇到什么特殊符号时进行拆分。

12.2.11　从文本导入数据

在使用一些系统的导出文件时，往往不会遇到 Excel 默认格式的 xlsx 文件，但较常遇到 txt 格式文件，或者在浏览网页时复制保存的数据，也常会以文本的形式存在。Excel 提供了从文本导入数据的功能，方便这些形式的数据被用于做电子统计管理。

在"数据"菜单"获取外部数据"功能组中，单击"自文本"选项，在弹出的对话框中选中要导入的文本文件，会弹出导入向导，可以看到该导入向导与分列工具的向导类似，都需要确定在文本中遇到什么符号时进行列的拆分，而行的拆分则是当文本中出现换行符时自动进行。

12.2.12　&运算符

合并操作是前面介绍的拆分操作的反向操作，不同的是，Excel 中的合并操作可通过公式很轻易地完成，&运算符可将两个单元格的内容视为文本直接进行拼接。&是文本处理中的常用运算符。

例如，=1&23&456 的计算结果为 123456。但需要注意的是，使用拼接产生的结果，即便是纯数字结果，也会被视为字符串，即该运算符的公式输出结果均为文本型。

12.2.13 创建表格

为了进一步掌握 Excel 中的应用，需要将表的三个概念区分清楚：
（1）Excel 的保存文件一般称为工作簿。
（2）工作簿中可在下方切换的 Sheet1、Sheet2 称为工作表。
（3）工作表中的某个被指定了功能的区域，称为表格。

选中一个区域时，在"插入"菜单中，单击"表格"选项，弹出"创建表"对话框，确认选区范围后，表格即创建。可以看到该区域自动显现了一个默认样式，并且菜单栏中也新增了一个"表格工具—设计"选项，在该菜单中，可以对新建的表格命名，也可以对表格的外观做一些调整。

由于对表格命名具有唯一性，因此在创建表后，公式对表格中单元格的引用可以以更为简洁的语句进行。

例如，某个数据源的 B2:B96 范围内有记录日期，B1 单元格为文本"日期"，想使用 VLOOKUP 函数查找某个日期的对应情况，则函数的第二个参数应填 B2:B96；但如果对数据源区域创建了名为"表 1"的表格，则可在引用时填写"表 1[日期]"即可，从而提高效率并减少人为错误的可能性。

如需要将已创建的表格变回普通区域，则可右击表格，在弹出的菜单中单击"表格"，"转换为区域"命令即可，该操作后可以看到菜单中的"表格工具—设计"选项消失。

12.2.14 分类汇总（复习强化）

在前面的任务 11 中介绍了分类汇总功能，可以发现分类汇总前都需要先对分类项目进行排序操作。本节进一步介绍多级分类汇总，以及分类汇总去除的操作。

通过多次使用分类汇总功能，可以创建具有多级展开结构的分类汇总表。在进行多级分类汇总前，同样需要将数据进行排序。例如，二级分类汇总需将一级分类汇总的词条设定为排序的主要条件，二级分类汇总的词条设定为排序的次要条件，然后在完成一级分类汇总操作后，再次单击"数据"菜单"分类汇总"选项，此时在"分类字段"对话框中选中次要条件，并取消勾选"替换当前分类汇总"复选框，单击"确定"按钮即可完成二级分类汇总。完成后用户即可通过左边的加减号按钮对表格进行更富有逻辑性的折叠展开操作。

如需取消分类汇总，可在"分类汇总"对话框中单击"全部删除"按钮即可。

12.2.15 IF 函数及其嵌套用法

IF 函数为判断函数，属于逻辑函数，功能是对第一个参数进行判断，并根据判断结果返回不同的值，其语法格式为：

IF(logical_test, value_if_true, value_if_false)

（1）logical_test：第一个参数，作用是 IF 函数判断的参照条件。
（2）value_if_true：第二个参数，表示当 IF 函数判断 logical_test 成立时返回的值。
（3）value_if_false：第三个参数，表示当 IF 函数判断 logical_test 不成立时返回的值。

其中第二个参数可以省略，此时若判定为"真"，则返回 0；第三个参数同样可省略，此

时若判定为"非真",则有以下两种情况:

（1）如果第三个参数前的",",一起省略,则返回 FALSE。

（2）如果",",未省略,则返回 0。

由于 Excel 中的 IF 函数未提供 else if 类型的写法,因此需要使用函数嵌套的方法来完成多分类判断。例如,成绩按 90 分段、80 分段、70 分段、60 分段进行优、良、中、差的评定,现在需要根据填写在 A1 单元格中的成绩计算出评定的情况,则可使用 IF 函数嵌套语句:

=IF(A1>=90,"优",IF(A1>=80, "良",IF(A1>=70, "中","差")))

注意：公式末尾反括号为易错点,反括号的个数与嵌套公式中 IF 的个数应相同。

12.3 任务实施

要求 1 将"Excel 素材.xlsx"另存为"成绩分析.xlsx"文件,后续操作均基于此文件。

将素材文件夹中的"Excel 素材.xlsx"复制,粘贴后命名为"成绩分析.xlsx"即可。

要求 2 导入文本文件"法律专业期末成绩单.txt",作为工作表"成绩信息"的统计内容。

打开"成绩分析.xlsx"工作簿,选择"成绩信息"工作表,在"数据"菜单中单击"自文本"选项,打开"法律专业期末成绩单"文本文件,如图 12-2 所示。

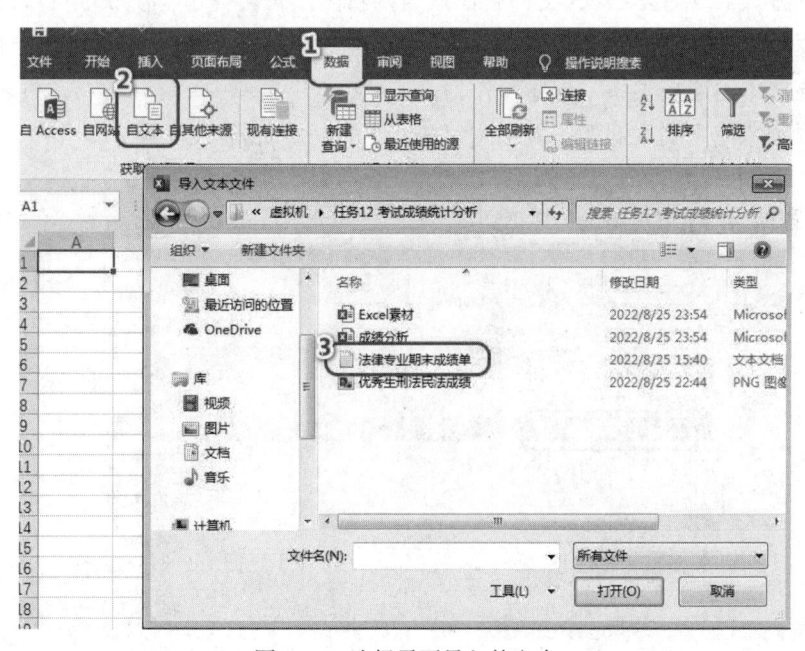

图 12-2 选择需要导入的文本

在弹出的导入向导对话框中,可以通过预览区看到文件是以"/"符号作为数据分隔符号的,因此选择"分隔符号"并单击"下一步"按钮。在"分隔符号"模块中选择"其他",并输入符号"/",单击"下一步"按钮,如图 12-3 所示。

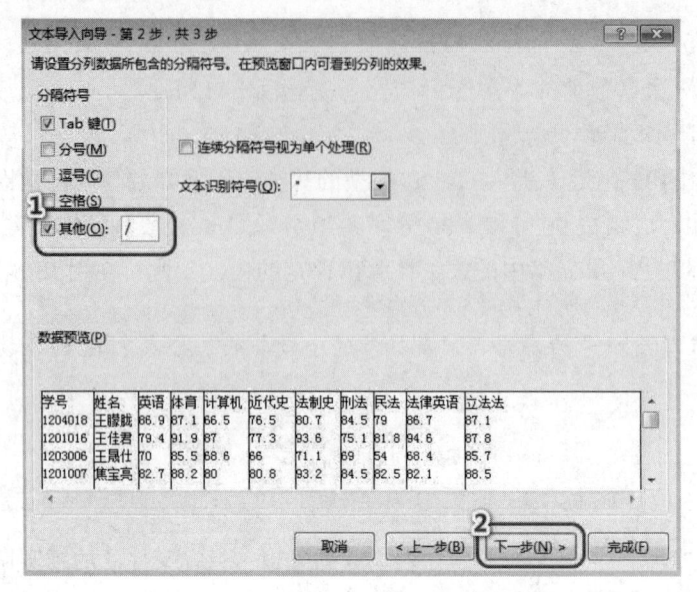

图 12-3 以符号作为分列导入文本文件

第 3 步无需设置，单击"完成"按钮，在"导入数据"对话框中选中 A1 位置作为放置位置，单击"确定"按钮。

使用这种方式的导入，Excel 文件会在数据刷新操作时会提示再次获取文本，如果此时文本中的内容发生变动，则 Excel 文件内的数据也会随之变动。因此如果希望统计表独立存在，则应删去对该文本的连接关系，具体操作为：在"数据"菜单中单击"连接"选项，在弹出的对话框中选中刚才使用的数据源，并单击"删除"按钮，如图 12-4 所示。

图 12-4 导入完成后如有需要可删除外部连接

要求3 在"成绩信息"工作表的 A 列、B 列之间插入一列,表头填写为"班级",在成绩列的最右侧分别按序插入"总分"列、"平均分"列、"年级排名"列。所有列的对齐方式设为居中,其中"年级排名"列数值格式为整数,其他成绩统计列的数值均保留 1 位小数。

鼠标悬停在 B 列列编号上,右击,在弹出的菜单中单击"插入"命令,表格出现空白列,在第一行将表头命名为"班级",右侧已经是空白列,无需插入,只需在 M1、N1、O1 单元格分别输入"总分""平均分""年级排名"。按下 Ctrl+A 组合键选中表格的内容范围,在"开始"菜单"对齐方式"功能组下单击"居中"按钮 ≡。

右击 O 列,在弹出的窗口中单击"数值"命令,并将小数位数改为 0;对 M 列与 N 列进行类似的设置,将小数位数改为 1 即可。

要求4 借助适合的公式完成上面 4 列的填写,班级信息可以通过"学号班级对应"工作表中的信息获得,年级排名依据各科平均分进行评判。

切换到"学号班级对应"工作表,可以看到学号的前四位代表了班级,因此可以借助 MID 函数截取"成绩信息"表中的学号前 4 位,并使用 LOOKUP 函数查询班名。在此之前先将"学号编号范围"一列中的"xxx"去掉,这里推荐使用分列功能将其截断。

选中 B2:B5 区域,在"数据"菜单中单击"分列"选项,如图 12-5 所示。

图 12-5 使用分列将字符串截断

在弹出的对话框中,选择"固定宽度",单击"下一步"按钮,如图 12-6 所示。

在第 2 步的坐标轴上选择截断的位置,设置竖线在"xxx"符号左侧即可,单击"下一步"按钮,选中"1201"所在区域,设置其"列数据格式"为"文本",由于后面使用的 MID 函数是对文本进行计算的函数,因此应保证数据类型的一致性,单击"完成"按钮。

可以看到数据分列已经完成,B 列数字左上角有绿色三角显示,表示这些纯数字是以字符串形式记录的,如图 12-7 所示。

回到"成绩信息"工作表,为介绍函数的使用方法,我们先在 B2 单元格中进行试验。选中 B2 单元格,单击编辑栏左侧的 fx 按钮,在弹出的对话框中搜索 lookup,打开该函数的参数编辑对话框,可以看到在弹出编辑对话框之前,系统先弹出了"选定参数"对话框,这是因为该函数具有两种参数形式,这里选择第一种"矢量形式"进行工作,如图 12-8 所示。

任务 12 考试成绩统计分析

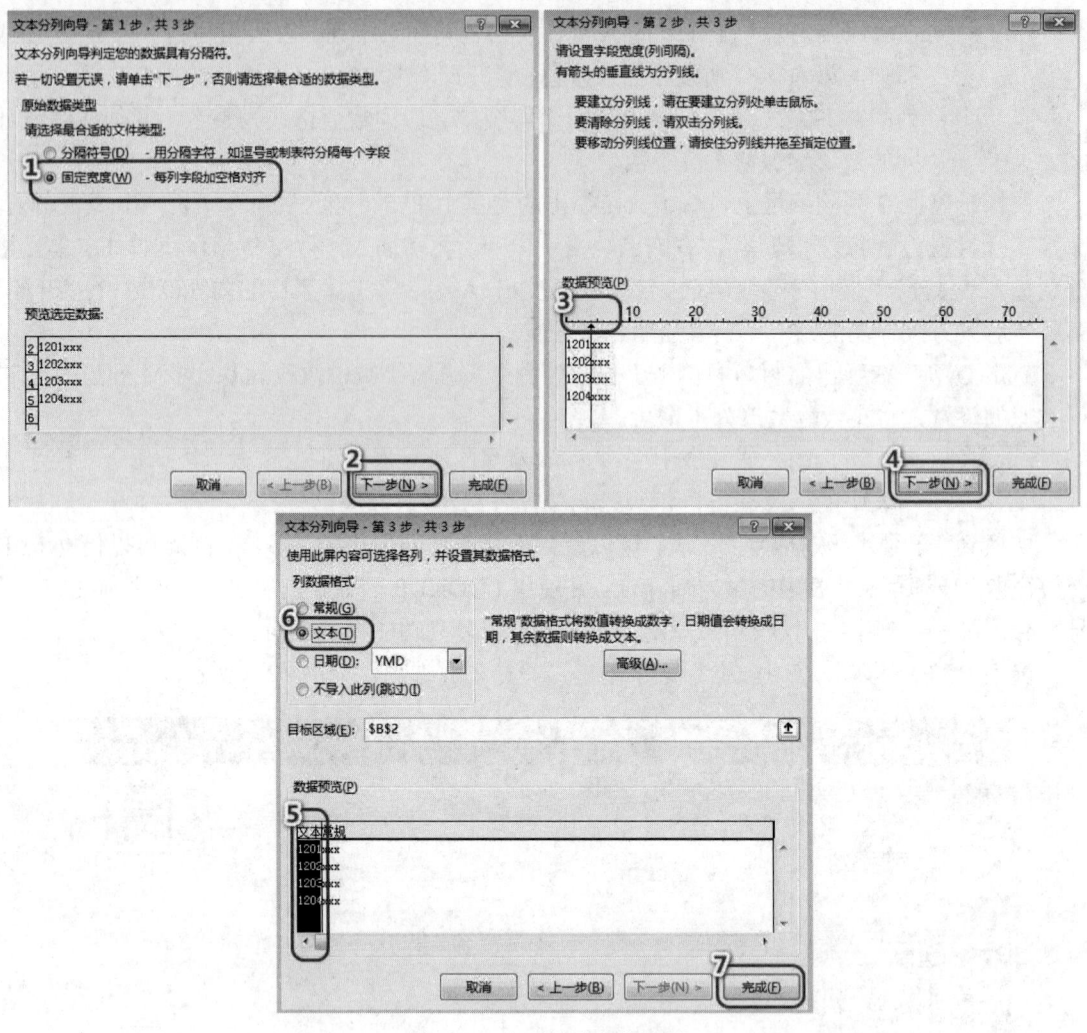

图 12-6 分列向导中的设置

图 12-7 分开的字符串

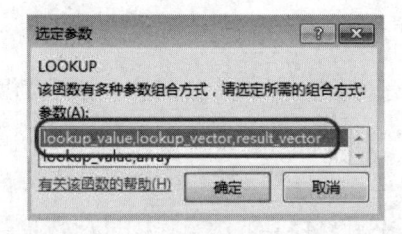

图 12-8 选择矢量形式的 LOOKUP 函数

LOOKUP 具有三个参数，其本质逻辑是给定一个关键字（第一个参数），在某个范围中搜索（第二个参数），如果搜索到，则返回映射区域中对应的内容（映射区域为第三个参数），因此后两个参数所选的范围理应是一个行列数一致的区域。

单击第一个参数，输入"1204"（注意双引号也应输入，因为这里是搜索一个字符串）；单击第二个参数，选中"学号班级对应"表中的 B2:B5 区域；单击第三个参数，选中"学号班级对应"表中的 A2:A5 区域，单击"确定"按钮，如图 12-9 所示。

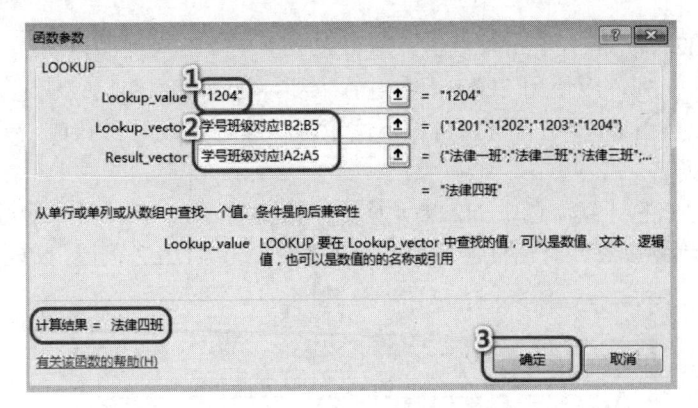

图 12-9 LOOKUP 函数的参数设置

此时 B2 单元格计算出"法律四班",如图 12-10 所示。

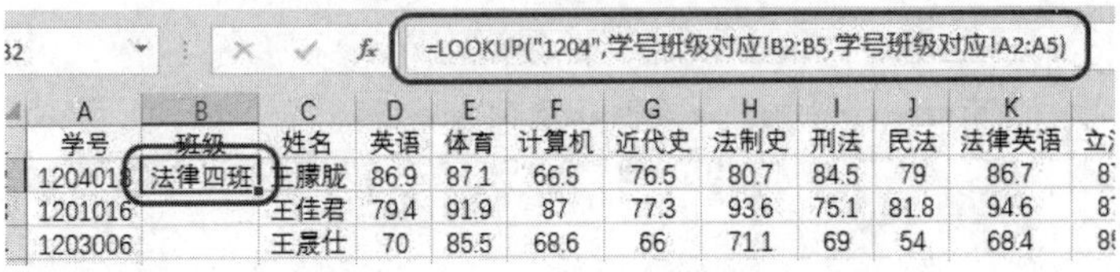

图 12-10 LOOKUP 函数的查询结果

由此知道,只需将学号前四位作为 LOOKUP 函数的第一个参数,即可填写出班级名称。下面进行截取字符串函数 MID 的试验。

清除 B2 单元格中的公式,重新单击 fx 按钮并搜索 mid,转到函数的参数编辑对话框。单击第一个参数,选中 A2 单元格,表示提取该处的字符串;单击第二参数,输入 1,表示从该字符串的第 1 个字开始进行提取;最后单击第三个参数,输入 4 表示共提取 4 个字符。单击"确定"按钮,如图 12-11 所示。

可以看到 B2 单元格中截取了想要的学号前四位,如图 12-12 所示。

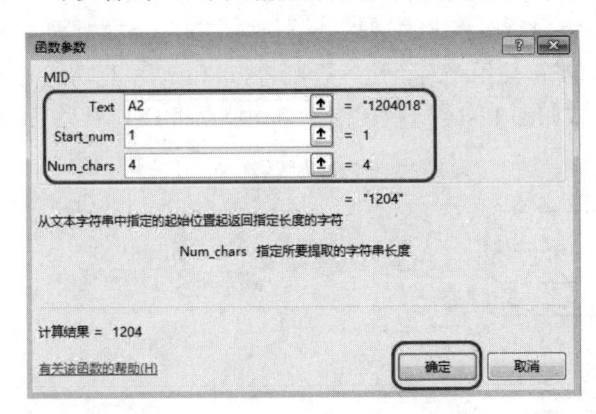

图 12-11 MID 函数的参数设置 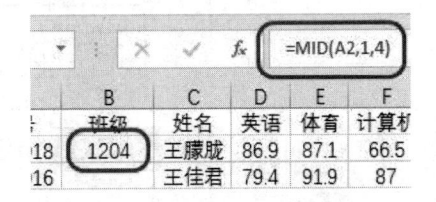　　　　图 12-12 MID 函数的计算结果

因此,将公式=MID(A2,1,4)作为前面 LOOKUP 函数的第一个参数即可完成班级名称的填写,B2 单元格应填入的完整公式为=LOOKUP(MID(A2,1,4),学号班级对应!$B$2:$B$5,学号班级对应!$A$2:$A$5),由于后面需使用自动填充,因此 LOOKUP 函数的后两个参数应使用绝对引用。

任务 12 考试成绩统计分析

当鼠标位于 B2 单元格右下角时双击，即可完成"班级"一列的自动填充。

对于"总分"一列，应使用 SUM 函数进行求和，这里使用快捷键快速调用 SUM 函数，选中 M2 单元格，按下 alt+=组合键，再按下回车键，即可完成对 9 科成绩的自动求和，使用自动填充完成 M 列。

下面进行平均分的计算，选中 N2 单元格，单击 fx 按钮，在"插入函数"对话框中搜索 average 并进入"函数参数"对话框，在第一个参数中选中 D2:L2 范围，单击"确定"按钮，如图 12-13 所示。

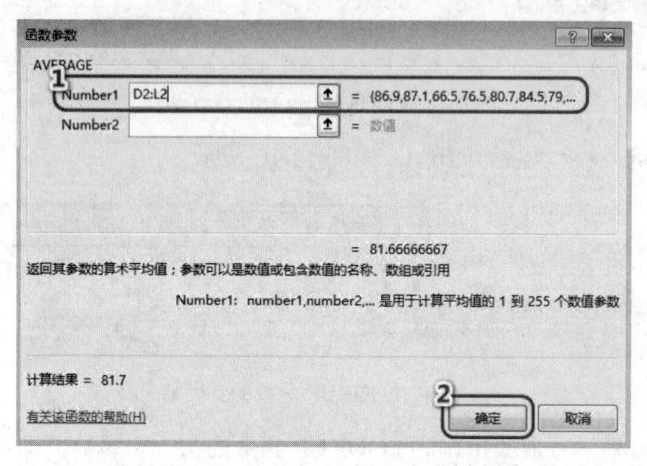

图 12-13　AVERAGE 函数的参数设置

使用自动填充功能将 N 列填写完成即可。

对于排名类的计算，可以使用 RANK 函数进行。RANK 函数涉及三个参数，其逻辑顺序是：①什么数字参与排名计算？②进行排名的所有数字是哪些？③排名是由大到小排还是由小到大排？

选中 O2 单元格，单击 fx 按钮，在"插入函数"对话框中搜索 rank 并进入"函数参数"编辑对话框，在"函数参数"对话框中，第一个参数选择平均分 N2 单元格；第二个参数选择 N 列（全年级所有人的平均分），注意应按下 F4 键使用绝对引用，否则将影响自动填充功能的正常使用；第三个参数填 0，即降序排列，参数如图 12-14 所示。使用自动填充将 O 列填写完成。

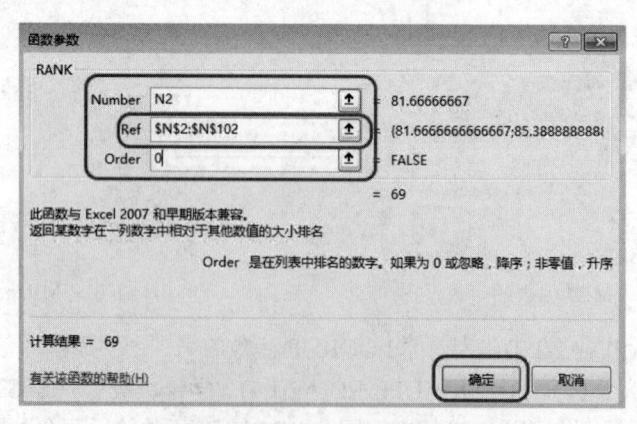

图 12-14　RANK 函数的参数设置

要求5 利用条件格式功能，为"成绩信息"工作表内容部分设置RGB参数为250、230、220的填充底纹，要求仅对行号为奇数的行着色。

在表格内容区域，选中任意一个单元格，按下Ctrl+A组合键选中所有内容部分。在"开始"菜单中单击"条件格式"选项，在下拉菜单中单击"新建规则"命令，如图12-15所示。

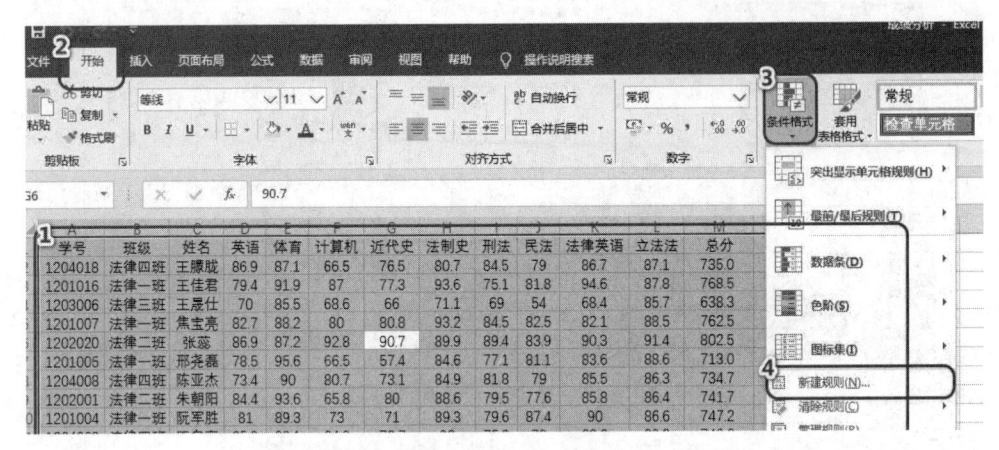

图12-15 使用"条件格式"

条件格式的工作逻辑是为选中的单元格判断其中的值是否满足条件，若满足则为该单元格使用用户设定的某种格式，若不满足则维持原格式。这里选中了工作表的所有内容，但其中的内容并不能恰好在奇数行时都满足某种条件，因此需要借助行提取函数ROW。

读者可在一个空工作表中进行试验，在单元格编辑栏中输入=ROW()按下回车键，可以发现单元格值变为了其所在行的行号，但在输入=ROW(R12)时，无论是在哪个单元格进行计算，结果都是12。也就是说，该函数有无视地址对应内容的特性。回到案例，ROW函数不会将单元格中的成绩、姓名等信息提取出来，而只是将它们的地址用于计算，从而返回行号。因此只需找出一种判断方法，遇到奇数时判定为1，偶数时判定为0，而Excel恰好提供了这样的函数，也就是ISODD函数，只需将这两个函数嵌套即可实现功能。

因此在"条件格式规则"对话框中，选中"使用公式确定要设置格式的单元格"，在"为符合此公式的值设置格式"中输入规则公式=ISODD(ROW())，单击"格式"按钮，在"设置单元格格式"中"填充"选项卡下设置填充的颜色，连续单击每个窗口中的"确定"按钮即可，如图12-16所示。

要求6 创建新的工作表，将其命名为"班级汇总"，在该表中将"成绩信息"工作表中的内容进行分类汇总，要求按班级分类，并对姓名进行计数。

按要求需新建一个工作表，并复制"成绩信息"中的所有内容，单击工作表标签栏右侧的"+"按钮，右击新增的标签，在快捷菜单中单击"重命名"命令，输入"班级汇总"，如图12-17所示。

切换到"成绩信息"工作表，按下Ctrl+A组合键选择所有单元格，按下Ctrl+C组合键复制，切换至"班级汇总"工作表，右击A1单元格，在弹出的菜单中单击"粘贴值"命令，如图12-18所示。

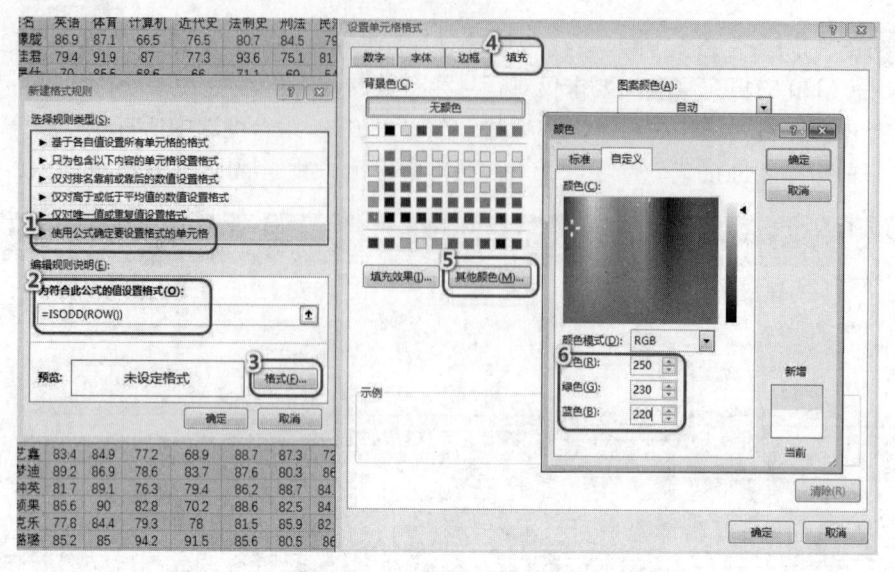

图 12-16　条件格式的具体设置

图 12-17　新建工作表并重命名

图 12-18　仅粘贴数值的操作方法

在进行分类汇总前，需对数据进行排序，题目要求按照班级排序，按照任务 11 中的方法，可以先对法律一班至四班进行自定义序列，再按序列排序。但由于按学号排序可以达到相同效果，因此对 A 列排序即可。选中 A 列所有内容，在"数据"菜单中单击"升序"按钮，在弹出的对话框中选择"扩展选定区域"以保持行对应信息不会变化，单击"排序"按钮，如图 12-19 所示。

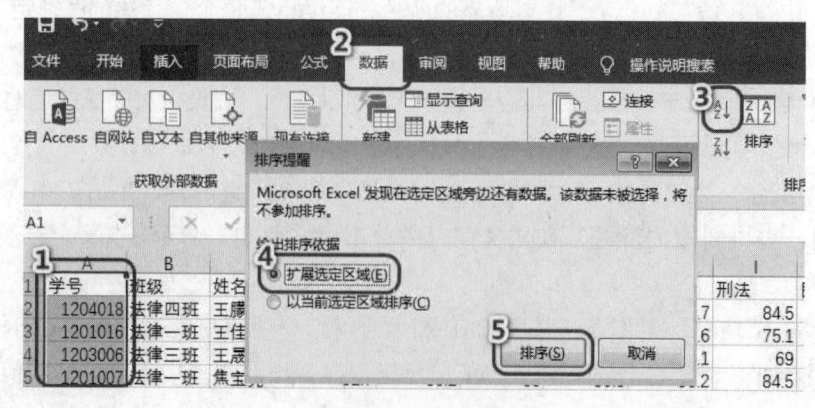

图 12-19　降序排列

可以看到,"班级"列已经按顺序进行排列。下面进行分类汇总操作。

选中所有内容,在"数据"菜单中单击"分类汇总"选项。依据题目,应按"班级"进行分类,且"汇总方式"应选择"计数",汇总项选择"姓名"并取消其余项的勾选,最后单击"确定"按钮,如图 12-20 所示。

可以看到操作完成后该工作表被分为了 4 块区域,并对学生姓名进行计数处理。

要求7 在"总体情况表"工作表中,更改工作表标签为红色,并将工作表内容套用"表样式中等深浅 15"的表格格式;将所有列的对齐方式设为居中;设置"排名""班级人数"列数值格式为整数,"人数占比"为 1 位小数的百分数,其他列的数值格式保留 1 位小数。

切换到"总体情况表"工作表,在工作表标签栏中右击"总体情况表",在弹出的菜单中单击"工作表标签颜色"命令,选择"标准色"中的红色,如图 12-21 所示。

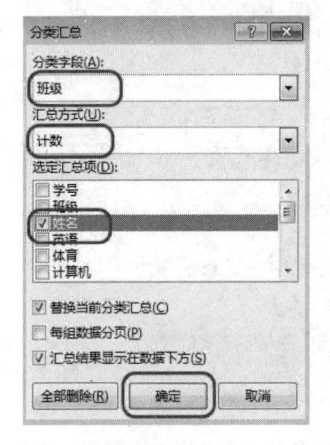

图 12-20　按要求进行分类汇总的设置 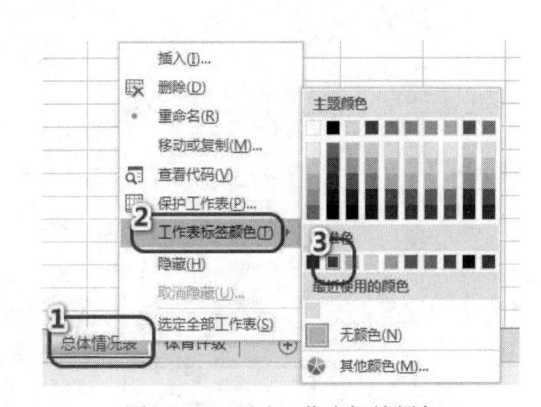　　　　图 12-21　更改工作表标签颜色

下面进行样式的套用,选中 A2:O7 区域,在"开始"菜单中单击"套用表格格式"选项,在其下拉菜单中选择"表样式中等深浅 15"样式,如图 12-22 所示。

图 12-22　为表格套用样式模板

在弹出的对话框中，选区已经自动确定为刚才选中的区域，由于表格已经写好表头，因此勾选"表包含标题"，并单击"确定"按钮。如需去掉表头行的下拉箭头，可在"设计"菜单中，取消勾选"筛选按钮"复选框。

保持选中内容区域，在"开始"菜单"对齐方式"功能组下单击"居中"按钮。将工作表所有内容在单元格中间放置。

选中 M3:N7 区域，右击该区域，在快捷菜单中单击"设置单元格格式"命令，并在"设置单元格格式"对话框"数字"选项卡下选中"数值"，将"小数位数"修改为 0。选中"人数占比"列对应的 O3:O7 单元格，同样在"设置单元格格式"对话框"数字"选项卡下，选中"百分比"，在"小数位数"设定中将值修改为 1，如图 12-23 所示。

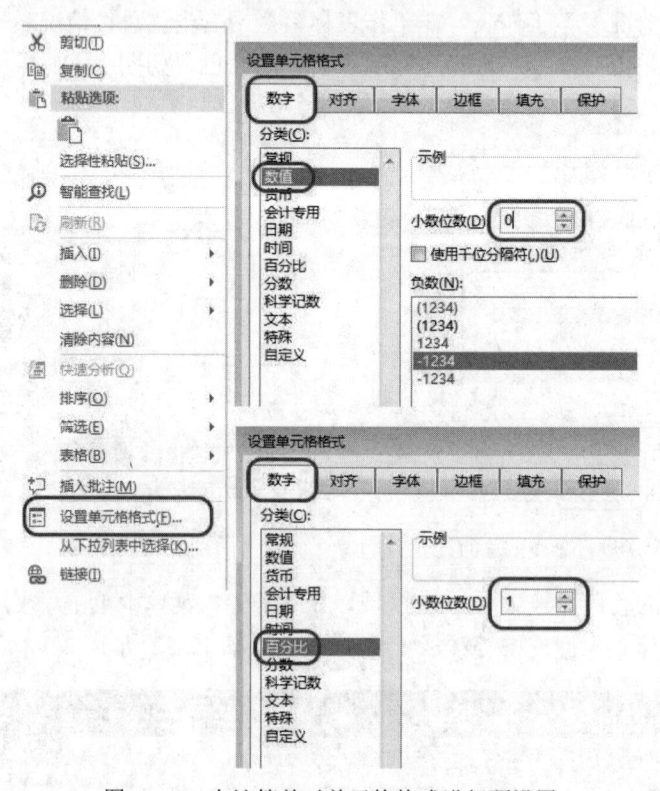

图 12-23　在计算前对单元格格式进行预设置

用同样的方法将其余列的格式设置为"数值"型，"小数位数"为 1。

> **要求 8**　在"总体情况表"工作表 B3:J6 单元格区域内，计算填充各班级每门课程的平均成绩，并计算"总分""平均分""排名""班级人数""人数占比"所对应单元格的值，其中排名的依据应按平均分进行。注意 M7 至 O7 部分不填写。

由于平均成绩是分班进行的，因此可在分类汇总好的"班级汇总"工作表中调取数据，选中 B3 单元格，单击 fx 按钮，使用 AVERAGE 函数进行平均值计算，编辑第一个参数时切换到工作表"班级汇总"并选中法律一班对应的英语成绩列单元格，如图 12-24 所示。

使用类似的方法完成 B 列"英语"成绩的填写，请读者思考该列为什么无法使用自动填充功能。

同样，"年级均分"的计算数据源可取"班级汇总"表的 D 列，AVERAGE 函数有自动剔除无效单元格的功能，为保证绝对的正确性，也可以从"成绩信息"表 D 列中提取，对于该问题，计算结果是一致的。

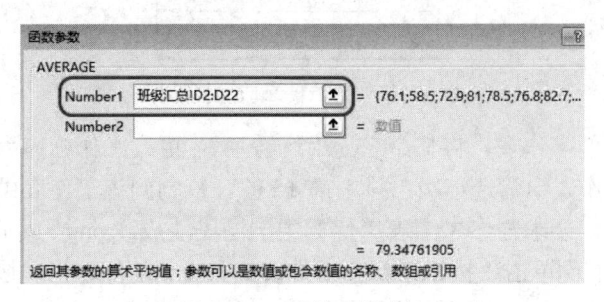

图 12-24　计算平均成绩

选中 B3:B7 区域，将鼠标悬停在该区域的右下角，在光标变为黑色十字时向右拖拽，利用自动填充完成 C 列到 L 列的填写，计算结果如图 12-25 所示。请读者思考这一步为什么可以使用自动填充，并抽查自动填充形成的公式是否都合理。

班级	英语	体育	计算机	近代史	法制史	刑法	民法	法律英语	立法法	总分	平均分
法律一班	79.3	85.1	80.7	77.1	88.1	78.7	82.2	85.3	88.6	745.3	82.8
法律二班	83.3	88.2	79.9	80.7	88.2	81.5	82.0	87.5	89.1	760.3	84.5
法律三班	81.7	86.3	79.7	78.5	81.8	81.8	79.4	84.9	88.9	743.0	82.6
法律四班	82.1	84.1	79.2	77.2	81.8	82.4	79.2	86.2	88.8	741.0	82.3
年级均分	81.7	86.0	79.9	78.4	84.8	81.2	80.6	86.0	88.9	747.4	83.0

图 12-25　平均分的计算结果

下面计算四个班级平均分的比对排名，选择 M3 单元格，单击 fx 按钮对其使用 RANK 函数。第一个参数填写 L3 单元格，第二个参数填写绝对引用下的平均分区域 L$3:L$6，进行降序排列，因此第三个参数填 0，参数如图 12-26 所示。

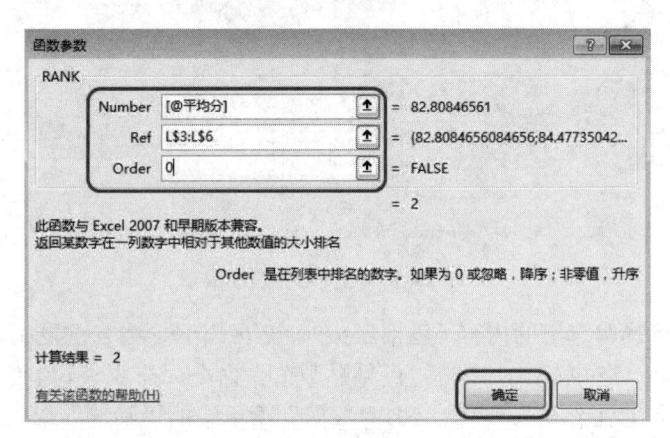

图 12-26　RANK 函数的参数设置

"班级人数"可从汇总好的"班级汇总"表的小计中获取，单击 N3 单元格，在编辑栏中输入=符号，再切换至"班级汇总"工作表，单击 C23 单元格，也就是输入公式=班级汇总!C23，按下回车键，将数据直接引用；使用类似的方法，将 N 列填写完成。

人数占比显然等于"该班级人数 / 年级人数"因此可以借助 SUM 函数完成，选中 O3 单元格，在编辑栏中输入=N3/SUM(，选择 N3:N6 区域，并按下 F4 将其绝对引用。补充输入反括号)，按下回车键即可计算完成。使用自动填充功能完成 O 列的填写，填写结果如图 12-27 所示。

任务 12　考试成绩统计分析

排名	班级人数	人数占比
2	21	20.8%
1	26	25.7%
3	29	28.7%
4	25	24.8%
-	-	-

图 12-27　其他信息的计算结果

要求 9　创建新的工作表，将其命名为"优秀生"，更改工作标签为黄色，并从"成绩信息"工作表中筛选年级出排名前 15 的行复制到该工作表中。根据表中的数据绘制图表，要求与参考图表"优秀生刑法民法成绩.png"尽可能相似。

在工作表标签栏右侧单击"按钮"新建工作表，右击新的标签，在快捷菜单中单击"重命名"命令，并输入"优秀生"，再次右击该标签，单击"工作表标签颜色"命令，设置为黄色。

下面进行信息筛选，切换至"成绩信息"工作表，在"数据"菜单中单击"筛选"命令，表头行出现下拉按钮，单击"年级排名"右侧的下拉按钮，选择"数字筛选"命令，在弹出的菜单中选择"小于或等于"命令，如图 12-28 所示。

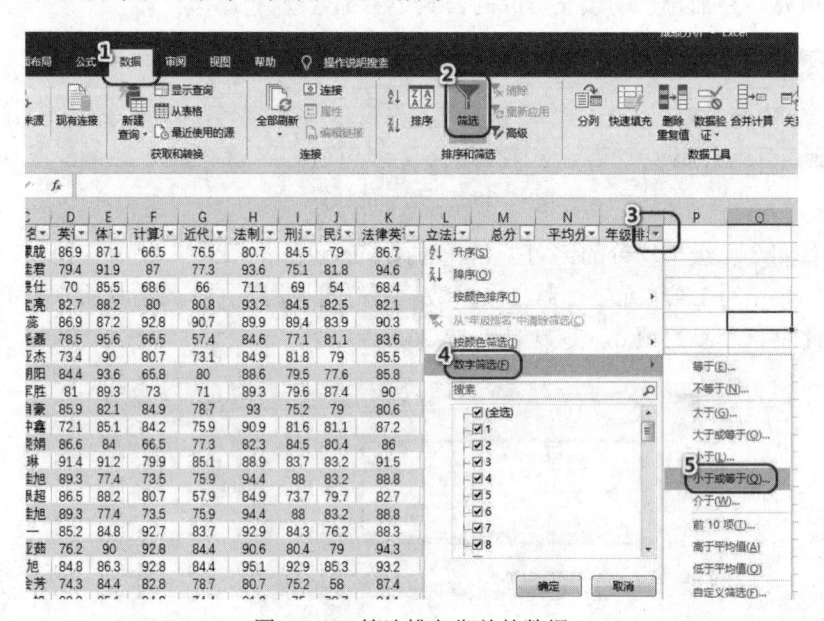

图 12-28　筛选排名靠前的数据

进行筛选后，选择筛选出的内容（包括表头），按下 Ctrl+C 组合键复制，切换到"优秀生"工作表，选中 A1 单元格并右击，单击"仅粘贴数值"命令，与要求 6 中的粘贴操作相同。

切换回"成绩信息工作表"，再次单击"数据"菜单中的"筛选"选项，取消工作表的筛选状态。

观察所给参考图表（图 12-29），这是一个柱状堆积图与折线图的复合结构图，主坐标为"分数–学生"，次坐标为"排名–学生"，且学生姓名是与其班级拼接在一起的，而排名的坐标是由大到小的逆序排列。

需要构造一列用于填写横坐标的数据，这里使用&运算符完成，在"优秀生"工作表 C 列之后插入一列空白列，表头命名为"班级姓名"，选中空白单元格 D2，在编辑栏中输入 =B2&C2，按下回车键，如图 12-30 所示。

优秀生刑法民法成绩

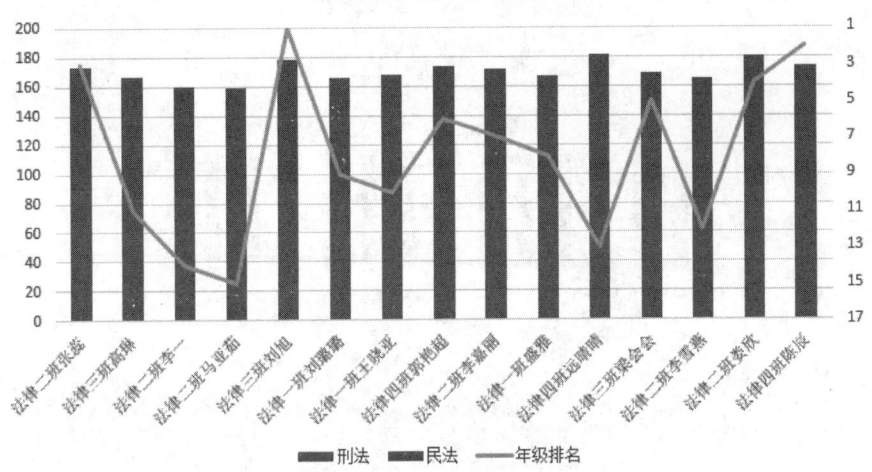

图 12-29　参考图表（柱状堆积图+折线图）

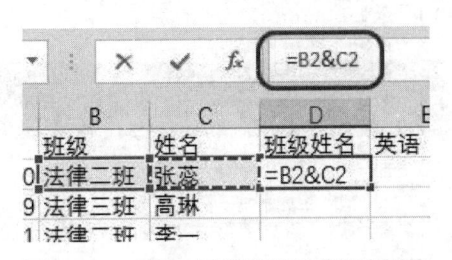

图 12-30　使用&运算符进行字符串拼接

使用自动填充完成 D 列全部公式的填写。下面筛选数据源，观察图表得知，应选取"班级姓名""刑法""民法""年级排名"这四列进行图表绘制。选中 D 列，按住 Ctrl 键不放，再选中 J 列、K 列、P 列，在"插入"菜单中单击"柱状图"，在其下拉菜单中选择"堆积图"，如图 12-31 所示。

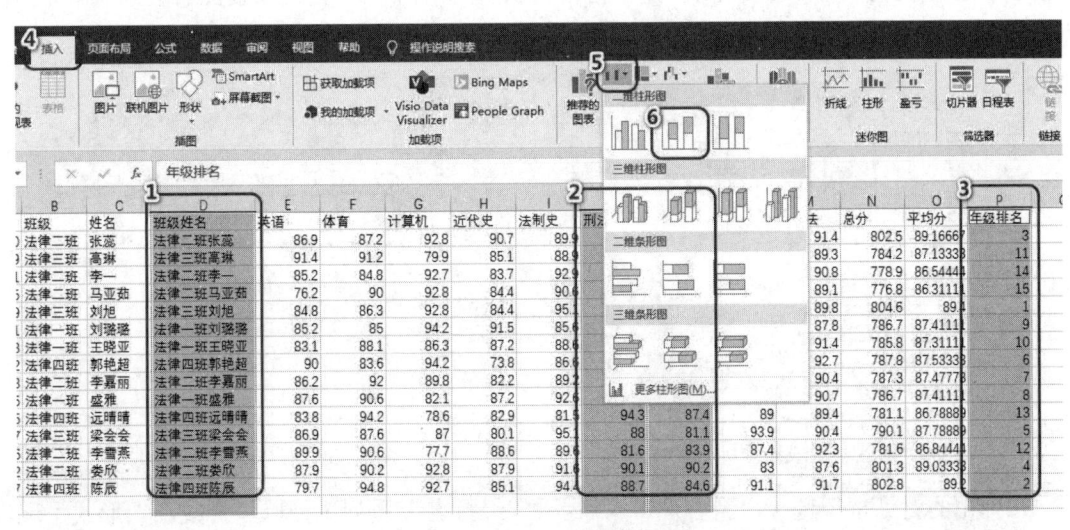

图 12-31　选中数据插入图表

任务 12　考试成绩统计分析

可以看到年级排名也被算进了堆积图中，如图 12-32 所示，需要进行调整。

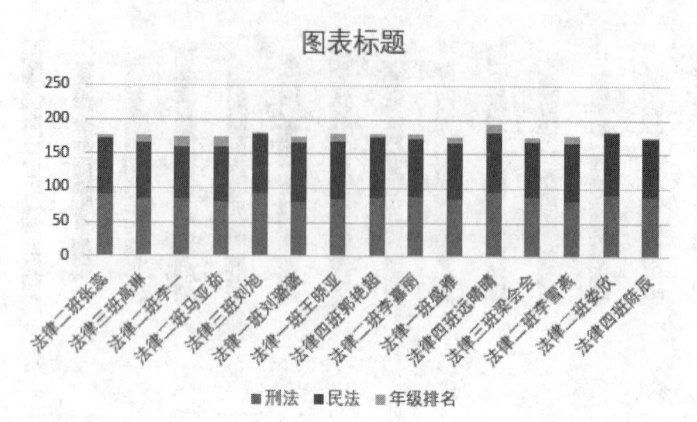

图 12-32 初始状态的图表

在"图表工具"下"格式"菜单中，单击"当前所选内容"功能组的下拉菜单，选中"系列'年级排名'"，如图 12-33 所示。

图 12-33 利用"格式"菜单选中图表中的要素

单击下方"设置所选内容格式"按钮，右侧将弹出一个边侧栏窗口，选择"次坐标轴"，如图 12-34 所示。

可以看到图表右侧新增了一个纵坐标，但并没有变为折线图，也没有使大数字在下方，小数字在上方呈现。此时右击柱状图柱体，在快捷菜单中单击"更改系列图表类型"命令，如图 12-35 所示。

图 12-34 使图表生成次坐标轴的操作

图 12-35 改变图表的类型

在弹出的对话框中选择"组合图"，并为"年级排名"系列选择以"折线图"形式呈现，单击"确定"按钮，如图 12-36 所示。

图 12-36 使图表变为复合图形

为次坐标设置逆序显示，在"图表工具"下"格式"菜单"当前所选内容"功能组的下拉选中"次坐标轴 垂直（值）轴"，在其下拉菜单中单击"设置所选内容格式"命令，在右侧的窗口中单击"坐标轴选项"选项，在"边界"中设定范围1～17，最后勾选"逆序刻度值"复选框，如图 12-37 所示。

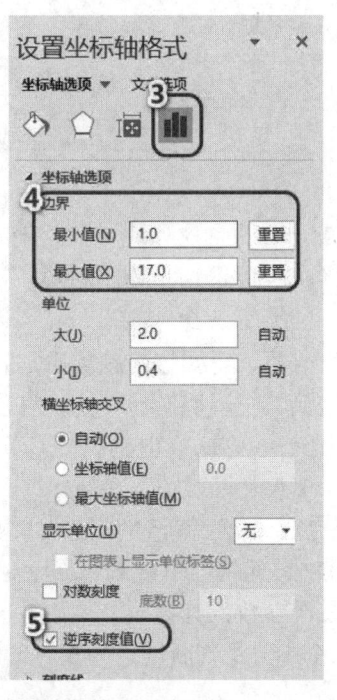

图 12-37 为折线图坐标实现逆序显示

任务12 考试成绩统计分析

此时图标已大致完成，如图 12-38 所示。

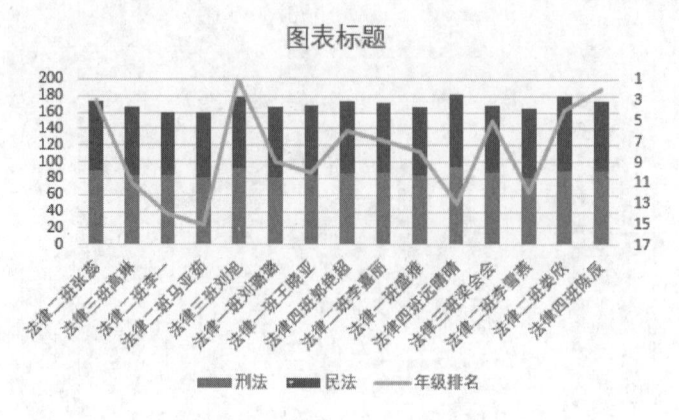

图 12-38　形式上已完成的图表

最后只需填写图表标题，并为三组系列修改与参考图相近的颜色即可，如图 12-39 所示。

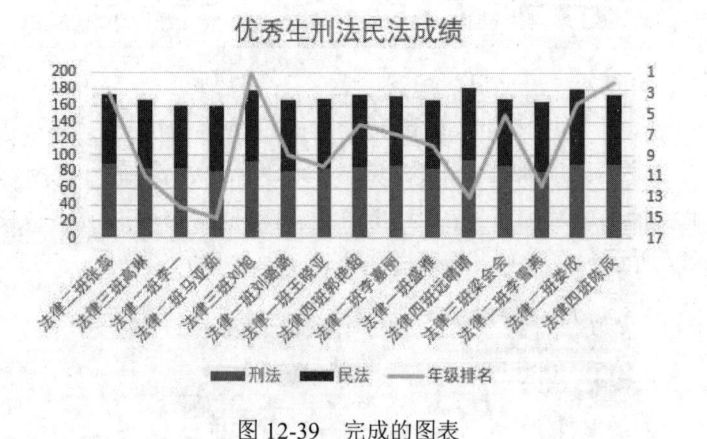

图 12-39　完成的图表

> **要求 10** 在"体育评级"工作表中，需将"成绩信息"对应的列复制到其中，并利用 IF 函数填写"体育评级"一列，将大于或等于 90 分的成绩评级为"优"，将 60～90 分（包含 60 分）的成绩评级为"合格"，其余评级为"不合格"。将该表创建为表格，并命名为"体育"。

观察"体育评级"表格，可知该问题实质是利用第三列求第四列。

先将原始数据复制到其中，切换到"成绩信息"工作表，按住 Ctrl 键选中 A 列、C 列、E 列，按下 Ctrl+C 组合键进行复制。切换到"体育评级"工作表中，选中 A、B、C 三列后，右击，在快捷菜单中单击"仅粘贴数值"命令。

使用 IF 函数嵌套完成分值赋等级的工作，关于 IF 函数，可先在"参数编辑"对话框中熟悉其计算逻辑。选中 D2 单元格，单击 fx 按钮，并搜索 IF 函数，在"参数编辑"对话框中，可以看到该函数涉及三个参数，其第一个参数是一个能判断出真假的语句，如填 5<4 则会被判断为 FALSE；第二个参数是判断结果为真时输出的内容；第三个参数是判断结果为假时输出的内容。

对于要求 10，题目给出了三个分级，并不能通过一真一假对应所有的情况，因此需要使用 IF 嵌套。先进行是不是"优"的判断，如果是则输出字符"优"，如果不是则先不输出值而是转到另一个 IF 函数中进一步判断是否为"合格"，如果是则输出"合格"，如果不是则输出"不合格"。具体语句为：=IF(C2>=90,"优",IF(C2>=60,"合格","不合格"))。

应注意该题目的情况是三种结果，使用了两次 IF 函数，如类似问题的结果有 N 种情况，则需要使用 N-1 次 IF 函数进行嵌套。

下面将该表区域创建为表格，选中 A 列～D 列的内容部分，在"插入"菜单中单击"表格"选项，在弹出的对话框中勾选"表包含标题"复选框，单击"确定"按钮。

要求 11 创建新的工作表，将其命名为"总分分段表"，更改工作标签为蓝色，在该工作表 A1 位置插入一张以"成绩信息"为数据源的数据透视表，要求行标签为"总分"，值的项目选择为 9 门课程的成绩，将行标签进行分段显示，步长为 10 分，分段范围为 630～810 分，将所有的值汇总依据设置为平均值。

通过类似于要求 9 中的操作进行新工作表的创建及重命名、标签着色处理。选中 A1 单元格，单击"插入"菜单"数据透视表"选项，在出现的对话框中为数据透视表选择数据源，单击"成绩信息"工作表，并按下 Ctrl+A 组合键选中所有内容部分。确认插入向导填写正确后单击"确定"按钮，如图 12-40 所示。

图 12-40　插入数据透视表

在右侧的操作窗口中，将"总分"标签拖入"行"中，将课程成绩标签拖入"值"中，如图 12-41 所示。

选中首列的任意位置，右击，在快捷菜单中单击"组合"命令，如图 12-42 所示。在弹出的对话框中，依据题目要求进行步长与范围的设置，如图 12-43 所示。

处理过后，数据透视表精简到了 16 行。最后将值汇总依据设置为平均值，在 B 列内容处任意位置右击，在快捷菜单中，将"值汇总依据"选择为"平均值"，对其后的 8 列内容做相同处理即可。

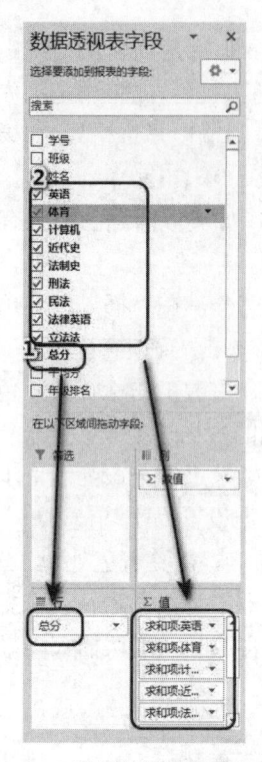

图 12-41　设置数据透视表的字段 　　　　图 12-42　行标签的值过多，应进行分组处理

图 12-43　设置组合的步长与范围 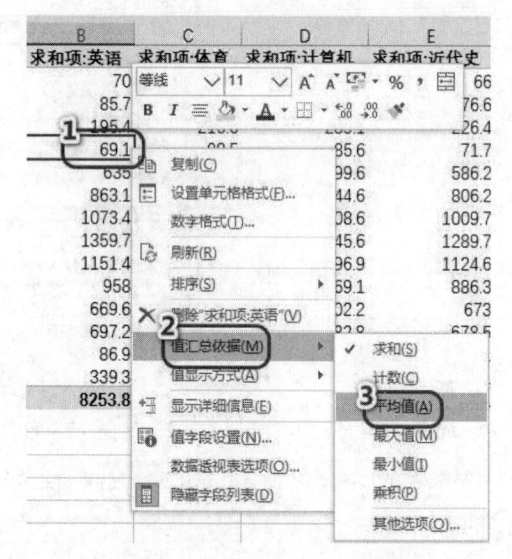　　　　图 12-44　修改值的汇总依据

完成后的数据透视表如图 12-44 所示。

要求 12　保存"成绩分析.xlsx"文件。

单击 Excel 界面上方的"保存"按钮，或使用组合键 Ctrl+S 保存当前工作簿文件。

行标签	平均值项:英语	平均值项:体育	平均值项:计算机	平均值项:近代史	平均值项:法制史	平均值项:刑法	平均值项:民法	平均值项:法律英语	平均值项:立法法
630-640	70	85.5	68.6	66	71.5	69	54	68.4	85.7
670-680	85.7	49.5	65.8	76.6	70.7	81.1	79	80.6	87.6
680-690	65.13333333	72.2	79.7	75.46666667	80.13333333	71.63333333	83.66666667	70.46666667	86.9
700-710	69.1	88.5	85.6	71.7	84.5	75	59	82.7	87.9
710-720	79.375	85.7875	74.95	73.275	77.6125	77.5	76.6375	81.575	88.825
720-730	78.46363636	82.91818182	76.78181818	73.29090909	83.84545455	80.45454545	76.93636364	84.63636364	88.15454545
730-740	82.56923077	84.72307692	77.58461538	77.66923077	81.54615385	79.21538462	79.37692308	83.94615385	88.22307692
740-750	79.98235294	87.65294118	79.15294118	75.86470588	85.04117647	80.14705882	81.42941176	86.69411765	88.89411765
750-760	82.24285714	85.8	78.35	80.32857143	84.69285714	82.4	88.05714286	89.01428571
760-770	87.09090909	90.89090909	79.00909091	80.57272727	89.06363636	81.07272727	82.05454545	88.75454545	88.50909091
770-780	83.7	86.5	87.775	84.125	88.7625	82.2375	82.675	89.05	89.9625
780-790	87.15	89.4125	85.35	84.8125	87.825	85.475	84.775	89.85	90.5
790-800	86.9	87.6	87	80.1	95.1	88	81.1	93.9	90.4
800-810	84.825	89.625	92.775	87.025	92.75	90.275	86	89.4	90.125
总计	81.72079208	85.98415842	79.86732673	78.44653465	84.75148515	81.23960396	80.58910891	85.97623762	88.85841584

图 12-45　完成的数据透视表

12.4　思考与实训

【问题思考】

（1）SUM 函数的快捷键是什么？什么情况下可以使用该快捷键？

（2）条件格式的工作逻辑是什么？

（3）RANK 函数的参数有几个？第二个参数为什么通常需要使用绝对引用？

（4）由自动填充功能完成的函数有什么规律？

（5）当使用 LOOKUP 函数查询纯数字串时查询不出结果，首先应考虑什么地方出现了问题？

（6）为数据透视表添加"行"的内容时，工作表中会出现几行几列的内容？

（7）IF 函数嵌套语句最后连续反括号的数量与什么有关？

【实训案例】

在 Excel 中输入如下成绩表，并完成后续统计任务。

表 12-1　成绩表

	语文	数学	英语	总分	排名
张三	86	78	88		
李四	94	95	86		
王五	90	86	96		
赵六	88	90	92		

（1）分别使用 SUM 函数、RANK 函数完成"总分"列、"排名"列数据的填写。

（2）使用条件格式功能使大于 95 分的单科成绩显示为绿色粗体。

（3）将该表格区域创建为表格，并为其选择蓝白配色样式。

（4）根据单科成绩生成一张横向柱状堆积图，要求配色与参考图相似。

最终效果如图 12-46 所示。

列1	语文	数学	英语	总分	排名
张三	86	78	88	252	4
李四	94	95	86	275	1
王五	90	86	96	272	2
赵六	88	90	92	270	3

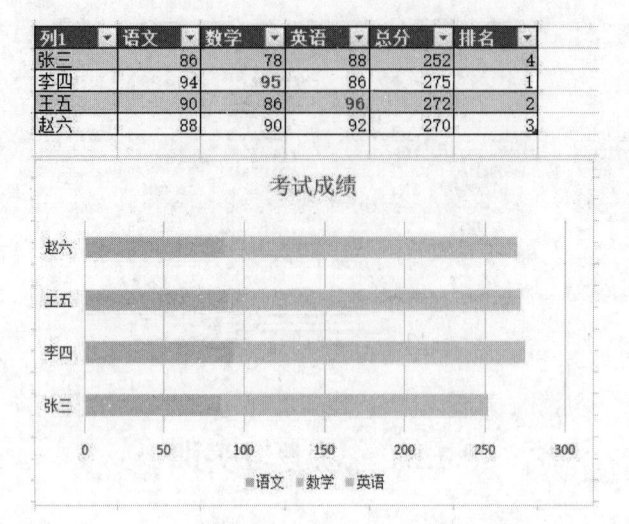

图 12-46　案例效果

任务 13　员工工资统计

13.1　任 务 描 述

人事部专员小金负责本公司员工档案的日常管理，按照下列要求帮助小金完成相关数据的整理、计算、统计和分析工作。

要求 1　将素材文件夹下的工作簿文件"Excel 素材.xlsx"另存为"Excel.xlsx"文件。操作过程中，不可以随意改变原工作表素材数据的顺序。

要求 2　在"身份证校对"工作表中按照下列规则及要求对员工的身份证号进行正误校对：
①中国公民的身份证号由 18 位组成，最后一位即第 18 位为校验码，通过前 17 位计算得出。第 18 位校验码的计算方法是将身份证的前 17 位数分别与对应系数相乘，将乘积之和除以 11，所得余数为校验码。从第 1 位～第 17 位的对应系数及余数与校验码对应关系参见"校对参数"工作表中所列。
②首先在工作表"身份证校对"中将身份证号的 18 位数字自左向右分拆到对应列。
③通过前 17 位数字及"校对参数"工作表中的校对系数计算出校验码，并填入 V 列中。
④将原身份证号的第 18 位与计算出的校验码进行对比，比对结果填入 W 列，要求比对相符时输入文本"正确"，不相符时输入"错误"。
⑤如果校对结果错误，则通过设置条件格式将错误身份证号所在的数据行以"红色"文字、浅绿类型的颜色填充。

要求 3　在"员工档案"工作表中，按照下列要求对员工档案数据表进行完善：
①计算每位员工的年龄，完成 F 列的填写，每满一年计算一岁。
②计算每位员工在本公司工作至今的工龄，要求计算出年数与月数，完成 K 列的填写，格式举例：9 年 7 个月，离职和退休人员计算截止于各自离职或退休的时间。
③计算每位员工的工龄工资，公式：工龄工资=本公司工龄×50，工龄工资每一整年增加一次，无需计算退休离职人员的工龄工资。
④计算员工的工资总额，公式：工资总额=工龄工资+签约工资+上年月均奖金。

要求 4　将"工资发放记录"工作表中 B 列至 J 列的列宽增加到能正常显示所有数据的程度。根据"工资发放记录"二维统计表制作数据透视表，要求在名为"工资透视表"的新工作表中制作该透视表，透视表设计参考素材文件夹中的"工资透视表.png"。更改 B 列字体与单元格格式，数值的字体设置为 Arial，并设置单元格格式为保留 0 位小数、带千分位分隔符的数值型。

要求 5　将"员工档案"与"部门信息"两个工作表通过"工号"建立关系。根据两个表中的部门信息与工资总额信息制作类似于素材文件夹中的参考图“工资构成.png”的统计表，将过程文件保存在素材文件夹下，并命名为“PP.xlsx”。

要求 6 调整“奖金记录”工作表中数据所在单元格的格式，使大于等于 0 的数值显示为蓝色，小于 0 的数值显示为红色。将首行文字“奖金记录”在 A1:I1 单元格合并居中处理。处理完毕后隐藏该工作表，并保护该工作簿，将保护密码设置为“1234”。

13.2 相关考点

13.2.1 插入数据透视表（复习强化）

在前两个任务中，接触了数据透视表，它的基本调用路径是“插入”→“数据透视表”，在“数据透视表”编辑界面中，右侧有四个区块用于选择数据源的字段构成数据透视表，前文已经对其中“行”“列”“值”三部分进行了介绍与试用，这里介绍最后一部分“筛选器”，它用于将数据透视表按筛选的字段分割为多份表单。例如，统计表中有一列“性别”信息列，那么在绘制数据透视表时，可以通过将“性别”字段拖入“筛选器”中来对男性情况与女性情况分别分析。在操作后，数据透视表最上方将出现“筛选分类选择”按钮，默认选择“全部”。而通过单击“数据透视表工具”下“分析”菜单“数据透视表”功能组“选项”右侧的下拉按钮，在其下拉菜单中单击“显示报表的筛选页”命令，从而将筛选的不同结果建立多个工作表，并显示出来。

在前面的案例中，都是对单张的一维统计表进行数据透视，下面介绍对于多张表或是二维表应如何创建数据透视表。该场景涉及的功能称为“多重合并计算”。

一维表通常将信息逐行记录，每新增一条记录，统计表内新增一行，这一行记录有这条信息的多个要素，看一条记录只需看它所在行即可读懂，因此一维表内往往会出现许多重复的文字，常见于电脑管理系统记下的记录库。而二维表通常要记录的数据特征不多，记录时按格填入，看一条记录需要看其所在行与所在列位置才能读懂，常见于手写看板。图 13-1 为同一组数据信息在二维表中记录与在一维表中记录的区别。

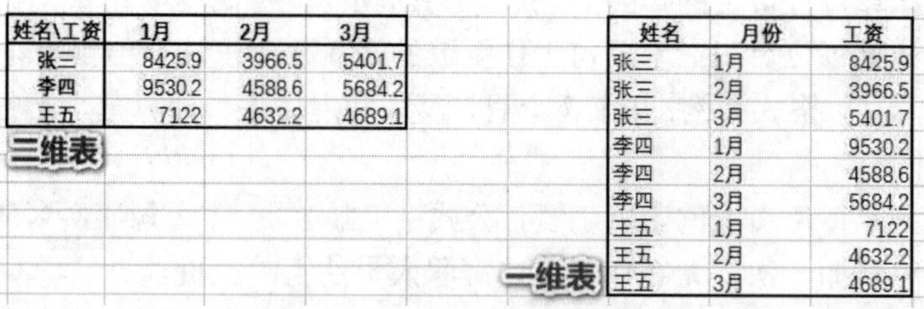

姓名\工资	1月	2月	3月
张三	8425.9	3966.5	5401.7
李四	9530.2	4588.6	5684.2
王五	7122	4632.2	4689.1

姓名	月份	工资
张三	1月	8425.9
张三	2月	3966.5
张三	3月	5401.7
李四	1月	9530.2
李四	2月	4588.6
李四	3月	5684.2
王五	1月	7122
王五	2月	4632.2
王五	3月	4689.1

图 13-1　二维表与一维表的区别

回顾前面任务中的使用，在插入数据透视表后，可供选择的字段都是一维表的表头。而如果选中的区域是一张二维表，则左侧一列的信息无法被选为数据透视表的分析字段，这就需要借助“多重合并计算区域”功能进行。在“插入”菜单“数据透视表”功能组中无法调用这一特殊功能，需经过向导对话框设定，“数据透视表向导”对话框的打开方式是在键盘上连续按下 Alt+D+P 组合键，如图 13-2 所示。

在向导对话框中，选择"多重合并计算数据区域"选项，单击"下一步"按钮，继续选择"创建单页字段"选项来对二维表进行进一步数据透视分析，单击"下一步"按钮。第2b步的"选定区域"中输入数据区域地址，单击"下一步"按钮，选择在"新工作表"中创建，最后单击"完成"按钮。通过该方式创建的数据透视表，在字段选择列表中不再显示之前的表头项，而是"行""列""值"三项。

图 13-2　数据透视表向导窗口

下面介绍该向导在多张工作表场景下的使用，设想一个统计场景：在"书店A"工作表中统计了每一笔订单，其中订单信息记录有日期、金额等数据，在"书店B""书店C"工作表中也按相同格式记录了各自的数据。现在需要将这三张表一起进行数据透视分析。下面给出两种方法，两种方法所得数据透视表是一致的，读者需结合方法一来理解方法二，并学会使用"多重合并计算"中的"自定义"功能。

方法一：新建一张工作表，将"书店A"表内容复制到其中，并添加一列"书店"，整列填写"书店A"加以区分，在同一张表的内容下方接着将"书店B"的内容复制到其中，在前面新增的"书店"列下都填"书店B"，"书店C"同理操作完毕后，三个书店信息出现在同一张表中，最后对该表进行插入数据透视表操作。

方法二：在键盘上按下Alt+D+P组合键在弹出的对话框中选择"多重合并计算数据区域"选项，在第二步中选择"自定义页字段"，分别将三个表单区域添加到列表中，并为每一个区域设定"页字段"加以区分，"页字段"以书店名进行填写。

13.2.2　条件格式（复习强化）

在任务12中接触了条件格式功能，这是一种允许软件判断统计表中的内容以决定如何显示的辅助工具。其基本调用方法见12.2.5小节。

默认情况下，单元格仅会通过自身的值决定是否改变格式，但一些场景中，可能需要根据其他单元格，而并不考虑自身的值，例如使满足条件的整行数据字体变色。遇到类似这样的要求时，需要在条件语句中灵活使用相对引用与绝对引用来实现。

对于计算机二级重点考察的自定义功能，读者应理解其判断的详细规则：如果所填的公式涉及单元格地址，则含有这个地址的语句仅对作用范围中左上角单元格生效，其余位置的判断语句会以该公式为基础依次推算，而想要取消这种推算，可以将公式中的地址绝对引用。实际使用中，可以使用这一规则灵活地控制条件格式是否作用于整行或整列。本章任务将介绍一个实现该功能的案例，在任务 15 中的 15.2.1 小节中将更为详细地说明其判断逻辑。

13.2.3 相邻单元格的自动推算（复习强化）

在 12.2.8 小节，介绍了相邻单元格自动推算（自动填充）的使用与关于绝对引用与相对引用方面的注意事项。

本节将补充说明自动填充的选项功能，在使用自动填充后，填充范围右下角将出现一个图标，该图标用于设定自动填充的具体方式，其中包含"复制单元格""填充序列""仅填充格式""不带格式填充""快速填充"五个选项。其中，默认选中"填充序列"，自动填充将按前面介绍的规律自动完成；而选中"复制单元格"时，自动填充将直接复制单元格内容，但如果其内容是一个公式，则也会按序列规律自动填写相应公式，而非完全复制；选中"仅填充格式"时，则不会改变自动填充区域的内容，仅依照参考单元格的格式进行格式沿用的操作；选中"不带格式填充"时，则仅填充内容，不会改变单元格预设好的格式。选中"快速填充"时，可通过参考周围单元格的数据处理规律进行类推处理。如图 13-3 所示，蓝色区域为原始数据，黄色区域为通过快速填充功能自动计算出的结果。

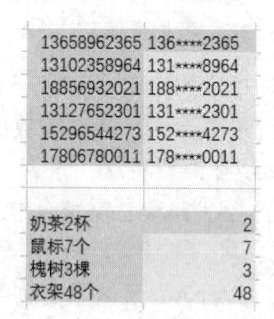

13658962365	136****2365
13102358964	131****8964
18856932021	188****2021
13127652301	131****2301
15296544273	152****4273
17806780011	178****0011
奶茶2杯	2
鼠标7个	7
槐树3棵	3
衣架48个	48

图 13-3 快速填充的使用场景

"快速填充"该功能也可使用快捷键调用，选中待填充区域，按下组合键 **Ctrl+E** 完成填充。可以发现，图中的两项工作都属于难以使用固定公式得出结果的类型。而快速填充功能可以通过人工智能自动判断场景与需求，并且其准确性可以通过增加举例的数量而提升。但需要特别注意的是，该功能暂时无法确保任何场景都能准确完成，一般不作为计算机二级考试的考点，但可以作为提升数据处理工作效率的辅助工具。

13.2.4 超级透视表工具——Power Pivot

Power Pivot 是微软在数据工具软件生态上布局的一款数据分析工具，相比于 Excel，它具有快速处理庞大数据表、表关系可视化编辑、数据源自动更新等更深入的数据处理功能。在计算机二级考试中，存在要求将多个表格建立关系的问题，此时需要借助 Power Pivot 工具完成。

Power Pivot 提供了 Excel 文件导入的功能，除此之外，它还提供 SQL Server、Oracle、Access、DB2 等常用数据源的支持。在 Excel 2016 中，用户无需额外购买就可以将 Power Pivot 加载出来。本节将对该软件做简短的介绍。

在 Excel 界面下，单击"文件"菜单"选项"选项，打开"Excel 选项"对话框，在"加载项"选项卡"管理"下拉列表中有"COM 加载项"命令，选中后并单击"转到"按钮，如图 13-4 所示。

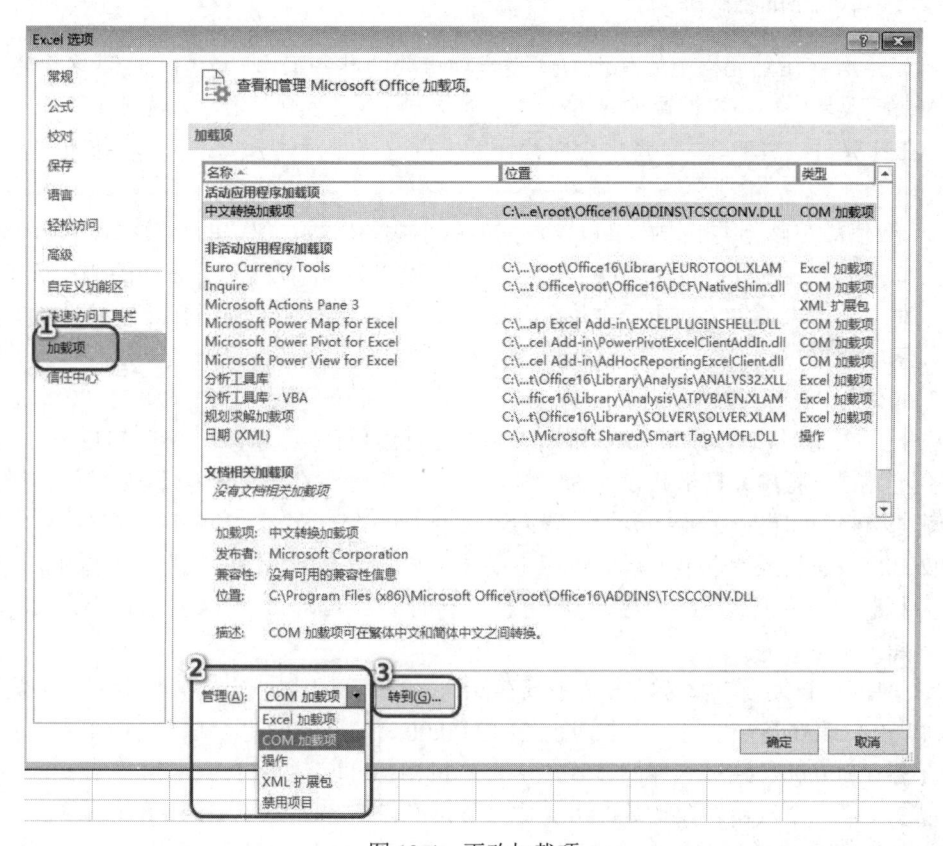

图 13-4　更改加载项

在弹出的对话框中，勾选 Microsoft Power Pivot for Excel 选项，单击"确定"按钮，如图 13-5 所示。可以看到主菜单多出了一个选项 Power Pivot。

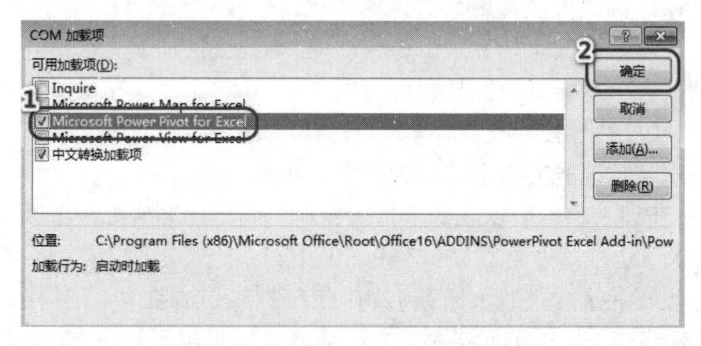

图 13-5　加载 Power Pivot 到 Excel 当中

单击 Power Pivot 菜单，可以看到其中只有 6 种工具，单击"管理"选项将弹出独立的 Power Pivot 软件窗口，可以看到它与其他微软办公软件的界面十分相似。在其"主页"菜单"获取外部数据"功能组中，可以加载要用于分析的数据源，在"查看"功能组中可以切换表的关系

任务 13　员工工资统计　177

视图与数据视图。具体如何使用该软件管理数据模型并制作数据透视表，将在任务实施中进行学习。

13.2.5 单元格的格式

正确设定数字在单元格中的呈现方式是一项重要的准备工作。选中一个或多个单元格，右击，在快捷菜单中单击"设置单元格格式"命令，可以看到在"数字"选项卡下有许多类型的数据，在计算机二级考试中，考生应能读懂需求并选择正确的分类。下面将按重要程度逐个讲解：

（1）数值：在该分类下，可以设置数据显示小数的位数，保留的小数将按照四舍五入的方式进行，保留小数后只是显示上发生变化，不影响实际存储在这个单元格的值；遇到大数统计的场景时，还可以设置"使用千分位分隔符"，每三位用一个逗号隔开；该分类还支持以红色字体显示负数。

（2）日期：在 Excel 中，记录日期一般是以一个 5 位数整数进行的，以 1900 年 1 月 1 日作为第一天，在此之后的日期将以该日期为基准进行逐日计数，例如，将"2022 年 1 月 1 日"写入一个单元格，将单元格格式设置为常规，可以发现写入的日期变为了 44562。同样，在单元格中输入 44562，再将单元格类型设置为"日期"后，Excel 会自动依据内置的万年历计算出日期 2022/1/1，甚至能查出该日期对应星期几。在"设置单元格格式"对话框中，Excel 提供了很多日期的显示模式，在"类型"中进行举例的是 2012 年 3 月 14 日星期三，读者应能根据需求选择正确模式。

（3）时间：日期是以整数的方式进行存储的，而时间则以一个 0~1 之间的小数进行存储。例如，0.5 正好是一天的一半，即正午 12:00:00。配合上日期，"1.5"就可以表示"1900 年 1 月 1 日 12:00:00"通过这样的方式，一个"日期+时间"的信息原本需要一段字符串才能描述，现在只需一个双精度浮点数即可完成，节省了存储空间。在"设置单元格格式"对话框中，同样可以对时间进行不同模式的显示，但需要注意的是，"日期+时间"的显示模式仅在"日期"分类中可以选到，在"时间"分类中没有提供这种选项。

（4）文本：选择该分类的单元格会将输入的值原封不动地显示并进行存储，其中的任何内容都被视为字符串，因此无法使用数值计算公式。但若对于一个数值型单元格使用了公式，公式中引用到一个文本型纯数字单元格，Excel 会自动将文本理解为数值并进行计算（不推荐通过软件自动纠错，在一些场景可能导致更难发现的错误）。建议在做数据处理前就明确数据源是否是文本，可以通过外观分辨。文本默认情况居左显示，纯数字文本左上角会显示绿色三角块；数值型数据默认情况居右显示，且无绿色三角块。

（5）自定义：在该选项下可以进行丰富的操作，属于计算机二级考试中的重难点。其基本用法是在"自定义"选项的"类型"下方输入框中输入一个语句，单元格将按照这个语句的要求对单元格进行设置显示，类似于任务 12 中的条件格式功能，但条件格式不能给单元格添加前缀后缀，自定义格式不能给单元格判断复杂条件或添加丰富的格式。将在 14.2.2 小节中详细介绍自定义"类型"栏应如何填写。

13.2.6 时间段的计算——DATEDIF 函数、TODAY 函数

在前面一节中，了解到日期本质是一个整数，因此，计算两个日期相差多少天，可以直

接用两个日期相减即可，但一些间隔较长的时间场景下，可能想得到的不是天数差，而是多少年零多少天，又或是日期没有以数值而是以文本的形式存放在文档中时，就需要使用 DATEDIF 函数来完成这项工作。

该函数的语法格式为：

DATEDIF(start_date,end_date,unit)

（1）start_date：表示给定期间的第一个或开始日期的日期。日期值有多种输入方式：带引号的文本字符串（例如，"2001/1/30"）、序列号（例如，36921，在商用 1900 日期系统时表示 2001 年 1 月 30 日）、其他公式或函数的结果（例如，DATEVALUE("2001/1/30")）。

（2）end_date：表示时间段的最后一个（即结束）日期。

（3）unit：要求函数以什么形式返回时间差的信息，共 6 种选择（需要以双引号引用）：

1)"d"：计算差值为多少天；
2)"m"：计算差值为多少个月，满 n 个月则记为 n，多出的天数忽略。
3)"y"：计算差值为多少年，满 n 年则记为 n，多出的月数和天数都忽略。
4)"md"：用于配合"m"使用，做余数计算补充，计算余出的天数。
5)"ym"：用于配合"y"使用，做余数计算补充，计算余出的月数。
6)"yd"：用于配合"y"使用，做余数计算补充，计算余出的天数。

例如：C2 单元格、C3 单元格分别存有时间信息 2021/1/6、2022/3/5，想知道这两个时间相差几年零几天，则可用=DATEDIF(C2,C3,"y")公式计算出相差几年，用=DATEDIF(C2,C3,"yd")公式计算出"零几天"，其答案为 1 年零 58 天，如图 13-6 所示。

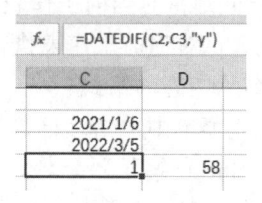

图 13-6　DATEDIF 函数的使用

TODAY 函数是一个没有参数的函数，Excel 会提取系统时间中的日期信息作为该函数的返回值，其语法结构为：

TODAY()

注意：在单元格使用这一函数后，该单元格会自动将格式变更为"日期"类型，但该函数输出的是一个数值，而不是数字与斜杠构成的字符串。

13.2.7　单元格字体

与 Word 中的字体类似，用户可在"开始"菜单"字体"功能组下对字体进行设定，但相较于 Word，Excel 提供的字体特殊效果相对有限，也无法对英文字体与中文字体分别设置。其详细设定可以通过右击单元格，在其快捷菜单中选中"设置单元格格式"并选择"字体"选项卡来完成。读者应掌握其中"字体""加粗""斜体""下划线""字体颜色""单元格颜色""字号""删除线"几项基本设置功能。

13.2.8 合并单元格

对于在工作表内选定的区域，Excel 允许将其合并为一个单元格。在"开始"菜单"对齐方式"功能组中单击"合并后居中"按钮，使用该功能时应注意以下几点：

（1）合并单元格后，只保留左上角单元格的内容和格式，其他单元格的内容和格式会被删除。

（2）合并单元格后，只能对整个合并区域进行编辑，不能对其中的某个单元格进行编辑。

（3）合并单元格后，如果在公式中引用了合并区域中的某个单元格地址，除了左上角单元格外，其他单元格的地址都会返回空值。

（4）合并单元格后，可以通过取消合并来恢复原来的单元格，但是取消合并时不会恢复原来被删除的内容和格式。

13.2.9 工作表标签的操作

在 Excel 中，用户通过工作表标签进行工作表的切换。软件允许在工作表标签栏中进行下列基本操作：

（1）修改次序：左右拖动工作表标签栏中的标签，可以改变工作表的排列顺序。

（2）修改标签颜色：右击工作表标签，在快捷菜单中单击"修改工作表标签颜色"命令可对其进行着色,激活状态的着色标签会以渐变色形式显示,后台状态的着色标签以纯色显示。

（3）移动或复制：在工作表标签的快捷菜单中，单击"移动或复制"命令将弹出一个对话框，如果不勾选"建立副本"复选框则将对当前工作表执行移动操作，操作与"修改次序"相同；如果勾选"建立副本"复选框则将对当前工作表执行复制操作，在指定的位置创建一个名为"同名(2)"的工作表，并完全继承内容与格式。

（4）插入：右击标签栏，在快捷菜单中单击"插入"命令或单击标签栏右侧的"+"按钮，可以新增一个工作表，默认以"Sheet+编号"命名。

（5）删除：选中一个标签并右击，在快捷菜单中单击"删除"命令，注意删除工作表属于无法撤销的操作，若出现误删操作，仅能通过不保存关闭文件，再重新打开找回。删除一个写有内容的工作表前系统将提示是否确认删除。

另外，工作表的隐藏功能将在 13.2.12 中进行介绍。

13.2.10 设置行高与列宽

当光标悬停在 Excel 主界面的行标（数值序列）与列标（字母序列）位置时，光标将以黑色单箭头或十字双箭头显示。当以十字双箭头显示时，可以通过拖动鼠标更改工作表的行高或列宽，如此时双击鼠标，行或列将会自动适配内容调整宽高；也可以右击行标或列标的位置，在快捷菜单中单击"行高"或"列宽"命令，可在弹出的对话框中对这两个数值精确修改。

但通常需要修改行高、列宽的不止一行一列，往往是几列几百行，因此批量修改行高与列宽的方法也应掌握。上面介绍的每一种单独操作都可以批量执行，只需在操作前选中批量操作的相应范围即可。

13.2.11　工作簿、工作表、表格及区域的概念

在任务 12 中我们介绍过创建表格的方法，同时区分了工作簿、工作表、表格三个概念，三者有逐级包含的关系，而"区域"则是与"表格"同级的概念。在工作表中，可以以诸如 B2:C6 这样的语句表达一个矩形区域，即用"左上角单元格地址"+":"+"右下角单元格地址"描述。

注意：冒号应使用半角符号（英文标点）。

13.2.12　工作表的保护与隐藏

对于用于传阅的工作簿，有时需要对部分工作表进行隐藏处理。具体操作为在下方工作表选择栏中右击需要隐藏的工作表标签，在弹出的快捷菜单中单击"隐藏"命令，即可使该工作表隐藏。但该操作是可被传阅人员取消的操作，右击下方工作表选择栏，在快捷菜单中单击"取消隐藏"命令，在弹出的列表中选中需要解除隐藏状态的工作表，即可将这些工作表重新显示出来。

若需要对取消隐藏进行锁定，则需对工作表进行保护处理。在"审阅"菜单中单击"保护工作簿"选项，弹出提示对话框，在"密码"一栏中输入锁定密码，单击"确定"按钮，此时会弹出确认密码对话框用于再次输入密码，注意 Excel 保护功能不提供忘记密码的处理方案，对于关键数据应谨慎操作。在保护状态下，用户不能对该工作簿中的工作表进行隐藏、取消隐藏、重命名等操作。保护可通过单击"审阅"菜单"保护工作簿"选项进行解除，解除过程中系统将询问保护密码。

同理，用户可以对工作表进行单独保护，单击"审阅"菜单"保护工作表"选项，可以通过勾选需要禁止的操作（如禁止修改单元格内容）并输入密码来对工作表进行保护。

13.3　任 务 实 施

要求 1　将素材文件夹下的工作簿文件"Excel 素材.xlsx"另存为"Excel.xlsx"文件（".xlsx"为文件扩展名），后续操作均基于此文件。操作过程中，不可以随意改变原工作表素材数据的顺序。

将素材文件夹中的"Excel 素材.xlsx"复制，粘贴后命名为"Excel.xlsx"即可。也可打开文件后单击"文件"菜单中的"另存为"命令完成该操作。

要求 2　在"身份证校对"工作表中按照下列规则及要求对员工的身份证号进行正误校对。

①中国公民的身份证号由 18 位组成，最后一位即第 18 位为校验码，通过前 17 位计算得出。第 18 位校验码的计算方法是将身份证的前 17 位数分别与对应系数相乘，将乘积之和除以 11，所得余数为校验码。从第 1 位～第 17 位的对应系数及余数与校验码对应关系参见"校对参数"工作表。

②首先在"身份证校对"工作表中将身份证号的 18 位数字自左向右分拆到对应列。

③通过前 17 位数字及"校对参数"工作表中的校对系数计算出校验码，并填入 V 列中。

④将原身份证号的第 18 位与计算出的校验码进行对比，比对结果填入 W 列，

要求比对相符时输入文本"正确",不相符时输入"错误"。

⑤如果校对结果错误,则通过设置条件格式将错误身份证号所在的数据行以"红色"文字、浅绿类型的颜色填充。

打开"Excel.xlsx"文件,选中"身份证校对"工作表,使用 MID 函数对身份证号进行分割,或单击"数据"菜单中的"分列"选项进行分割。这里推荐使用后一种方法,选中 C3 单元格,按下组合键 Ctrl+Shift+↓选中全部身份证号码,复制并粘贴到 D3:D122 范围。选中 D 列数据,单击"数据"菜单"分列"选项,在弹出的向导对话框中选中"固定宽度",单击"下一步"按钮,在其下方的"数据预览"区域中添加竖线进行分割,如图 13-7 所示。

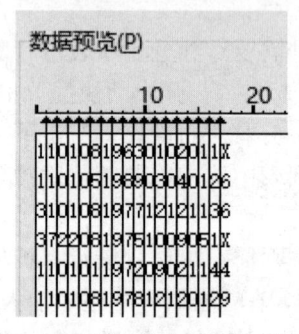

图 13-7 固定宽度分列的设置

完成分列后,D 列~U 列数据即处理完毕,下面进行"计算校验码"一列数据的填写。观察"校对参数"工作表,使用橙色区域与对应的身份证数位相乘后相加,再使用取余数函数 MOD 对 11 取余数。使用 LOOKUP 函数对所得余数进行查表(蓝色表域)对应取值,因此对于"身份证校对"工作表中的 V3 单元格,正确的公式为:

=LOOKUP(MOD(D3*校对参数!E$5 +E3*校对参数!F$5 +F3*校对参数!G$5 +G3*校对参数!H$5 +H3*校对参数!I$5 +I3*校对参数!J$5 +J3*校对参数!K$5 +K3*校对参数!L$5 +L3*校对参数!M$5 +M3*校对参数!N$5 +N3*校对参数!O$5 +O3*校对参数!P$5 +P3*校对参数!Q$5 +Q3*校对参数!R$5 +R3*校对参数!S$5 +S3*校对参数!T$5 +T3*校对参数!U$5,11),校对参数!$B$5:$B$15,校对参数!$C$5:$C$15)

由于素材中已经创建了表格,因此该公式也可写为:

=LOOKUP(MOD(D3*表 4[第 1 位]+E3*表 4[第 2 位]+F3*表 4[第 3 位]+G3*表 4[第 4 位]+H3*表 4[第 5 位]+I3*表 4[第 6 位]+J3*表 4[第 7 位]+K3*表 4[第 8 位]+L3*表 4[第 9 位]+M3*表 4[第 10 位]+N3*表 4[第 11 位]+O3*表 4[第 12 位]+P3*表 4[第 13 位]+Q3*表 4[第 14 位]+R3*表 4[第 15 位]+S3*表 4[第 16 位]+T3*表 4[第 17 位],11),表 5[余数],表 5[校验码])

按下回车键完成公式。注意其中使用绝对引用的位置,这是为了能以 V3 单元格作为自动填充的基准单元格。请读者在使用自动填充前谨慎思考:在向下自动填充过程中,如不使用绝对引用,则对于公式中的所有地址,列标(字母)不会改变,列标(数字)会逐格递增。

选中 V3 单元格,光标悬停在单元格右下角时双击,完成自动填充。可以看到 U 列与 V 列数据大部分相同,小部分不同。因此此时可在 W 列上使用 IF 函数判断相同情况。选中 W3 单元格,在编辑栏中输入公式:

=IF(U3=V3,"正确","错误")

按下回车键完成公式,并使用自动填充功能完成 W 列数据。可以看到部分校验结果为"错误"。

进行条件格式的设置,选中数据区域 B3:W122,单击"开始"菜单"条件格式"选项,在其下拉菜单中单击"新建规则"命令。在弹出的对话框的"选择规则类型"选项中选择"使用公式确定要设置格式的单元格"。单击"格式"进行单元格格式设置，按题目要求将单元格字体设置为红色、填充设置为浅绿色。在"为符合此公式的值设置格式"下方的编辑栏进行条件判据的编辑，如图 13-8 所示。

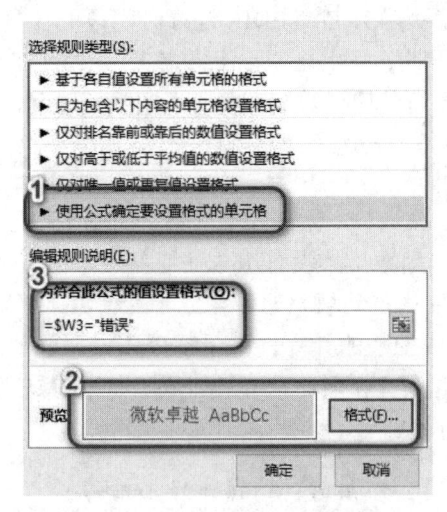

图 13-8　自定义规则的条件格式设置

下面对该处的编辑逻辑进行详细介绍：条件格式所需的公式是一条仅能计算出 TRUE 或 FALSE 的式子，填入的公式如果涉及单元格地址，则这条判断公式仅适用于条件格式作用范围的左上角单元格，其余单元格的判断公式是这条公式的递推表达。对于本案例，题目要求对于判定出"错误"的位置整行着色。条件格式的作用范围是 B3:W122，B3 单元格是范围中的第一个单元格，其自身是否着色需要判断 W3 单元格的内容是否为"错误"。因此判断语句为：

W3="错误"

而 C3 单元格是否着色也取决于 W3 单元格的内容，但前面提到除了第一个单元格 B3，其余单元格的判断语句是递推表达，因此相对于 B3 单元格右移一格的 C3 单元格，其判断语句自动递推为：

X3="错误"

该处为空单元格，这显然不能作为 C3 着色的判断来源，因此为了递归出正确公式，应考虑使用绝对引用，锁住 W。但这里仅能锁住列标，而不能锁住行标，否则在判断 B4 单元格时，其判据依然是 W3 单元格内容，而为了得到正确判断结果，应将 W4 单元格作为判据，因而判断语句应为：

W4="错误"

B4 单元格相较于左上角参考单元格而言下移了一格，递推语句中的行标会+1，因此而该语句恰好可以由填入的语句：

$W3="错误"

向下递推而得。

要求3　在"员工档案"工作表中，按照下列要求对员工档案数据表进行完善：
①计算每位员工的年龄，完成 F 列的填写，每满一年计算一岁。
②计算每位员工在本公司工作至今的工龄，要求计算出年数与月数，完成 K 列的填写。格式举例：3 年 7 个月。离职和退休人员计算截止于各自离职或退休的时间。

③计算每位员工的工龄工资，公式：工龄工资=本公司工龄×50，工龄工资每一整年增加一次，无需计算退休离职人员的工龄工资。

④计算员工的工资总额，公式：工资总额=工龄工资+签约工资+上年月均奖金。

选中 F3 单元格，使用隐藏函数 DATEDIF 进行时间段的计算，在前文中了解到，该函数具有三个参数，分别是起始日期、终止日期、计算方式。起始日期即为出生日期，可直接使用 E 列数据，终止日期为今天，可使用函数 TODAY 调用系统时间，题目要求计算年数，因此第三个参数应填入"y"。完整的公式表达为：

=DATEDIF(E3,TODAY(),"y")

注意 DATEDIF 函数为隐藏函数，无法在"函数"对话框中选中，因此读者应熟记该函数的名称与语法格式。TODAY 函数虽然没有填入任何参数，但其括号仍需填写。正确填写 F3 单元格后，对 F 列其余部分使用自动填充即可完成年龄计算。

下面按照同样的方法完成工龄的计算，由于部分人员离职或退休，其终止时间不全为今天，因此需要分开使用公式进行工龄计算。单击 J 列"工作状态"的筛选按钮，仅勾选"（空白）"复选框，如图 13-9 所示。

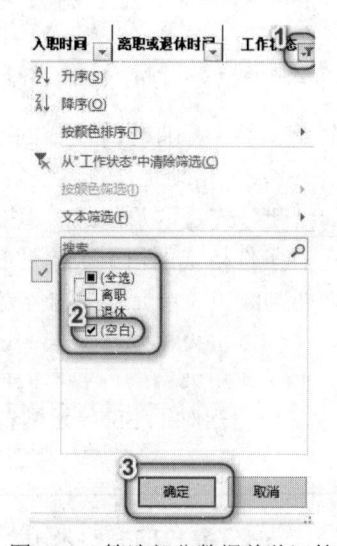

图 13-9　筛选部分数据单独运算

单击"确定"按钮，选中 K10 单元格，对筛选出的数据使用 DATEDIF 函数计算时间跨度，题目要求的表达为"X 年 X 个月"因此可以通过调整 DATEDIF 第三个参数，分别进行"y"（年数）与"ym"（忽略年数余下的月数）两次计算，再使用"&"运算符进行拼接，如图 13-10 所示。对于 K10 单元格，其公式的完整表达为：

=DATEDIF(H10,TODAY(),"y")&"年"&DATEDIF(H10,TODAY(),"ym")&"个月"

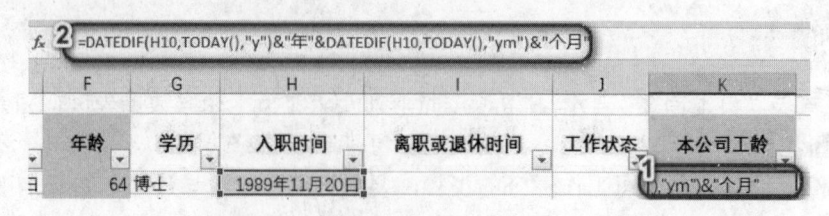

图 13-10　使用 DATEDIF 函数计算时间段

使用自动填充完成全部在职员工的工龄计算。而后反向筛选出离职与退休人员的数据，与上述筛选方法相同，单击 J 列的筛选按钮，勾选“离职”“退休”两项，并取消勾选“(空白)”项，单击“确定”按钮。该部分计算公式与在职人员的情况只是稍有不同，DATEDIF 函数的第二个参数从系统时间变更为引用 I 列数据即可。对于 K3 单元格，其公式为：

```
=DATEDIF(H3,I3,"y")&"年"&DATEDIF(H3,I3,"ym")&"个月"
```

使用自动填充完成全部离退休人员的工龄计算。最后应取消筛选，单击 L 列的筛选按钮，勾选“全选”项，单击“确定”按钮即可。

下面计算在职人员的工龄工资，使用同样的方法将在职人员筛选出来，使用 DATEDIF 函数，将第三个参数设置为"y"从而提取出年数信息，最后将结果乘以 50 即可。对于 M10 单元格，其公式应为：

```
=DATEDIF(H10,TODAY(),"y")*50
```

使用自动填充将 M 列完成即可。对于“工资总额”，可以借助 SUM 函数完成，选中 L3:N122 区域，按下求和公式组合键 Alt+=即可完成该列的填写，如图 13-11 所示。

要求 4 将“工资发放记录”工作表中 B 列至 J 列的列宽增加到能正常显示所有数据的程度。根据“工资发放记录”二维统计表制作数据透视表，要求在名为“工资透视表”的新工作表中制作该透视表，透视表设计参考素材文件夹中的“工资透视表.png”。更改 B 列字体与单元格格式，字体设置为 Arial，单元格格式为保留 0 位小数、带千分位分隔符的数值型。

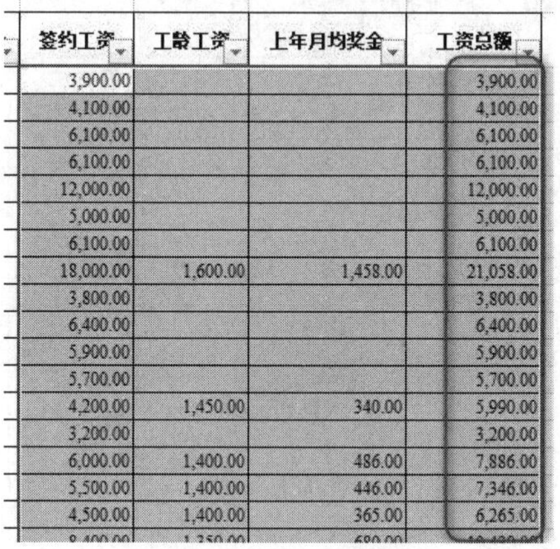

签约工资	工龄工资	上年月均奖金	工资总额
3,900.00			3,900.00
4,100.00			4,100.00
6,100.00			6,100.00
6,100.00			6,100.00
12,000.00			12,000.00
5,000.00			5,000.00
6,100.00			6,100.00
18,000.00	1,600.00	1,458.00	21,058.00
3,800.00			3,800.00
6,400.00			6,400.00
5,900.00			5,900.00
5,700.00			5,700.00
4,200.00	1,450.00	340.00	5,990.00
3,200.00			3,200.00
6,000.00	1,400.00	486.00	7,886.00
5,500.00	1,400.00	446.00	7,346.00
4,500.00	1,400.00	365.00	6,265.00

图 13-11　使用快捷键快速调用求和函数

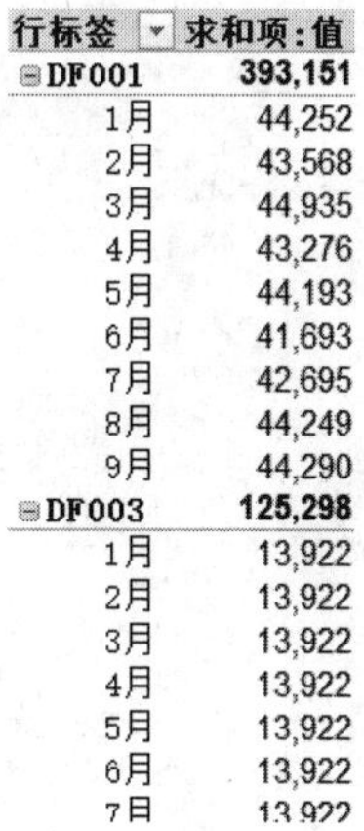

行标签	求和项:值
⊟DF001	393,151
1月	44,252
2月	43,568
3月	44,935
4月	43,276
5月	44,193
6月	41,693
7月	42,695
8月	44,249
9月	44,290
⊟DF003	125,298
1月	13,922
2月	13,922
3月	13,922
4月	13,922
5月	13,922
6月	13,922
7月	13,922

图 13-12　工资透视表参考设计图

选中“工资发放记录”工作表，将光标从列表字母 B 拖动至 J，其选中 9 列，选中后将光标悬停在选中范围内任意两列的字母标中间位置，此时光标将变为黑色双向箭头样式，如图 13-13 所示。

此时双击鼠标左键，选中列的列宽将自动调整为合适显示其中内容的宽度。

下面根据此表制作数据透视表，在键盘上按组合键 Alt+D+P，弹出“数据透视表和数据透视图向导”对话框，在“请指定待分析数据的数据源类型”项中选择“多重合并计算区域”，单击“下一步”按钮；选择“创建单页字段”，单击“下一步”按钮；单击“选定区域”功能组下方的输入框，选择“工资发放记录”工作表，并选中表中任意一个有内容的单元格，按下 Ctrl+A 组合键选中所有有内容区域，单击“下一步”按钮；选择“新工作表”并单击“完成”

按钮，操作过程如图 13-14 所示。

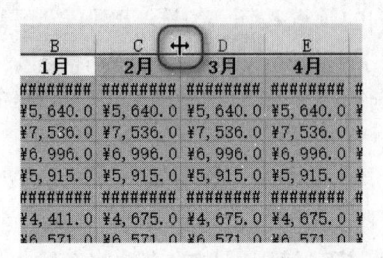

图 13-13　列宽调整时光标的样式

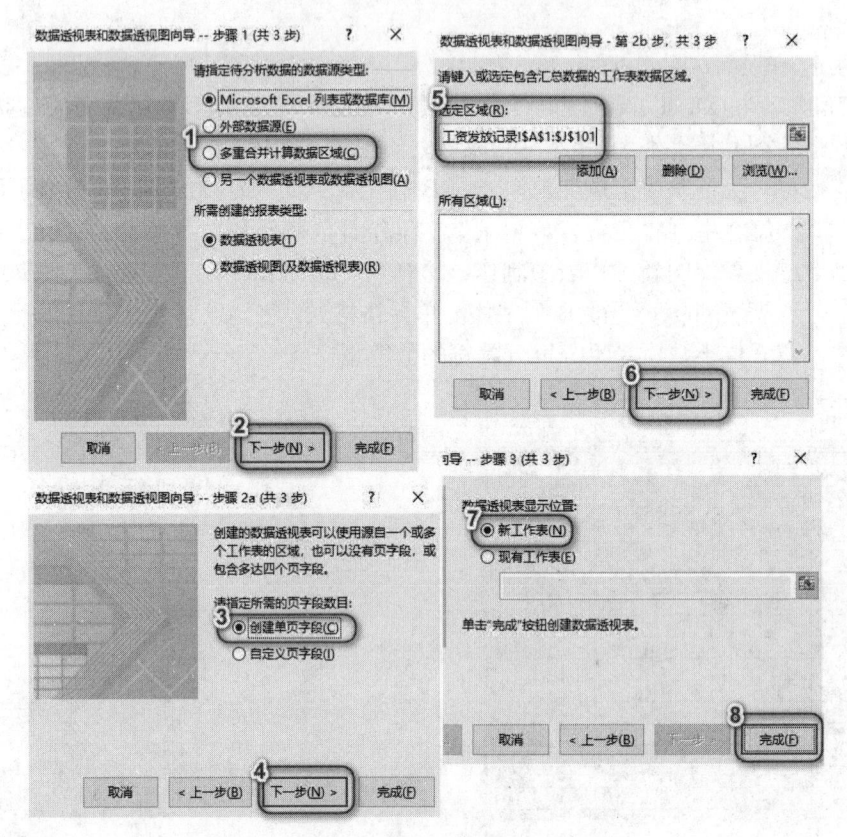

图 13-14　基于二维表创建数据透视表

创建完成后，可以看到新数据透视表与原二维表布局类似，而根据参考图中的设计，应将月份分别列于员工编号下作为其子项目，并对 1~9 月做求和统计。通过在右侧的"数据透视表字段"编辑窗口中，选择"行"与"列"的操作，可以调整其透视逻辑，将"列"字段拖入"行"空间的"行"字段下方即可实现参考图中的透视逻辑，同时应删除筛选器中的"页 1"字段，如图 13-15 所示。

选中 B 列所有内容，在"开始"菜单设置字体为 Arial，如图 13-16 所示。

保持选中状态，右击，在快捷菜单中单击"设置单元格格式"命令，在"数字"选项卡中选择"数值"分类，勾选"使用千分位分隔符"复选框，并将"小数位数"设置为 0，单击"确定"按钮。

最后右击该工作表标签,选择"重命名",键入"工资透视表"完成工作表重命名。

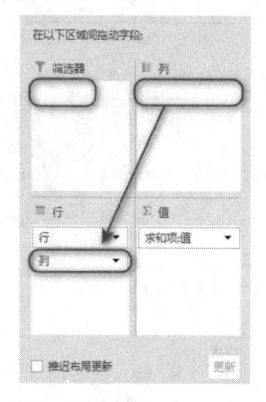

图 13-15　编辑数据透视表字段 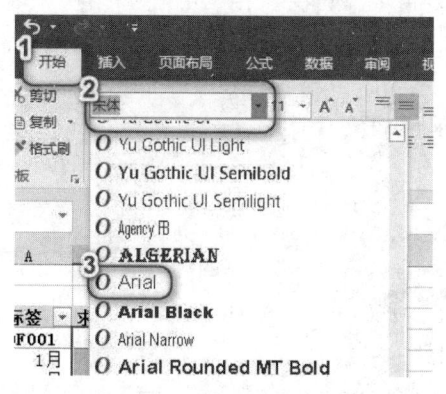　　　　　图 13-16　单元格字体的设置

要求5 将"员工档案"与"部门信息"两个工作表通过"工号"建立关系。根据两个表中的部门信息与工资总额信息制作类似于素材文件夹中的参考图"工资构成.png"的统计表,将过程文件保存在素材文件夹下,并命名为"PP.xlsx"。

建立表与表的关系需要使用 Power Pivot 工具,默认情况下,Excel 菜单中不包含该功能,在本章 13.2.4 小节中,介绍了该功能菜单应如何调出。包含了 Power Pivot 工具的主菜单如图 13-17 所示。

图 13-17　包含 Power Pivot 工具的主菜单

保存并退出"Excel.xlsx"文件,新建空 Excel 文件"PP.xlsx"并打开,单击 Power Pivot 菜单"管理"选项,进入工具专用界面,如图 13-18 所示。

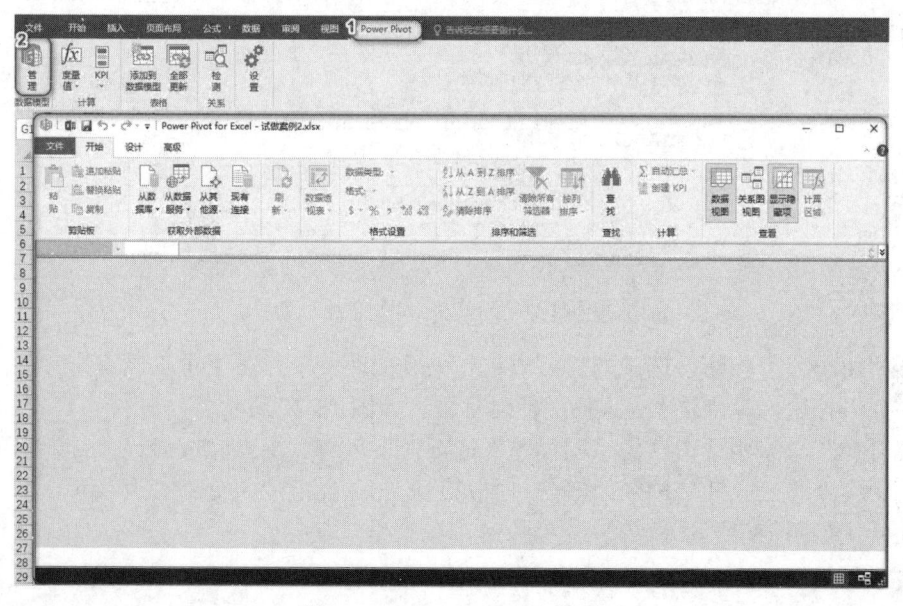

图 13-18　Power Pivot 主界面

任务 13　员工工资统计　187

此时的 Power Pivot 并未自动载入 Excel 文件中的数据源，需要重新获取，在"开始"菜单"获取外部数据"功能组下，单击"从其他源"按钮，在弹出的对话框中选择"Excel 文件"，单击"下一步"按钮，如图 13-19 所示。

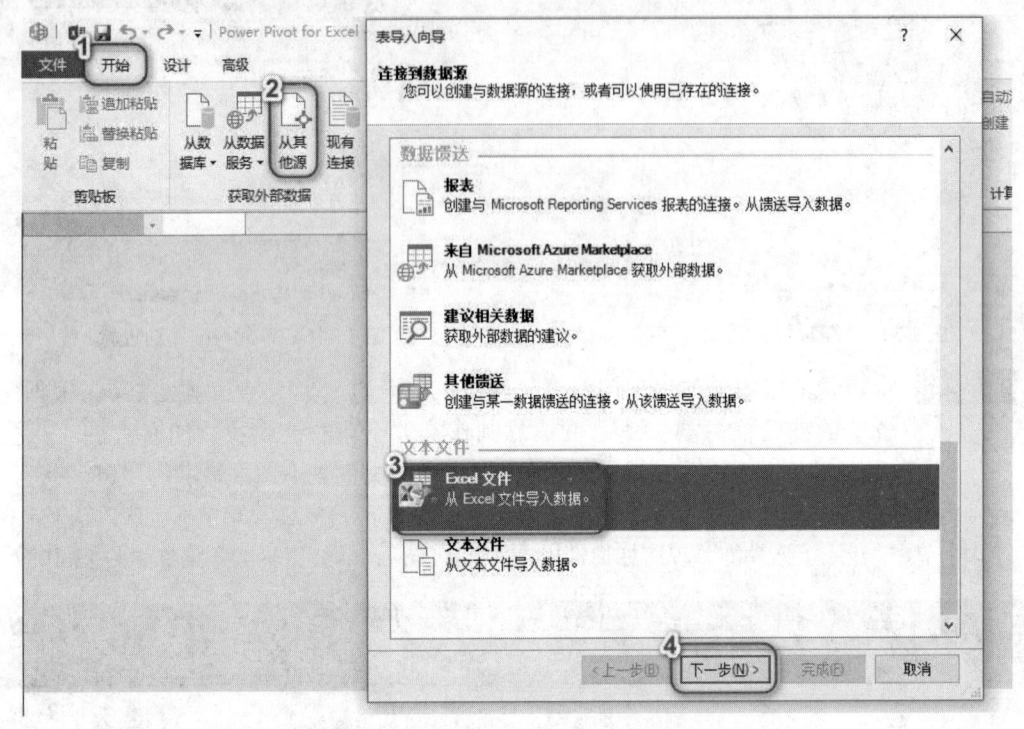

图 13-19　在 Power Pivot 中载入 Excel 文件

单击"浏览"按钮找到素材文件夹中的"Excel.xlsx"文件，通过单击"测试连接"按钮测试文件中的数据是否可被识别，勾选"使用第一行作为列标题"复选框，如图 13-20 所示。

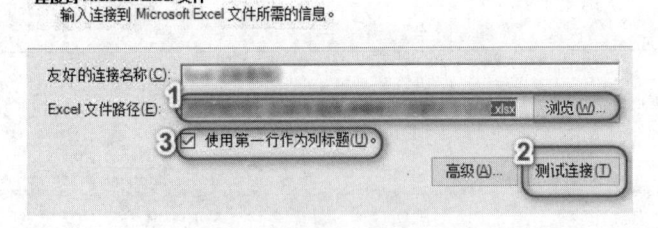

图 13-20　打开并测试 Excel 文件中的数据源

单击"下一步"按钮，选中题目要求进行关联的两个工作表"员工档案""部门信息"，单击"完成"按钮，等待导入完成后关闭对话框，如图 13-21 所示。

在"开始"菜单中单击"关系图视图"选项，可以看到导入完成后该节目下出现两个工作表框图，将"员工档案"下的"工号"项拖拽到"部门信息"中的"工号"项，即可创建一条关联关系，如图 13-22 所示。

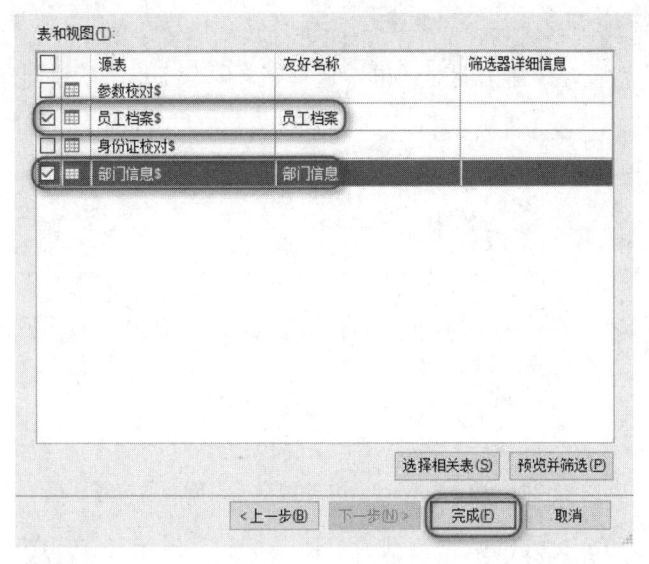

图 13-21　选择需要导入 Power Pivot 进行关联的工作表

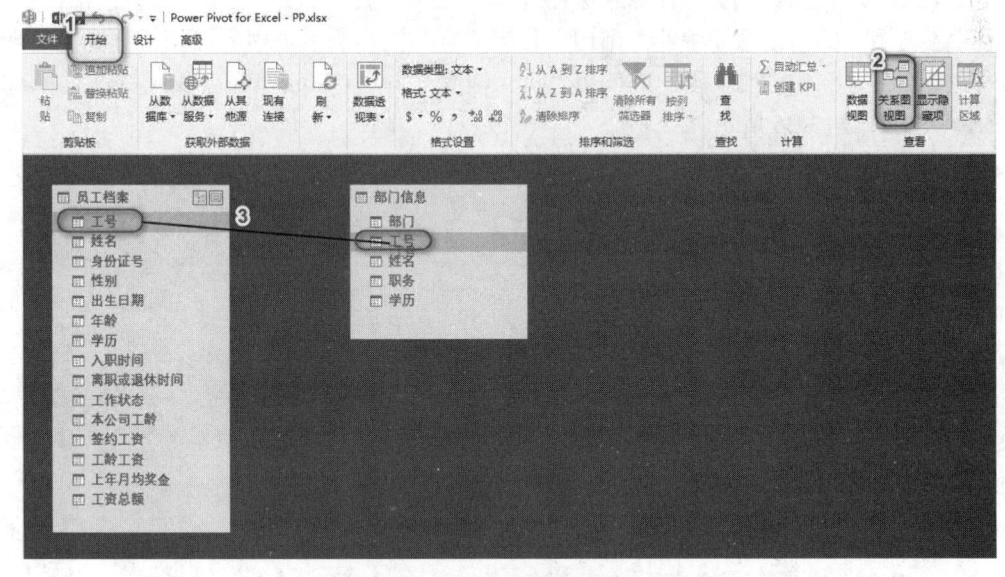

图 13-22　在关系图视图中建立表的关联

建立关联后，两个表之间显示如图 13-23 所示连接线，显示"1"的一端为主表，显示"*"的一端为附表，箭头表示筛选方向。换一种方式理解，可以认为"1"端类似于 VLOOKUP 函数中第二个参数的表格，要求在这个表当中，被搜索的关键字仅出现一处。如果拖动关系连接线时反向操作，则"1"端与"*"端会倒置。

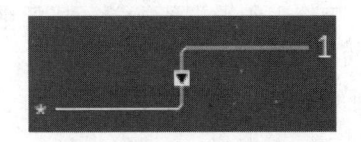

图 13-23　Power Pivot 中关联关系连接线

任务 13　员工工资统计　189

两个工作表的连接关系成功建立后，下面进行数据透视表的制作。在"开始"菜单下，单击"数据透视表"选项，在弹出的对话框中选择在"现有工作表"中创建，如图 13-24 所示。

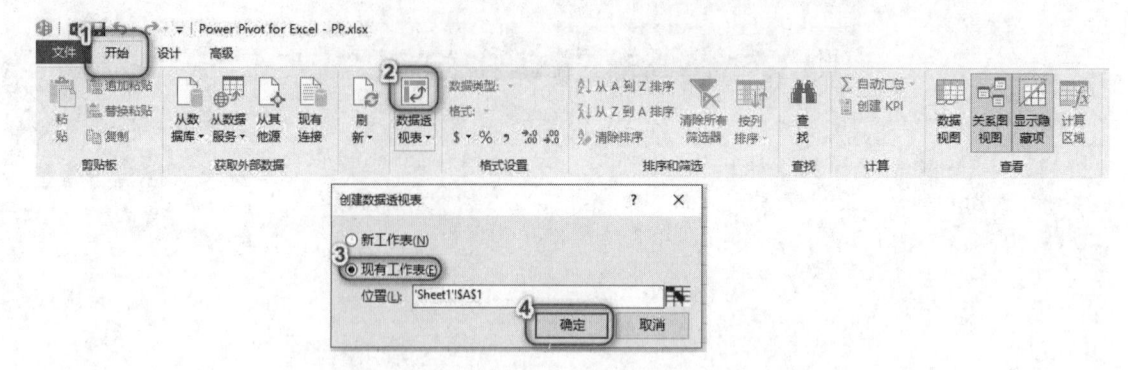

图 13-24　使用 Power Pivot 的数据模型创建数据透视表

可以看到，以该方式创建的数据透视表左侧提供的字段选择窗口与普通的数据透视表类似，可供选择的字段为两个工作表的所有字段。观察题目给出的参考表（图 13-25）（注意：由于使用了 TODAY 函数，实际计算结果将与图 13-25 略微不同）：该表的行首由部门列表组成，因此应使用"部门信息"中的"部门"作为"行"的内容。表内容中第一列为工资数额，第二列为数额占总额的占比，因此应使用"员工档案"中的"工资总额"放入"值"中，且需要放入两次，如图 13-26 所示。

部门	工资构成	工资占比
财务	34084	3.48%
管理	152845	15.63%
行政	59588	6.09%
技术	86392	8.83%
人事	18582	1.90%
市场	39818	4.07%
售后	14073	1.44%
研发	453968	46.42%
(空白)	118700	12.14%
总计	978050	100.00%

图 13-25　由两表信息整合出的工资构成表

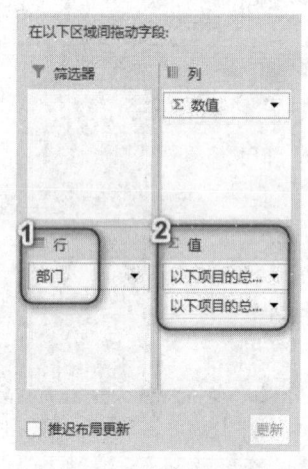

图 13-26　按题目要求在字段选择器中选择

将此时的数据透视表表头更改为与参考表一致的文字，并右击最右一列，在快捷菜单下找到"值显示方式"并在其中选中"总计的百分比"自此完成透视表的设计，如图 13-27 所示。

要求6　调整"奖金记录"工作表中数据所在单元格的格式，使大于等于 0 的数值显示为蓝色，小于 0 的数值显示为红色。将首行文字"奖金记录"在 A1:I1 单元格合并居中处理。处理完毕后隐藏该工作表，并保护该工作簿，将保护密码设置为"1234"。

图 13-27　设置百分比显示的汇总方式

再次打开"Excel.xlsx"文件，选中"奖金记录"工作表，选中数值内容部分 B3:I102，在快捷菜单中单击"设置单元格格式"命令，在弹出的对话框中选中"数字"选项卡，并选择"自定义"分类，在"类型"输入栏下依照题意输入格式表达式，如图 13-28 所示。

图 13-28　设置自定义的单元格格式

下面简要说明该单元格格式表达式填写思路：观察可知该表填写的奖金均为整数，因此其值可以使用"#"或"0"进行表示（若含一位小数则可使用"#.#"，两位小数使用"#.##"，依此类推）；本例情况属于带有正负判断的场景，因此应使用";"将其分为三段表达式进行填写，并使用"[ ]"符号进行着色说明。第一段描述正数格式，填写"[蓝色]#;"；第二段描述负数格式，负号应保留，填写"[红色]-#;"；第三段描述零值的格式，不可使用"#"引用，而使

任务 13　员工工资统计　191

用"0"引用,否则数字将不显示,填写"[蓝色]0;"。

下面进行首行标题合并居中,选中 A1:I1 范围单元格,在"开始"菜单下单击"合并后居中"选项。该操作默认会将左上角单元格内容置于范围中心,其余内容自动清除,但这里选中的范围中仅有 C1 单元格含有数据,因此系统自动取该单元格内容居中,如图 13-29 所示。

图 13-29 合并后居中操作

隐藏工作表,在工作表标签栏中右击该工作表,在弹出的快捷菜单中单击"隐藏"命令,如图 13-30 所示。

图 13-30 隐藏工作表

对整个工作簿文件进行保护,单击"审阅"菜单"保护工作簿"选项,在弹出的对话框中勾选保护工作簿的"结构",并依照题目输入指定密码"1234",最后单击"确定"按钮。

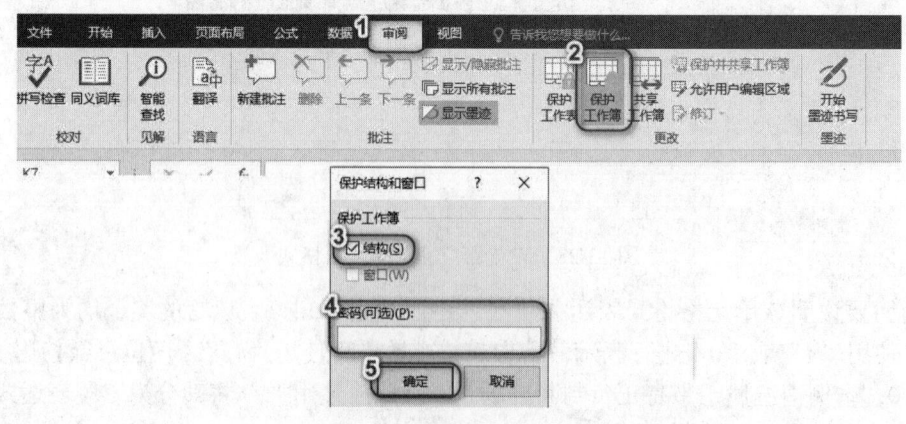

图 13-31 加密保护工作簿文件

13.4 思考与实训

【问题思考】

（1）如何将多个相似的表或一个二维表制作为数据透视表？其快捷指令是什么？

（2）条件格式功能中的"使用公式确定要设置格式的单元格"的公式有什么要求？作用范围内的单元格都会按该公式得出判断结果吗？

（3）Power Pivot 如何打开？表与表建立关系时哪一端作为主表？

（4）自定义单元格格式中的表达式涉及哪些常见符号？可以用自定义表达式实现将单元格中的具体分数分级显示为"优良中差"等级制吗？

（5）用于计算时间段的函数名称是什么？其第三个参数有哪些选择？

【实训案例】

在 Excel 中的不同工作表中输入如下两个表格及数据，并完成后续统计任务。

表 13-1 员工绩效表

工号	姓名	入职时间	工龄	绩效
89756	小石	43923		
89757	圆圆	43625		
89758	小齐	44849		

表 13-2 服务记录表

服务单号	通话时长（分钟）	类型	工号	绩效分
369	4	查信息	89756	40
370	17	办理	89758	255
371	6	查信息	89757	60
372	12	查信息	89756	120
373	1	咨询	89757	8
374	8	咨询	89756	64
375	22	办理	89757	550
376	1	咨询	89758	8
377	5	查信息	89757	50
378	6	查信息	89756	60
379	1	咨询	89578	8

（1）为员工绩效表中的"入职时间"一列数据设置单元格格式，使其显示为"yyyy 年 mm 月 dd 日"的形式。

（2）使用 DATEDIF 函数计算员工工龄，计算值为入职时间到 2022 年 11 月 1 日的时间间隔，单位为年。

（3）使用 Power Pivot 关联两个工作表信息，以计算每一名员工的总绩效，将结果填充至"员工绩效表"的"绩效"列。

（4）为"员工绩效表"工作表设置保护密码，使其数据不能被他人修改。

最终的关联结果、绩效汇总等计算结果如图 13-32 所示。

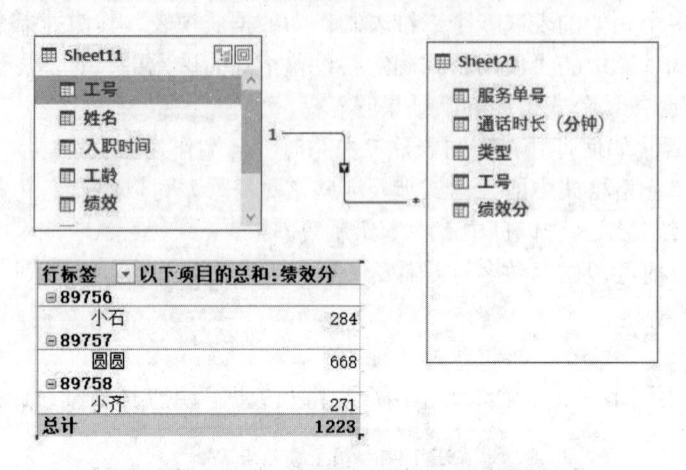

图 13-32　案例效果

任务14 公司报销统计管理

14.1 任务描述

助理小王需要向主管汇报2013年度公司差旅报销情况，现在按照如下要求完成工作：

要求1 将"Excel_素材.xlsx"另存为"Excel.xlsx"文件，后续操作均基于此文件。

要求2 在"费用报销管理"工作表"日期"列的所有单元格中，标注每个报销日期属于星期几，例如，日期为"2013年1月20日"的单元格应显示为"2013年1月20日星期日"。

要求3 如果"日期"列中的日期为星期六或星期日，使用适当公式在"是否加班"列的单元格中显示"是"，否则显示"否"。

要求4 使用公式统计每个活动地点所在的省份或直辖市，并将其填写在"地区"列所对应的单元格中，例如，"北京市""浙江省"。

要求5 依据"费用类别编号"列内容，使用VLOOKUP函数生成"费用类别"列内容。对照关系参考"费用类别"工作表。

要求6 完成"差旅成本分析报告"工作表统计项目：
① 在B3单元格中，统计第二季度发生在北京市的差旅费用总金额。
② 在B4单元格中，统计差旅费用中飞机票费用占所有报销费用的比例，将其显示为百分比并保留2位小数。
③ 在B5单元格中，统计发生在周末（星期六和星期日）的通信补助总金额。
④ 在B6单元格中，列出金额最大的一笔报销费用。

要求7 完成"出行方式统计"工作表，要求统计乘机出行、铁路出行、道桥铁路出行三种方式的人员名单与次数信息，要求三个"姓名"列不能在同一列内出现重复姓名，"次数"记录格式记录为"x次"形式（三种出行方式分别对应"费用报销管理"工作表中的"飞机票""火车票""高速道桥费"三种费用类别）。

要求8 将"出行方式统计"工作表中统计的三项出行方式进行合并计算，并将结果记录在以K3单元格为左上角的区域当中。在区域右侧计算出差员工的出行总次数，在区域底部计算三种方式的出行总次数。首行与首列单元格字体设置为加粗、黑体，总计的单元格以浅绿色填充。

要求9 根据以往的差旅频次记录，得知该公司的每季度出差安排次数与上年订单数与项目金额相关，估算关系式为：出差次数=(订单数×订单数÷50 + 项目总金额÷500万)×季度系数，其中四个季度的系数分别为：0.92、1.21、0.96、1.43。为对接人事部工作，要求使用模拟分析工具为其制作四个季度的出差次数估算看板，并为将于40次的数据填充橙色底色。其中第一季度的看板参考图位于素材文件夹中"差旅预估看板.png"中。要求新建名为"差旅预估"的工作表作为看板制作与展示的工作表。

14.2 相关考点

14.2.1 VLOOKUP 函数（复习强化）

在 11.2.2 小节中，介绍了最实用的查找函数 VLOOKUP，需补充说明的是，在使用该函数时，用户往往会在顶部单元格编辑公式，随后使用自动填充功能完成该列上所有单元格的查找。因此为了确保查找范围不变，填写 VLOOKUP 函数的第二个参数时应使用绝对引用。

另外，由于 VLOOKUP 函数的第一个参数必须位于查找区域的第一列，即仅能从左向右查找。因此对于从右向左的查找功能，可使用创建查询或 INDEX 函数和 MATCH 函数嵌套的方法完成，上述知识点将在任务 15、任务 16 中进行介绍。

14.2.2 单元格的格式（复习强化）

在前面的任务中，多次使用快捷菜单中的"设置单元格格式"命令，该功能可用于设置数值保留小数点的位数、在数值前添加货币符号、确定单元格中的数字是数值还是文本，甚至可以设置简单的条件格式。

本节介绍自定义格式表达式的符号与语法。

在任务 13 中了解到，在 Excel 中，日期是以整数记录的，其值取决于与 1900 年 1 月 1 日的距离。而时间是以大于 0 小于 1 的纯小数记录的，它将一天中的 86400 秒归一化处理。在"设置单元格格式"对话框中的"日期"分类"时间"下，提供多种常见模板供用户选择。但模板的数量并不足以让用户任意制定格式，例如要求以"2022-04-21/周四"格式记录日期，则会发现无法在模板中选中相应格式，因此需在"自定义"中定义表达式，完成该类设置。

在"自定义"分类下，为日期与时间提供了丰富的表达符号，常用表达符号见表 14-1。

表 14-1 自定义格式中的日期与时间相关符号

	符号	说明	样例
日期符号	yy	年份后两位	22
	yyyy	完整的 4 位数年份	2022
	m	简短的月份数字，数值为整数时，自动识别为月份	4
	mm	2 位数月份数字，数值为整数时，自动识别为月份	04
	mmm	月份英文简写	Apr
	mmmm	月份英文全拼	April
	d	简短的日期数字	9
	dd	2 位数日期数字	09
	ddd	星期数英文简写	Sat
	dddd	星期数英文全拼	Saturday
	aaa	汉字星期数	六
	aaaa	星期数完整显示	星期六

续表

符号		说明	样例
时间符号	AM/PM	英文显示上午或下午,表达式含有该符号时,小时值自动变为0~12小时制	PM
	上午/下午	汉字显示上午或下午,表达式含有该符号时,小时值自动变为0~12小时制	下午
	h	简短的小时数字	17
	hh	2位数小时数字	17
	m	简短的分钟数字,数值为小数时自动识别为分钟	39
	mm	2位数分钟数字,数值为小数时自动识别为分钟	39
	s	简短的秒数字	7
	ss	2位数秒数字	07

利用上述符号,用户可以组合出较为自由的日期时间显示形式,例如,某单元格内容为"2022/4/21",可通过在"设置单元格格式"对话框中选中"自定义"分类,并在"类型"输入框内输入表达式:

yyyy-mm-dd/"周"aaa

单击"确定"按钮后,单元格将显示"2022-04-21/周四"。

自定义单元格格式功能十分强大,也是计算机二级考试 Excel 部分的重难点,下面介绍其相关符号与基本语法。

在"自定义"分类下的"类型"文本框中输入表达式,理论上表达式仅能由一连串符号组合而成,而这一串符号构成的表达式决定了如何显示单元格中的数值,表达式中的常见符号见表 14-2。

表 14-2　自定义格式表达式中的常见符号说明

符号	功能	说明	示例说明		
			单元格内容	格式表达式	显示效果
#	替代单元格数值	使用"#"代表单元格整数部分的绝对值,小数部分默认四舍五入处理,值为0时内容消失	123	#"万"	123 万
0	替代单元格数值	使用"0"代表单元格整数部分的绝对值,当数值绝对值为0时显示0,可以使用"00000"强制数值显示成5位	123	00000"号"	00123 号
;	数据类型分隔符	单元格格式默认分为四段:正数、负数、零值、文本,可以分别描述这四类情况各自的格式,以";"分开	-2	;[绿色];	2
!	强制显示	无论单元格内容是什么,强制显示"!"后的一个字符,允许使用多个"!"	123	!4!56	456
[ ]	着色、条件	可以在括号中说明显示颜色(仅限黑白红黄绿蓝、洋红、蓝绿),或填写判断条件	123	[>120][蓝色]	123
" "	文本引用	双引号之间可以填写文字、字符,其中的内容会原封不动地显示	123	"数值:"#	数值:123

续表

符号	功能	说明	示例说明		
			单元格内容	格式表达式	显示效果
%	百分比	可以使其前后的数值放大 100 倍，并显示"%"符号	0.123	#%	12%
,	千分位分隔符	使数值在千位分隔	1234	#,##0	1,234
#.#	替代含小数的数值	保留一位小数显示，若为整数则不显示小数点部分	1.2	#.##	1.2
0.0	替代含小数的数值	强制保留一位小数显示，若为整数也将显示".0"	1.2	0.00	1.20
?.?	替代含小数的数值	在单元格左右自动填入空格，使得同一列数据的小数点对齐	12.34	?.???	12.34
			1.234	?.???	1.234
@	替代单元格文本	使用"@"代表单元格的文本，可在其之前添加文字或符号，多用于拼接显示编号	佛山	"广东省"@"市"	广东省佛山市

默认情况下，自定义表达式会自动分为四段，以";"分隔，分别描述：①正数如何显示；②负数如何显示；③零值如何显示；④文本如何显示。

例如，在一份财务数据中，希望正数与 0 正常显示，负数以红色显示并在数字后附文字"（亏损）"，则可将自定义表达式写为：

#;[红色]-# "(亏损)";0;

其中，第一段"#;"表示正数直接显示数值；第二段"[红色]-#"(亏损)""表示以红色字体显示，并在数值前面添加"-"符号，需特别注意"#"只会替代单元格数值的绝对值，对于一个负数，如仅表示为"#"或"0"时，将显示为正数；第三段"0;"表示 0 值显示为 0，由于占位符"#"不显示无意义的零（数据"1.05"中的零属于有意义零，数据"1.70"中的零属于无意义零），因此如果使用"#"符号单元格中的零将消失不显示；第四段没有任何表述，因此单元格内容为文本时，内容不显示。

如果使用"[]"并在其中描述条件，则默认的分段将失效，转变为用户自定义分段，以";"进行分隔。例如，工作表中有一列成绩数据，需要将 80 分以上的成绩以绿色字体显示，将 60～80 分段显示为"及格"，将 60 分以下分段显示为"不及格"，则可将自定义表达式写为：

[>80] [绿色]#;[>=60]"及格";"不及格"

下面介绍半角逗号的使用，该符号可使数据在千分位断开，一些场景中可以借助它将数据缩小 1000 倍。例如，工作表中有一列月薪数据，需要将其缩小 1000 倍并在末尾添加"k"字母，则可将自定义表达式写为：

0,.0"k"

通过该自定义格式，单元格中的数据"7935"将显示为"7.9k"，","表示将数据"7"与"935"部分断开；".0"表示插入一个小数点并将后半段数据四舍五入到一位，如图 14-1 所示。

自定义单元格格式的应用非常广泛，往往也非常巧妙，读者应掌握表 14-2 中符号的使用，并在"自定义"中的"类型"输入框中多做试验。

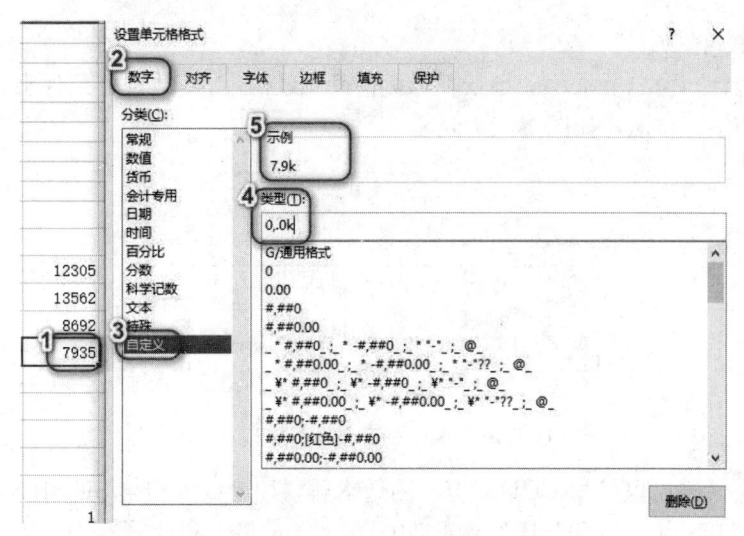

图 14-1 使用自定义格式中的"示例"栏进行快速预览

14.2.3 由日期推算星期——WEEKDAY 函数

在单元格格式设定中,可以通过在自定义格式中输入 aaa 或 ddd 提取日期数据中的星期信息,但通过单元格格式进行的设置仅改变单元格的显示状态,并不改变单元格内容。因此在需要提取的星期信息参与其他计算时,应考虑使用函数进行。WEEKDAY 函数是专门用于提取星期数信息的函数,其语法格式为:

WEEKDAY(serial_number,[return_type])

(1) serial_number:为需要提取星期信息的日期,特别注意此处不能填写如"2022/4/3""2022 年 4 月 3 日"形式的日期,而应填写日期对应的五位数整数值。

(2) return_type:为星期与数值的对应模式,以星期日作为第一天则填"1",以星期一作为第一天则填"2",默认情况下自动选择模式 2,例如:

=WEEKDAY(A1 , 2)

的输出结果为 7,表示该日期为星期日。

14.2.4 字符串截断——LEFT 函数

在任务 12 中,介绍了 MID 函数,其实在更多的场景中需要固定提取的只是数字串、编号等文本的开头或末尾若干位,此时可以使用更为简单易用的 LEFT 函数,其语法结构为:

LEFT(text, [num_chars])

(1) text:用于截断的文本原文。

(2) num_chars:需要截取的位数。经该函数处理后的文本将从文本最开头(左侧)保留下 num_chars 个字符。

同理,如需从文本末尾(右侧)开始截取,则可使用 RIGHT 函数,其语法结构与 LEFT 函数类似。

14.2.5 SUMIFS 函数(复习强化)

在任务 11 中,介绍了一种对范围内数据先进行筛选再进行求和的函数,也称为条件求和函数——SUMIFS 函数。

例如，在统计一个总分求和的场景下，可借助 SUMIFS 函数进行条件求和，读者需重点关注三个参数的填写方法，如图 14-2 所示。

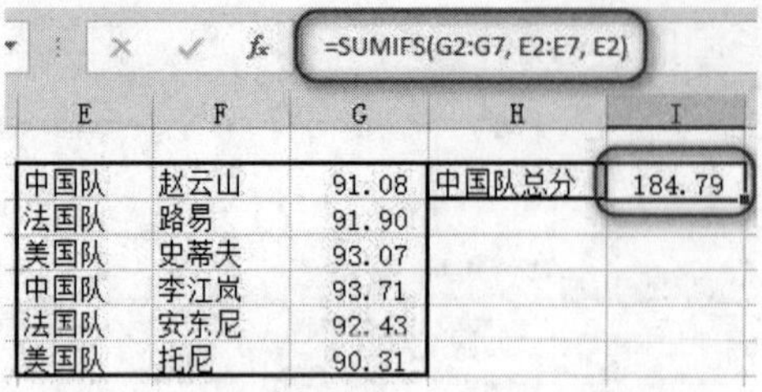

图 14-2　条件求和函数 SUMIFS 的简单案例

条件计数类问题可以使用 COUNTIFS 函数求解，其参数结构与 SUMIFS 函数十分相似。功能上，COUNTIFS 函数与 SUMIFS 函数的区别仅仅是将求和计算变为计数，而筛选逻辑上两者完全一致。请读者在"函数参数"对话框中探索 COUNTIFS 函数的正确语法格式，并加以掌握。

14.2.6　数据的筛选与排序

数据筛选与数据排序是 Excel 数据处理的重要基本功能。在"数据"菜单"排序和筛选"功能组中列出了常用的数据工具。

"升序"按钮的功能是将数值数据由小到大排序，或将文本数据按首字母进行排序；"降序"按钮的功能与"升序"按钮正好相反；"排序"按钮则支持更为高级的排序方式，包括为多个字段制定不同优先级的排序，以及按照用户自定的顺序进行排序等。

通常而言，在使用升/降序排序功能前，需选中一列数值，再单击"数据"菜单中的"升序"或"降序"按钮，此时将弹出对话框提示选择排序依据。其中，"扩展选定区域"意为排序后保持数据与其所在行上的信息始终在同一行上，"以当前选定区域排序"意为仅改变该列数据的顺序，其余单元格数据位置不变。如果在单击排序按钮前仅选中一个单元格，则默认对该列所有数据使用"扩展选定区域"方式进行排序。

在使用"排序"按钮前，应选中参与排序的所有数据源区域，在"排序"对话框中通过"添加条件"或"删除条件"确定优先级词条数量与顺序。例如，在一份人事管理清单中要求先按"部门"进行排序的基础上，每个部门内部再按"工龄"进行排序，则该要求就仅能在"排序"对话框中完成。通过设置"部门"为"主要关键字"，"工龄"为"次要关键字"即可满足上述要求。在"排序依据"中，除了默认的以"值"进行排序外，还可以选择按单元格或颜色排序；在"次序"中，除了升/降序外，还可以使用自定义排序，当用户选中"自定义序列…"时，将弹出一个对话框，用户可在其中添加所需的文本序列，如"冠军、亚军、季军"。在添加序列时，应将词条与词条直接使用回车换行分开。

筛选功能用于隐藏大型统计表中不符合一定条件的行，以便用户审阅或标注需要的重点关注的数据。与排序类似，在"数据"菜单下，筛选区域中的功能按钮也需要在用户选中相应区域后再进行操作，如选中一整列数据，单击"筛选"按钮后，仅会在该列数据表头单元格右下方显示筛选下拉按钮；而在选中一个单元格或全选的情况下，单击"筛选"按钮将在表头全部字段上出现筛选下拉按钮。

对于出现筛选下拉按钮的一列，Excel 会预先判断该列上的数据是数值类型还是文本类型。对于数值类型，筛选菜单中会提供"数字筛选"功能，可借助此功能筛选出是否等于某值、与某值的大小关系、介于某数值段之间、同列数据中排名前 n 项、高于或低于均值这些具有数值特征的项，如图 14-3 所示。

而对于文本类数据，通常情况下操作是在筛选下拉列表中直接勾选出需要保留的项目。筛选菜单中也会提供"文本筛选"功能以应对选项过多难以正确勾选的情况，可借助此功能筛选出是否与某字符串一致、开头或结尾为某字符串、是否包含某字符串这些项，如图 14-4 所示。

图 14-3　数值型数据的筛选选项　　　　图 14-4　文本型数据的筛选选项

14.2.7　格式刷的使用

与 Word 格式刷类似，在 Excel 中，可以借助格式刷获取某个或某组单元格的填充颜色、字体、字号、边框线型、对齐方式、行高、列宽、条件格式、单元格格式等参数，并使用在其他单元格上。

格式刷按钮位于"开始"菜单中"剪贴板"功能组的右侧，单击"格式刷"按钮后，工作表区域中的光标样式将发生改变，在常规样式（空心十字）基础上右侧增加一个刷子图标。格式刷的常规使用步骤是：

（1）选中具有参考格式的单元格。

（2）在"开始"菜单中单击"格式刷"按钮。

（3）选中需要使用参考格式的单元格。

通过对以上三个步骤稍加调整，用户还可以使用出多种不同的便捷操作，下面进行简单介绍，读者可以考虑实际需求场景使用自己偏好的操作方式：

（1）在步骤（2）中由单击"格式刷"按钮变为双击"格式刷"按钮，即可实现连续调用。该状态下，步骤（3）后不会自动取消格式刷选中状态，而是等待用户再次单击"格式刷"按钮，或按下键盘上的 ESC 键才能取消。该操作适用于多处的目标单元格需要复用格式的场景。

（2）在步骤（1）中选中某个范围，即可复制该区域的整体样式到另一个宽高相同的范围当中。需要在步骤（3）中也选中一个宽高相同的范围，或选中目标范围左上角单元格。该操作适用于需要复用某个小表格的样式到数据类似的表格的场景。

（3）在步骤（1）中选中一行，即可在一个宽度相同矩形范围中复用该格式。需要在步骤（3）中选中一个宽度与参考行相同的范围，或将步骤（3）变为按下组合键 Ctrl+Shift+↓。该操作适用于在一行上制定表样式并使用到全表中的场景。另外，可通过在步骤（1）中选中多行实现隔行着色操作。

14.2.8 合并计算

在具有分工记录的工作中，通常会在汇总工作时存在较大的工作量。例如，在三张工作表中分别记录了学生参加单日活动、三日活动、七日活动的次数信息，如图14-5所示。

图 14-5　需要合并计算的工作案例

一个通常的方法是将三个表格的首列内容依次复制到汇总表的首列上，使用"数据"菜单中的"删除重复值"选项使其中的学生不会重复出现，最后使用三次 VLOOKUP 函数将参加活动次数信息回填到汇总表中。试想如果有一项功能能让用户在分别选中这三张表后自动进行汇总，那么该项工作将变得十分快捷。实际上 Excel 确实提供了该项功能——合并计算。

在"数据"菜单中单击"合并计算"按钮，在弹出的对话框后，选中第一个表格区域，此时对话框中"引用位置"一栏将出现该表格的范围地址，单击"添加"按钮。再选中第二个表格区域，单击"添加"按钮，通过多次执行选中、添加操作选中所有引用区域，勾选"标签位置"下方"首行""最左列"复选框，告知系统这三张工作表的表头位置与汇总对象，单击"确定"按钮，如图14-6所示。

最终合并计算的结果如图14-7所示。

图 14-6　合并计算编辑窗口　　　　　图 14-7　合并计算的结果

14.2.9 模拟分析

在已知计算公式时，如需根据计算结果反推变量的取值，自然而然会想到使用方程求解。而 Excel 作为一款数据分析工具，需要为用户提供解方程功能。单击"数据"菜单"模拟分析"选项，其下拉菜单中提供了三个选项："单变量求解""模拟运算表""方案管理器"。本节将对该三项功能进行介绍。

"单变量求解"是一个一元方程求解工具，例如，已知圆形面积公式为：

$$S=\pi R^2$$

现在需要绘制面积为 8 的圆形，求该圆形半径。下面展示如何使用模拟分析功能完成这项工作。

列出数据表，在 D2 至 D4 单元格分别列出半径的初始值、圆周率（使用公式=pi()可调用 Excel 内置的常数值）、圆面积公式=D3*D2*D2。在"数据"菜单中单击"模拟分析"→"单变量求解"命令，在弹出的对话框中将"目标单元格"设定为面积公式所在单元格 D4，"目标值"填 8，"可变单元格"填自变量单元格地址 D2，如图 14-8 所示。

图 14-8　使用模拟分析求解方程

求解过程可能需要一定时间，这取决于公式复杂度与初始值，经过多次迭代，解将收敛在一个十分接近目标的值，此时自变量单元格 D2 的值 1.596 即为所求解值。迭代求解过程如图 14-9 所示。

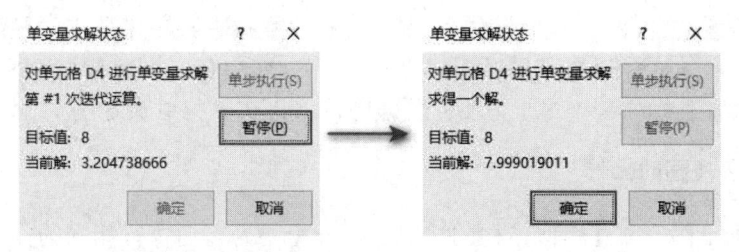

图 14-9　使用模拟分析求解方程时的迭代求解过程

"模拟运算表"用于列出一系列自变量与因变量的关系表格，与前者的区别在于该功能的自变量可以是一个或两个。例如，需要在 Excel 列出身体质量指数 BMI 与身高体重的查阅表，可以

借助"模拟运算表"进行,首先在 C2 至 C4 单元格上输入参考自变量与 BMI 计算参考公式:
$$=C2/(C3*C3)$$

令模拟表格的左上角单元格 D5=C4,在模拟表格首行填入一系列身高值,在首列填入一系列体重值,选中整个模拟表格范围 D5:Q28,在"数据"菜单中单击"模拟分析"→"模拟运算表"命令。由于表格的首行对应不同身高,因此应在"输入引用的单元格"输入身高参考单元格 C3,同理"输入引用的单元格"中应填写 C2,该两处地址默认为绝对引用,单击"确定"按钮即可生成全部 BMI 计算值,如图 14-10 所示。可以为其添加条件格式以便于观察。

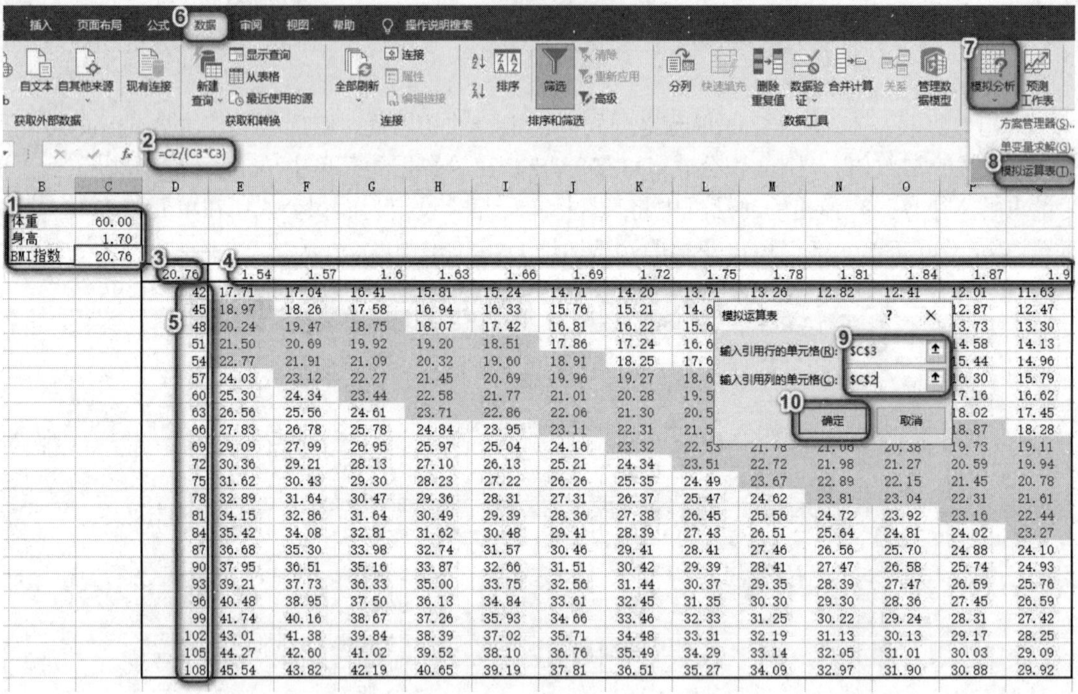

图 14-10 模拟运算表的列写方法

"方案管理器"选项一般需配合"模拟运算表"使用,如果公式涉及的变量数大于 2 个,或有参数的取值需分情况讨论时,用户可以制定多个方案生成不同参数下的模拟表格,并可以在其之间切换展示。例如,某商家依据消费淡季与消费旺季时的进货量制定了 2 种不同值,则这两种情况下的利润与定价间的关系就需要制定不同的方案以生成 2 张模拟分析表。

在选中自变量与计算公式单元格的情况下,在"数据"菜单中单击"模拟分析"→"方案管理器"命令,在对话框中单击"添加"按钮,为方案命名,并指定方案下变化的参数取值通过多次的"添加"操作制定多个方案。具体的使用将在任务中练习。

14.2.10 多表同时操作

当在一系列工作表具有相似结构的情况下,若需要为它们执行相同的操作,正常情况下需要逐个选中工作表并完成操作。而 Excel 提供了多表同时操作的功能支持,当选中工作表 Sheet1 时,按住 Ctrl 键,并单击另一个工作表 Sheet2,则该两个工作表将同时处于激活状态,其工作表标签将处于高亮状态。

虽然在多个工作表被选中的状态下，工作区仍然仅显示其中的一张工作表，但在工作区中的操作（输入、删除、更改格式、更改行高列宽等操作）会对两张工作表同时执行。例如，在工作区删除 A1 单元格的数据，则选中状态下的全部工作表的 A1 单元格中的数据都将被抹除，因此对多表执行的操作应当谨慎进行。

在多表共同执行的操作完成后，应尽快取消多选状态，右击高亮状态的工作表标签，在快捷菜单中单击"取消组合工作表"命令，如图 14-11 所示。

图 14-11 取消多个工作表同时激活的状态

14.2.11 极大值极小值函数——MAX 函数、MIN 函数

与求和函数和平均函数类似，极大值极小值函数的对象一般是大量的数值型数据，其语法格式为：

MAX(number1, [number2], ...)
MIN(number1, [number2], ...)

其中，参数可以是数字、单元格地址。特别说明，如引用的单元格中有纯数字内容，则该数字也将被纳入大小比较当中；如引用的单元格为字符文本或为空单元格，则该单元格将被忽略。

14.3 任务实施

要求 1 将"Excel_素材.xlsx"另存为"Excel.xlsx"文件，后续操作均基于此文件。

将素材文件夹中的"Excel 素材.xlsx"复制，粘贴后命名为"Excel.xlsx"即可。也可打开文件后单击"文件"菜单中的"另存为"命令完成该操作。

要求 2 在"费用报销管理"工作表"日期"列的所有单元格中，标注每个报销日期属于星期几，例如，日期为"2013 年 1 月 20 日"的单元格应显示为"2013 年 1 月 20 日星期日"。

本题不限定解题方法，可以使用 WEEKDAY 函数配合拼接运算符&实现日期格式的调整，也可使用自定义格式，在表达式中利用"aaaa"显示星期数。这里推荐使用后一种方法。

选中"费用报销管理"工作表，并选中 A3 单元格，按下组合键 Ctrl+Shift+↓选中 A 列的全部日期内容。在快捷菜单中单击"设置单元格格式"命令，在弹出的对话框中选择"数字"选项卡，选中"自定义"分类，在"类型"输入框中输入表达式：

yyyy"年"m"月"d"日"aaaa

单击"确定"按钮，如图 14-12 所示。

可以看到"日期"一列内容均自动显示了星期信息。

要求 3 如果"日期"列中的日期为星期六或星期日，使用适当公式在"是否加班"列的单元格中显示"是"，否则显示"否"。

判断是否问题首选 IF 函数，在要求 2 中借助设置单元格格式功能完成了星期信息的显示，但该操作并不改变单元格的实际数值，因此其显示的信息难以直接在函数中被调用。本问题可使用 WEEKDAY 函数辅助求解。对于 A 列的日期数据，使用 WEEKDAY 函数可提取其出星期信息，使用模式 2 即可将星期一日期输出数字"1"，星期二日期输出数字"2"，以此类推。将输出值用于判断是否大于 5，若大于 5，则对应周六或周日，则判定为"加班"。以此思路为 H3 单元格编写公式。最后使用自动填充功能，将光标悬停在 H3 单元格右下角，当光标样式为黑色十字时双击，完成 H 列的填写。

图 14-12　使用自定义单元格格式调整日期的显示方式

补充说明，对于嵌套公式，如果读者在编辑后无法求出正确结果，则应尝试逐层试写，了解正确的参数填写格式后再完整填写嵌套函数。例如，可在 I3 单元格试写 WEEKDAY 函数，单击 fx 按钮打开"函数参数"对话框，输入 WEEKDAY 并进入该函数的"参数编辑"对话框，根据对话框中部的提示信息输入正确的参数，观察"计算结果"以及公式编辑栏中的语句，如图 14-13 所示。

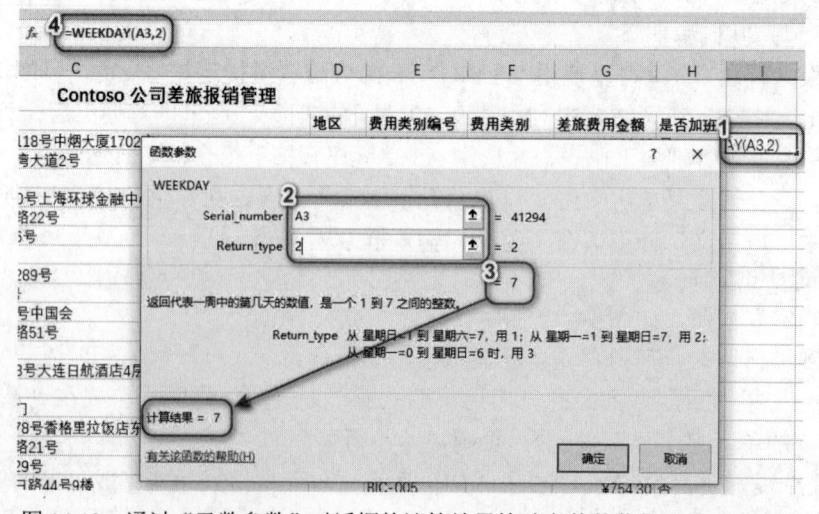

图 14-13　通过"函数参数"对话框的计算结果检验参数并获得正确公式语法

由以上操作，可在编辑栏中获得 WEEKDAY 函数的正确语法结构语句：
=WEEKDAY(A3,2)

在"函数参数"对话框单击"取消"按钮，使 I3 单元格不写入公式，并再次使用该单元格试写 IF 语句，单击 fx 按钮，进入 IF 函数的"参数编辑"对话框，在提示下正确填写每个参数，其间可以通过右侧的=TRUE 分析判断语句是否合乎实际情况，通过"计算结果"判断 IF 计算是否正确执行，并通过公式编辑栏获得正确的嵌套公式。如图 14-14 所示。

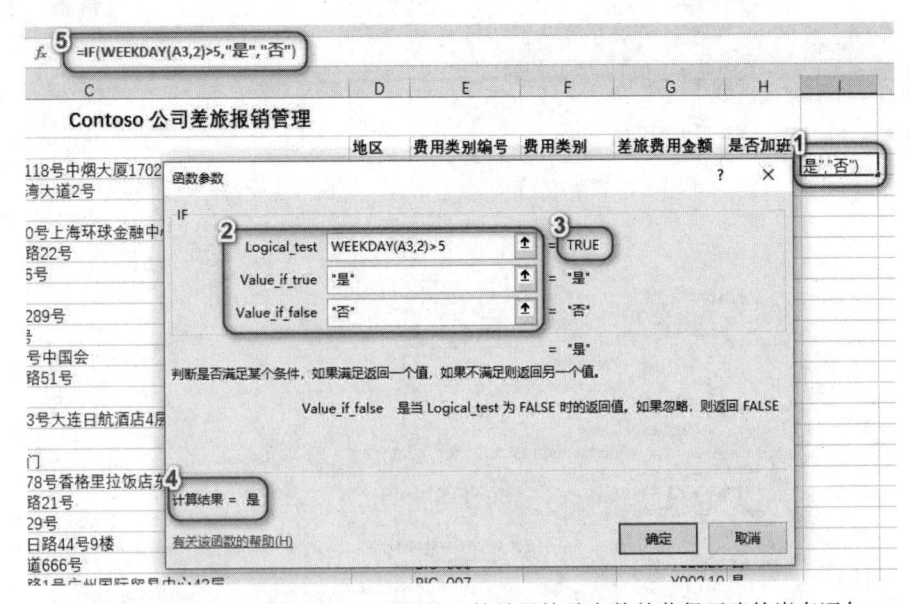

图 14-14　通过"函数参数"对话框的计算结果检验参数并获得正确的嵌套语句

因此 H3 应填入的正确公式应为：
=IF(WEEKDAY(A3,2)>5,"是","否")

要求4　使用公式统计每个活动地点所在的省份或直辖市，并将其填写在"地区"列所对应的单元格中，例如，"北京市""浙江省"。

观察工作表，"活动地点"（不含有自治区）一列的前三个字符即为"地区"列所求，因此考虑使用提取字符串开头的 LEFT 函数完成该问题。选中 D3 单元格，单击 fx 按钮并搜索 LEFT 函数，在其"函数参数"对话框中将 C3 单元格作为第一个参数，由于需要提取前三个字符，因此第二个参数填写 3，如图 14-15 所示。

使用自动填充完成 D 列的填写，完成该问题。

要求5　依据"费用类别编号"列内容，使用 VLOOKUP 函数生成"费用类别"列内容。对照关系参考"费用类别"工作表。

选中 F3 单元格，单击 fx 按钮，搜索并进入 VLOOKUP 函数的"参数编辑"对话框，利用 E 列编号信息，在"费用类别"工作表中查找相应内容。VLOOKUP 第一项参数填写查找目标 E3；单击第二项参数编辑栏，单击"费用类别"工作表，并选中 A、B 两列；第三项参数确定返回字段，显然应对应 B 列内容，因此填写 2；第四项参数确定模糊查找或精确查找，由于编号属于唯一对应特征，因此选择精确查找，填 0。填写内容如图 14-16 所示。

任务 14　公司报销统计管理　207

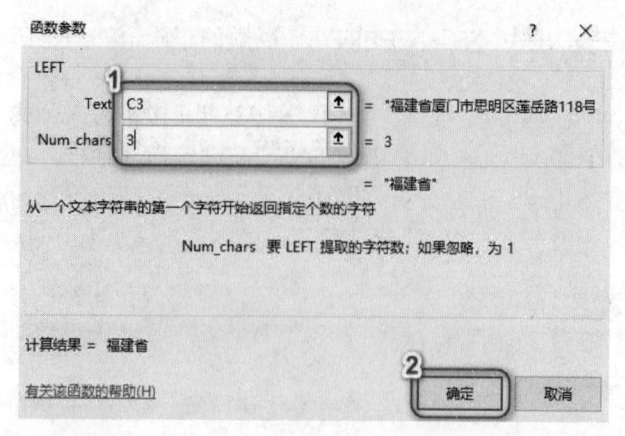

图 14-15　使用 LEFT 函数截取字符串开头字符

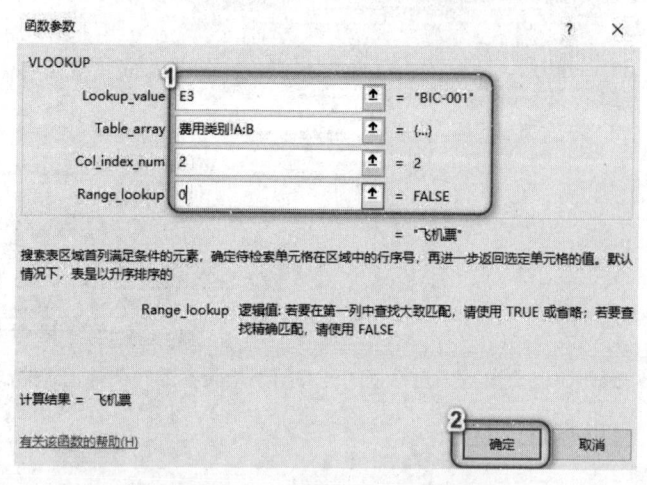

图 14-16　VLOOKUP 函数的参数填写

最后使用自动填充功能完成 F 列的填写。

> **要求6**　完成"差旅成本分析报告"工作表统计项目：

完成"差旅成本分析报告"工作表统计项目：

①在 B3 单元格中，统计第二季度发生在北京市的差旅费用总金额。

②在 B4 单元格中，统计差旅费用中飞机票费用占所有报销费用的比例，将其显示为百分比并保留 2 位小数。

③在 B5 单元格中，统计发生在周末（星期六和星期日）的通讯补助总金额。

④在 B6 单元格中，列出金额最大的一笔报销费用。

这是一系列条件求和问题，B3 单元格的求解需在"费用报销管理"中的"差旅费用金额"中提取数值，并根据"地区"列内容筛选相符项目，因此可以使用仅填写一组约束的 SUMIFS 函数。

单击"差旅成本分析报告"工作表中的 B3 单元格，单击 fx 按钮，搜索并进入 SUMIFS 函数的"参数编辑"对话框，单击第一项参数的编辑栏，单击"费用报销管理"工作表，并单击 G3 单元格，然后按下 Ctrl+Shift+↓ 组合键选中该列全部数据；第二项参数填写 D 列全部数据；第三项填写"北京市"或在 D 列选中其中一项内容是"北京市"的单元格；第四项参数不填写，单击"确定"按钮，如图 14-17 所示。

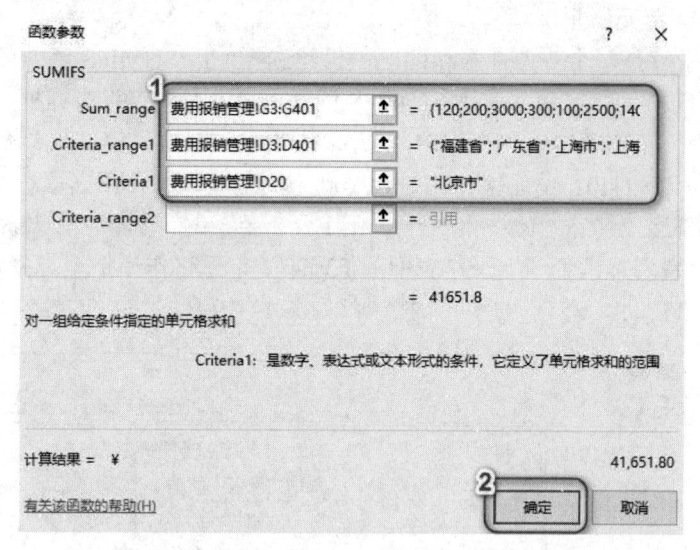

图 14-17 SUMIFS 函数的参数填写

下面进行 B4 单元格的填写。题目要求求出一个占比，可以使用 SUMIFS 函数得出分子，SUM 函数得出分母，最后将单元格格式设置为百分比形式即可实现。

选中 B4 单元格，单击 fx 按钮，与前一要求类似，将 SUMIFS 函数的三个参数正确设置，并单击"确定"按钮，如图 14-18 所示。

图 14-18 使用 SUMIFS 函数作为求占比问题的分子

此时，B4 单元格生成一个金额，将该数值作为分子。单击公式编辑栏，在其内容后增加"SUM(费用报销管理!G3:G401)"，完成编辑后，该单元格的公式应填写为：

=SUMIFS(费用报销管理!G3:G401,费用报销管理!F3:F401,费用报销管理!F3)/SUM(费用报销管理!G3:G401)

按下回车键，此时 B4 单元格求出一个小数，右击该单元格，在快捷菜单中单击"设置单元格格式"命令，在弹出的对话框中选中"百分比"分类，将"小数位数"设置为2，单击"确定"按钮，自此 B4 单元格正确填写。

B5 单元格的求解是一个双条件求和问题，仍然选择使用 SUMIFS 函数解决该问题。选中 B5 单元格，单击 fx 按钮，搜索并转到 SUMIFS 函数的"参数编辑"对话框，第一项参数应选中"费用报销管理"工作表中的 G3:G401 单元格作为求和范围；第二项参数选中"费用报销管理"工作表中的 H3:H401 单元格作为是否是周末的判断来源；第三项参数填"是"（注意使用英文双引号，如忘记为字符串添加双引号，则 Excel 会在编辑下一项参数时自动为其添加）；第四项参数选中"费用报销管理"工作表中的 F3:F401 单元格作为报销类型筛选的判断来源；第五项参数填"通讯补助"，单击"确定"按钮，如图 14-19 所示。

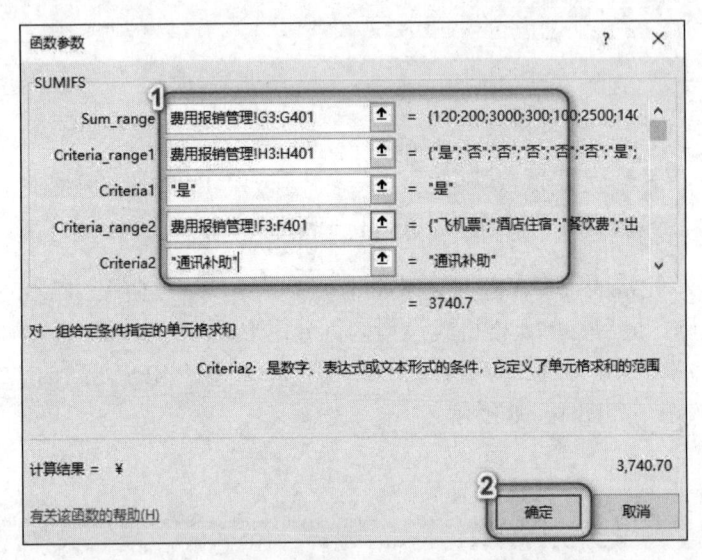

图 14-19 使用 SUMIFS 函数求解多条件求和问题

B6 单元格是一个求极大值问题，使用 MAX 函数完成该问题。在 B6 单元格中输入公式：=MAX(费用报销管理!G3:G401)

按下回车键，完成极大值求解。"差旅成本分析报告"工作表完成填写后的各项参数如图 14-20 所示。

图 14-20 "差旅成本分析报告"工作表的统计结果

要求7 完成"出行方式统计"工作表，要求统计乘机出行、铁路出行、道桥铁路出行三种方式的人员名单与次数信息，要求三个"姓名"列不能在同一列内出现重复姓名，"次数"记录格式记录为"x 次"形式（三种出行方式分别对应"费用报销管理"工作表中的"飞机票""火车票""高速道桥费"三种费用类别）。

题目要求不能在同一列中出现重复姓名，该项要求可借助"数据"菜单中的"删除重复值"工具完成；而统计"次数"问题可使用 COUNTIFS 函数求解。下面给出具体求解过程的其中一种实施方法。

切换至"费用报销管理"工作表，选中 A2:H2 表头行，在"数据"菜单中单击"筛选"按钮，使表头行出现用于筛选的下拉按钮。对"费用类别"进行筛选，单击其右侧的下拉按钮，在弹出的下拉菜单中仅勾选"飞机票"复选框，单击"确定"按钮，将筛选出的 B 列内容复制下来。切换至"出行方式统计"工作表，借助空白区域进行数据预处理。例如，右击 K3 单元格，并选中"粘贴"选项下方的"123"类，仅复制文本，并在 B3 单元格也进行相同内容的粘贴。单击 L3 单元格，单击"fx"按钮，搜索并进入 COUNTIFS 的"函数参数"对话框中，第一项参数选中刚刚粘贴到 K 列的内容并按下 F4 键进行绝对引用；第二项参数填写相对引用的 K3；第三项参数无需填写，单击"确定"按钮，如图 14-21 所示。

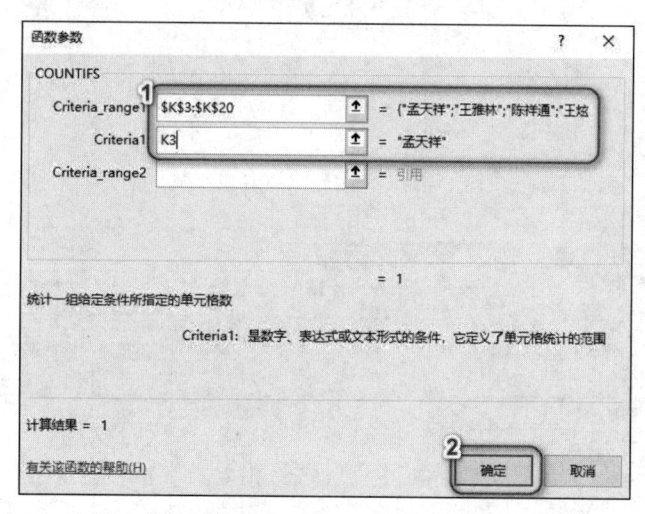

图 14-21　使用 COUNTIFS 函数进行条件计数

使用自动填充功能将 L3 至 L20 单元格的条件计数完成。

下面去除 B 列的重复项，选中 B3:B20 单元格，在"数据"菜单中单击"删除重复值"选项，在弹出的对话框中选中"以当前选定区域排序"，单击"删除重复项"按钮，最后单击"确定"按钮，完成重复项删除，如图 14-22 所示。

最后将 K 列与 L 列的条件计数结果提取至 C 列即可完成填写，这里选择使用 VLOOKUP 函数进行。选中 C3 单元格，输入以下参考公式：

=VLOOKUP(B3,K:L,2,0)

按下回车键，并使用自动填充计算出 C 列的全部结果。

由于 K 列与 L 列为临时借用的空白单元格，因此 C 列结果会在该两列数据发生变动时同时变动，破坏计算结果。为避免该情况，应将 C 列公式变为常数值，选中 C3:C20 单元格，按下 Ctrl+C 组合键进行复制，并在 C3 单元格右键选择"123"进行纯文本粘贴。选中 C 列任意数据，检查编辑栏中的显示，确认其不是 VLOOKUP 函数公式即可，如图 14-23 所示。最后清除借用的 K 列与 L 列数据，选中 K、L 两列，并按下 Delete 键删除其内容。

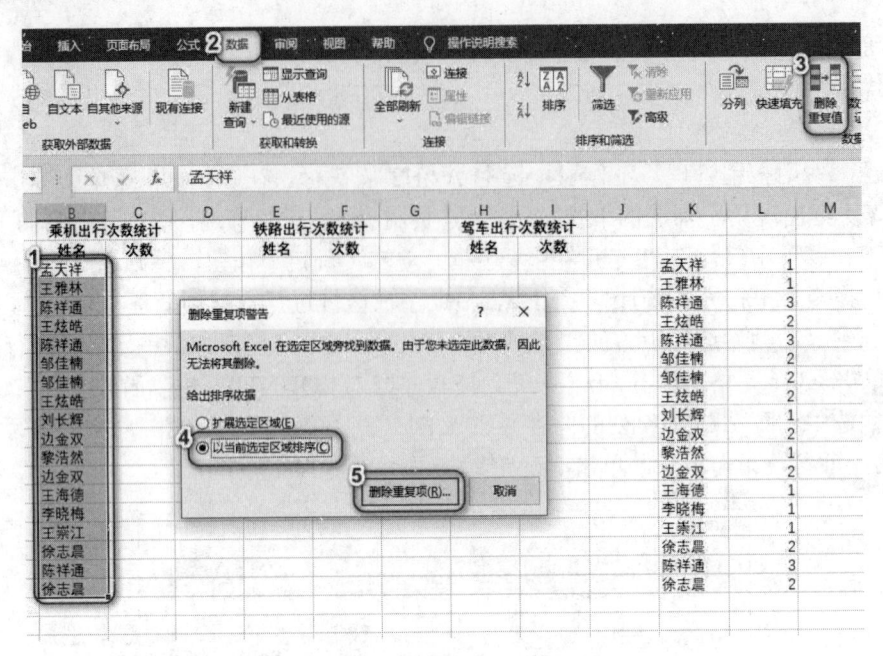

图 14-22　使用删除重复值工具

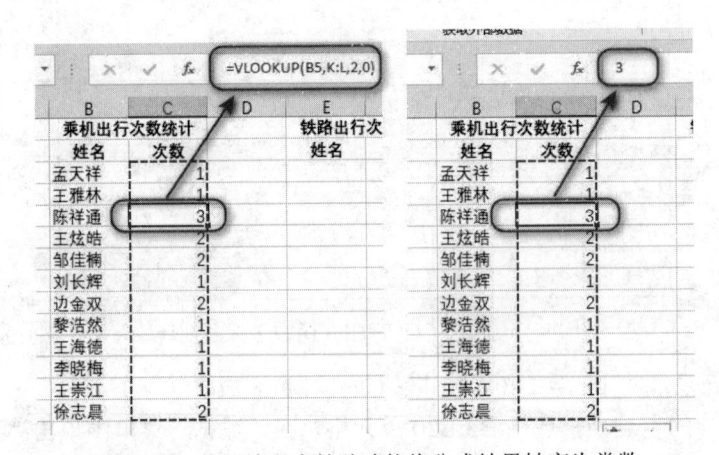

图 14-23　使用纯文本粘贴功能将公式结果转变为常数

给 C 列计算结果结尾添加单位"次"可使用"设置单元格格式"进行，选中 C3:C20 单元格，在其快捷菜单中单击"设置单元格格式"命令，在弹出的对话框中选中"自定义"分类，在"类型"编辑栏中填写表达式：

#"次"

即可完成数量单位的显示效果。

使用与上述步骤类似的方法，将"铁路出行次数统计"与"高速道桥出行次数统计"完成。

> **要求8** 将"出行方式统计"工作表中统计的三项出行方式进行合并计算，并将结果记录在以 K3 单元格为左上角的区域当中。在区域右侧计算出差员工的出行总次数，在区域底部计算三种方式的出行总次数。首行与首列单元格字体设置为加粗、黑体，总计的单元格以浅绿色填充。

选中 K3 单元格，在"数据"菜单中单击"合并计算"选项，在弹出的对话框中单击"引用位置"输入栏,并选中上一要求中包含"姓名""乘机次数"行的统计表,单击"添加"按钮;使用相同方法将三块区域添加进"所有引用位置"当中;最后勾选"首行"复选框与"最左列"复选项,并单击"确定"按钮,如图14-24所示。

图14-24 合并计算工具的使用

操作完毕后,工作表中 K3:N29 区域生成了合并计算表,下面进行快速求和操作。选中 L4:O29 区域(右侧留出一列空白区域),按下 Alt + =组合键生成每行求和结果;选中 L3:N30 区域(底部留出一行空白区域),按下 Alt + =组合键生成每列求和结果,如图14-25所示。

图14-25 选中适当的数据范围并按下 Alt + =组合键进行快速求和操作

任务14 公司报销统计管理

选中该范围下所有数据区域，使用"设置单元格格式"将数量单位"次"在每个单元格尾部显示（操作与要求 7 所述相似）。

最后借助"开始"菜单中"字体"功能组完成题目要求的字体与填充颜色设置，完成结果如图 14-26 所示。

	乘机次数	铁路次数	驾车次数	总计
方文成		3次	4次	7次
唐雅林		7次	10次	17次
李雅洁		2次		2次
孟天祥	1次	3次	2次	6次
王雅林	1次		4次	5次
徐亚楠		2次	1次	3次
陈祥通	3次	2次	3次	8次
王炫皓	2次		2次	4次
方嘉康		1次	1次	2次
邹佳楠	2次	1次	3次	6次
钱顺卓		3次	7次	10次
刘露露		5次	6次	11次
关天胜		3次	1次	4次
刘长辉	1次	3次		4次
边金双	2次	1次	3次	6次
杨国强		1次	1次	2次
王欣荣		2次	1次	3次
赵琳艳		1次		1次
黎浩然		1次	2次	4次
王海德	1次	2次		3次
谢丽秋		5次		5次
张哲宇		5次	2次	7次
李晓梅	1次	2次	1次	4次
王崇江	1次	4次	8次	13次
王天宇		4次	1次	5次
徐志晨	2次	2次	1次	5次
总计	18次	65次	64次	

图 14-26　合并计算问题的处理结果

要求 9　根据以往的差旅频次记录，得知该公司的每季度出差安排次数与上年订单数与项目金额相关，估算关系式为：出差次数=(订单数×订单数÷50 + 项目总金额÷500 万)×季度系数，其中四个季度的系数分别为：0.92、1.21、0.96、1.43。为对接人事部工作，要求使用模拟分析工具为其制作四个季度的出差次数估算看板，并将大于 40 次的数据填充橙色底色。其中第一季度的看板参考图位于素材文件夹中"差旅预估看板.png"中。要求新建名为"差旅预估"的工作表作为看板制作与展示的工作表。

观察参考图，应在 B2:C5 范围内填写单次估算的原始数据，其中 C5 单元格公式应为：=(C2*C2/50+C3/5000000)*C4

为上述数据区域添加外边框，选中 B2:C4 区域，单击"开始"菜单"字体"功能组"下框线"的下拉选择箭头，选择"粗外侧框线"；对 B5:C5 区域做相同处理。

选中 D6 单元格，输入=C5；在 E6、F6 分别填入 25、27，使用自动填充功能将数列扩展到 O 列；在 D7、D8 分别填入 47000000、48000000，使用自动功能将数列扩展到 21 行。并为首 2 行与首 2 列设置蓝色填充，以及设置与参考图类似的字体。

下面进行模拟分析，选中 D6:O21 区域，在"数据"菜单中单击"模拟分析"选项，在下拉列表中单击"模拟运算表"命令，在弹出的对话框中，将"输入引用行的单元格"填为 C2，并按下 F4 键，使用绝对引用，将"输入引用列的单元格"填为 C3，同样使用绝对引用，如图 14-27 所示。

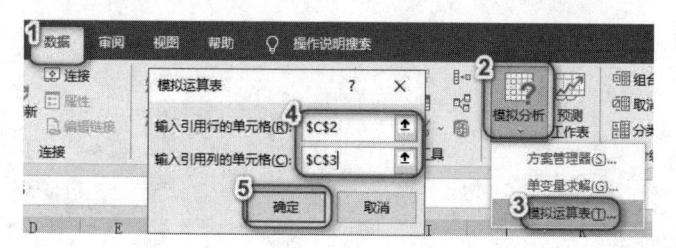

图 14-27　使用模拟运算表功能

此时模拟运算表的数据已经生成，观察参考图，该区域数值保留一位小数，且当小数位是 0 时依然显示。选中 E7:O21 区域，右击，在其快捷菜单中单击"设置单元格格式"命令，在"自定义"分类下，在"类型"输入框中填写：

#.0"次"

D6 单元格需做隐藏处理，同样可以使用单元格格式实现该效果，右击 D6 单元格，在快捷菜单中单击"设置单元格格式"命令，在"自定义"分类"类型"文本框中填写：

;;;

最后为模拟分析出的数据区域设置条件格式。选中 E7:O21 区域，在"开始"菜单中单击"条件格式"选项，选择"突出显示单元格规则"→"大于"命令。在弹出的对话框中将"为大于以下值的单元格设置格式"一栏中按题目要求填入 40，在"设置为"中选择"自定义格式"，并在"设置单元格格式"对话框中单击"填充"选项卡，设置背景色为橙色，最后单击"确定"按钮，如图 14-28 所示。为 E5:O5 单元格区域设置合并后居中，并输入文字"可能的订单数"；为 C7:C21 单元格区域设置合并后居中，并输入文字"可能的项目金额"。

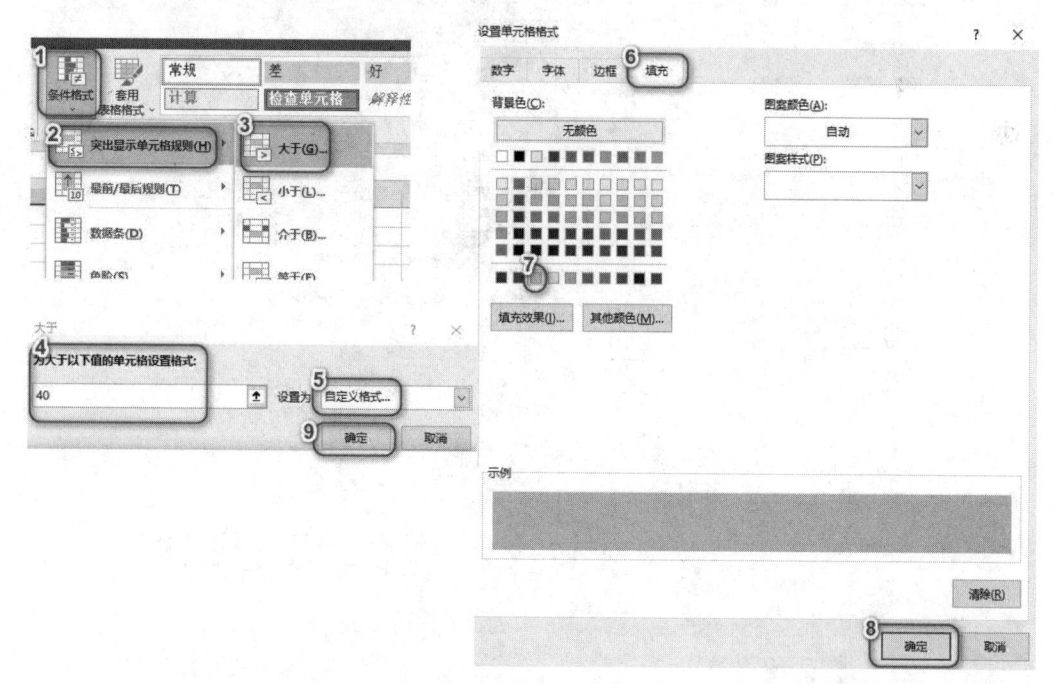

图 14-28　设置条件格式

至此第一季度的看板制作完成，如图 14-29 所示。

订单数	39
项目金额	52000000
季度系数	0.92
出差次数	37.5544

		可能的订单数									
		25	27	29	31	33	35	37	39	41	43	45
	47,000,000	20.1次	22.1次	24.1次	26.3次	28.7次	31.2次	33.8次	36.6次	39.6次	42.7次	45.9次
	48,000,000	20.3次	22.2次	24.3次	26.5次	28.9次	31.4次	34.0次	36.8次	39.8次	42.9次	46.1次
	49,000,000	20.5次	22.4次	24.5次	26.7次	29.1次	31.6次	34.2次	37.0次	39.9次	43.0次	46.3次
	50,000,000	20.7次	22.6次	24.7次	26.9次	29.2次	31.7次	34.4次	37.2次	40.1次	43.2次	46.5次
	51,000,000	20.9次	22.8次	24.9次	27.1次	29.4次	31.9次	34.6次	37.4次	40.3次	43.4次	46.6次
可能的项目金额	52,000,000	21.1次	23.0次	25.0次	27.3次	29.6次	32.1次	34.8次	37.6次	40.5次	43.6次	46.8次
	53,000,000	21.3次	23.2次	25.2次	27.4次	29.8次	32.3次	34.9次	37.7次	40.7次	43.8次	47.0次
	54,000,000	21.4次	23.3次	25.4次	27.6次	30.0次	32.5次	35.1次	37.9次	40.9次	44.0次	47.2次
	55,000,000	21.6次	23.5次	25.6次	27.8次	30.2次	32.7次	35.3次	38.1次	41.1次	44.1次	47.4次
	56,000,000	21.8次	23.7次	25.8次	28.0次	30.3次	32.8次	35.5次	38.3次	41.2次	44.3次	47.6次
	57,000,000	22.0次	23.9次	26.0次	28.2次	30.5次	33.0次	35.7次	38.5次	41.4次	44.5次	47.7次
	58,000,000	22.2次	24.1次	26.1次	28.4次	30.7次	33.2次	35.9次	38.7次	41.6次	44.7次	47.9次
	59,000,000	22.4次	24.3次	26.3次	28.5次	30.9次	33.4次	36.0次	38.8次	41.8次	44.9次	48.1次
	60,000,000	22.5次	24.5次	26.5次	28.7次	31.1次	33.6次	36.2次	39.0次	42.0次	45.1次	48.3次
	61,000,000	22.7次	24.6次	26.7次	28.9次	31.3次	33.8次	36.4次	39.2次	42.2次	45.3次	48.5次

图 14-29　第一季度看板完成图

后三个季度可沿用第一季度的公式、表头、条件格式等，只需在模拟分析中的"方案管理器"中添加方案即可快速生成。

在"数据"菜单中单击"模拟分析"选项，在其下拉菜单中"方案管理器"命令，在弹出的对话框中单击"添加"按钮，将"方案名"设置为"第一季度"，并将工作表中"订单数""项目金额""季度系数"三个值的所在地址作为方案的"可变单元格"，单击"确定"按钮，在"方案变量值"对话框中检查三个变量值，并单击"确定"按钮，如图 14-30 所示。

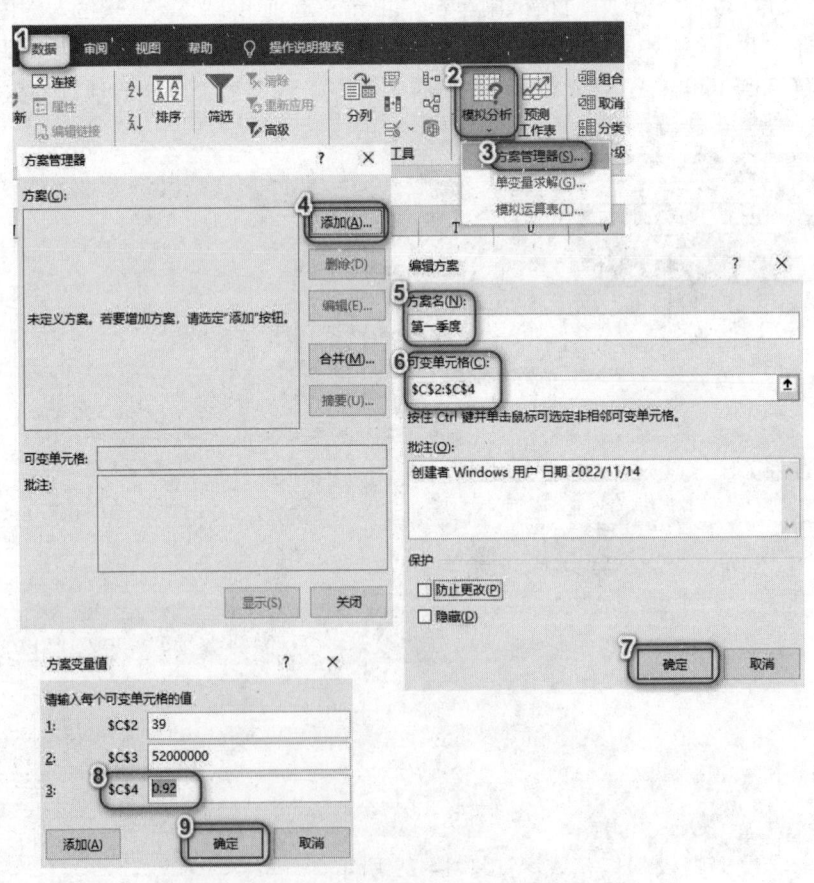

图 14-30　在方案管理器中添加模拟分析方案

第一个方案已经添加完成，最后还需为其余三个季度添加方案，其基本步骤与方案 1 相同，只需在最后检查变量值时注意填写题目所给的三个"季度系数"即可，如图 14-31 所示。

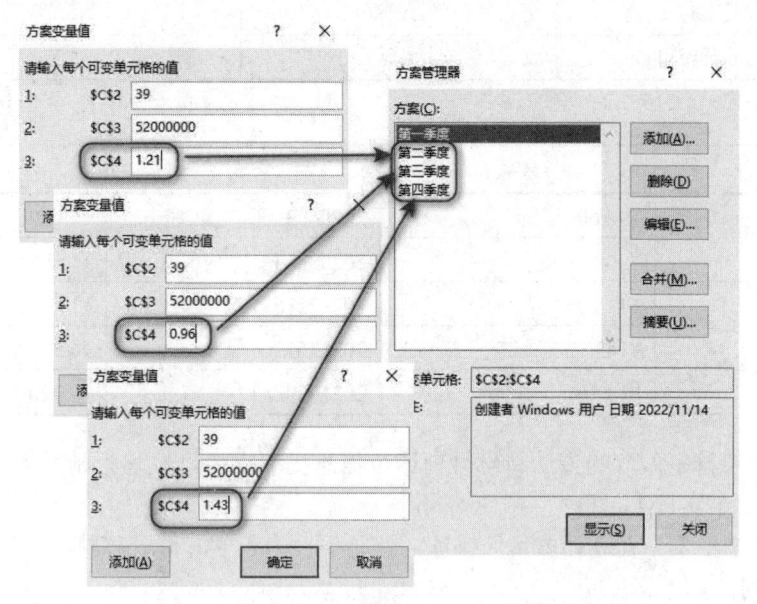

图 14-31　添加多个方案到模拟分析-方案管理器当中

14.4　思考与实训

【问题思考】

（1）使用绝对引用时的地址有什么区别？什么快捷键可设置绝对引用？
（2）自定义格式可以通过在"类型表达式"中利用什么符号实现不同条件的显示效果？
（3）提取字符串的函数有哪些？
（4）多条件求和的函数名是什么？其参数有哪几个？
（5）数据排序过程中如何保持每一行的对应关系？
（6）"合并计算"工具用于什么样的工作场景中？
（7）在 Excel 中解方程或为"描点连线"图提供数列，可利用什么工具实现？

【实训案例】

在 Excel 中的两个不同工作表中录入下列数据，并完成后续任务。

表 14-3　学生表

学号	姓名	性别	所属校区	入学时间	卡费余额
20200353	吴西岛	男	A 区		
20200826	俞灵	女	B 区		
20191399	柳望城	男	B 区		

续表

学号	姓名	性别	所属校区	入学时间	卡费余额
20212216	王邦实	男	A区		
20204037	黄雅可	女	A区		

表14-4 余额表

学号	余额	学号	余额
20191399	¥94.60	20204037	¥78.30
20192362	¥36.52	20203664	¥152.39
20200353	¥126.03	20212216	¥191.50
20200826	¥143.82	20213612	¥69.36
20200992	¥12.36	20210722	¥75.20

（1）利用字符串截取的方法将学号前四位信息提取出来，填写为学生入学时间的年份，日期应为"yyyy年9月1日"；

（2）对"学生表"表进行多条件排序，首要条件为入学时间升序排列，次要条件为姓名首字母升序排列；

（3）使用VLOOKUP函数查询"余额表"中的信息，完成"卡费余额"信息的填写，并将单元格格式设置为保留2位小数的货币类型；

（4）使用SUMIFS函数对"学生表"内容进行多条件求和，计算A区所有2020届学生的卡费余额总和。

最终计算结果如图14-32所示。

学号	姓名	性别	所属校区	入学时间	卡费余额
20191399	柳望城	男	B区	2019年9月1日	¥94.60
20204037	黄雅可	女	A区	2020年9月1日	¥78.30
20200353	吴西岛	男	A区	2020年9月1日	¥126.03
20200826	俞灵	女	B区	2020年9月1日	¥143.82
20212216	王邦实	男	A区	2021年9月1日	¥191.50

图14-32 案例效果

使用SUMIFS函数对学生表内容进行多条件求和的计算结果为¥204.33。

任务 15　公司财务记账

15.1　任务描述

小李是子公司会计，为节省时间并保记账的准确性，她使用 Excel 编制了员工工资表。请根据素材文件夹下"Excel_素材.xlsx"中的内容，帮助小李完成工资表的整理和分析工作。具体要求如下：

要求 1　将"Excel 素材.xlsx"另存为"Excel.xlsx"文件，后续操作均基于此文件。

要求 2　打开"2022 年 3 月"工作表，通过合并单元格，将表名"子公司 2022 年 3 月员工工资表"放于整个表的上端、居中，并调整字体为黑体、16，并为其设置从左到右由红色变橙色的渐变填充。

要求 3　打开"2022 人员信息"工作表，通过"入职日期"信息填写"入职年—季度"一列，如：2022 年—3 季度。

要求 4　创建查询，借助 Power Query 查询工具，将"2022 人员信息"表中的"部门""当前基础工资"信息与"2022 年 3 月"工作表中的信息整合到名为"查询表"的新工作表中，并将查询到的"部门"与"当前基础工资"信息回填至"2022 年 3 月"工作表 D 列与 E 列中。

要求 5　调整"2022 年 3 月"工作表各列宽度，使其更加美观。并设置纸张大小为 A4、横向，左页边距为 1 厘米，整个工作表需调整在 1 个打印页内。

要求 6　打开参考素材文件夹下的"工资薪金所得税率.xlsx"，利用 IF 函数计算"应交个人所得税"列。（提示：应交个人所得税=应纳税所得额×对应税率-对应速算扣除数）。

要求 7　使用 SUM 函数对实发工资列求和，将结果记录在 N1 单元格，并将其字体更改为红色、粗体。

要求 8　对 D3 单元格及其下方所有单元格添加内容限制，内容仅允许为"管理""行政""人事""研发""销售"五种情况之一。

要求 9　复制"2022 年 3 月"工作表，将副本标签放置到原工作表的右侧，并命名为"分类汇总"。在"分类汇总"工作表中通过分类汇总功能求出各部门"应付工资合计""实发工资"的和，每组数据不分页。

要求 10　在"2022 年 3 月"工作表中，使用条件格式功能将实发工资大于 7000 元的人员所在行以紫色文本显示。

15.2　相关考点

15.2.1　条件格式（复习强化）

在任务 12 与任务 13 中介绍了条件格式的基本使用步骤，并介绍了重要考点"使用公式确定要设置格式的单元格"的判断逻辑。这里通过举例详细说明用于判断的公式应如何填写。

在图 15-1 的表格中，利用条件格式为"是"所在列的单元格做特殊格式处理。

	A	B	C	D
1				
2		否	是	否
3		1	2	3
4		4	5	6
5		7	8	9

图 15-1　举例说明借助公式判定的条件格式

选中 B2:D5 区域，单击"开始"菜单中的"条件格式"选项，在其下拉菜单中单击"新建规则"命令，在弹出的对话框选择"使用公式确定要设置格式的单元格"，在"预览"中任意设置一个不同于默认情况的单元格格式，在"为符合此公式的值设置格式"中填写判断语句。通过以下几个试验公式逐步了解该处公式应如何填写，其中第一个公式：

="是"

可以看到，设置该公式时，选择范围中没有任何格式改变，这是因为判断生效的条件是"="号后的值为真（为 TRUE），而"是"仅是一个字符串，不能作为判断表达式，因此失效。

再次单击"条件格式"选项，单击"管理规则"命令，双击刚才新建的规则，如图 15-2 所示。

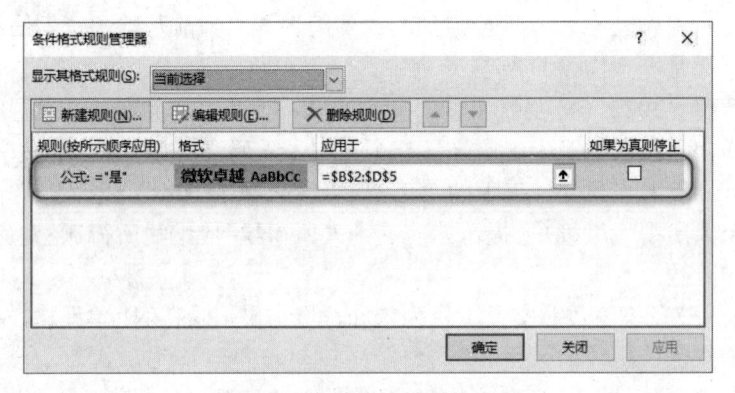

图 15-2　条件格式规则管理器

通过操作回到公式填写界面，再次填入试验公式：

=1

单击"确定"→"应用"按钮。可以看到，全部单元格均被设定特殊格式。这是因为判断条件=1 在每个单元格中的判断均为真。这与最为直观的理解（填"1"的单元格着色，其余不变）截然不同。由此可知公式仅进行"="号后的真假判断，因此即使填入=2 依然能得到相同的结果，因为真值判断仅判断"非 0 数值""0 值"，因此只要等号后为数值且不为 0，均导致判定成功。

填写第三个实验公式：

=B2=1

可以看到，仅有 B3 单元格格式发生了变化。从而实现了填 1 的单元格着色，其余不变的效果。这里条件格式功能在单击"应用"按钮时快速进行了 12 次判定，对于左上角的 B2 单元格，执行判定语句=B2=1，对于其相邻单元格 C2，则执行判定语句=C2=1，依此类推，每个单元格的实际执行语句如图 15-3 中的对应关系所示。

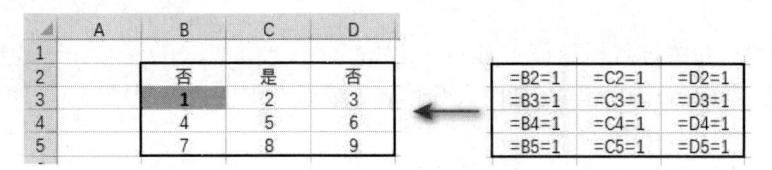

图 15-3 条件格式在作用范围内的单元格中实际执行的语句对应关系

显然仅有 B3 单元格满足条件，因此在此处进行了着色。注意，公式中的两个等于号意义不同，第一个为必填符号，只有在该等于号后面的值或表达式为真时，修改格式操作才被执行；而第二个等号为判断等号，它将 B2=1 作为一个整体，并在等号两侧的值相等时，整个表达式 B2=1 变为 TRUE。

填写最后一个实验公式：
=A1=1

可以看到，仅有 C4 单元格中的 5 被着色，这是因为条件格式作用范围中的左上角单元格引用的地址并不是自身，而是别处的单元格，因此该作用范围中的单元格也将是以 A1 递推的地址，该情况的对应关系如图 15-4 所示，注意体会与图 15-3 的不同之处及差异来源。

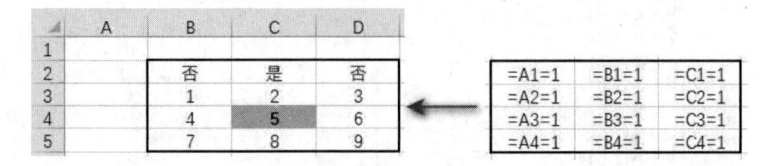

图 15-4 引用地址与作用范围第一个单元格不同时，执行语句的对应关系

可以看到，的确仅有 5 所在的 C4 单元格中的语句是满足其对应公式中的等式的。因此作用范围中仅有该单元格被赋予特殊格式。由此试验也可得知，单元格在进行判断时，也可以利用不是自身位置中的值进行判断。

回到该问题，对"是"所在列进行特殊格式处理。该问题的处理思路应为利用"是"所在单元格 C2 使同一列所有单元格判断为真即可。因此可以将左上角单元格的判断语句填写为：
=B$2="是"

通过使用绝对引用锁定列标号数字 2，使地址递推在纵向进行时的值保持不动，而在横向上，递推可以照常进行，以达成题目要求的目的，如图 15-5 所示。

图 15-5 条件格式应用到整列时，应在表达式中绝对引用列标数字

最后，得出条件格式判定公式的使用结论。条件格式在每次设置时，实际将执行 n×m 次（作用范围的宽×高）判断，左上角单元格执行的语句为填入"为符合此公式的值设置格式"文本框中的表达式，而其余单元格的判断语句虽然取决于左上角单元格填写的公式，但并不完

全照搬该公式，而会将其所涉及的地址改为递推地址，除非表达式中使用了绝对引用。

15.2.2　创建数据查询——Power Query

在任务 13 中，介绍过数据建模工具 Power Pivot，与之类似，Power Query 是 MS office 2016 内置的一款数据查询工具，它具有在庞大数据表、数据库中快速查找的能力，并支持查询结果跟随数据源动态变化的功能。

创建数据查询是计算机二级 2016 版新增考点，读者需了解其最基本的功能，了解该工具的工作界面，并掌握对数据源建立查询链接的方法，下面以一个简单的例子进行介绍。

现有如下两个表格"刊物表""报社资料"，要求根据"编辑单位"字段进行查询，并在"刊物表"最后一列查到总编辑信息，如图 15-6 所示。

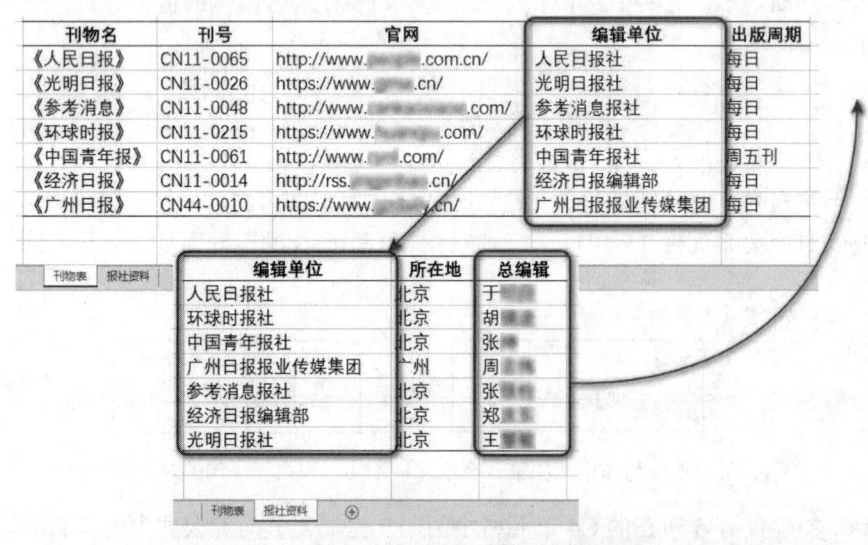

图 15-6　按要求查询报社总编辑

熟悉前面章节的读者可能会立刻想到使用 VLOOKUP 函数进行查询，该函数确实足以完成这一要求，但 Power Query 提供了支持更广泛、数据体量更大、查询更快速的解决方案，作为新考点，依然推荐读者掌握该查询方法。

该案例数据源为 Excel 工作簿，从"数据"菜单中选择"从文件"，选择相应的数据源类型"从 Excel 工作簿"，打开工作簿文件，打开 Power Query 导航器，如图 15-7 所示。

由于需要关联的表位于多张工作表，因此勾选"选择多项"复选框，并把两张工作表全部勾选，最后单击"转换数据"按钮，即可进入 Power Query 主界面，如图 15-8 所示。

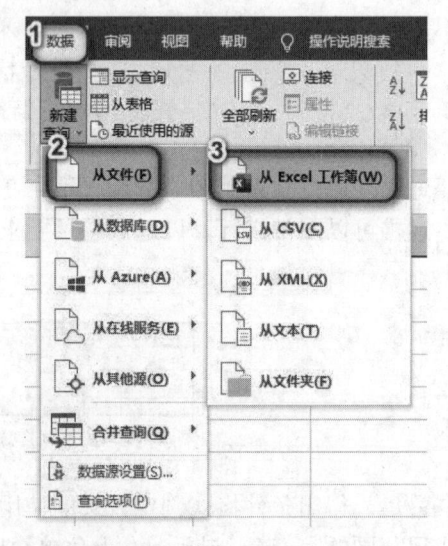

图 15-7　进入 Power Query

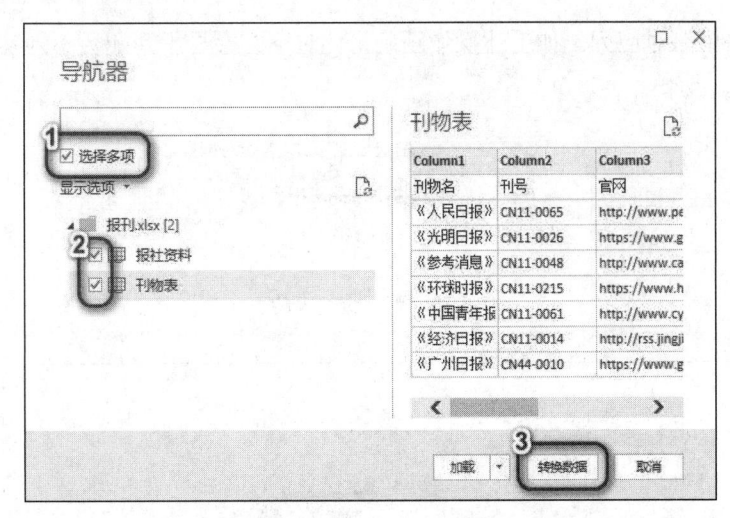

图 15-8　Power Query 导航器

与 MS Office 家族软件界面相似，Power Query 菜单栏下方摆放的是该菜单下的常用功能按钮，对于本案例，需要重点关注"组合""关闭"功能组以及右侧的"查询设置"窗口。"组合"功能组中可以找到两类查询的功能入口；"查询设置"可以重命名查询，并进行操作步骤的查看与选择，这是一种更友好的撤销方式，可以方便退回任意一个编辑状态；"关闭"功能组中，通常需要使用其"关闭并上载至"功能，将查询结果返回 Excel 文件中。

在图 15-9 中可以看到，左侧部分的两个项目是我们在 Excel 工作簿中的工作表，但在 Power Query 中，它们已经不被视为工作表，而是一个个的"查询"方案。

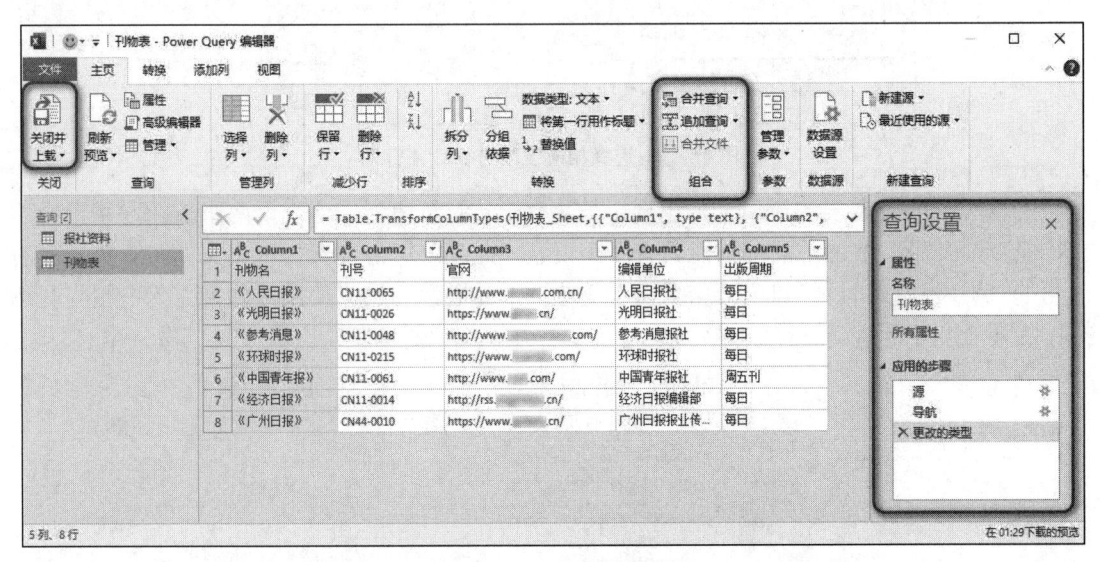

图 15-9　Power Query 主界面以及需要重点关注的功能区

下面完成案例所述的查询要求，整理数据的表头，分别在左侧选中两个查询，并单击"将第一行用作标题"按钮，如图 15-10 所示。

在左侧选择"刊物表"作为查询表的基底，单击"组合"功能组中的"合并查询"选项，在弹出的对话框中选中"编辑单位"列，在中部的下拉菜单中选择另一张表"报社资料"，并

任务 15　公司财务记账　223

选中其"编辑单位"对应列。如上述操作正确，此时下方会显示匹配数不为零，单击"确定"按钮，如图15-11所示。

图15-10 整理查询表的表头

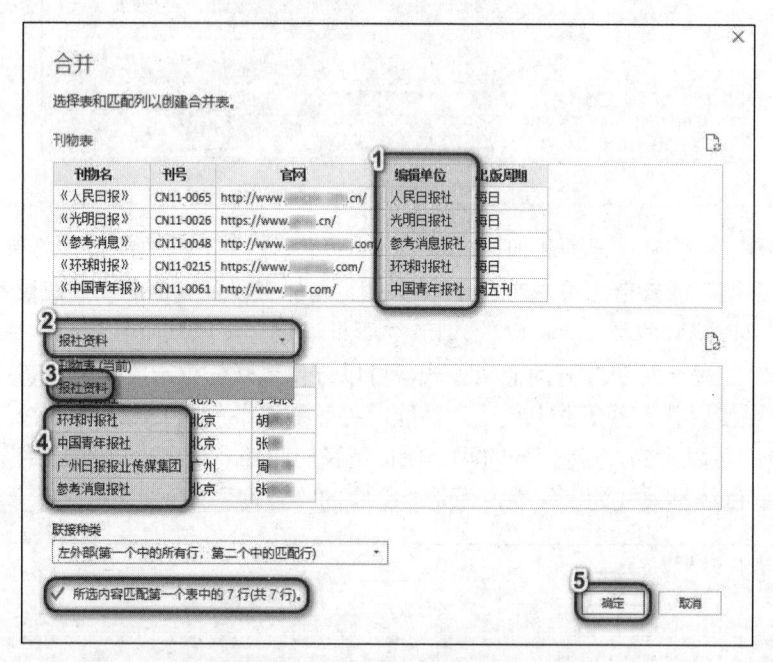

图15-11 选择相应字段进行合并查询

可以看到该查询表的最后一列出现了均为 Table 的新增列，这表示两个表的联系已经建立，但查询结果不是单独的项，而具有多个要素，此时将所需要素提取出来即可。单击列右上角的"扩展"按钮，仅勾选"总编辑"复选框，并取消勾选"使用原始列作为前缀"复选框，如图15-12所示。

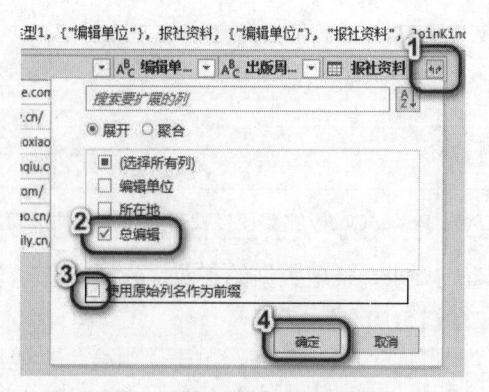

图15-12 查询完毕后筛选出所需字段

至此，在 Power Query 中的查询已完成，最后将结果返回给 Excel 即可。单击"主页"菜单下"关闭并上载"选项下拉按钮，在其下拉菜单中单击"关闭并上载至"命令，在弹出的对话框中选择"仅创建连接"项，最后单击"加载"按钮，如图 15-13 所示。

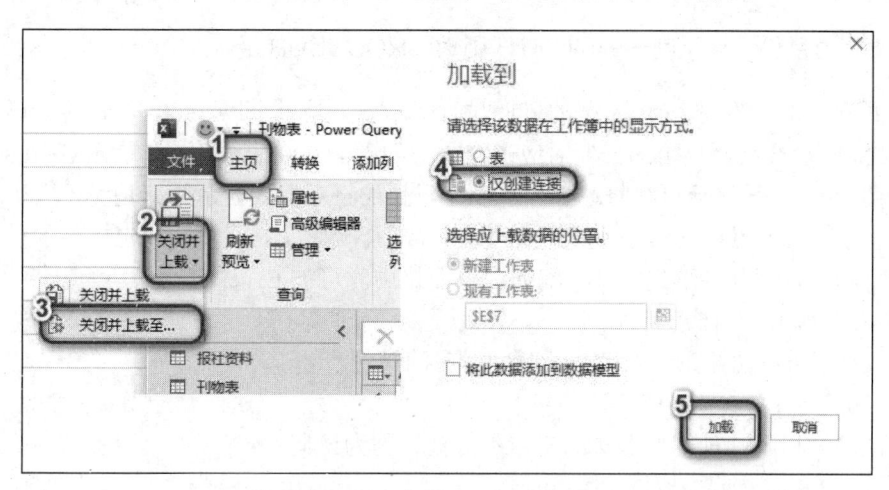

图 15-13　查询完成后关闭并上载至链接

完成上载后，Excel 页面右侧将出现"工作簿查询"窗口，其中"刊物表"中查询到了总编辑并附在最后一列，右击该查询列，单击"重命名"命令，将其命名为"总编辑查询结果"，再次右击，单击"加载到"命令，选择"表"并选择"新建工作表"，将查询结果存在 Excel 文件中的新工作表中。查询完毕后在 Excel 中的结果如图 15-14 所示。

图 15-14　使用 Power Query 创建查询返回的查询结果

15.2.3　打印前的页面设置（复习强化）

在使用 Excel 工作表进行打印时，需掌握以下三个常见问题的处理操作：一是将想要呈现的区域控制在一个打印页面中；二是将表头显示在每一页中；三是通过"页面布局"调整页边距、纸张方向与页面大小。以上三项的基本操作详见 11.2.10 小节。

15.2.4　IF 函数及嵌套用法（复习强化）

IF 函数及其嵌套用法是 Excel 试题中的重要考点，对于该函数的三个参数应熟练掌握。其语法格式参见 12.2.15 小节。

本小节补充说明 IF 嵌套用法的应用逻辑。在实际应用中，判断的结果往往不是非此即彼的，此时需要对 IF 函数进行嵌套使用才能完成任务。具体做法是在 IF 函数第三个参数中再填一个 IF 函数，将本该在判定为假的显示内容改为一个新的判定，显然这一判定也具有真与假两种可能，从而使该单元格可能产生的最终判断结果增加到三种可能。如具有更多的可能性，则进一步嵌套。因此使用者需熟记 IF 函数语法结构的详细的书写规则。

注意：嵌套的 IF 函数个数不能超过 64 个，且每个 IF 函数都要有对应的反括号。

15.2.5　由月份计算季度——MONTH 函数、ROUNDUP 函数

在前面章节中介绍到，Excel 中的日期与时间本质上是一个以 1900 年 1 月 1 日为参照的数值，因此，时至今日所使用的日期对应一个大小约为 44000 的数值。在单元格中的数据类型如果是日期，Excel 最终会自动将这一数值以年月日的直观形式显示。但是对于人工输入日期的工作场景下，要求用户输入这种日期数值是非常不直观的，因此 Excel 也提供了日期文本自动识别的机制。以下几种形式的文本输入在单元格中时可被 Excel 自动识别为日期：

（1）2022/8/4，斜杠连接。
（2）8/4，将自动补充计算机系统时间对应的年份。
（3）2022-8-4，减号连接。

但也应注意以下几种常见形式的文本不能被识别为日期：

（1）2022.8.4，被识别为文本。
（2）2022 8 4，被识别为文本。
（3）20220804，被识别为文本。

在将日期数据标准化处理后，可以使用函数轻松地提取该日期所对应的年、月、日、星期信息。MONTH 函数可用于提取一个日期数值的月份信息，其语法格式为：

MONTH(serial_number)

该函数仅含一个参数，即为需要计算的日期，一般情况下填写一个内容为日期的单元格地址。

但如果需要从日期数值中提取一些较为特殊的信息，例如，将日期转换为季度，则需要更多的函数加以辅助。这里介绍使用 MONTH 函数与 ROUNDUP 函数配合完成季度数计算显示的一个简单案例。

ROUNDUP 函数是一个取整函数，功能与之类似的还有 ROUNDDOWN 函数，ROUNDUP 函数为向上取整函数，ROUNDDOWN 函数为向下取整函数，两者语法格式类似。ROUNDUP 函数的语法格式为：

ROUNDUP(number, num_digits)

（1）number 被用于向上取整的数值。
（2）num_digits：整数，表示在小数点的第几位取整。

例如，对于求季度问题，可以先利用 MONTH 函数求出月份，再将月份除以 3 的结果代入 ROUNDUP 函数中，在第 0 位进行取整即可。

假设 B2 单元格为记录了一个日期的单元格，则可通过公式：

=ROUNDUP(MONTH(B2)/3,0)

求出该日期属于第几季度。

15.2.6　边框和底纹

边框和底纹设置功能用于设置表格边框线型以及单元格内的底色。

边框的基本设置方法如下：选中一个区域，右击区域中任意一个单元格，在快捷菜单中单击"设置单元格格式"命令，在弹出的对话框中选择"边框"选项卡，可以看到"直线"中包含细线与粗线的各种线型，并可对框线进行颜色设置，中部"边框"中具有八个开关按钮，分别代表所选区域"顶部""内部所有横线""底部""内部所有反对角线""左部""内部所有竖线""右部""内部所有主对角线"是否应用左侧选中的线型，也可通过单击样例图上的边框位置添加或删除框线，注意添加框线操作前应先在左侧选定线型，否则八个开关按钮无效。

底纹（填充）的基本设置方法如下：选中一个区域，右击区域中任意一个单元格，在快捷菜单中单击"设置单元格格式"命令，在弹出的对话框中选择"填充"选项卡，用户可以将单元格填充为颜色或图案。在"背景色"下，可选择纯色填充的颜色，可在"填充效果"中应用双色渐变填充；右侧的"图案颜色"与"图案样式"中可实现点阵、平行线、网格等不同样式的填充效果。若需要取消已被设定的单元格填充效果，可在选中该部分单元格时，单击"开始"菜单下"字体"功能组中"填充颜色"选项右侧的下拉按钮，在其下拉菜单中单击"无填充"命令。

15.2.7　设置带规则的数据——数据验证

在通过分发 Excel 文件进行统计资料时，回收的文件中往往会出现格式不统一的情况，例如，在"性别"一栏下，一部分人填写"女性"而另一部分人填"女"，这将造成后期汇总表中的查找或筛选等功能出错。如果能在分发文件前对某一列单元格制定一些填写规则，则可避免这种情况的发生。在 Excel 中，这种单元格的数据填写规则被称为数据验证，下面对该功能进行简单的介绍。

选中需要制定规则的列，在"数据"菜单"数据工具"功能组中单击"数据验证"选项，在弹出的对话框中，选择"设置"选项卡，在"允许"下拉菜单中选中数据规则的类型，如图 15-15 所示。

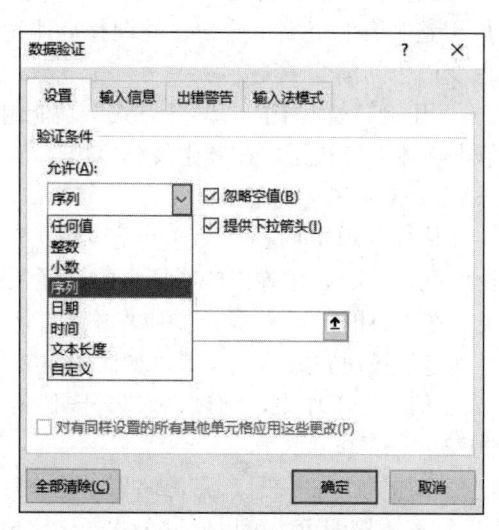

图 15-15　设置数据验证规则

当"允许"的类型为"整数""小数""日期"或"时间"时，表示该单元格仅能填入相应类型的数据，并且输入值的取值范围需满足设定的规则。

当"允许"的类型为"序列"时，需在"来源"中填入选项序列，词与词中间以半角"，"符分隔开；或选中一个具有所有可能值的单元格区域作为来源。

当"允许"的类型为"文本长度"时，单元格仅能填入字符长度在限定范围内的文本。

当"允许"的类型为"自定义"时，可在"公式"一栏中填入规则公式，该公式的基本格式与前述功能"条件格式"中的规则公式类似。例如，可在图 15-16 所示的情景中，对 E2 至 E4 单元格应用规则如下公式以校验"地毯面积"是否填写正确：

=E2<=B2*C2

	B	C	D	E
1	房间的长	房间的宽	……	地毯面积 (不大于房间面积)
2	4.5	6.3	……	
3	3.5	3.3	……	
4	7.8	6.6	……	

图 15-16　使用公式制定数据验证规则

此外，在"出错警告"选项卡下，可设定对于数据填错时系统的处理方式，选择"停止"则自动清除输入该单元格的数据，需重新输入；选择"警告"或"信息"则会保留输入的数据，但仍会以对话框形式提示。

15.3　任务实施

要求1 将"Excel 素材.xlsx"另存为"Excel.xlsx"文件，后续操作均基于此文件。

将素材文件夹中的"Excel 素材.xlsx"复制，粘贴后命名为"Excel.xlsx"即可。也可打开文件后单击"文件"菜单中的"另存为"命令完成该操作。

要求2 打开"2022年3月"工作表，通过合并单元格，将表名"子公司2022年3月员工工资表"放于整个表的上端、居中，并调整字体为黑体、16，并为其设置从左到右由红色变橙色的渐变填充。

选中 A1:M1 单元格，在"开始"菜单中的"对齐方式"功能组下单击"合并后居中"按钮，在"字体"功能组下单击字体下拉按钮，在其中找到"黑体"，单击字号下拉按钮，选中数值 16，或通过单击快捷按钮 A⁺ A⁻ 加减字号。

右击合并后的单元格，在快捷菜单中单击"设置单元格格式"命令，在弹出的对话框中单击"填充"选项卡，单击"填充效果"，在弹出的对话框中选择"双色"，按题目要求选中红色与橙色作为渐变色的两极，在下方的样式选项中选中"垂直"，在"形变"选择器中选择正确的渐变效果，最后单击"确定"按钮完成填充设置，如图 15-17 所示。

要求3 打开"2022人员信息"工作表，通过"入职日期"信息填写"入职年—季度"一列，如：2022年—3季度。

可通过 D 列的日期信息分别提取年份信息、月份信息，并将月份信息转换成季度信息，最后将以上元素使用"&"运算符拼接即可。可以通过公式一步完成，也可借助右侧的辅助单元格完成。这里为直观演示，选择后一种方式进行操作。

选择 G2 单元格，输入公式：

=YEAR(D2)

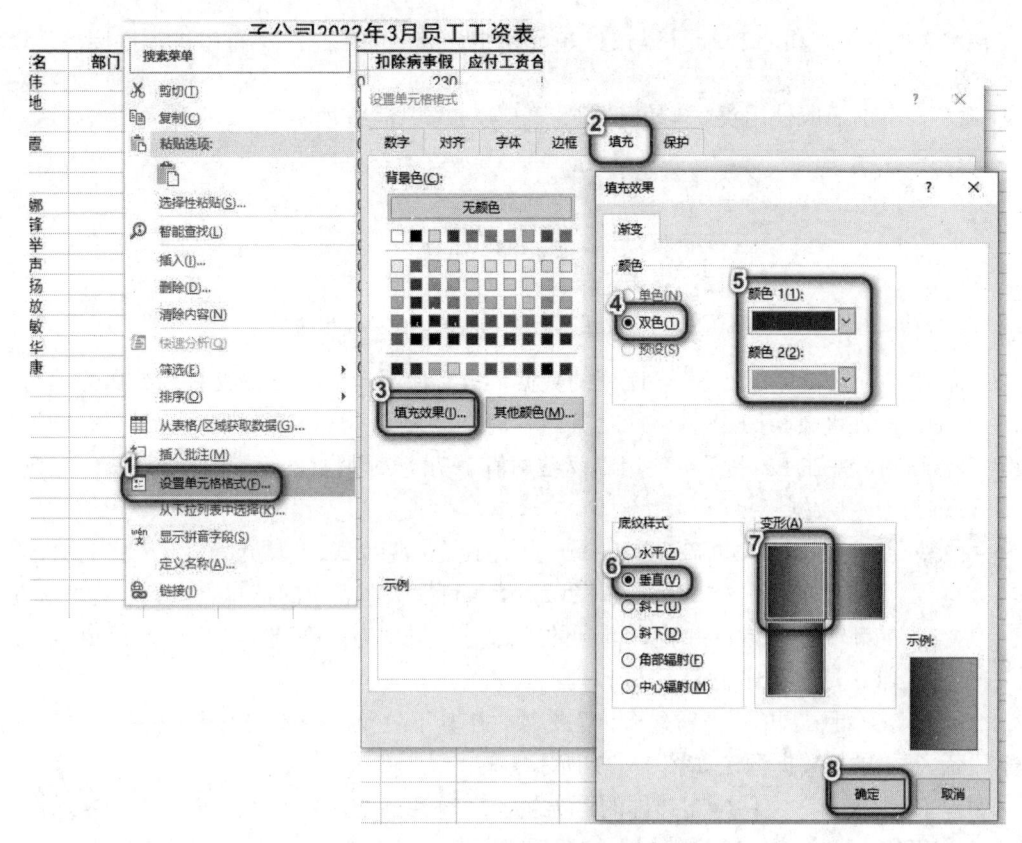

图 15-17　为单元格设置渐变填充效果

如图 15-18 所示，该公式能将日期转换为年份数值信息。

图 15-18　使用 YEAR 公式提取日期中的年份信息

选择 H2 单元格，输入嵌套公式，通过月份函数与向上取整函数的配合使用，将日期信息中的季度信息提取出来，输入公式：

=ROUNDUP(MONTH(D2)/3,0)

内层函数 MONTH(D2)用于将 D2 单元格的日期信息转换为月份信息，观察源数据，计算正确时将返回的值为 10；外层函数 ROUNDUP(10/3, 0)用于以月份除以 3，并向上取整（保留 0 位小数），如图 15-19 所示。

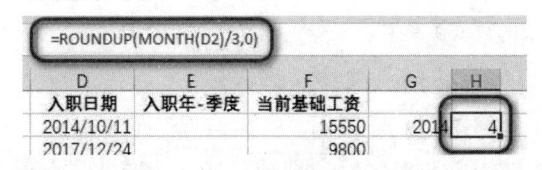

图 15-19　使用 MONTH 函数与 ROUNDUP 函数嵌套计算日期中的季度数

任务 15　公司财务记账　229

选中 E2 单元格，将 G2 单元格与 H2 单元格中计算出的数据与字符串进行拼接，公式为：
=G2&"年-"&H2&"季度"

注意字符串前后应使用英文半角双引号""，如图 15-20 所示。

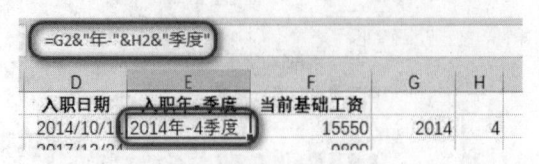

图 15-20 使用&将单元格内容与固定字符串拼接

使用自动填充功能完成 G 列与 H 列的数据，再次使用自动填充完成 E 列数据的填写，由于 G 列与 H 列为临时借用工作区，应将其内容清空，为了不影响 E 列的计算结果，应选中 E 列所有内容复制，并在 E2 单元格使用"仅粘贴值"功能，以将计算结果保持。操作完成后便可删去 G 列与 H 列数据。

要求4　创建查询，借助 Power Query 查询工具，将"2022 人员信息"表中的"部门""当前基础工资"信息与"2022 年 3 月"工作表中的信息整合到名为"查询表"的新工作表中，并将查询到的"部门"与"当前基础工资"信息回填至"2022 年 3 月"工作表 D 列与 E 列中。

在"数据"菜单中，单击"新建查询"选项，在其下拉菜单中单击"从文件"→"从 Excel 工作簿"命令，导入数据源，如图 15-21 所示。

双击"Excel.xlsx"文件，在弹出的"导航器"对话框中，勾选"选择多项"复选框，并将两个工作表勾选，单击"转换数据"按钮后进入 Power Query 页面，如图 15-22 所示。

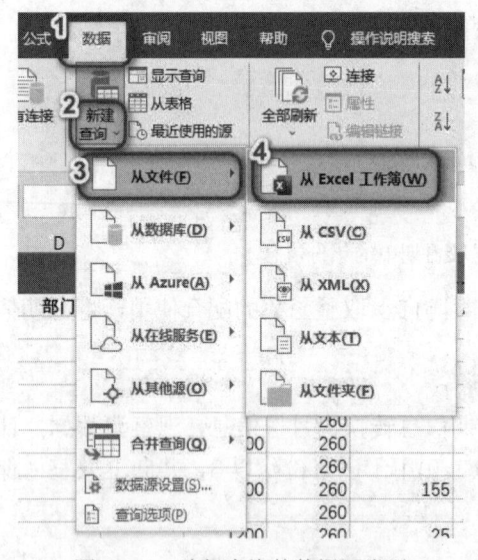

图 15-21 选择查询的数据源类型 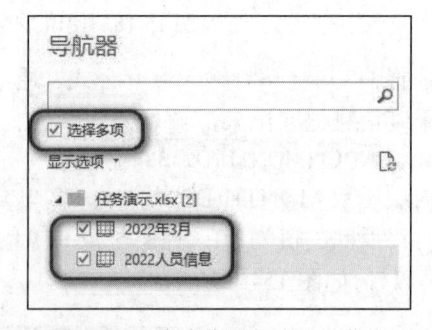　　　　图 15-22 为查询选择多张工作表

在左侧查询栏中选择表"2022 年 3 月"，在"主页"菜单下单击"转换"功能组中的"将第一行用作标题"按钮，如图 15-23 所示。

下面进行表间的关联操作，在左侧栏中选择"2022 年 3 月"，在"主页"菜单下"组合"

功能组中单击"合并查询"按钮，由于一般而言一家公司内的员工工号都具有唯一性，因此在弹出的对话框中选择"员工工号"一列作为关联列。

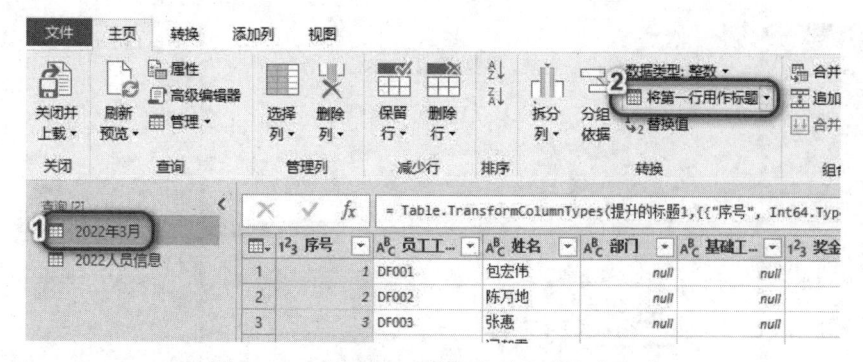

图 15-23　在 Power Query 中整理查询表表头

在中部的下拉选项中选中另一张表"2022 人员信息"作为被查询表，并在加载后出的表预览界面中也选择"员工工号"列，最后进行连接，选择"左外部"（默认选项）。当连接顺利进行时，下方一般会显示较多的匹配行数，此处有 15 行，如图 15-24 所示。

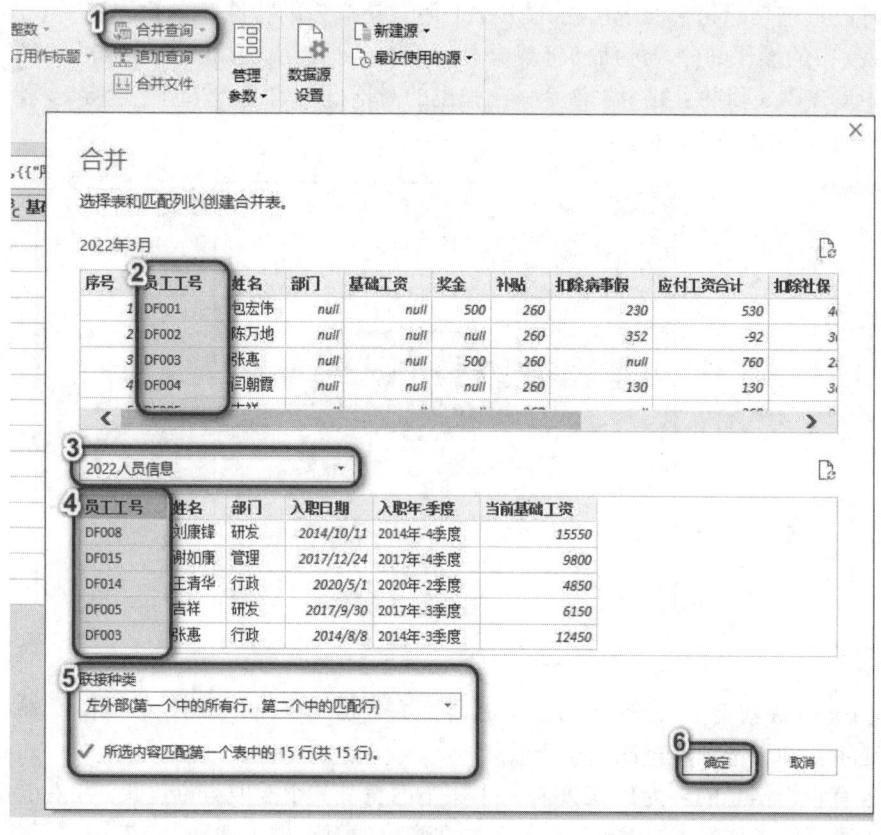

图 15-24　Power Query 中查询表间的连接操作

完成后可观察到右侧出现一列值为 Table 的新增内容，实际上，需要查询的"部门""当前基础工资"信息已经包含在其中，需将其展开。单击选区右上角的按钮，在展开选项中，

任务 15　公司财务记账　231

勾选需要作为查询结果的项目"部门"与"当前基础工资",取消勾选"使用原始列名作为前缀"复选框,单击"确定"按钮即可将区域变为两列,并显示具体内容,如图 15-25 所示。

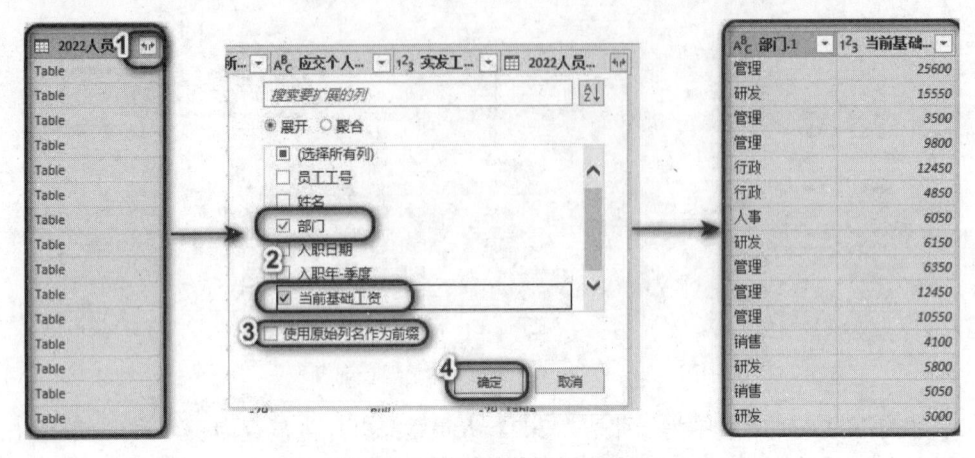

图 15-25　将筛选结果展开显示

可以看出,查询功能与前章节中多次强调的 VLOOKUP 函数功能类似,但面对更庞大的数据对象时,查询功能将会展现出相比 Excel 函数更高效的特性。自此,完成了查询工作在 Power Query 中的操作部分,最后需将数据返回给 Excel 使用。单击"关闭并上载"选项,在下拉菜单中单击"关闭并上载至"命令,在弹出的对话框中勾选"仅创建连接"项,最后单击"加载"按钮,如图 15-26 所示。

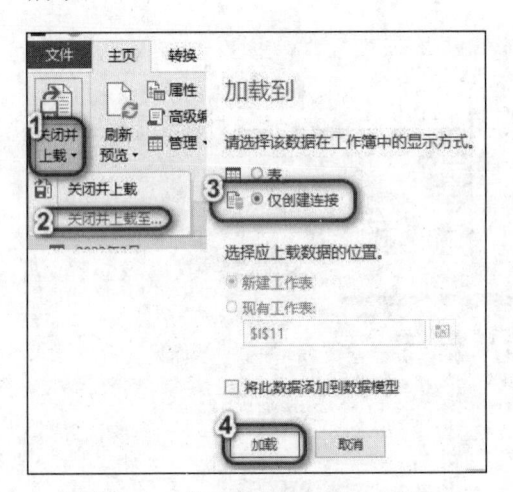

图 15-26　关闭并上载至 Excel 连接

此时,Excel 中新增了两条查询记录,在界面右侧自动弹出,如不慎关闭,可单击"数据"菜单下"显示查询"选项,再次调出查看。

由于含有查询信息的表为"2022 年 3 月",下面将从其中提取查询结果。在右侧选中该表,右击,在快捷菜单中单击"加载到"命令,并在弹出的对话框中选择"表"→"新建工作表",单击"加载"按钮,如图 15-27 所示。

可以看到工作表标签栏中显示新增了一个工作表,右击,在快捷菜单中单击"重命名"命令,将其命名为"查询表",如图 15-28 所示。

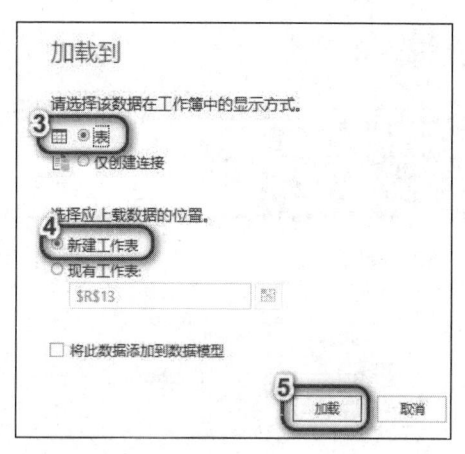

图15-27　将查询结果加载到新工作表

对该表中员工工号进行升序排列（使用"数据"菜单中的"↕"按钮进行升序），并将右侧的"部门"与"当前基础工资"值复制给工作表"2022年3月"中的D列与E列。

要求5　调整"2022年3月"工作表各列宽度，使其更加美观。并设置纸张大小为A4、横向，左页边距为1厘米，整个工作表需调整在1个打印页内。

单击"文件"菜单"打印"选项，在设置项的下拉菜单中选择"横向"并选择A4大小，如图15-29所示。

图15-28　经过创建查询操作所得的查询表

图15-29　打印设置页面

设置页边距，在设置项下单击"正常边距"选项，并单击"自定义页边距"命令，在弹出的对话框中设置"左"边距为1.0，如图15-30所示。

任务15　公司财务记账

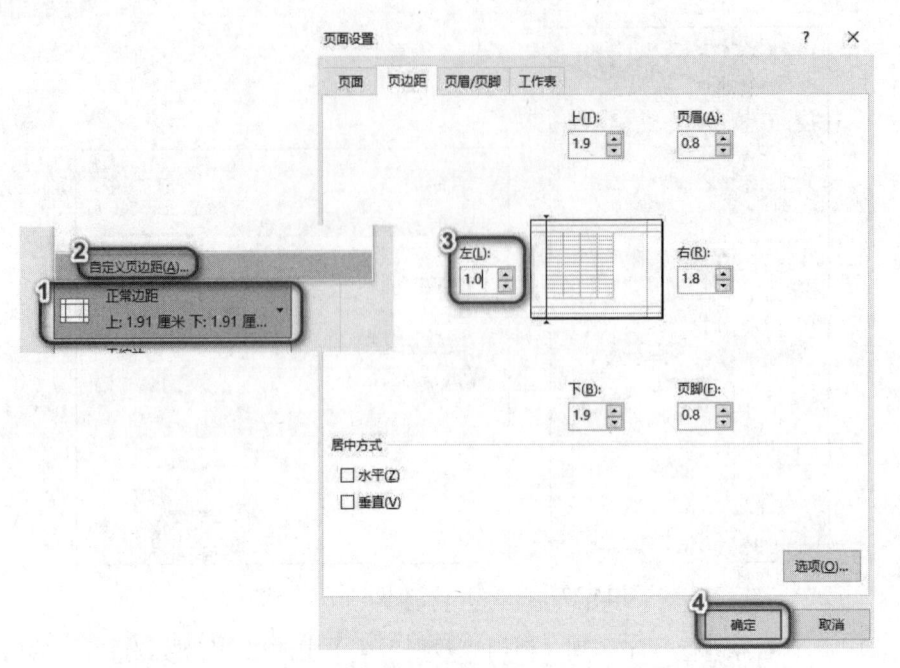

图 15-30　设置 Excel 打印页边距

在"视图"菜单下，单击"分页预览"选项，将蓝色框线的边界线拖动至表格范围最右侧（M 列与 N 列之间）。该操作将使工作表内容集中在第一页中，如图 15-31 所示。

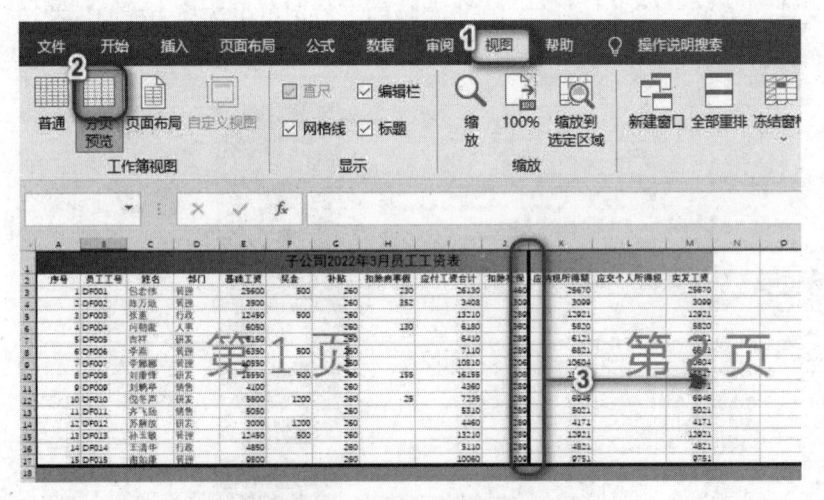

图 15-31　表格的打印范围设置

单击"视图"菜单下"普通"选项，将页面显示模式恢复到正常情况。

要求6　打开参考素材文件夹下的"工资薪金所得税率.xlsx"，利用 IF 函数计算"应交个人所得税"列。（提示：应交个人所得税=应纳税所得额×对应税率-对应速算扣除数）。

个人所得税的缴纳数额由"应纳税所得额"计算而得，实行梯度计算方式，收费高者缴纳比例高，收费低者缴纳比例低。任务例题中，已经通过表格间的固有计算设定将"奖金""社保"等情况计算清楚，"基础工资"填入 E 列后即可算出"应纳税所得额"。速算扣除数计算规则可图 15-32 说明。图中以不同应纳税所得额的计算为例，横坐标为"应纳税所得额"，纵向坐标为"税率"。快速计算个税的公式是计税依据×最高税率-速算扣除数=最终税额，即个人应缴所得税额的计算的标准：收入为负数，零税率，零速算扣除数，无需纳税；收入不超过 3000 元，乘以税率 3%，零速算扣除数；收入在 3000 元至 12000 元之间，乘以税率 10%，减去速算扣除数 210 元；收入高于 12000 元，乘以税率 20%，减去速算扣除数 1200 元，通过这样的计算方式，可简化对阶梯图形面积的计算。

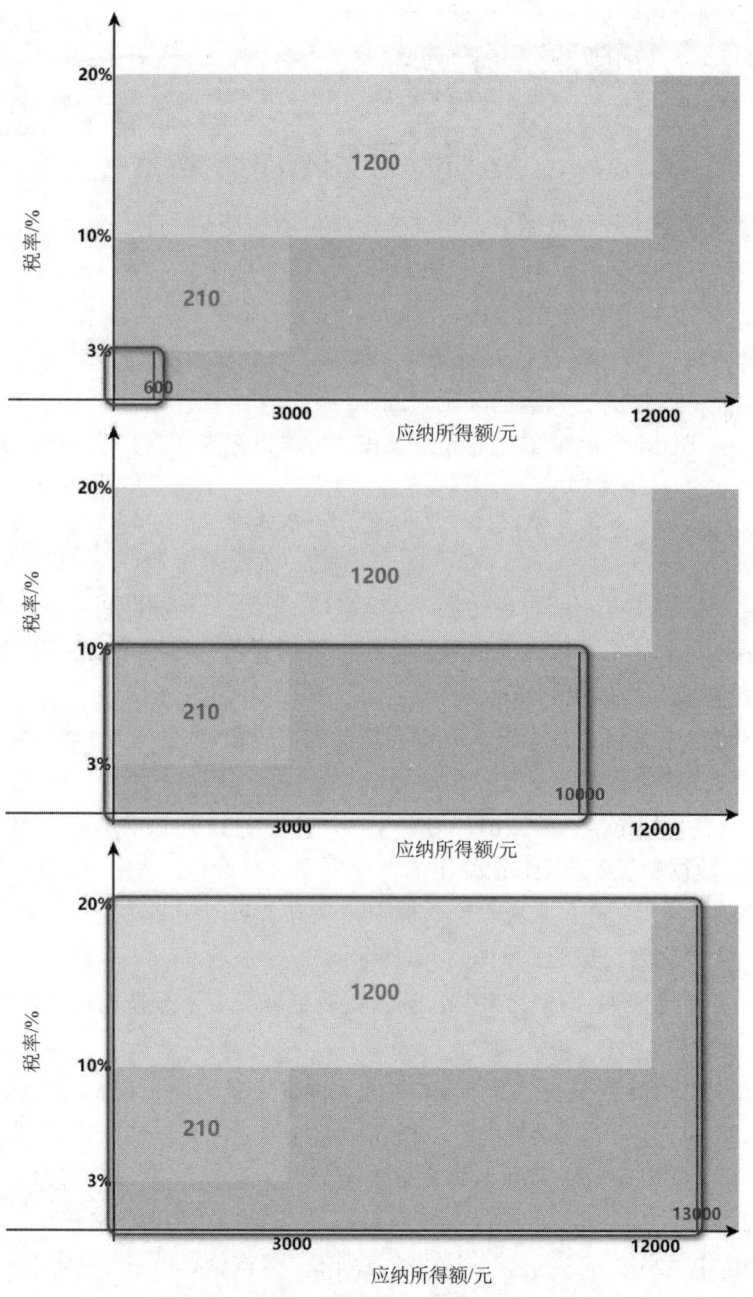

图 15-32 借助矩形面积理解速算扣除数规则

打开文件"工资薪金所得税率.xlsx",可以看到该表给出了梯度的分界、税率与速算扣除数信息,复制该表到"2022年3月"工作表下方的任意位置,以便观察。

由于梯度分段具有4段,因此应采用3次IF函数嵌套来完成该计算,选中L3单元格,在公式编辑栏中输入公式:

=IF(K3<0,0,IF(K3<3000,K3*0.03,IF(K3<12000,K3*0.1-210,K3*0.2-1410)))

图15-33 使用IF函数嵌套计算速算扣除数问题

为了降低复杂嵌套函数的报错率,用户应非常熟悉所用函数的语法结构,对于这里的IF函数,其三个参数的作用分别是为了告诉该单元格:条件是什么?满足条件时如何?不满足条件时如何?

使用自动填充将L列"应交个人所得税"数据填写完毕,M列"实发工资"将被自动计算出来。将税率表格所在的临时数据区域N1:P26中的内容清除。

要求7 使用SUM函数对实发工资列求和,将结果记录在N1单元格,并将其字体更改为红色、粗体。

选中N1单元格,在公式编辑栏中输入求和公式的外壳:

=SUM()

将光标放置在括号中间,使用鼠标选中M3:M17,按下回车键即可完成求和计算。在"开始"菜单中"字体"功能组下单击字体颜色按钮,选择红色;最后单击加粗按钮"B"或按下组合键Ctrl+B键完成字体加粗操作。

要求8 对D3单元格及其下方所有单元格添加内容限制,内容仅允许为"管理""行政""人事""研发""销售"五种情况之一。

选中D3单元格,按下组合键Ctrl+Shfit+↓两次,选中D列除前两行外的所有单元格,单击"数据"菜单"数据验证"选项,在弹出的对话框中进行设置,选中"设置"选项卡,在"允许"下选中"序列"类型,在"来源"输入框中输入五个部门的名称,词语之间应以英文半角逗号分隔开,单击"确定"按钮,如图15-34所示。

设置完毕后,当选中D列单元格时,其右侧将出现一个下拉按钮,单击该按钮将出现以上五个部门作为选项。

要求9 复制"2022年3月"工作表,将副本标签放置到原工作表的右侧,并命名为"分类汇总"。在"分类汇总"工作表中通过分类汇总功能求出各部门"应付工资合计""实发工资"的和,每组数据不分页。

打开"2022年3月"工作表,右击工作表标签,在快捷菜单中单击"移动或复制"命令,在弹出的对话框中选中"2022年3月",勾选"建立副本"复选框,单击"确定"按钮,如图15-35所示。

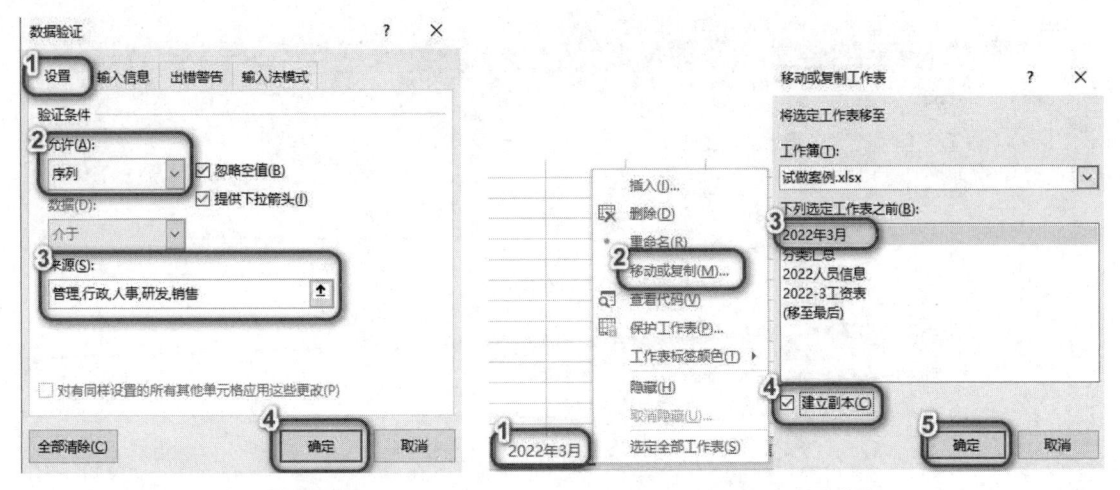

图 15-34　限定单元格的输入内容　　　　　　　图 15-35　复制工作表

将新增的工作表标签拖动至"2022年3月"右侧，并将其重命名为"分类汇总"，下面进行分类汇总准备。依题意，被分类字段为"部门"，因此应对"部门"一列进行排序，选中 D2:D17 一列数据，在"数据"菜单中单击"升序"按钮，在弹出的对话框中选择"扩展选定区域"，并单击"排序"按钮。

排序后即可对表格进行分类汇总，选中所有表头及数据内容区域 A2:M17，在"数据"菜单中单击"分类汇总"按钮，在弹出的对话框中选择"分类字段"为"部门"，在"选定汇总项"下，依照题意勾选"应付工资合计"与"实发工资"复选框，单击"确定"按钮，如图 15-36 所示。

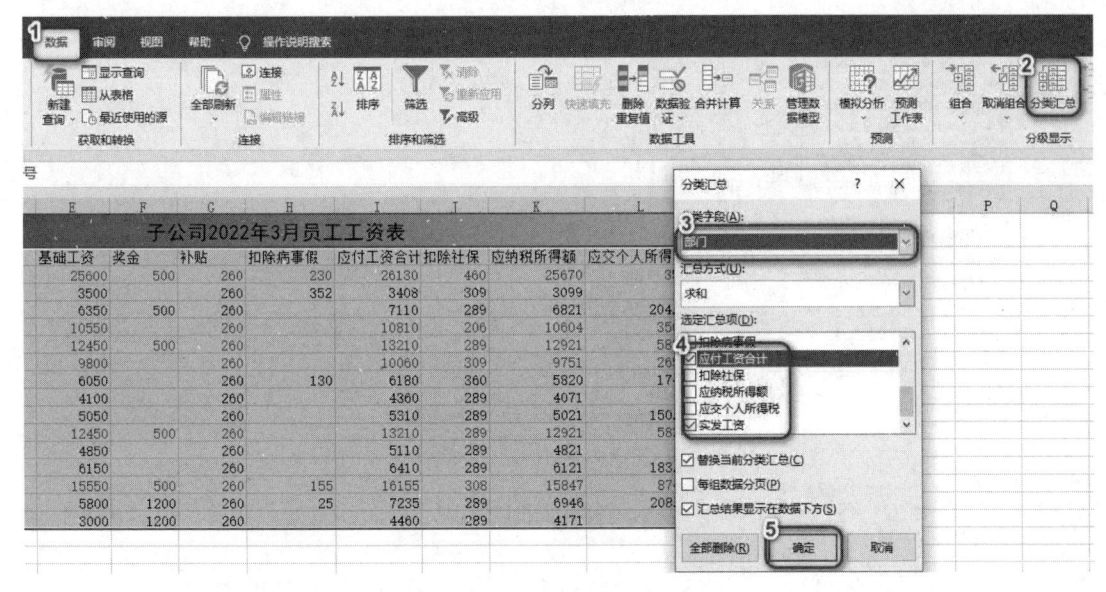

图 15-36　分类汇总的设置

完成分类汇总后的效果如图 15-37 所示。

要求 10　在"2022年3月"工作表中，使用条件格式功能将实发工资大于 7000 元的人员所在行以紫色文本显示。

1 2 3		A	B	C	D	E	F	G	H	I	J	K	L	M
	1						子公司2022年3月员工工资表							
	2	序号	员工工号	姓名	部门	基础工资	奖金	补贴	扣除病事假	应付工资合计	扣除社保	应纳税所得额	应交个人所得税	实发工资
	3	1	DF001	包宏伟	管理	25600	500	260	230	26130	460	20670	2724	22946
	4	2	DF002	陈万地	管理	3500		260	352	3408	309	-1901	0	3099
	5	6	DF006	李燕	管理	6350	500	260		7110	289	1821	54.63	6766.37
	6	7	DF007	李娜娜	管理	10550		260		10810	206	5604	350.4	10253.6
	7	13	DF013	孙玉敏	管理	12450	500	260		13210	289	7921	582.1	12338.9
	8	15	DF015	谢如康	管理	9800		260		10060	309	4751	265.1	9485.9
	9				管理 汇总					70728				64889.77
	10	4	DF004	闫朝霞	人事	6050		260	130	6180	360	820	24.6	5795.4
	11				人事 汇总					6180				5795.4
	12	9	DF009	刘鹏举	销售	4100		260		4360	289	-929	0	4071
	13	11	DF011	齐飞扬	销售	5050		260		5310	289	21	0.63	5020.37
	14				销售 汇总					9670				9091.37
	15	3	DF003	张惠	行政	12450	500	260		13210	289	7921	582.1	12338.9
	16	14	DF014	王清华	行政	4850		260		5110	289	-179	0	4821
	17				行政 汇总					18320				17159.9
	18	5	DF005	吉祥	研发	6150		260		6410	289	1121	33.63	6087.37
	19	8	DF008	刘康锋	研发	15550	500	260	155	16155	308	10847	874.7	14972.3
	20	10	DF010	倪冬声	研发	5800	1200	260	25	7235	289	1946	58.38	6887.62
	21	12	DF012	苏解放	研发	3000	1200	260		4460	289	-829	0	4171
	22				研发 汇总					34260				32118.29
	23				总计					139158				129054.7

图 15-37 分类汇总完成效果

由于条件格式可能作用于整行，因此选中"2022 年 3 月"工作表所有数据内容区域 A3:M17，在"开始"菜单中单击"条件格式"按钮，在下拉菜单中单击"新建规则"命令。在"选择规则类型"下选中"使用公式确定要设置格式的单元格"，并在"为符合此公式的值设置格式"一栏中输入公式：

=$M3>7000

单击预览区的"格式"按钮，在弹出的对话框中选择"字体"选项卡，单击"颜色"，在其下拉选中紫色，最后依次单击两个窗口的"确定"按钮，如图 15-38 所示。

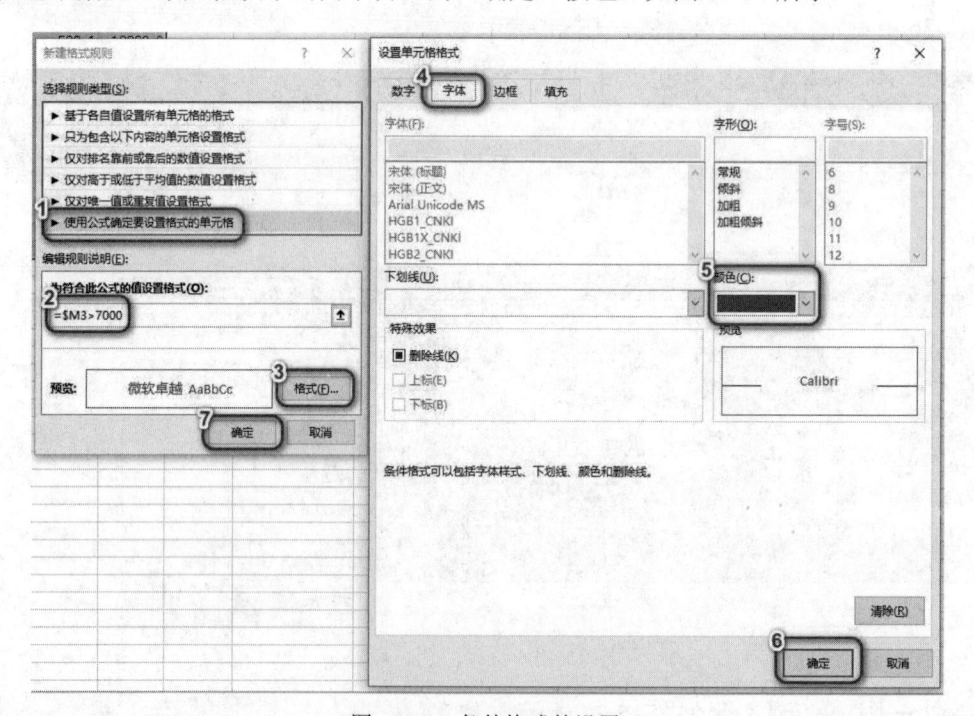

图 15-38 条件格式的设置

自此条件格式设定完成，如图 15-39 所示。

	A	B	C	D	E	F	G	H	I	J	K	L	M
1	子公司2022年3月员工工资表													
2	序号	员工工号	姓名	部门	基础工资	奖金	补贴	扣除病事假	应付工资合计	扣除社保	应纳税所得额	应交个人所得税	实发工资
3	1	DF001	包宏伟	管理	25600	500	260	230	26130	460	20670	2724	22946
4	2	DF002	陈万地	管理	3500		260	352	3408	309	-1901	0	3099
5	3	DF003	张惠	行政	12450	500	260		13210	289	7921	582.1	12338.9
6	4	DF004	闫朝霞	人事	6050		260	130	6180	360	820	24.6	5795.4
7	5	DF005	吉祥	研发	6150		260		6410	289	1121	33.63	6087.37
8	6	DF006	李燕	管理	6350	500	260		7110	289	1821	54.63	6766.37
9	7	DF007	李娜娜	管理	10550		260		10810	206	5604	350.4	10253.6
10	8	DF008	刘康锋	研发	15550	500	260	155	16155	308	10847	874.7	14972.3
11	9	DF009	刘鹏举	销售	4100		260		4360	289	-929	0	4071
12	10	DF010	倪冬声	研发	5800	1200	260	25	7235	289	1946	58.38	6887.62
13	11	DF011	齐飞扬	销售	5050		260		5310	289	21	0.63	5020.37
14	12	DF012	苏解放	研发	3000	1200	260		4460	289	-829	0	4171
15	13	DF013	孙玉敏	管理	12450	500	260		13210	289	7921	582.1	12338.9
16	14	DF014	王清华	行政	4850		260		5110	289	-179	0	4821
17	15	DF015	谢如康	管理	9800		260		10060	309	4751	265.1	9485.9

图 15-39　条件格式完成效果

15.4　思考与实训

【问题思考】

（1）单元格格式中的渐变效果如何设置？

（2）符号&有哪些作用？

（3）如何将两个工作表中的信息合并查询？

（4）IF 函数的语法由哪几部分构成？

（5）"数据"菜单中"分类汇总"功能组有哪些选项？

【实训案例】

在 Excel 中输入下列数据，并完成后续统计任务。

表 15-1　零件等级测试

零件序号	零件规格	标准尺寸/mm	实测尺寸/mm	误差/mm	误差/%	等级
1	HQ8348	48.000	47.986	0.014	0.030	
2	HQ8348	48.000	47.992	0.008	0.016	
3	HQ8348	48.000	47.977	0.023	0.048	
4	HQ8348	48.000	48.022	0.022	0.046	
5	HQ8336	36.000	35.991	0.009	0.024	
6	HQ8348	48.000	48.002	0.002	0.005	
7	HQ8336	36.000	35.999	0.001	0.003	
8	HQ8348	48.000	48.012	0.012	0.025	
9	HQ8336	36.000	36.012	0.012	0.032	
10	HQ8336	36.000	36.015	0.015	0.041	
11	HQ8348	48.000	47.979	0.021	0.044	
12	HC650	5.000	4.999	0.001	0.024	

续表

零件序号	零件规格	标准尺寸/mm	实测尺寸/mm	误差/mm	误差/%	等级
13	HQ8348	48.000	47.984	0.016	0.034	
14	HQ8336	36.000	35.991	0.009	0.026	
15	HQ8348	48.000	48.000	0.000	0.000	
16	HC650	5.000	5.001	0.001	0.021	
17	HC650	5.000	5.002	0.002	0.050	
18	HQ8348	48.000	48.004	0.004	0.009	
19	HQ8348	48.000	48.006	0.006	0.012	
20	HC650	5.000	5.002	0.002	0.038	

（1）使用 IF 函数判断零件的等级（误差百分比在 0%～0.017%的判定为特等品，0.017%～0.034%为一等品，其余为二等品），由此填写“等级”列信息。

（2）使用条件格式功能，使特等品所在行的所有单元格填充为淡黄色。

（3）设置该表格区域外侧以双实线边框包围，表头行与表格数据行之间以细实线分隔。

（4）为“零件规格”列数据设置数据验证，使该列仅能填写“HC650”“HQ8336”“HQ8348”三者中的一个。

最终效果如图 15-40 所示。

零件序号	零件规格	标准尺寸(mm)	实测尺寸(mm)	误差(mm)	误差%	等级
1	HQ8348	48.000	47.986	0.014	0.030%	一等品
2	HQ8348	48.000	47.992	0.008	0.016%	特等品
3	HQ8348	48.000	47.977	0.023	0.048%	二等品
4	HQ8348	48.000	48.022	0.022	0.046%	二等品
5	HQ8336	36.000	35.991	0.009	0.024%	一等品
6	HQ8348	48.000	48.002	0.002	0.005%	特等品
7	HQ8336	36.000	35.999	0.001	0.003%	特等品
8	HQ8348	48.000	48.012	0.012	0.025%	一等品
9	HQ8336	36.000	36.012	0.012	0.032%	一等品
10	HQ8336	36.000	36.015	0.015	0.041%	二等品
11	HQ8348	48.000	47.979	0.021	0.044%	二等品
12	HC650	5.000	4.999	0.001	0.024%	一等品
13	HQ8348	48.000	47.984	0.016	0.034%	二等品
14	HQ8336	36.000	35.991	0.009	0.026%	一等品
15	HC650	48.000	48.000	0.000	0.000%	特等品
16	HQ8348	5.000	5.001	0.001	0.021%	一等品
17	HQ8336	5.000	5.002	0.002	0.050%	二等品
18	HQ8348	48.000	48.004	0.004	0.009%	特等品
19	HQ8348	48.000	48.006	0.006	0.012%	特等品
20	HC650	5.000	5.002	0.002	0.038%	二等品

图 15-40 案例效果

任务 16　人口普查数据统计

16.1　任　务　描　述

中国的人口发展形势非常严峻，为此国家统计局每 10 年进行一次全国人口普查，以掌握全国人口的增长速度及规模。按照下列要求完成对第五次、第六次人口普查数据的统计分析：

要求 1　新建一个空白 Excel 文档，将工作表 Sheet1 更名为"第五次普查数据"，将 Sheet2 更名为"第六次普查数据"，将该文档以"全国人口普查数据分析.xlsx"为文件名进行保存。

要求 2　浏览网页 5.html，将其中的"2000 年第五次全国人口普查主要数据"表格导入到工作表"第五次普查数据"中；浏览网页 6.html，将其中的"2010 年第六次全国人口普查主要数据"表格导入到工作表"第六次普查数据"中（要求：均从 A1 单元格开始导入，不得对两个工作表中的数据进行排序）。

要求 3　对两个工作表中的数据区域套用合适的表格样式，要求至少四周有边框且偶数行有底纹，并将所有人口数列的数字格式设为带千分位分隔符的整数。

要求 4　将两个工作表内容合并，合并后的工作表放置在新工作表"比较数据"中（自 A1 单元格开始），且保持最左列仍为地区名称、A1 单元格中的列标题为"地区"，对合并后的工作表适当的调整行高列宽、字体字号、边框底纹等，将显示的百分比设为小数点后一位。

要求 5　将工作表按工作簿"地区表.xlsx"中的顺序进行自定义序列排序。

要求 6　在合并后的工作表"比较数据"中的数据区域最右边依次增加"人口增长数"和"比重变化"两列，计算这两列的值，并设置合适的格式。其中：人口增长数=2010 年人口数-2000 年人口数；比重变化=2010 年比重-2000 年比重。

要求 7　打开工作簿"统计指标.xlsx"，将工作表"统计数据"插入到正在编辑的文档"全国人口普查数据分析.xlsx"中工作表"比较数据"的右侧。

要求 8　在工作簿"全国人口普查数据分析.xlsx"的工作表"统计数据"中的相应单元格内填入统计结果。

要求 9　基于工作表"比较数据"创建一个数据透视表，将其单独存放在一个名为"透视分析"的工作表中。透视表中要求筛选出 2010 年人口数超过 5000 万的地区及其人口数、2010 年所占比重、人口增长数，并按人口数从多到少排序。最后适当调整透视表中的数字格式。（提示：行标签为"地区"，数值项依次为 2010 年人口数、2010 年比重、人口增长数）。

要求 10　利用数据透视表制作图表，要求与参考图表"2010 超 5000 万人地区饼状图.png"尽可能相似，将图表放置在"统计报告"工作表 F3 单元格与 K17 单元格之间的区域。

16.2 相关考点

16.2.1 图表及设计方法(复习强化)

在任务 11、任务 12 中接触了 Excel 图表，本节举例说明五类基础图表：饼图、柱状图、堆积图、折线图、散点图。读者应熟悉以上图表的外观，如图 16-1 所示。

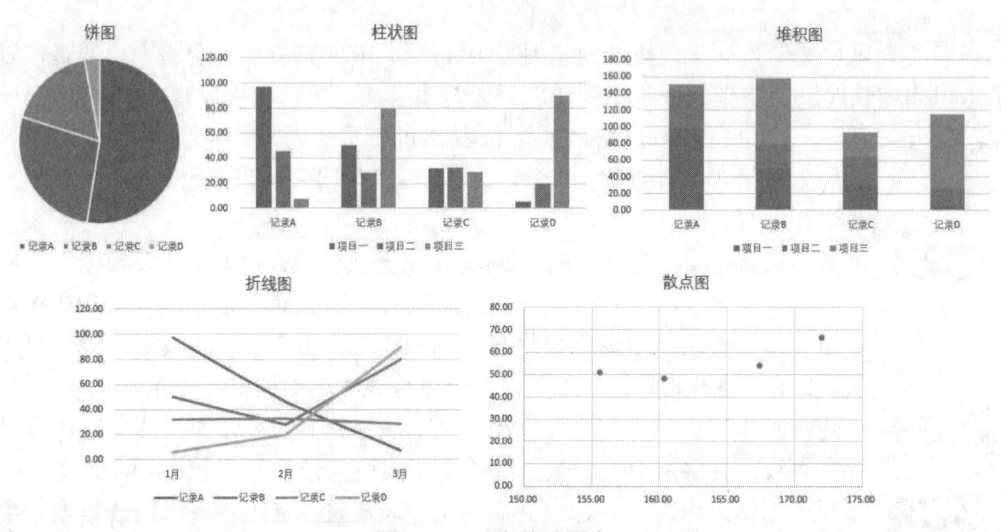

图 16-1　五类基础图表

16.2.2 导入网页数据并取消链接

在 Excel 中，有时需要从网页上获取一些数据，例如，各个班级各科成绩排名等数据量较大、不易人工摘录的数据，这时可以使用"数据"菜单中的"自网站"功能，将网页上的数据导入到工作表中，并且可以实时更新。下面简要介绍其操作。

打开一个空白的工作簿，单击"数据"菜单"自网站"选项，在弹出的对话框中输入或粘贴想要获取数据的网页地址，然后单击"转到"按钮，等待网页加载完成。在网页中，可以看到一些带有黄色箭头的图标，这些图标表示可以导入的数据区域，单击其中一个图标，选择想要导入的数据表格，然后单击"导入"按钮，在弹出的对话框中选择放置位置，例如，A1 单元格，然后单击"确定"按钮，就可以将网页数据导入到工作表中。

导入后的数据会自动与网页保持连接，并且会定期更新。如果不想更新或者想取消链接，可以单击"数据"菜单"连接"功能组下的"删除"选项。"属性"可以修改更新频率、源文件地址等设置，"断开链接"可以将数据与网页完全分离，变成静态的文本。

关于从网页导入数据的具体功能，限于篇幅与其抽象性，仅能在任务实施中配合案例数据对常见功能进行展开介绍。

16.2.3 创建数据查询(复习强化)

除了 15.2.6 小节的介绍外，计算机二级考试中与 Power Query 相关的知识点还包括：

（1）理解 Power Query 的作用及优势，如自动识别数据类型、可以进行复杂数据转换和清理、支持多个数据源的整合等。

（2）熟悉 Power Query 的界面和操作方法，包括从 Excel 中导入数据、创建查询、编辑查询、合并和转换数据、导出数据等。

（3）理解 Power Query 与其他 Excel 功能（如 VLOOKUP 函数）的区别和联系，能够根据实际需求选择合适的功能进行数据分析。

（4）了解 Power Query 在数据分析中的应用，如数据整合、数据分析、数据可视化等。

建议读者掌握该查询方法。在 Power Query 中，数据表被视为一个个的"查询"方案，可以通过对查询进行组合、合并和筛选等操作，提取所需数据。

16.2.4　数据透视表中值的显示方式

Excel 数据透视表中默认是无计算方式，可以设置值的显示方式。右击需要计算的单元格，选中"值的显示方式"并选择需要的功能：

（1）"总计的百分比"：每个数据项占该列和行所有项总和的百分比。

（2）"列汇总的百分比"：每个数据项占该列所有项总和的百分比。

（3）"行汇总的百分比"：每个数据项占该行所有项总和的百分比。

（4）"百分比"：基本字段和基本项的百分比。

（5）"父行汇总的百分比"：每个数据项占该列父级项总和的百分比。

（6）"父列汇总的百分比"：每个数据项占该行父级项总和的百分比。

（7）"父级汇总的百分比"：每个数据项占该列和行父级项总和的百分比

（8）"差异"：字段与指定的基本字段的差值，以实例来说，一般应用最多的，就是目标值与实际值的差异对比。

（9）"差异百分比"：在差异的基础上，字段与指定的基本字段的差值的百分比。

（10）"按某一字段汇总"：求累计值。

（11）"按某一字段汇总的百分比"：区域字段显示为基本字段项的汇总百分比。

（12）"升序排列"：对值进行排序，主要用于排名使用，值越小，排名越高。

（13）"降序排列"：对值进行排序，主要也是用于排名使用，值越大，排名越高。

（14）"指数"：反映某单元格在整体中的相对重要程度。

计算公式为：[(单元格中的值)×(总计÷整体总计)]÷[(行总计)×(列总计)]

16.2.5　INDEX 函数

INDEX 函数的功能是使用索引从引用或数组中选择值。它返回表格区域中的数值或对数值的引用。函数格式为：

=INDEX（array,row_num , column_num)

（1）array：单元格区域或数组常数。

（2）row_num：数组中某行的行序号，函数从该行返回数值。

（3）column_num：数组中某列的列序号，函数从该列返回数值。

16.2.6 MATCH 函数

MATCH 函数的功能是在引用或数组中查找值。它返回在指定方式下与指定数值匹配的数组中元素的相应位置。如果需要找出匹配元素的位置而不是匹配元素本身，则应该使用 MATCH 函数。函数格式为：

=MATCH(lookup value，lookup array，match_type)

（1）lookup value：查找值，即需要在数据表中查找的数值，可以是数值（或数字文本或逻辑值）对数字、文本或逻辑值的单元格引用。

（2）lookup_array：查找区域，包含所要查找的数值的连续单元格区域，可以是数组或数组引用。

（3）match type：查找方式，为-1、0 或 1。1 代表函数 MATCH 是查找小于或等于 lookup value 的最大数值；0 代表函数 MATCH 是查找等于 lookup value 的第一个数值；-1 代表函数 MATCH 是查找大于或等于 lookup_value 的最小数值。

16.2.7 表格的样式

表格样式是指对工作表中的数据进行美化和格式化的操作，可以使数据更加清晰和直观。Excel 提供了多种方式来设置表格的样式，例如：

（1）应用预设样式：在"开始"菜单"格式"下拉菜单中，可以选择多种预设的表格样式，如颜色、边框、字体等。选择一个样式后，会自动应用到当前选中的单元格或区域。

（2）自定义样式：如果预设的样式不能满足需求，可以自己创建新的样式。在"开始"菜单中，单击"单元格样式"按钮，会弹出一个对话框，在"新建"选项卡中，可以设置自己想要的样式属性，如名称、数字、对齐、字体、边框、填充等。创建好后，单击"确定"按钮，新的样式就会出现在"单元格样式"对话框中，可以随时应用到工作表中。

（3）条件格式：是一种根据单元格的值或公式来改变单元格显示效果的功能。在"开始"菜单"条件格式"下拉菜单中，可以选择多种条件格式，如数据条、色阶、图标集、突出显示单元格规则等。选择一个条件格式后，会弹出一个对话框，在其中可以设置条件和格式。设置好后，单击"确定"按钮，条件格式就会应用到当前选中的单元格或区域。

表格的样式可以随时修改或删除。在"开始"菜单"清除"下拉菜单中，可以选择清除所有格式、清除内容、清除注释等选项。如果想恢复默认的表格样式，可以在"开始"菜单中，单击"常规"按钮。

16.2.8 单元格的格式（复习强化）

在 13.2.5 小节及 14.2.2 小节中，仅学习了单元格格式的数值选项卡，实际上 Excel 中设置单元格的显示样式还包括字体、字号、颜色、对齐方式、边框、填充等基础设定。本节补充说明以下几个方面的知识：

（1）如何设置单元格格式。通过以下几种方式设置单元格的基础格式：

1）使用快捷键：例如，Ctrl+B 组合键可以加粗字体，Ctrl+U 组合键可以添加下划线，Ctrl+1 组合键可以打开"格式"对话框等。

2）使用工具栏：例如，"字体"功能组可以设置字体、字号、颜色等；"对齐"功能组可以设置水平对齐、垂直对齐、缩进等；"边框"功能组可以设置边框样式、颜色等。

3）使用菜单栏：例如，单击"格式"菜单下的"单元格"选项，可以打开"格式"对话框，其中包含了"数字""对齐""字体""边框""填充""保护"等六个选项卡，可以分别设置各种单元格格式。

4）使用快捷菜单：例如，在单元格上右击，在快捷菜单中单击"设置单元格格式"命令，也可以打开"格式"对话框。

（2）如何复现单元格格式。格式设置往往需要多步操作，对于庞大的表格，需要重复使用同一种格式时，可通过以下复现操作提升工作效率：

1）使用复制粘贴：例如，选中已经设置好格式的单元格，按 Ctrl+C 组合键复制，然后选中要应用格式的目标单元格，按 Ctrl+V 组合键粘贴。

2）使用格式刷：例如，选中已经设置好格式的单元格，单击"格式刷"按钮，然后单击或拖动要应用格式的目标单元格。

3）使用样式：例如，在"样式"功能组中选择或创建一个样式，然后应用到目标单元格，用户也可以自定义样式方便后续调用。

4）使用自动格式化：例如，选择一个数据区域，单击"数据"菜单下的"自动格式化"选项，选择一个预设的表格样式。

（3）如何清除单元格格式。可以通过以下几种方式清除单元格格式：

1）使用清除按钮：例如，选中要清除格式的单元格或区域，单击"开始"菜单"编辑"功能组"清除"按钮，在其下拉菜中单击"清除所有"或"清除格式"命令。

2）使用快捷键：例如，选中要清除格式的单元格或区域，按 Ctrl+Shift+Z 组合键。

3）使用格式刷：单击工作表中其他无格式单元格，如右侧远离数据内容区域的单元格，单击"开始"菜单下的"格式刷"按钮，再单击需要清除格式的单元格区域。

16.2.9 数据的筛选与排序（复习强化）

在 14.2.6 小节中，介绍了数据的升序、降序、多条件排序、数值筛选、文本筛选、单条件筛选、多条件筛选的设置方法，读者应熟练掌握以上 7 项操作。在筛选开启的情况下，被筛除的数据并未抹去，而是以隐藏状态存在于工作表当中。再次单击"数据"菜单中的"筛选"按钮，则可将本工作表中的所有筛选取消，恢复隐藏的数据。

16.2.10 边框和底纹（复习强化）

15.2.11 小节中提到边框和底纹设置功能用于设置表格边框线型及单元格内的底色，并提供了设置方法。此外，底纹和边框设置功能不仅可以应用于表格，还可以应用于文字、图片、形状等对象，只要选中对象，右击，在其快捷菜单中单击"设置格式"命令，就可以在弹出的对话框中找到"边框"或"填充"选项卡。

底纹和边框设置功能可以让用户自定义边框和填充的样式，例如，在"边框"选项卡中，单击"自定义"按钮，就可以调整边框的宽度、样式、颜色、阴影等属性；在"填充"选项卡中，单击"图片或纹理填充"按钮，就可以从文件或剪贴板中插入图片作为填充效果。

底纹和边框设置功能还可以让用户复制或清除已有的格式，例如，在 Excel 中，选中一个区域，单击"开始"菜单下"剪贴板"功能组中的"格式刷"按钮，就可以将该区域的格式复制到另一个区域；如果想清除某个区域的格式，只需选中该区域，单击"开始"菜单下"编辑"功能组中的"清除"按钮，在其下拉菜单中单击"清除格式"命令即可。

16.3 任务实施

要求1 新建一个空白 Excel 文档，将工作表 Sheet1 更名为"第五次普查数据"，将 Sheet2 更名为"第六次普查数据"，将该文档以"全国人口普查数据分析.xlsx"为文件名进行保存。

新建空白 Excel 文档，命名为"全国人口普查数据分析"，打开文档，双击 Sheet1 更名为"第五次普查数据"，单击右侧的"+"按钮，新增工作表，双击更名为"第六次普查数据"。

要求2 浏览网页"5.html"，将其中的"2000 年第五次全国人口普查主要数据"表格导入到工作表"第五次普查数据"中；浏览网页 6.html，将其中的"2010 年第六次全国人口普查主要数据"表格导入到工作表"第六次普查数据"中（要求：均从 A1 单元格开始导入，不得对两个工作表中的数据进行排序）。

在工作表"第五次普查数据"中选择 A1 单元格，单击"数据"菜单"获取外部数据"中的"自网站"选项，如图 16-1 所示。

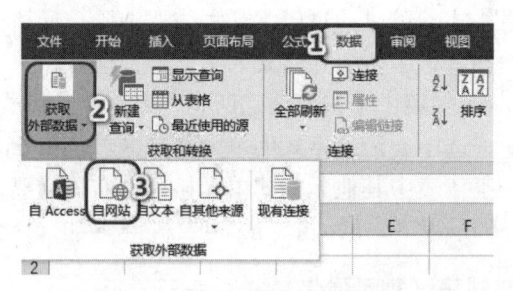

图 16-1 从网页获取外部数据

在地址栏中填写网页路径，格式为在 file:///后填写素材文件夹中网页文件的具体路径（如 file:///C:/Users/NCRE2/Desktop/16/5.html）。单击"转到"按钮，下拉网页，单击其中的"2000 年第五次全国人口普查主要数据（大陆）"表左侧的箭头图标，单击"导入"按钮。

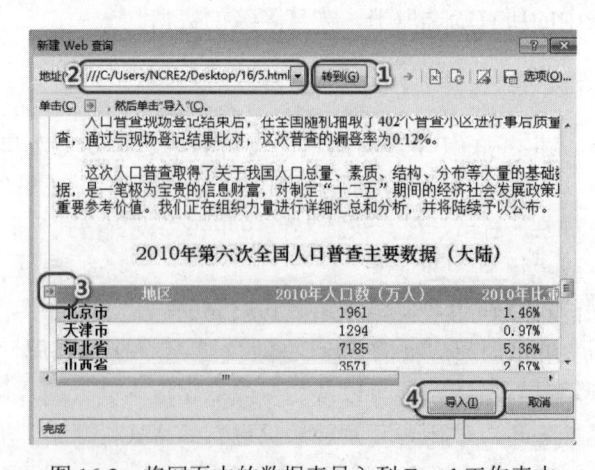

图 16-2 将网页中的数据表导入到 Excel 工作表中

用同样的方式在工作表"第六次普查数据"中导入 file:///C:/Users/NCRE2/Desktop/16/6.html 网页中的"2000 年第六次全国人口普查主要数据（大陆）"表格。

要求3 对两个工作表中的数据区域套用合适的表格样式，要求至少四周有边框且偶数行有底纹，并将所有人口数列的数字格式设为带千分位分隔符的整数。

选中 A1 至 C34 单元格，单击"样式"功能组中的"套用表格格式"选项，在其下拉菜单中选择合适的样式，如图 16-3 所示。

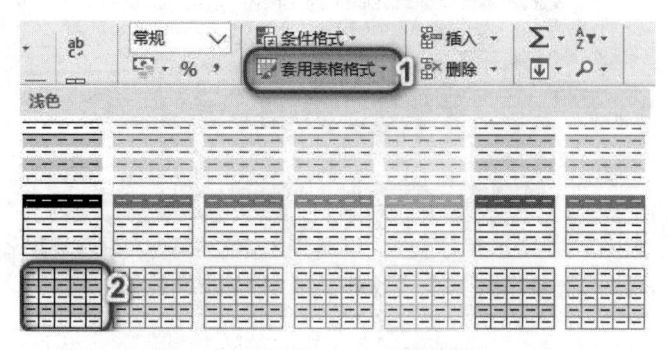

图 16-3　套用 Excel 提供的表格样式

弹出对话框，提示"选定区域与一个或多个外部数据区域交迭。是否要将选定区域转换为表并删除所有外部链接？"单击"是"按钮。

选择 B 列，右击，在快捷菜单中单击"单元格格式"命令，选择"数字"选项卡"数值"类，在"小数位数"中填写 0，勾选"使用千分位分隔符"复选框，单击"确定"按钮，如图 16-4 所示。

图 16-4　整数数值的格式设置

要求4 将两个工作表内容合并，合并后的工作表放置在新工作表"比较数据"中（自

任务 16　人口普查数据统计　247

A1单元格开始），且保持最左列仍为地区名称、A1单元格中的列标题为"地区"，对合并后的工作表适当的调整行高列宽、字体字号、边框底纹等，将显示的百分比设为小数点后一位。

单击"数据"菜单"新建查询"选项，在其下拉菜单中单击"从文件"→"从工作簿"命令，如图16-5所示。

图16-5　利用查询工具合并表格内容

选择工作簿"全国人口普查数据分析"，单击"导入"按钮。勾选导航器中的"选择多项""第五次普查数据""第六次普查数据"复选框，单击"转换数据"按钮，如图16-6所示。

图16-6　查询的导入设置

单击"第五次普查数据"，单击"组合"功能组"合并查询"选项，选择"地区"列，选择"第六次普查数据"同样选择"地区"列，单击"确定"按钮，如图16-7所示。

单击"第六次普查数据"右侧的图标，取消勾选"地区"和"使用原始列名作为前缀"复选框，单击"确定"按钮，单击"关闭并上载"按钮，如图16-8所示。

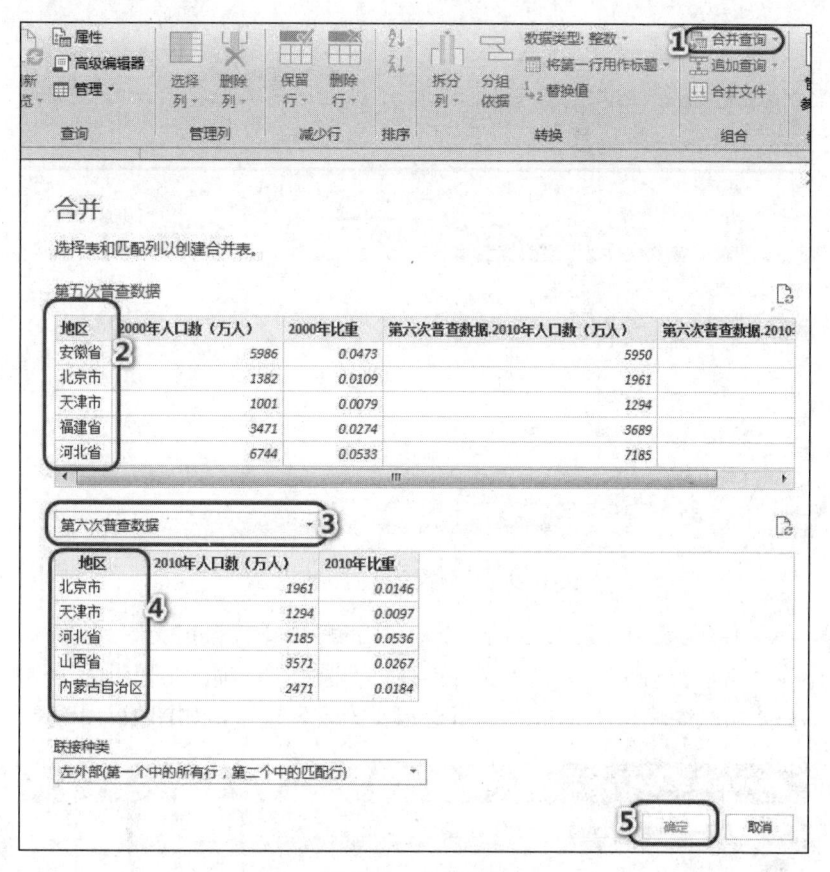

图 16-7 合并查询

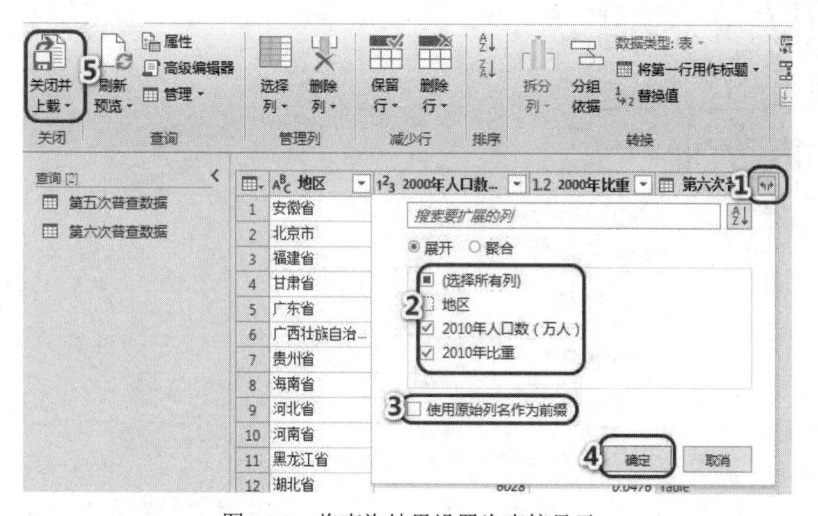

图 16-8 将查询结果设置为直接显示

将新生成的工作表更名为"比较数据"。

选中 C 列和 E 列，右击，在快捷菜单中单击"设置单元格格式"命令，在弹出的对话框中选择"数字"选项卡，在"百分比"中将"小数位数"改为 1，如图 16-9 所示。

任务 16 人口普查数据统计

图 16-9　百分数数值的格式设置

要求5　将工作表按工作簿"地区表.xlsx"中的顺序进行自定义序列排序。

打开工作簿"地区表.xlsx",单击"文件"菜单"选项"选项,在弹出的对话框中选择"高级"选项卡,在"常规"模块中单击"编辑自定义列表"选项,如图 16-10 所示。

图 16-10　编辑自定义序列

选中列表,单击"导入"按钮,关闭并保存工作簿,如图 16-11 所示。

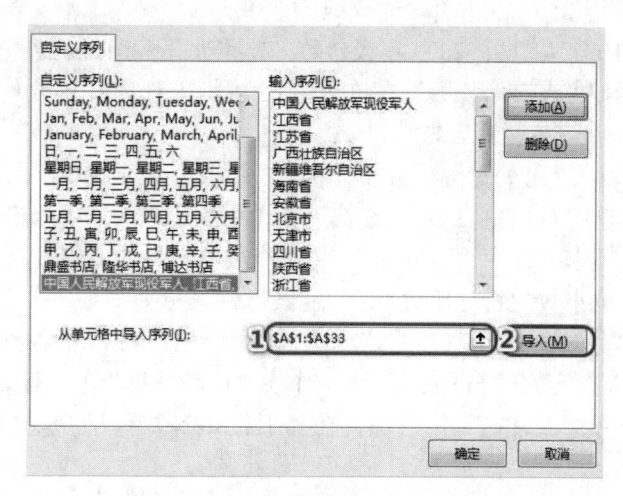

图 16-11　从表格中导入自定义序列

再次打开"全国人口普查数据分析.xlsx",打开"比较数据"工作表。按下 Ctrl+A 组合键选中表格区域。在"数据"菜单中单击"排序和筛选"中的"排序"选项,在对话框中将"主要关键列"设置为"地区",将"次序"设置为刚刚添加的地区序列,单击"确定"按钮,如图 16-12 所示。

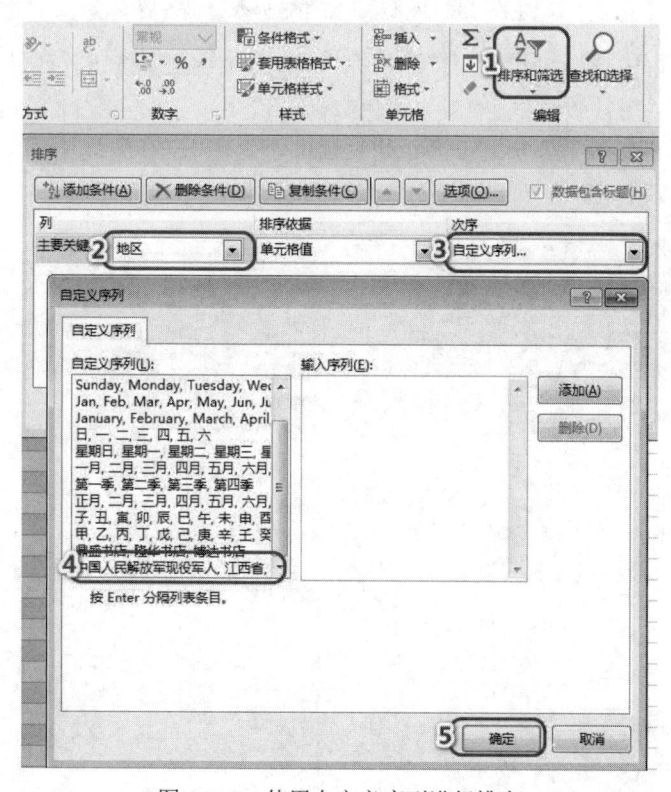

图 16-12　使用自定义序列进行排序

> **要求6**　在合并后的工作表"比较数据"中的数据区域最右边依次增加"人口增长数"和"比重变化"两列,计算这两列的值,并设置合适的格式。其中:人口增长

任务 16　人口普查数据统计　251

数=2010 年人口数–2000 年人口数；比重变化=2010 年比重–2000 年比重。

在单元格 F1 中填入"人口增长数"，在单元格 F2 中填入=[@2010 年人口数（万人）]-[@2000 年人口数（万人）]，并下拉至列表末端。

在单元格 G1 中填入"比重变化"，在单元格 G2 中填入=[@2010 年比重]-[@2000 年比重]，并下拉至列表末端。选中 G2:G34 区域，在快捷菜单中单击"设置单元格格式"命令，在弹出的对话框"数字"选项卡下选中"百分比"，将"小数位数"的值修改为 1，将比重变化一列的格式设置为保留 1 位小数的百分比数。

要求7 打开工作簿"统计指标.xlsx"，将工作表"统计数据"插入到正在编辑的文档"全国人口普查数据分析.xlsx"中工作表"比较数据"的右侧。

单击"数据"菜单"新建查询"选项，在其下拉菜单中单击"从文件"→"从工作簿"命令，如图 16-13 所示。

图 16-13 从 Excel 文件中提取查询内容

在弹出的对话框中选择工作簿"统计指标"，单击"导入"按钮。在弹出的导航器中选择"统计指标"中的"统计数据"，单击"转换数据"按钮。

单击 Column1 右侧箭头，取消勾选 null 复选框，单击"关闭并上载至…"命令，如图 16-14 所示。

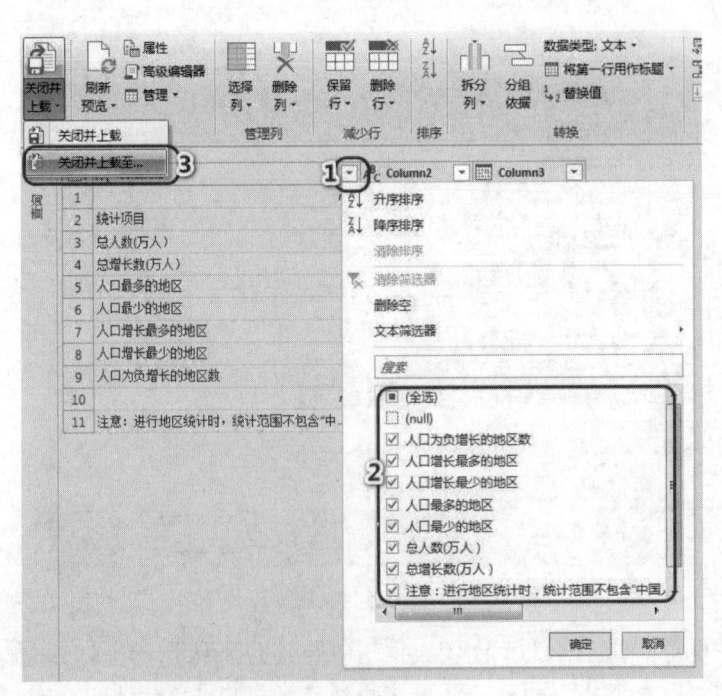

图 16-14 筛选查询结果

在"加载到"对话框中勾选"现有工作表"复选框，单击"加载"按钮，如图 16-15 所示。

图 16-15　加载查询结果

要求 8　在工作簿"全国人口普查数据分析.xlsx"的工作表"统计数据"中的相应单元格内填入统计结果。

在单元格 I3 中填入=SUM(B3:B33)。
在单元格 J3 中填入=SUM(D3:D33)。
在单元格 J4 中填入=SUM(F3:F33)。
在单元格 I5 中填入=INDEX(A3:A33,MATCH(MAX(B3:B33),B3:B33,0))。
在单元格 J5 中填入=INDEX(A3:A33,MATCH(MAX(D3:D33),D3:D33,0))。
在单元格 I6 中填入=INDEX(A3:A33,MATCH(MIN(B3:B33),B3:B33,0))。
在单元格 J6 中填入=INDEX(A3:A33,MATCH(MIN(D3:D33),D3:D33,0))。
在单元格 J7 中填入=INDEX(A3:A33,MATCH(MAX(F3:F33),F3:F33,0))。
在单元格 J8 中填入=INDEX(A3:A33,MATCH(MIN(F3:F33),F3:F33,0))。
在单元格 J9 中填入=COUNTIF(F3:F33,"<0")"

要求 9　基于工作表"比较数据"创建一个数据透视表，将其单独存放在一个名为"透视分析"的工作表中。透视表中要求筛选出 2010 年人口数超过 5000 万的地区及其人口数、2010 年所占比重、人口增长数，并按人口数从多到少排序。最后适当调整透视表中的数字格式。（提示：行标签为"地区"，数值项依次为 2010 年人口数、2010 年比重、人口增长数）。

选择 A1 至 G34 单元格，单击"插入"菜单"数据透视表"选项，在弹出的对话框中勾选"新工作表"项，单击"确定"按钮，如图 16-16 所示。

将新工作表重命名为"透视分析"，在右侧栏中勾选"地区""2010 年人口数（万人）""2010 比重""人口增长数"。

双击行标签，重命名为"地区"，单击右侧三角按钮，在其下拉菜单中单击"值筛选"→"大于"命令，在选中"求和项：2010 年人口数（万人）"的条件下，填入 5000，如图 16-17 所示。

选择 B4 至 B13 单元格，在"数据"菜单中单击"降序"按钮。

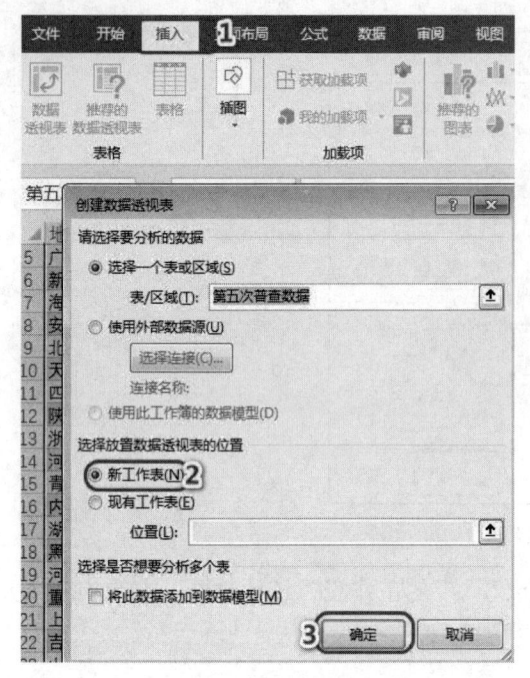

图 16-16 插入数据透视表　　　　　图 16-17 按"值条件"进行筛选

要求 10 利用数据透视表制作图表，要求与参考图表"2010 超 5000 万人地区饼状图.png"尽可能相似，将图表放置在"统计报告"工作表 F3 单元格与 K17 单元格之间的区域。

选择 A3:D13 区域，单击"插入"菜单"图表"功能组"三维饼状图"选项。

调整图表大小，将标题改名为"2010 年人口数超 5000 万人地区"。在"图表工具"下"设计"菜单"图表样式"中选择"样式 8"。在图表中选中标签，右击，在快捷菜单中单击"设置数据标签格式"命令，在右侧窗口中勾选"类别名称""值""百分比"。设置完成后的图表如图 16-18 所示。

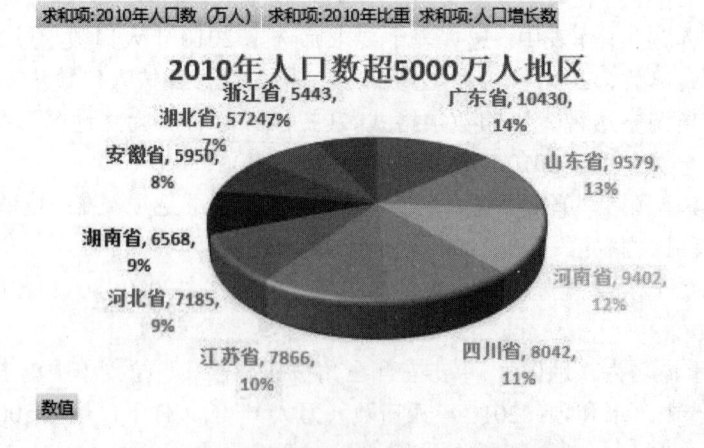

图 16-18 数据透视表对应的饼状图

16.4　思考与实训

【问题思考】

（1）导入网页后如何选择网页内的表格？
（2）Power Pivot 功能通常在什么场景下适用？
（3）数据透视表如何按条件筛选值？
（4）如何利用 INDEX 函数、MATCH 函数的配合实现查询功能？
（5）如何设置图表中显示哪些数据标签？

【实训案例】

在 Excel 中三个不同的工作表分别输入下列数据，并完成后续操作。

表 16-1　订单表

订单号	商品	交易价格/元	快递单号	成本/元	盈利/元
268517	充电宝	67.36	136652	34.5	32.86
268518	钢尺	5.36	587710	6.67	-1.31
268519	充电宝	69.9	905092	40.5	29.4
268520	转接头	25	879651	7.5	17.5
268521	水性笔	15	435124	8.66	6.34
268522	充电宝	69.9	676594	34.5	35.4
268523	钢尺	8.5	120258	6.67	1.83
268524	水性笔	13.67	643501	8.66	5.01

表 16-2　发货表

快递单号	商品	包装尺寸
120258		
136652		
435124		
587710		
643501		
676594		
879651		
905092		

表 16-3　包装表

商品	包装尺寸/cm
充电宝	170×80×30
转接头	80×50×20
水性笔	170×80×30
钢尺	170×40×20

（1）使用 INDEX 函数与 MATCH 函数嵌套的方法在"订单表"与"包装表"中进行查找，填写发货表的空白部分。

（2）使用 Power Pivot 关联三张表，将生成的透视表与上一问题的结果进行对比。

（3）使用自定义单元格格式，使"订单表"的"盈利"列数值根据正数与负数的不同显示不同的颜色（红色为负数，蓝色为正数）；

（4）使用筛选功能，将"发货表"中的"充电宝"信息筛选出来。

最终查询结果如图 16-19 所示。

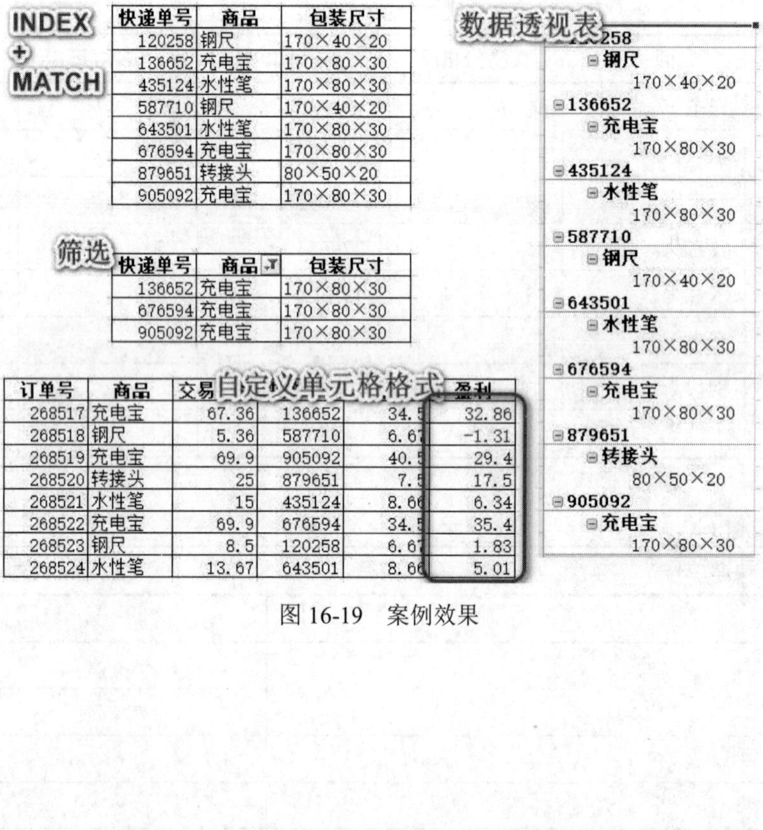

图 16-19　案例效果

任务 17　部门人员信息汇总

17.1　任务描述

某企业的管理人员统计了 2022 年 100 名员工的绩效奖金信息，准备使用 Excel 分析他们上一年度的绩效情况。根据下列要求，帮助他运用已有的数据完成这项工作。

要求 1　在素材文件夹下，将"Excel_素材.xlsx"文件另存为名为"Excel.xlsm"的 Excel 启用宏的工作簿，后续操作均基于此文件。

要求 2　在"员工资料"工作表中，修改 C 列中日期的格式，要求格式如："80 年 5 月 9 日（年份只显示后两位）"。将 A1:F1 区域的合并取消改为跨列居中。

要求 3　在 D 列中，计算每位员工到 2022 年 1 月 1 日止的年龄，规则为每到下一个生日计 1 岁。

要求 4　在 E 列中，计算每位员工到 2022 年 1 月 1 日止所处的年龄段，年龄段的划分标准位于"按年龄和性别"工作表的 A 列中。（注意：不要改变员工编号的默认排序，可使用中间表格进行计算。）

要求 5　在 F 列中计算每位员工 2021 年全年绩效奖金金额，各季度的绩效情况位于"2021 年绩效"工作表中，将 F 列的计算结果修改为货币格式，保留 0 位小数。（注意：为便于计算，可修改"2021 年绩效"工作表的结构。）

要求 6　为 B 列中的数据区域添加数据有效性，以便仅可在其中输入数据"男"或"女"，如果输入其他内容，则弹出样式为"停止"的出错警告，错误信息为"仅可输入中文！"。

要求 7　将表格按照绩效金额由多到少排序。

要求 8　录制名为"最小年龄"宏，以便可以对选定单元格区域中数值最小的 10 项应用"浅红填充色深红色文本"的"项目选取规则"条件格式，将宏指定到组合键 Ctrl+Shift+U，并对 D 列中的数值应用此宏。

要求 9　隐藏"2021 年绩效"工作表，将"各年龄段人数"工作表置于所有工作表最右侧。

要求 10　为工作簿设置密码，密码为 123456。

17.2　相关考点

17.2.1　VLOOKUP 函数（复习强化）

VLOOKUP 函数的基本介绍已在 11.2.2 小节中给出，该函数为计算机二级的高频考点，读者应通过反复实操熟练掌握其 4 个参数的填写。另外，使用 VLOOKUP 函数时，还要注意以下几点：

（1）lookup_value（第一个参数）不能包含通配符，如*或?。

（2）table_array（第二个参数）不能跨越多个工作表。

（3）col_index_num（第三个参数）不能大于数据区域的列数。

（4）如果没有找到匹配的值，VLOOKUP 函数会返回#N/A 错误。

17.2.2 AVERAGE 函数（复习强化）

在 12.2.6 小节中已经介绍了 AVERAGE 函数的基本语法格式，从函数的语法格式可知，第二个参数 number2 是可选的参数，表示要参与平均值计算的其他数字或单元格区域，因此该函数允许用户对非连续的区域进行求平均运算。Excel 中，最多可为 AVERAGE 函数输入 255 个参数。

17.2.3 RANK 函数（复习强化）

在 12.2.7 小节中，已对 RANK 函数的语法格式及参数进行了简单介绍。RANK 函数在使用时还需注意以下三点：

（1）第二个参数 ref 中的非数值型参数会被忽略，其不影响排位结果。

（2）通常应该以绝对引用的形式填写 ref 参数，否则在进行自动填充时，位于最后的数据排名将得到异常靠前的结果。

（3）RANK 函数对重复数值的排位相同，但重复数的存在将影响后续数值的排位。例如，在一列整数中，若整数 60 出现两次，其排位为 5，则 61 的排位为 7（没有排位为 6 的数值）。

17.2.4 日期显示格式——TEXT 函数

TEXT 函数为日期显示格式函数，属于文本函数，可以将日期、时间或数字转换为指定的格式，其语法格式为

TEXT(value, format_text)

（1）value：要转换的日期、时间或数字，可以是数值、单元格引用或公式。

（2）format_text：要应用的格式代码，可以是预定义的格式或自定义的格式。如："yyyy-mm-dd"、"m 月 d 日"等。

使用此函数时需注意如下几点：

（1）TEXT 函数返回的结果是文本类型，如果要进行数值运算，需要将文本转换为数值，可以使用 VALUE 函数或在前面加上负负号（--）。

（2）TEXT 函数可以根据不同的语言环境显示不同的结果，如：星期、月份等。

（3）TEXT 函数可以与其他函数结合使用，实现更多的功能，如：提取身份证号码中的性别和出生日期等。

17.2.5 DATEDIF 函数、TODAY 函数（复习强化）

在 13.2.6 小节中，已经介绍了 DATEDIF 函数与 TODAY 函数的语法格式，

对于 DATEDIF 函数，需注意以下几点：

（1）该函数是一个隐藏函数，在"函数编辑"对话框中无法将其检索出来，因此需要读者熟记完整的函数名称。

（2）第一个参数必须比第二个参数时间更早，否则无法计算。
（3）第三个参数必须包括一对英文双引号。

17.2.6 合并单元格（复习强化）

合并单元格是 Excel 中常用的一种操作，在 13.2.8 小节中已介绍其基本操作。

此外，在"合并后居中"按钮右侧的下拉菜单中，还有以下四个子选项：

（1）"合并后居中"：将所选区域全部合并为一个单元格，并将左上角单元格的内容居中显示在这个区域中。

（2）"合并单元格"：与"合并后居中"类似，但是不会将内容居中对齐，而是保留左上角单元格的对齐方式。

（3）"跨越合并"：仅会对同一行的内容进行合并，即使选中的是一个多行区域，也只是对该区域中的每一行进行合并操作。合并后仅保留每一行的左侧单元格内容。

（4）"取消单元格合并"：用于将已经合并的单元格重新拆分为原来的大小。但是在合并时丢失的数据不会在取消合并时返还。

除了使用"对齐方式"功能组中的按钮外，还可以通过以下方法来实现合并单元格：

（1）使用组合键 Alt+H+M+C 来实现"合并后居中"功能。

（2）使用快捷菜单中的"格式"命令，在弹出的"设置单元格格式"对话框中选择"对齐"选项卡，在"文本控制"区域勾选"合并单元格"复选框，并选择相应的对齐方式。

17.2.7 工作表标签的操作（复习强化）

在 13.2.9 小节中，已介绍工作表标签的一些基本操作，此外本节还需补充说明多表同时编辑状态。

工作表通常仅有一个处在激活状态，但其实 Excel 允许多个表共同激活批量编辑。类似于批量选择的方法，通过按住 Ctrl 键或 Shift 键可以选择多个工作表标签。在选中多个工作表的状态下，主界面依然仅显示一个表格，但此时对该表格的编辑操作（例如修改单元格的值，改变行高列宽）将会在选中的全部工作表中同步执行。

注意：在使用这种方式批量编辑工作表后，务必取消重复选择多表状态，以防止对非显示工作表的误操作。

17.2.8 设置带规则的数据（复习强化）

数据验证是 Excel 中的一项功能，可以对单元格的数据填写进行规范和限制，以避免出现格式不统一或错误的情况。本节归纳数据验证的设置方法：

（1）选中需要设置数据验证的单元格或区域，在"数据"菜单"数据工具"功能组中单击"数据验证"选项，打开"数据验证"对话框。

（2）在"设置"选项卡下，选择"允许"的数据类型，例如，整数、小数、日期、时间、序列、文本长度或自定义。根据不同的类型，设置相应的条件或规则，例如，最大值、最小值、来源、公式等。

（3）在"输入消息"选项卡下，可以设置在选中单元格时显示的提示信息，例如，标题和内容。这样可以引导用户正确输入数据。

(4)在"出错警告"选项卡下,可以设置在输入错误数据时显示的警告信息,例如,样式、标题和内容。这样可以提醒用户修改或清除错误数据。

(5)单击"确定"按钮,完成数据验证的设置。

17.2.9 共享功能

Excel 是一款强大的数据处理软件,能够让多人同时在同一个工作簿上进行编辑和修改,这就是共享功能。要启用共享功能,首先需要将工作簿保存在一个可以访问的网络位置,然后在"审阅"菜单中单击"共享工作簿"选项,在弹出的对话框中勾选"允许多人同时编辑此工作簿"复选框,并单击"确定"按钮。在计算机二级考试中,考生应能掌握以下几个方面的内容:

(1)更改历史:在"共享工作簿"对话框中,可以设置保存更改历史的时间长度,以便查看其他用户对工作簿的修改情况。单击"更改历史"按钮,可以查看具体的修改记录,包括修改者、修改时间、修改范围和修改内容。如果想要恢复某次的修改,可以单击"接受/拒绝更改"按钮,在弹出的对话框中选择要恢复的更改,并单击"接受"按钮或"拒绝"按钮。

(2)冲突解决:当多人同时编辑同一个单元格时,可能会发生冲突。Excel 提供了两种方式来解决冲突:一种是让后保存的更改覆盖先保存的更改,这是默认的方式;另一种是让用户手动选择要保留的更改,这需要在"共享工作簿"的对话框中勾选"当保存工作簿时提醒我解决冲突"复选框。当发生冲突时,Excel 会弹出一个对话框,显示不同用户对同一个单元格的修改,并让用户选择要保留哪一个。

(3)保护工作簿:为了防止其他用户误操作或恶意破坏共享工作簿,可以对工作簿进行保护。在"审阅"菜单中单击"保护共享工作簿"选项,在弹出的对话框中设置密码和权限,例如,禁止其他用户更改结构或窗口。需要注意的是,保护共享工作簿只能阻止其他用户对工作簿本身的修改,不能阻止其他用户对单元格内容的修改。

(4)取消共享:如果不想继续使用共享功能,可以取消共享工作簿。在"审阅"菜单中单击"取消共享工作簿"选项,在弹出的提示框中单击"确定"按钮。取消共享后,其他用户将无法再编辑和修改工作簿,只能以只读方式打开。

17.2.10 宏功能的简单介绍

Excel 可以通过宏功能来实现一些自动化的操作。宏是一组可以一键执行的命令或函数,可以用来完成重复性的任务或复杂的计算。在计算机二级考试中,考生应能理解宏的概念和作用、安全性,并能录制、编辑和运行简单的宏。下面将按重要程度逐个讲解:

(1)录制宏:在 Excel 中,可以通过单击"开发工具"菜单下的"录制宏"按钮来开始录制一个宏,录制时需要给宏命名、指定快捷键、选择存储位置和添加描述。录制过程中,Excel 会记录用户在工作表中的所有操作,包括输入数据、更改格式、应用公式等。录制完成后,单击"停止录制"按钮即可。

(2)运行宏:在 Excel 中,可以通过单击"开发工具"菜单下的"宏"按钮来查看和运行已有的宏,也可以通过设置快捷键或自定义按钮来快速运行宏。运行宏时,Excel 会按照录制时的操作顺序和内容来执行相应的命令或函数,实现预期的效果。

(3)编辑宏:在 Excel 中,可以通过单击"开发工具"菜单下的"宏"按钮来编辑已有的宏,也可以通过单击"视图"菜单下的"宏"按钮来打开宏编辑器。编辑宏时,需要使用

Visual Basic for Applications（VBA）语言来修改或添加代码，以实现更复杂或更灵活的功能。编辑完成后，保存并关闭编辑器即可。

（4）安全性：在 Excel 中，由于宏可能包含有害的代码或病毒，因此需要注意宏的安全性问题。可以通过单击"文件"菜单下的"选项"按钮来打开"信任中心"对话框进行设置，选择合适的宏安全性级别，如：禁用所有宏、启用所有宏、禁用带通知的所有宏等。建议在打开含有宏的工作簿时，先查看其来源是否可靠，再决定是否启用宏。

17.3 任务实施

要求1 在素材文件夹下，将"Excel_素材.xlsx"文件另存为名为"Excel.xlsm"的 Excel 启用宏的工作簿，后续操作均基于此文件。

打开"Excel_素材.xlsx"，单击"文件"菜单"另存为"命令，文件名改为"Excel"，保存类型选择"Excel 启用宏的工作簿（*.xlsm）"，如图 17-1 所示。

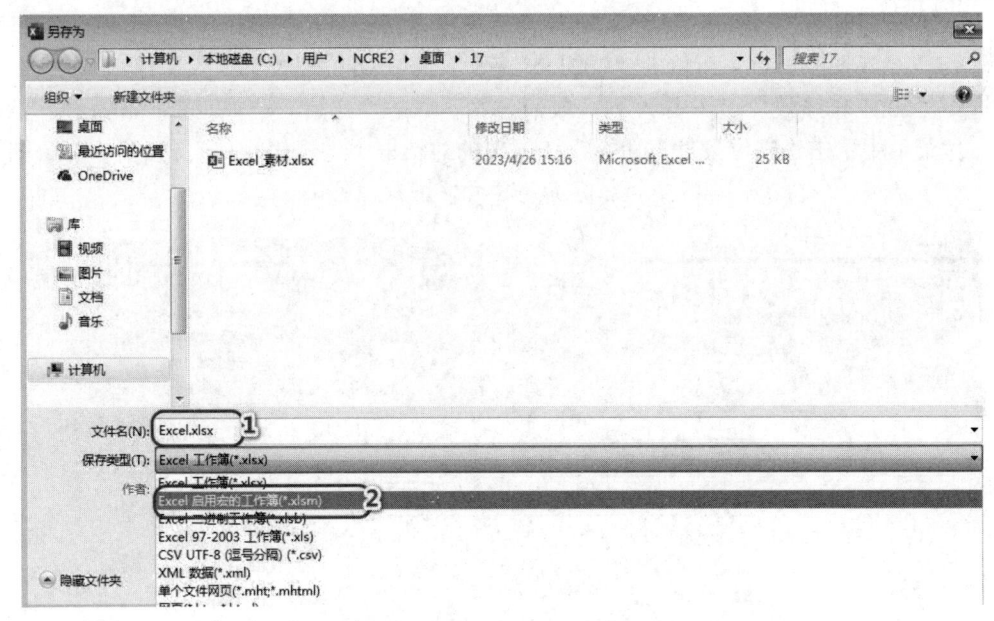

图 17-1 将素材另存为支持宏功能的 Excel 文件

要求2 在"员工资料"工作表中，新增一列"出生年月"，参照 C 列中的日期，将员工出生年月填入该列，要求格式如："80 年 5 月（年份只显示后两位）"。将 A1:G1 区域的合并取消改为跨列居中。

在 G2 单元格中填入"出生年月"，使用 TEXT 函数在 G3 中填入=TEXT(C3,"yy 年 m 月")，并下拉至最后一位员工。

选中 A1:G1 区域，在"开始"菜单中，单击"对齐方式"选项，在其下拉菜单中单击"跨越合并"命令，如图 17-2 所示。

要求3 在 D 列中，计算每位员工到 2022 年 1 月 1 日止的年龄，规则为每到下一个生日计 1 岁。

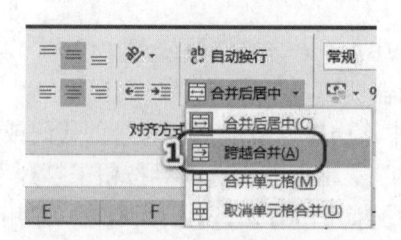

图 17-2　为标题设置跨越合并

在 D3 单元格中填入=DATEDIF(C3,"2022/1/1","y")，使用自动填充完成该列全部数据。

要求 4　在 E 列中，计算每位员工到 2022 年 1 月 1 日止所处的年龄段，年龄段的划分标准位于"按各年龄段人数"工作表的 A 列中。（注意：不要改变员工编号的默认排序，可使用中间表格进行计算。）

在 E3 单元格中填入=IF(D3>=70,"70 以上",IF(D3>=55,"55-69 岁",IF(D3>=30,"30-54 岁","30 岁以下")))，使用自动填充完成该列全部数据。

要求 5　在 F 列中计算每位员工 2021 年全年绩效奖金金额，各季度的绩效情况位于"2021 年绩效"工作表中，将 F 列的计算结果修改为货币格式，保留 0 位小数。（注意：为便于计算，可修改"2021 年绩效"工作表的结构。）

选中"2021 年绩效"工作表 A 列，取消合并。单击"开始"菜单"查找和选择"选项，在其下拉菜单中单击"定位条件"命令，在弹出的对话框中勾选"空值"。如图 17-3、图 17-4 所示。

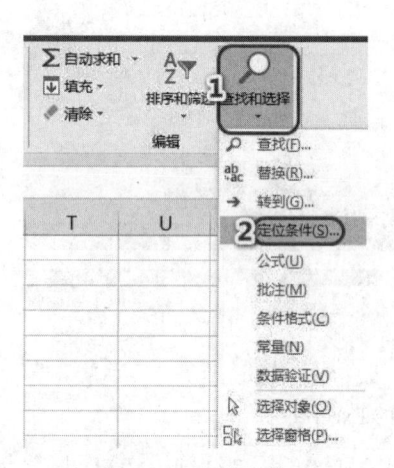

图 17-3　定位条件　　　图 17-4　使用"定位条件"工具选中工作表中的空白区域

在 A3 单元格中输入=A2，按下组合键 Ctrl + Enter，如图 17-5 所示。

使用 SUMIFS 函数，在工作表"员工资料"F3 单元格中填入=SUMIFS('2021 年绩效'!C:C,'2021 年绩效'!A:A,A3)，使用自动填充完成该列全部数据。

在选中该列所有数据时右击，在快捷菜单中单击"设置单元格格式"命令，在弹出的对话框中单击"数字"选项卡选择"货币"，并将"小数位数"设为 0。

要求 6　为 B 列中的数据区域添加数据有效性，以便仅可在其中输入数据"男"或"女"，如果输入其他内容，则弹出样式为"停止"的出错警告，错误信息为"仅可输入中文！"。

选中 B3 单元格，按下组合键 Ctrl+Shfit+↓ 两次，选中 B 列除前两行外的所有单元格，单击"数据"菜单"数据验证"选项，在弹出的对话框中进行设置，选中"设置"选项卡，在"允许"下选中"序列"类型，在"来源"中输入"男"和"女"，词语之间应以英文半角逗号分隔开，单击"确定"按钮，如图 17-6 所示。

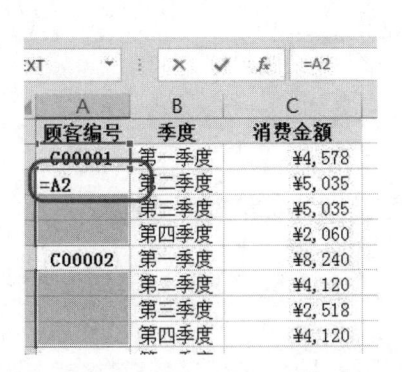

图 17-5　使用 Ctrl + Enter 组合键进行批量填充　　图 17-6　利用数据验证为表格添加填写内容限定

设置完毕后，当选中 B 列单元格时，其右侧将出现一个下拉按钮，单击按钮将出现"男""女"选项。

再次打开"数据验证"对话框，在"出错警告"选项卡下将"样式"选择为"停止"，并在"错误信息"中输入"仅可输入中文！"。

要求7　将表格按照绩效金额由多到少排序。

选中 F3 单元格，按下组合键 Ctrl+Shfit+↓ 两次，选中 F 列除前两行外的所有单元格，单击"数据"菜单"降序"按钮，如图 17-7 所示。

图 17-7　降序排列

要求8　录制名为"最小年龄"宏，以便可以对选定单元格区域中数值最小的 10 项应用"浅红填充色深红色文本"的"项目选取规则"条件格式，将宏指定到组合键 Ctrl+Shift+U，并对 D 列中的数值应用此宏。

若选项中没有开发者工具，单击"文件"菜单"选项"选项，在弹出的对话框中选择"自定义功能区"，勾选"开发工具"复选框，如图 17-8 所示。

单击"开发工具"菜单"代码"功能组"录制宏"选项，如图 17-9 所示。在弹出的对话框中将"宏名"改为"最小年龄"，并设置组合键，同时按下 Shift 键和 U 键，单击"确定"按钮，如图 17-10 所示。

单击"开始"菜单"条件格式"选项，在其下拉菜单中单击"最前/最后规则"→"最后 10 项"命令，在弹出的对话框中设置为"浅红填充色深红色文本"，单击"确定"按钮，如图 17-11 所示。

任务 17　部门人员信息汇总　263

图 17-8　启用开发工具

图 17-9　录制宏

图 17-10　为新建的宏设定组合键

图 17-11　录制过程中的一系列操作（如设置条件格式）将被记录

单击"开发者工具"菜单"停止录制"选项。

选中 D 列，单击"开发者工具"菜单"宏"选项，在弹出的对话框中选择"最小年龄"，单击"执行"按钮，如图 17-12 所示。

图 17-12　调用已录制的宏

> **要求 9**　隐藏"2021 年绩效"工作表，将"各年龄段人数"工作表置于所有工作表最右侧。

右击"2021 年绩效"工作表，在快捷菜单中单击"隐藏"命令，如图 17-13 所示。

> **要求 10**　为工作簿设置密码，密码为 123456。

单击"审阅"菜单"保护工作簿"选项，在弹出的对话框中填写密码"123456"，单击"确定"按钮，如图 17-14 所示。在跳出的对话框中重新输入密码"123456"。

图 17-13　隐藏工作表

图 17-14　为工作簿（整个文件）设置保护密码

任务 17　部门人员信息汇总

17.4　思考与实训

【问题思考】

（1）使用 VLOOKUP 函数时，有哪些限制？
（2）TEXT 函数的语法有哪些？
（3）DATEDIF 函数是计算什么的？
（4）设置带规则的数据除了序列外还有哪些？
（5）如何保护工作表？
（6）宏功能的使用能带来哪些便利？

【实训案例】

在 Excel 工作表中输入下列数据，并完成后续统计操作。

表 17-1　高等数学成绩单

高等数学成绩单—2022 年上				
学号	学院	成绩	排名	单科绩点
20227913	经济管理学院	89		
20227920	经济管理学院	78		
20224014	电气工程学院	79		
20227916	经济管理学院	81		
20224011	电气工程学院	79		
20224012	电气工程学院	95		
20226768	计算机学院	74		
20227915	经济管理学院	75		
20224015	电气工程学院	90		
20227914	经济管理学院	79		
20226769	计算机学院	81		
20224013	电气工程学院	74		
20227917	经济管理学院	94		
20226767	计算机学院	86		
20226770	计算机学院	95		
20224016	电气工程学院	79		
20227919	经济管理学院	81		
20227918	经济管理学院	80		

（1）使用 RANK 函数计算单科成绩排名，并完成"排名"列数据。

（2）计算单科绩点，计算方法为 90 分以下的成绩，绩点=(成绩-50)÷10；90 分及以上成绩获得满绩点 4.0（将显示结果保留 1 位小数）。

（3）为"成绩"一列添加数据验证，限制填入的内容仅能为 0～100 之间的整数。

（4）使用分类汇总功能，按学院分类，并计算各学院平均成绩。

最终统计结果如图 17-15 所示。

学号	学院	成绩	排名	单科绩点
\multicolumn{5}{c}{高等数学成绩单 – 2022年上}
20224014	电气工程学院	79	13	2.9
20224011	电气工程学院	79	13	2.9
20224012	电气工程学院	95	1	4.0
20224015	电气工程学院	90	4	4.0
20224013	电气工程学院	74	19	2.4
20224016	电气工程学院	79	13	2.9
	电气工程学院 平均值	82.666667		
20226768	计算机学院	74	19	2.4
20226769	计算机学院	81	9	3.1
20226767	计算机学院	86	6	3.6
20226770	计算机学院	95	1	4.0
	计算机学院 平均值	84		
20227913	经济管理学院	89	5	3.9
20227920	经济管理学院	78	17	2.8
20227916	经济管理学院	81	9	3.1
20227915	经济管理学院	75	18	2.5
20227914	经济管理学院	79	13	2.9
20227917	经济管理学院	94	3	4.0
20227919	经济管理学院	81	9	3.1
20227918	经济管理学院	80	12	3.0
	经济管理学院 平均值	82.125		
	总计平均值	82.722222		

图 17-15　案例效果

PowerPoint 篇

任务 18　课件制作

任务 19　方案汇报演示文稿

任务 20　宣传演示文稿

任务 21　相册展示

任务 22　城市景点介绍

任务 18　课 件 制 作

18.1　任 务 描 述

王老师是一名新入职的青年高校教师,主要负责机电专业工程材料课程的授课,上课前王老师需要制作授课课件,上课素材内容为"素材文件.docx"文件,请你按照如下要求进行课件的制作。

要求1　将"yswg 素材.pptx"另存为"yswg. pptx"文件,后续操作均基于此文件。

要求2　新建第 2～9 张幻灯片,并选择合适的版式,其中第二页幻灯片标题为"本节主要内容",内容为"素材文件.docx"中三级标题。第 3～9 张幻灯片标题为"素材文件.docx"中三级标题,文本内容为各标题下内容。

要求3　为演示文稿分节,其中第 1～2 张幻灯片节名为"介绍",并添加"丝状"主题。第 3～9 张幻灯片节名为"主要内容",添加"徽章"主题。

要求4　将第 3～9 张幻灯片分别链接到第 2 张幻灯片的相应文字上。

要求5　为第 3～9 张幻灯片添加流程图中"可选效果"形状,要求形状覆盖文本区字体,并设置合适的"形状样式"。通过调整幻灯片上的图层关系,为幻灯片添加合适的水印效果。

要求6　在第 7 张幻灯片后插入一张版式为"标题与内容"的幻灯片,在该张幻灯片中插入"洛氏硬度.docx"文档中所示相同的表格,并为该幻灯片添加合适的动画效果。

要求7　为演示文稿所有幻灯片设置多样的切换效果,设置换片方式为手动。

要求8　为演示文稿所有幻灯片设置动画效果,其中标题幻灯片动画效果为"先标题再副标题";第 2～10 张幻灯片为"先标题再文本",标题至少设置 2 种动画。

要求9　保存演示文稿。

18.2　相 关 考 点

18.2.1　主题与页面版式

主题是一组预定义的颜色、字体和视觉效果,可应用于幻灯片以实现统一专业的外观。应用主题可以简化制作高水准演示文稿的创建过程。主题可以作为一套独立的选择方案应用于文档中,使得演示文稿有统一的样式风格。

PowerPoint 提供了多个标准的内置主题,用户在制作演示文稿中可直接使用。同一主题可用于整个演示文稿、演示文稿中的某一节,也可用于指定的幻灯片。用户使用时,单击"设计"菜单"设计"功能组中的"主题"的三角按钮,如图 18-1 所示,可以从内置的主题样式库中选择所需的主题应用于选定的幻灯片或整个演示文稿。

图 18-1 应用内置主题

若 PowerPoint 提供的内置主题不能满足设计需求，可以自定义主题，通过修改主题的颜色、字体、效果和背景来实现。

（1）自定义主题颜色：单击"设计"菜单"变体"功能组中的"颜色"按钮，即可选择用户所需的颜色，若颜色库中没有所需颜色，也可以自定义颜色，如图 18-2 所示。

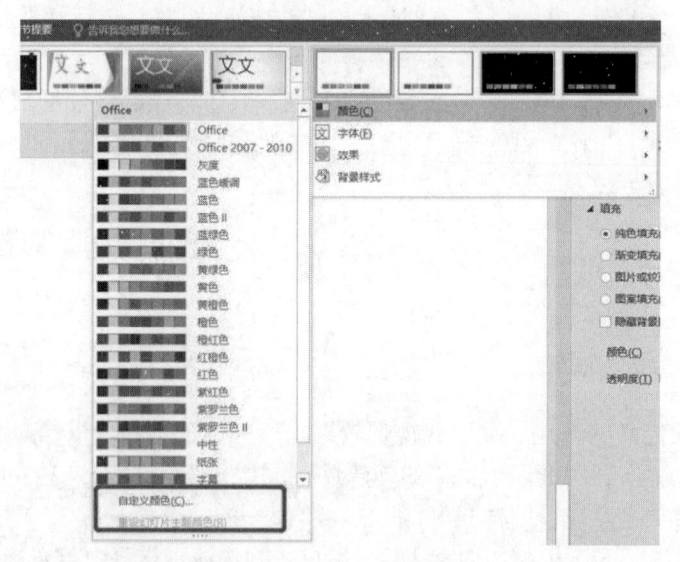

图 18-2 自定义主题颜色

（3）自定义主题字体：单击"设计"菜单"变体"功能组中的"字体"按钮，即可选择用户所需的字体，若字体库中没有所需字体，也可以自定义字体，如图 18-3 所示。

图 18-3　自定义主题字体

（3）自定义主题效果：单击"设计"菜单"变体"功能组中的"效果"按钮，即可选择用户所需的效果，如图 18-4 所示。

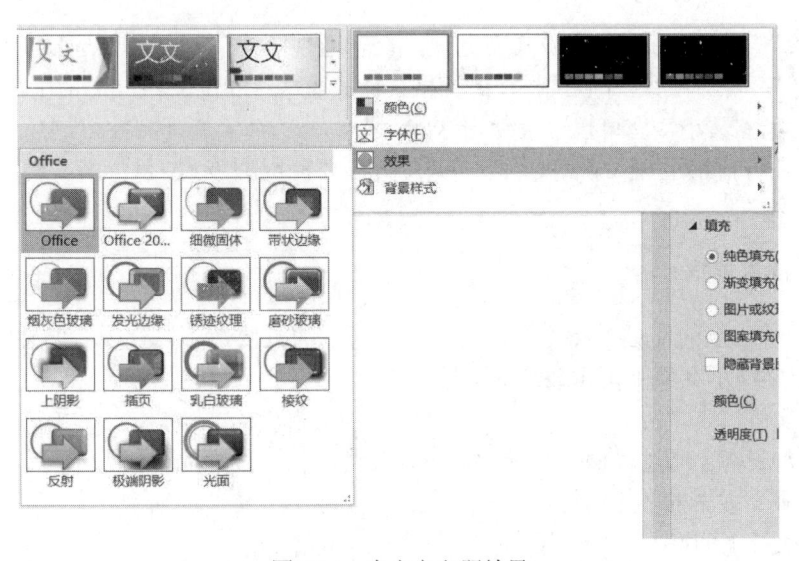

图 18-4　自定义主题效果

（4）自定义主题背景样式：单击"设计"菜单"变体"功能组中的"背景样式"按钮，即可选择用户所需的背景样式，用户也可自定义所需的格式，如图 18-5 所示。

幻灯片版式是 Power Point 中的一种常规排版的格式，通过幻灯片版式的应用可以对文字、图片等更加合理简洁地布局，版式可以轻松完成幻灯片制作和运用。版式的功能是在保证重点信息突出的同时保证层级关系的清晰。PowerPoint 支持 11 种基础版式，如选择不同的设计主题，配套的版式数量和选项各有不同，能适应不同的格式与排列要求。

任务 18　课件制作　271

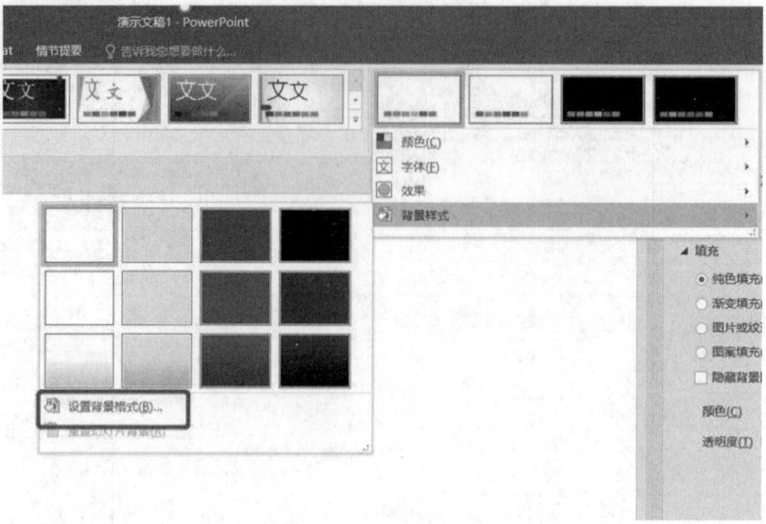

图 18-5 自定义背景样式

版式由占位符（占位符：一种带有虚线或阴影线边缘的框，绝大部分幻灯片版式中都有这种框。在这些框内可以放置标题及正文，或者是图表、表格和图片等对象。）组成，而占位符可放置文字（例如：标题和项目符号列表）和幻灯片内容。每次添加新幻灯片时，都可以在"幻灯片版式"任务窗格中为其选择一种版式。版式涉及所有的配置内容，但也可以选择一种空白版式。

在"开始"菜单上，单击"版式"选项，在普通视图的"幻灯片"选项卡上，选择要应用版式的幻灯片。在"幻灯片版式"任务窗格（任务窗格：Office 中提供常用命令的窗口。它的位置适宜，尺寸又小，您可以一边使用这些命令，一边继续处理文件。）中，单击所需的版式，还可以从任务窗格中插入新幻灯片。指向幻灯片要使用的版式，再单击箭头，然后单击"插入新幻灯片"按钮。

18.2.2　插入表格

表格是一种工整的信息对照方式，在幻灯片演示的时候，可以让观者的感觉更为直观，可以说，它也是演示文稿中不可或缺的应用对象。

1. 创建表格

（1）插入表格。通过"插入"选项卡插入表格，具体步骤如下：

1）选定需要添加表格的幻灯片。

2）选择执行下列操作之一（图 18-6）插入表格框架：

①在带有占位符的版式中单击"插入表格"按钮，在打开的对话框中输入行数和列数。

②在"插入"菜单"表格"功能组中单击"表格"按钮，弹出下拉菜单，在插入表格处拖动鼠标确定行和列后单击，即可完成表格的插入。

③在"插入"菜单"表格"功能组中单击"插入表格"按钮，弹出"插入表格"对话框，输入表格的行和列。

④插入表格后，即可在表格中进行数据的输入。

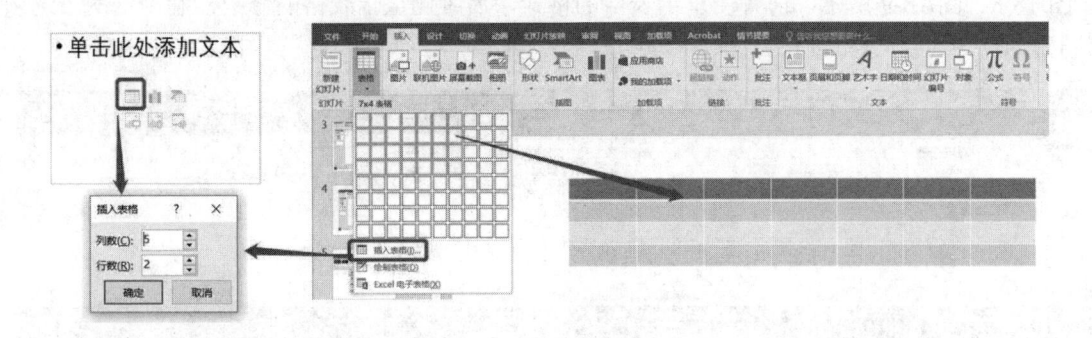

图 18-6　在幻灯片中插入表格

（2）从 Word 和 Excel 中复制、粘贴表格。Word 和 Excel 中的表格可以直接复制到幻灯片中，具体操作如下：

1）在 Word 和 Excel 中复制好需要插入到幻灯片中的表格。

2）选定需要插入表格的幻灯片，直接粘贴表格。

（3）插入 Excel 电子表格。直接在幻灯片中将 Excel 电子表格作为嵌入对象插入并编辑，此时可充分利用 Excel 数据分析和计算方面的优势。

1）选择需要插入 Excel 表格的幻灯片，单击"插入"菜单"表格"功能组中"表格"下拉菜单，单击"Excel 电子表格"按钮（也可通过"插入"菜单"文本"功能组"对象"下拉菜单，单击"对象"命令，弹出"对象"对话框，切换到"新建"选项，在"对象类型"中选择"Excel 工作表"），Excel 表格会以嵌入对象方式插入到幻灯片中。

2）按照 Excel 操作方式进行表格的编辑工作，此时相当于内嵌了一个 Excel 工作窗口，PowerPoint 中的功能区也被替换成了 Excel 常见的选项卡，如图 18-7 所示。

3）表格编辑完成后，单击表格外任意位置即可退出表格编辑状态。

4）若需再次编辑，双击 Excel 表格即可。

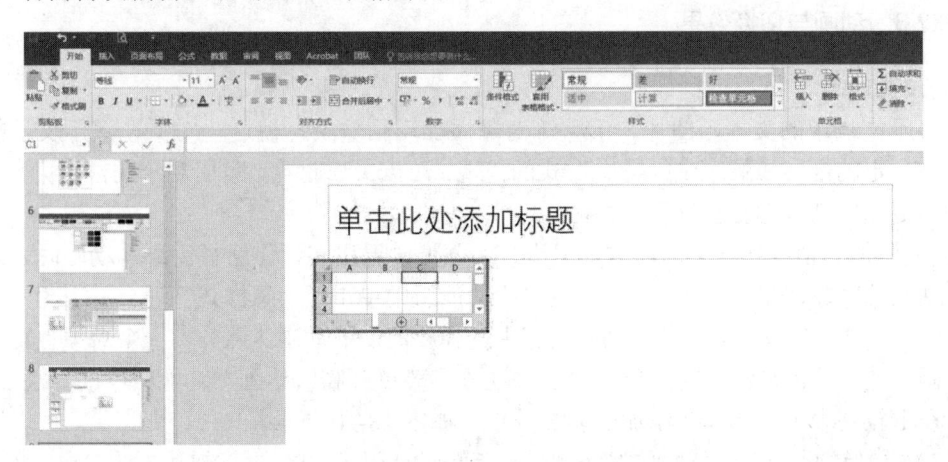

图 18-7　插入 Excel 电子表格

2. 表格格式

创建表格后，PowerPoint 会自动显示"表格工具"菜单及下面的"设计""布局"选项卡，如图 18-8、图 18-9 所示，前者侧重于表格的格式，后者侧重于表格的修改，利用这两个选项卡上的工具可以对表格进行美化和调整。

图 18-8 "表格工具—设计"选项卡

图 18-9 "表格工具—布局"选项卡

（1）套用表格样式：选中表格，在"表格工具"下"设计"菜单上的"表格样式"功能组的"表格样式"下拉列表中选择所需的预置样式，通过左侧"表格样式选项"中的复选框，可实现表格样式细节的调整。若要取消套用表格样式，则需选中表格，在"表格工具"下"设计"菜单上的"表格样式"功能组的"表格样式"下拉列表中，单击"清除表格样式"命令。

（2）修改表格边框和填充：在"表格工具"下"设计"菜单上的"表格样式"菜单组中，通过"底纹""边框""效果"三个按钮可以调整整个表格或选中单元格的填充、边框和其他效果。

（3）修改表格：利用"表格工具"下"布局"菜单上的各项工具，可以实现表格行列数的调整，设置表格中文字的排列及对齐方式，合并和拆分单元格等。在"表格工具"下"设计"菜单"绘制边框"功能组上的"绘制表格"和"橡皮擦"功能，可以快速地合并、拆分行列和单元格，还可以绘制单元格的对角线。

18.2.3 动画与切换效果

1. 设置动画效果

为演示文稿中的文本、图片、形状等对象添加动画效果，使这些对象在演示文稿放映的过程中按一定的规则和顺序进行特定形式的呈现，可以突出重点，吸引观众的注意力，又使放映过程中更加生动有趣且富有交互性。

（1）添加动画：动画分为四类——进入、强调、退出和动作路径。添加动画时，选择需要添加动画的对象，在"动画"菜单"动画"功能组中单击"动画样式"列表右下角的下拉按钮，打开"动画"列表，即可从"动画"库中选择要添加的动画。此外，一个对象也可以添加多个动画。选择要添加动画的对象，单击"动画"菜单"高级动画"功能组中的"添加动画"按钮，在下拉列表中，选择要添加的动画效果，如图 18-10 所示。

（2）复制动画：使用"动画刷"可以复制动画效果。选中需要复制动画的对象，单击"动画"菜单"高级动画"功能组中的"动画刷"按钮，单击新对象完成一次动画效果复制。若要对多个对象复制动画效果，则每次需重新选中要复制动画的对象，再用"动画刷"对新对象复制动画效果。

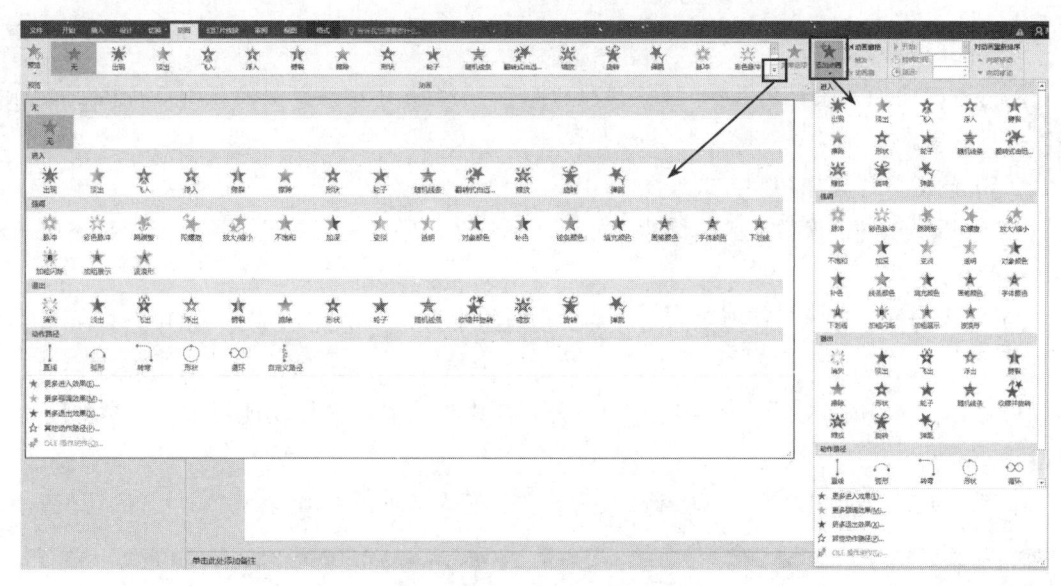

图 18-10　添加动画效果

（3）触发器：实现动作经过某种触发才会执行的效果。一个触发器可以同时触发多个动作，一个对象的不同动作也可以由不同触发器触发。

（4）调整动画顺序：一张幻灯片的多个对象添有动画效果，若想改变动画效果发生的先后顺序，可以单击"动画"菜单"高级动画"功能组中的"动画窗格"按钮，查看当前幻灯片所有动画效果，通过调整动画效果的上下位置来调整幻灯片放映时对象的动画顺序。此外，还可以选择需要调整的动画，然后单击"计时"功能组的"向前移动"和"向后移动"按钮，进而调整动画顺序，如图 18-11 所示。

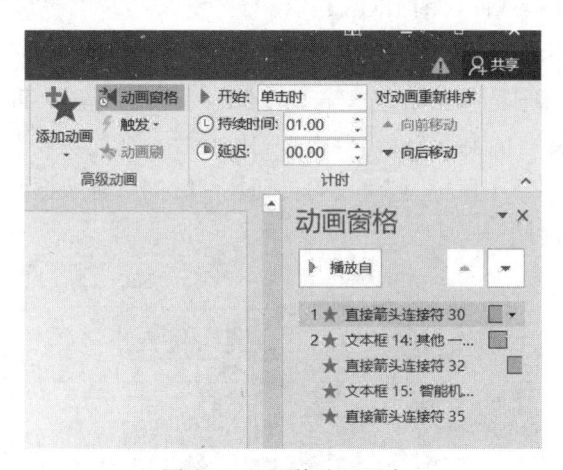

图 18-11　调整动画顺序

（5）移除动画：单击要移除动画的对象，在"动画"菜单"动画"功能组的"动画"下拉列表中单击"无"；或者在幻灯片中选择该对象，此时"动画"窗格的"动画"列表中将突出显示该对象的所有动画，可以逐个删除或同时选中后删除。

利用"计时""正文文本动画""效果"等可以进一步设置动画开始的时间、动画的效果及播放速度等复杂的动画。

任务 18　课件制作　　275

2. 设置切换效果

幻灯片的切换效果是指演示文稿在放映时，一张幻灯片切换到另一张幻灯片播放画面的整体视觉效果。

（1）向幻灯片添加切换方式（图18-12）。

1）选择要添加切换效果的幻灯片，如果选择节名，则同时为该节的所有幻灯片添加统一的切换效果。

2）在"切换"菜单"切换到此幻灯片"功能组中打开"切换"列表，从中选择所需的切换效果。

3）如果需要所有幻灯片都采用此切换方式，则单击"计时"功能组中的"全部应用"按钮。

4）在"切换"菜单"预览"功能组中单击"预览"选项，可预览当前幻灯片的切换效果。

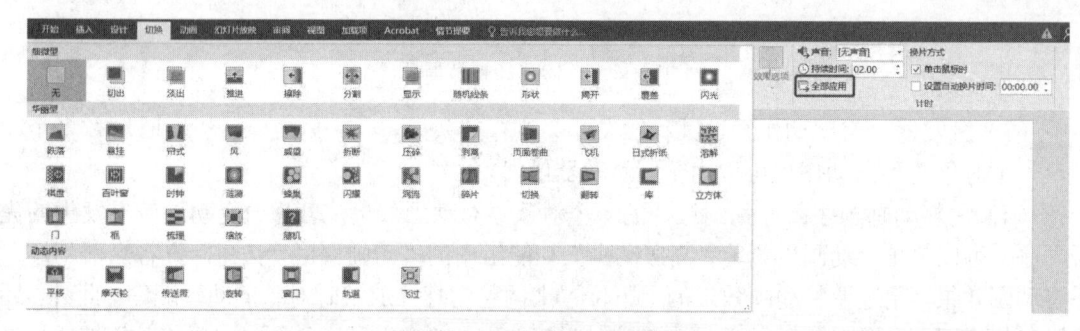

图18-12 设置幻灯片切换方式

（2）设置幻灯片切换属性（图18-13）。

1）设置切换速度和声音：在"切换"菜单"计时"功能组中的"声音"下拉列表中，选择需要的声音；在"持续时间"窗格中，输入或选择所需的声音持续时间。

2）设置幻灯片的换片方式：选择需要设置的幻灯片，在"切换"菜单"计时"功能组的"换片方式"下，勾选"单击鼠标时""设置自动换片时间"复选框，并在"设置自动换片时间"文本框中输入换片时间。

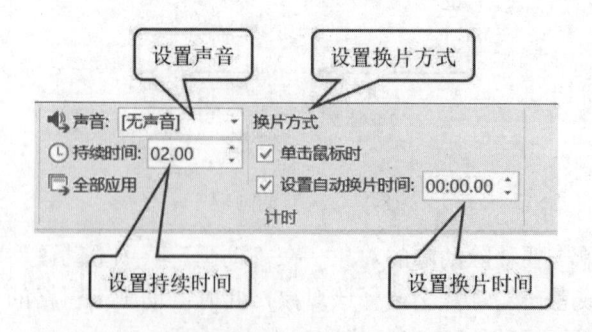

图18-13 "切换"菜单"计时"功能组中的设置

18.2.4 为演示文稿分节

PowerPoint 中可以使用多个节来组织幻灯片版面，以简化管理、方便导航。通过对幻灯片进行节标记，可以使演示文稿层次分明，同时还可以快速实现批量选中、设置幻灯片效果。

类似于使用文件夹来整理文件，可以使用"节"功能将原来线性排列的幻灯片分成若干段，每一段设置为一"节"，也可以为该节命名，每个节通常包含内容逻辑相关的一组幻灯片，不同节之间不仅内容可以不同，而且还可以拥有不同的主题、切换方式等。

在普通视图和幻灯片浏览视图中查看和设置节，大纲视图中不能查看和设置。可以对节进行折叠和展开操作，折叠是将该节的所有幻灯片收起来，只显示节名导航条；展开则是在节名导航条下显示该节的所有幻灯片。

（1）新增节。

1）在普通视图或者幻灯片浏览视图的缩略图窗格中，选中需要在前面插入节的幻灯片，或者在要新增节的两张幻灯片之间单击。

2）右击，弹出快捷菜单，单击"新增节"命令，或者在"开始"菜单"幻灯片"功能组中单击"节"按钮，弹出下拉菜单，单击"新增节"命令，在选中的幻灯片前面或者两张幻灯片中间插入一个默认命名为"无标题节"的节导航条，如图 18-14 所示。

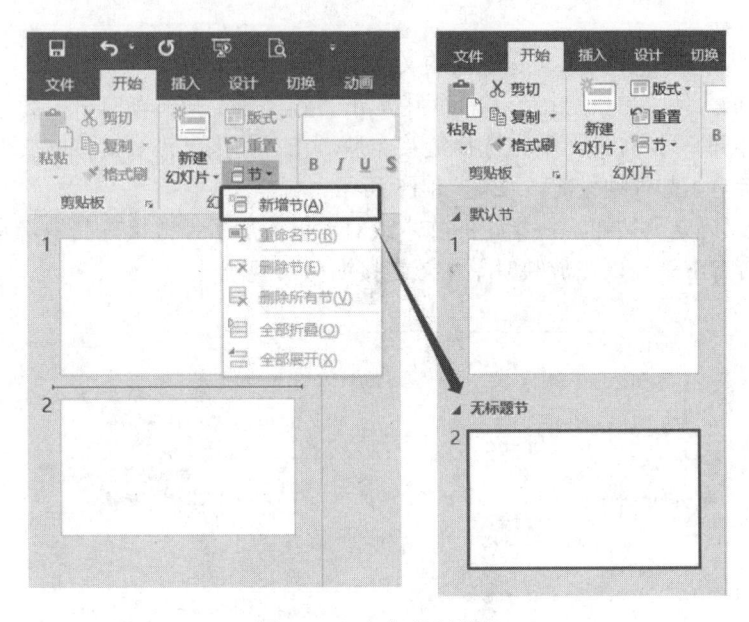

图 18-14　幻灯片新增节

（2）重命名节。

1）在节导航条上右击，弹出快捷菜单，或者在"开始"菜单"幻灯片"功能组中单击"节"按钮，弹出下拉菜单，单击"重命名节"命令，打开"重命名节"对话框。

2）在"节名称"的文本框中输入新的名称，单击"重命名"按钮，即可完成节的命名。

（3）对节进行操作。

1）选择节：单击节导航条，即可选中该节包含的所有幻灯片。可为选中的节统一应用主题、切换方式、背景和隐藏幻灯片等。

2）展开、折叠幻灯片：单击节导航条左侧的三角按钮，可以展开或折叠节包含的所有幻灯片。

3）移动节：右击需要移动的节导航条，在弹出的快捷菜单中单击"向上移动节"或"向下移动节"命令，或者左键按住要移动节的导航条，拖动该节导航条，将节移动到既定位置。

4）删除节：右击要删除节的导航条，从弹出的快捷菜单中单击"删除节"命令，此时仅删除了节，而节包含的幻灯片还保留在演示文稿中。若单击选中节，按 Delete 键，或者右击要删除节的导航条，从弹出的快捷菜单中单击"删除节和幻灯片"命令，即可删除当前节及节中幻灯片。

注意：若有多个节，则不能删除第一个节。

18.2.5 超链接

幻灯片放映时可以通过使用超链接和动作按钮来增加演示文稿的交互效果，实现幻灯片与幻灯片之间、幻灯片与其他外界文件或程序之间，以及幻灯片与网络之间的自由转换。

1. 应用超链接

可以为幻灯片中的文本或形状、艺术字、图片、SmartArt 图形等对象创建超链接具体操作步骤如下：

（1）在幻灯片中选择要建立超链接的文本或对象。

（2）在"插入"菜单"链接"功能组中单击"超链接"按钮，打开"超链接"对话框。

（3）在左侧的"链接到"下方选择链接类型，在右侧指定需要链接的文件、幻灯片、新建文档信息或者电子邮件地址等，如图 18-15 所示。

（4）单击"确定"按钮，在指定的文本或对象上添加了超链接，其中带有链接的文本将会突出显示并带有下划线，在放映时单击该链接即可实现跳转。

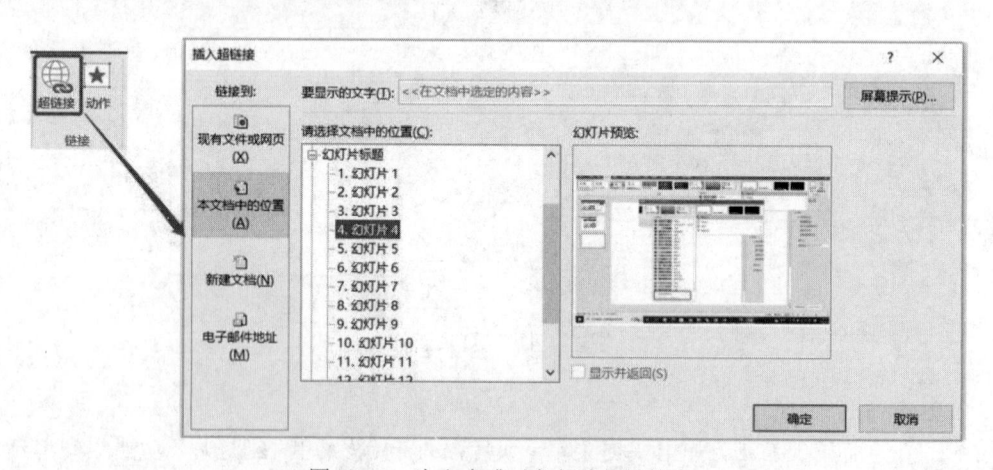

图 18-15　为文本或对象创建超链接

2. 添加动作按钮

可以将演示文稿中的内置按钮形状作为动作按钮添加到幻灯片，并为其分配单击鼠标或鼠标移过动作按钮时将会执行的动作，还可以为图片或 SmartArt 图形中的文本等对象分配动作。

（1）添加特定动作：选择要添加动作按钮的幻灯片，单击"插入"菜单"插图"功能组中的"形状"选项，在"形状"下拉列表中的最后一类是 PowerPoint 预置的一组带有特定动作的图像按钮 [动作按钮图示]，选择要添加的按钮形状，单击幻灯片上要放置动作按钮的位置，然后拖动鼠标绘制动作按钮，弹出"动作设置"对话框，通过"单击鼠标"选项卡或"鼠标移过"选项卡的设置即可完成特定动作效果设定。

（3）自定义动作：选择要添加动作按钮的幻灯片，选择动作按钮形状或文本框并在幻灯片上绘制，单击"插入"菜单"链接"功能组中的动作按钮，在弹出的"动作设置"对话框中，通过"单击鼠标"选项卡或"鼠标移过"选项卡的设置来完成动作效果设定。

18.2.6　页面元素的图层关系

PowerPoint 中幻灯片是由文字、图片、形状等元素，按照一定规律有序组合在一起的。每一个元素就占了一个图层，图层在上的元素会遮挡住图层在下的元素，那么要让下面的元素显现出来该怎么办？其实可以任意更改图层顺序，如图 18-16 所示。

（1）单击"开始"菜单"排列"选项，在其下拉菜单中单击"选择窗格"命令，打开"选择"窗格了，在这里能看到全部的元素。

（2）可以给每个元素取一个名字，也可以通过拖动改变它们的图层顺序，也可以选择隐藏或显示某些元素。

（3）可以通过设置图层的透明度，实现透过某个图层看到下一个图层的元素。

（4）在右侧"选择"窗口中，可以根据需要调整各个元素所在图层的顺序，最上面的元素为最后添加的元素，所在图层为最上层。

图 18-16　调整元素所在图层顺序

此外，还可通过右击选中元素，在弹出的快捷菜单中单击"置于顶层"和"置于底层"中相关命令来调整元素所在图层位置，以实现不同元素在同一张幻灯片中的呈现效果。

18.2.7　添加水印效果

水印是插入文档底部的图片或文字，PowerPoint 中没有像 Word 一样的水印功能，只能通过为幻灯片添加文本或图片背景的方式获得水印效果。

如果要为演示文稿的所有幻灯片添加水印，可以在幻灯片母版视图下，在幻灯片母版中添加文本框或可编辑文字的形状，并输入水印文本，或者添加图片作为水印，对水印进行适当的样式调整，确定大小和位置，并将该对象置于底层。这样，与母版相关联的所有版式，只要水印对象没有被覆盖，都能显示该水印。

为指定的幻灯片添加水印，可直接通过添加文本或图片的方式，通过调整图层顺序即可得到水印效果，具体操作如下：

（1）选择要添加水印的幻灯片。

（2）在幻灯片中插入要作为水印的图片、文本或艺术字：

1）如果以图片作为水印，可在"插入"菜单"图像"功能组中单击"图片""联机图片"或"屏幕截图"按钮，选择一幅图片插入到幻灯片中。

2）如果以文本作为水印，可在"插入"菜单"文本"功能组中单击"文本框"按钮，在幻灯片中绘制文本框并输入文字；或者在"插入"菜单"插图"选项组中单击选择"形状"按钮，从下拉列表中选择某个可编辑文本的形状，幻灯片中绘制该形状并输入文字。

3）如果以艺术字作为水印，可在"插入"菜单"文本"功能组中单击"艺术字"按钮，在幻灯片中制作一幅艺术字。

（3）移动图片或文字的位置，调整大小并设置格式。

（4）将图片或文本框的排列方式设置为"置于底层"，以免遮挡幻灯片内容。

18.3 任务实施

要求1 将"yswg 素材.pptx"另存为"yswg. pptx"文件，后续操作均基于此文件。

只需将文件夹中的"yswg 素材.pptx"复制并粘贴到相同文件夹，对副本进行重命名即可。也可打开素材文件，在 PowerPoint 软件中单击"文件"菜单"保存""另存为"选项后，将其命名即可。

要求2 新建第 2~9 张幻灯片，并选择合适的版式，其中第二页幻灯片标题为"本节主要内容"，内容为"素材文件.docx"中三级标题。第 3~9 张幻灯片标题为"素材文件.docx"中三级标题，文本内容为各标题下内容。

在"开始"菜单"幻灯片"功能组中单击"新建幻灯片"按钮，选择"标题和内容"版式，在新生成的第 2 张幻灯片中，选中标题栏，输入标题"本节主要内容"，在文本区输入"素材文件.docx"中三级标题。用同样的方法新建第 3~9 张幻灯片，版式选择"标题和内容"，在标题栏中，输入"素材文件.docx"中三级标题，文本区直接用复制、粘贴方法将"素材文件.docx"中相应内容填充进去。

要求3 为演示文稿分节，其中第 1~2 张幻灯片节名为"介绍"，并添加"丝状"主题。第 3~9 张幻灯片节名为"主要内容"，添加"徽章"主题。

选中第 1 张幻灯片，在"开始"菜单"幻灯片"功能组中，单击"节"下拉按钮，单击"新增节"命令，右击新生成的节，在弹出的快捷菜单中，单击"重命名节"命令，在弹出的"重命名节"对话框"节名称"框中，输入"介绍"，如图 18-17 所示。选中第 3 张幻灯片，或者将光标定于第 2 张和第 3 张幻灯片中间，用同样的方法新增节名称为"主要内容"的另一节。

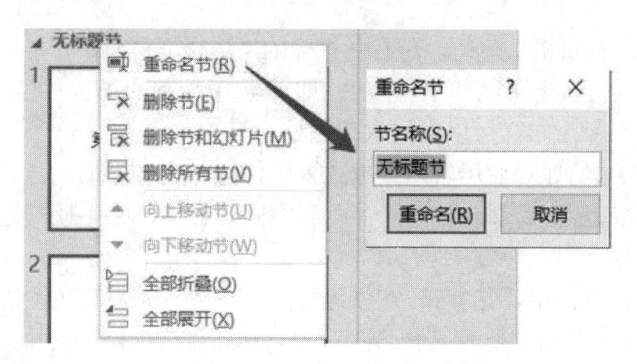

图 18-17　新增、重命名节

选中"介绍"节，此时第 1~2 张幻灯片处于选中状态，在"设计"菜单，"主题"下拉菜单中选择"丝状"主题；选中"主要内容"节，设"设计"菜单"主题"下拉菜单选择"徽章"主题。

要求 4　将第 3~9 张幻灯片分别链接到第 2 张幻灯片的相应文字上。

在左侧缩略幻灯片缩略窗格中选中第 2 张幻灯片，鼠标选中文本区中"金属材料"，在"插入"菜单"链接"功能组中，单击"超链接"按钮，或者右击，在弹出的快捷菜单中单击"超链接"命令，弹出"插入超链接"对话框，如图 18-18 所示。在对话框左侧选择"本文档中的位置"，在中间"请选择文档中的位置"列表中选择第 3 张幻灯片。用同样的方法为第 2 张幻灯片中其他文字设置超链接，链接位置分别为第 4~9 张幻灯片。

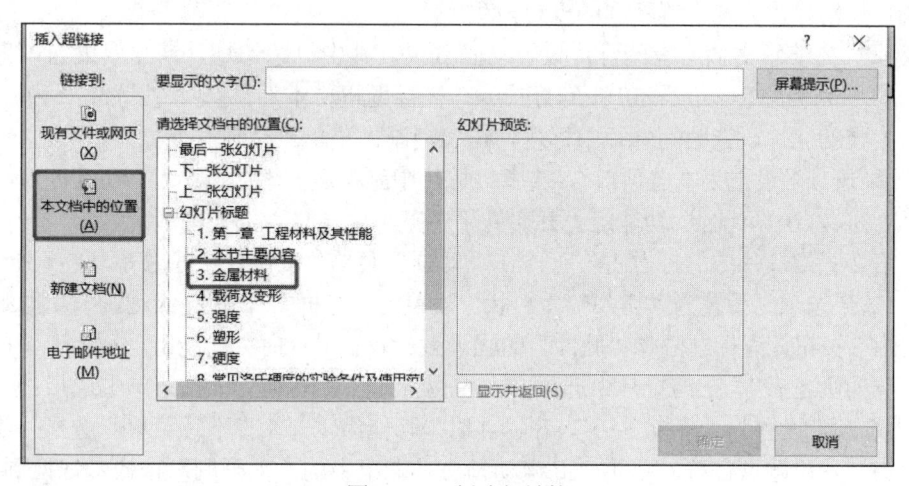

图 18-18　创建超链接

要求 5　为第 3~9 张幻灯片添加流程图中"可选效果"形状，要求形状覆盖文本区字体，并设置合适的"形状样式"。通过调整幻灯片上的图层关系，为幻灯片添加合适的水印效果。

选择第 3 张幻灯片，在"插入"选项卡"插图"组中"形状"下拉菜单中选择"流程图"中"可选效果"形状，将光标定位到右侧幻灯片编辑区拖动鼠标绘制形状，形状大小能覆盖文本区即可。选中绘制好的形状，在"绘图工具"下"格式"菜单"形状样式"下拉菜单，选择"主题样式"中的"强烈效果-红色，强烈效果 5"。

取消选择形状，在"开始"菜单"绘图"功能组中，单击"排列"下拉菜单，在"放置对象"功能组单击"选择窗格"按钮,在右侧打开的"选择"窗口中,鼠标拖动刚绘制的流程图形状移动至最后,即可实现形状的水印效果。通过选中绘制的形状,右击,在弹出的快捷菜单中单击"置于底层"命令同样可以实现水印效果。

> **要求6** 在第 7 张幻灯片后插入一张版式为"标题与内容"的幻灯片,在该张幻灯片中插入"洛氏硬度.docx"文档中所示相同的表格,并为该幻灯片添加合适的动画效果。

在左侧幻灯片缩略窗格中,选择第 7 张幻灯片,在"开始"菜单"幻灯片"功能组中单击"新建幻灯片"按钮,选择"标题和内容"版式,在新生成的幻灯片中,选中标题栏,输入标题"常见洛氏硬度的试验条件及适用范围"。在文本区中单击"插入表格"按钮,在弹出的"插入表格"对话框中,设置表格参数为 4 行 5 列。按照"洛氏硬度.docx"中内容要求,依次在表格中输入相应文字。

选中新生成的表格,在"表格工具"下"设计"菜单,"表格样式"下拉菜单,选择"无样式,网格型",在"边框"下拉菜单中,依次单击"左框线""右框线",取消左右框线;选中表格第 1 行,"表格工具"下"设计"菜单,"底纹"下拉菜单的"主题颜色"中设置填充色为"标准色,浅蓝"。

> **要求7** 为演示文稿所有幻灯片设置多样的切换效果,设置换片方式为手动。

选中第 1 张幻灯片,在"切换"菜单"切换到此幻灯片"下拉菜单中选择"动态内容"中的"窗口",在"计时"功能组"换片方式"中勾选"单击鼠标时"复选框。用同样的方式为第 2~10 张幻灯片分别设置不同的换片效果。

> **要求8** 为演示文稿所有幻灯片设置动画效果,其中标题幻灯片动画效果为"先标题再副标题";第 2~10 张幻灯片为"先标题再文本",标题至少设置 2 种动画。

在第 1 张幻灯片,选中幻灯片中标题,在"动画"菜单"动画"下拉菜单中选择"飞入"动画,"效果选项"设置为"自顶部"。选中幻灯片中副标题,添加"浮入"动画,"效果选项"设置为"上浮",在"计时"功能组"开始"下拉菜单中选择"上一动画之后"。

选中第2张幻灯片中的标题占位符,在"动画"菜单"动画"下拉菜单功能选择"形状"的动画,"效果选项"设置为"切入","形状"设置为"方框"。在"高级动画"功能组中单击"添加动画"按钮,为标题添加"脉冲"的强调效果,在"计时"功能组"开始"下拉菜单中选择"上一动画之后"。在幻灯片中选中文本占位符,在"动画"下拉菜单中选择"缩放"动画,"效果选项"设置为"整批发送",在"计时"功能组"开始"下拉菜单中选择"单击时"。

选中幻灯片标题占位符,单击"高级动画"功能组中的"动画刷"按钮,切换到第 3 张幻灯片,将光标移到标题占位符上单击,即把第 2 张幻灯片中的标题动画复制到第 3 张幻灯片标题上,用同样的方法对第 3~10 张幻灯片中的标题和文本设置为与第 2 张幻灯片相同的动画效果,如图 18-19 所示。

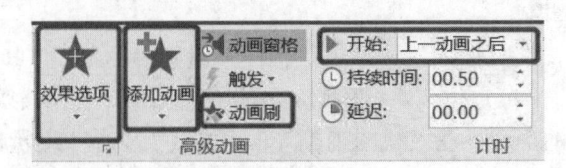

图 18-19 设置与复制动画效果

要求9　保存演示文稿。

单击"文件"菜单"保存"选项或者按 Ctrl+S 组合键即可完成演示文稿的保存。

18.4　思考与实训

【问题思考】

（1）批量设置水印效果应如何操作？
（2）如何为幻灯片设置不同的主题格式？
（3）添加形状后，若要更改或编辑形状应如何操作？是否需要删除重新绘制？

【实训案例】

按照案例图 18-20，按照要求对新员工入职培训的演示文稿"SX18.pptx"进行美化，要求如下：

（1）为整个演示文稿设置"柏林"主题，颜色为"蓝绿色"。

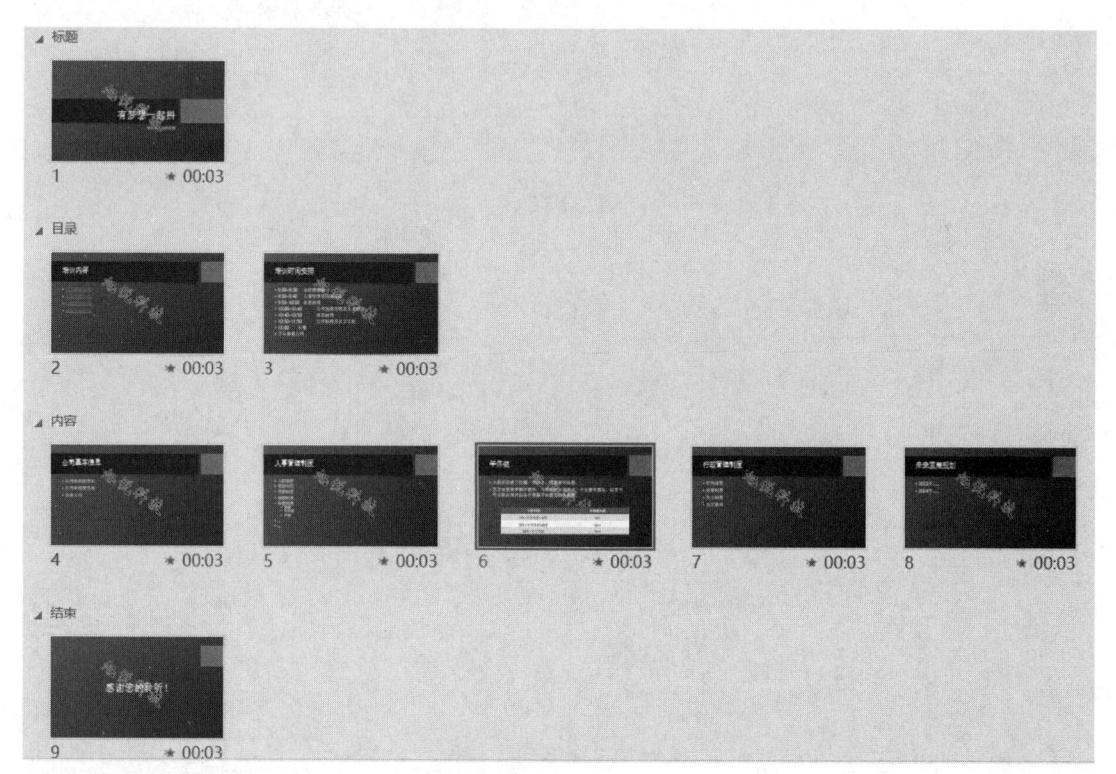

图 18-20　实训 18 案例

（2）将第 2 张幻灯片中文本内容分别超链接至第 4、5、7、8 张幻灯片，并添加"浮入"的进入动画，方向为"上浮"，序列为"按段落"，开始为"上一动画之后"。

（3）将第 6 张幻灯片的版式设置为"标题和内容"，并添加表格，内容为文件下"表格内容.jpg"图片中的内容。设置表格样式为"中度样式 3-强调 6",参考案例适当调整表格位置、文字大小和对齐方式。

(4)通过调整图层关系为所有幻灯片添加艺术字水印效果,艺术字样式为"图案填充-蓝-灰,着色 1,浅色下对角线,轮廓-着色 1",字体为华文新魏,字号为 100,文字为"旭悦科技",参考案例旋转一定的角度。

(5)为演示文稿创建 4 个节,其中"标题"节包含第 1 张幻灯片,"通知"节包含第 2、3 张幻灯片,"内容"节包含第 4~8 张幻灯片,"结束"节包含第 9 张幻灯片。

(6)为全部幻灯片设置"推进"的切换方式,自动换片时间为 3 秒。"标题"节幻灯片切换效果选项为"自底部","目录"节幻灯片切换效果为"自左侧","内容"节幻灯片切换效果为"自右侧","结束"节幻灯片切换效果为"自顶部"。

(7)保存演示文稿。

任务 19　方案汇报演示文稿

19.1　任 务 描 述

小李是一名网络支持人员，其所在的公司目前与一高校合作校园网整改事宜，小李作为项目负责人需要完成一份校园网整改方案，请你根据校园网整改方案（"校园网整改方案.docx"文件）中的内容，按照如下要求帮助他完成方案汇报的演示文稿制作：

要求1 创建一个演示文稿，内容需要包含"校园网整改方案.docx"文件中的所有内容，包括：
①严格遵循文件的内容顺序，且内容仅需包含文件中所用的"标题1""标题2"和"标题3"样式的文字。
②Word中应用"标题1"样式的文字为每页幻灯片标题，应用"标题2"样式的文字为幻灯片的一级文本；应用"标题3"样式的文字为幻灯片的二级文本。

要求2 将幻灯片宽高比调整为自定义大小，宽33厘米，高21厘米。

要求3 将演示文稿的第1张幻灯片，调整为"标题幻灯片"版式，并添加副标题，内容为"XX高校"。

要求4 为演示文稿添加一个合适的主题。

要求5 将演示文稿的第5张幻灯片，调整为"两栏内容"版式，分别输入文字"千兆以太网"和"无线局域网"，并插入相应的图片。

要求6 将第5张幻灯片插入的两张图片调整至合适的大小，并将两张图片相对幻灯片"横向分布"，位置为"从左上角""8.5厘米"。

要求7 将第2张幻灯片中的文本转换为合适的SmartArt流程图形，并超链接到对应的幻灯片。

要求8 给演示文稿中除张幻灯片外添加编号、自动更新的时间和页脚，页脚内容为"XX高校校园网整改方案"。

要求9 给所有幻灯片设置合适的切换方式，并对所有幻灯片设置为"手动换片"。

要求10 在该演示文稿中创建一个演示方案，该演示方案包含第1、2、3、5、6、7、8页幻灯片，并将该演示方案命名为"演示放映"。

要求11 保存制作完成的演示文稿，并将其命名为"PowerPoint.pptx"。

19.2　相 关 考 点

19.2.1　将文档转为演示文稿

在演示文稿中，可以从其他格式的文档中根据大纲内容生成幻灯片，此处支持导入的文档格式有".txt"".rtf"".wpd"".doc"".docx"等，操作过程如下：

（1）选定要生成幻灯片的位置。

（2）在"开始"菜单"幻灯片"功能组"新建幻灯片"下拉菜单中单击"幻灯片（从大纲）"命令。

（3）在弹出的对话框中选定要插入的文档后，单击"确定"按钮，系统将按照文档设定的段落自动生成多张幻灯片插入当前演示文稿中。

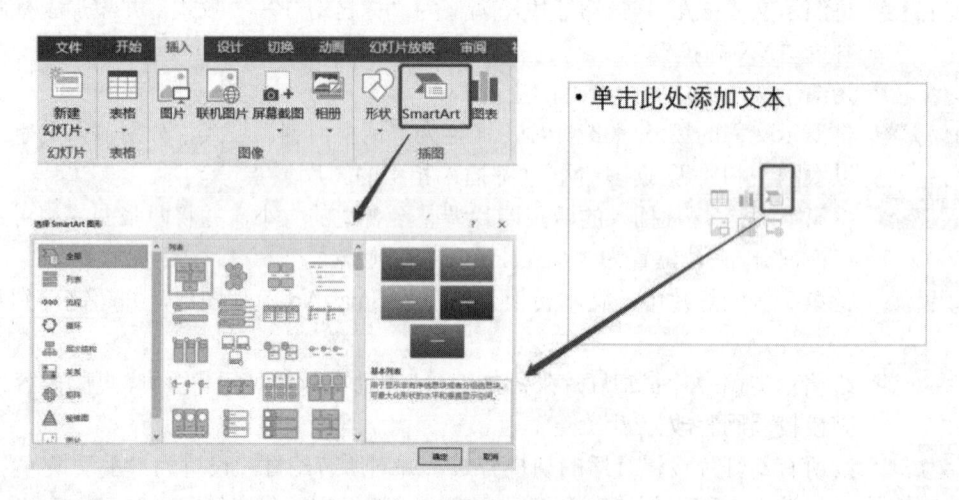

19.2.2　创建 SmartArt 图形

SmartArt 图形是预设图形形状组合，PowerPoint 利用 SmartArt 为用户提供了各种形状的文本框组合形成的图形表达模块。PowerPoint 预置了列表、流程、循环、层次结构、关系、矩阵、棱锥图、图片 8 种类型的 SmartArt 图形可供用户选择。

插入 SmartArt 图形有以下三种方法：

（1）直接插入 SmartArt 图形：在"插入"菜单"插图"功能组中，单击"SmartArt 图形"按钮，打开"选择 SmartArt 图形"对话框，用户选择自己所需的 SmartArt 图形类型即可。

（2）利用 SmartArt 图形占位符：在带有内容占位符的幻灯片（图 19-1）中，单击"插入 SmartArt 图形"图标打开"选择 SmartArt 图形"对话框。

（3）将文本转换为 SmartArt 图形：选择已有文本或者在文本框中输入文本并调整好文本级别后，右击选中文字，在弹出的快捷菜单中单击"转换为 SmartArt 图形"命令。

图 19-1　插入 SmartArt 图形

插入 SmartArt 图形后，会自动出现"SmartArt 工具—设计"和"SmartArt 工具—格式"两个菜单，利用这两个菜单上的工具可以对 SmartArt 图形进行编辑和修饰。

19.2.3　自定义放映

自定义放映是最灵活的放映方式，它可以将演示文稿中的所有幻灯片进行重组，生成新的放映内容。

（1）新建自定义放映：单击"幻灯片放映"菜单"开始放映幻灯片"功能组中的"自定

义幻灯片放映"按钮,从展开的下拉列表中单击"自定义放映"命令,弹出"自定义放映"对话框,单击"新建"按钮,弹出"定义自定义放映"对话框,在"幻灯片放映"文本框中输入自定义放映的名称,默认为自定义放映1。在"演示文稿中的幻灯片"列表框中,选择需要添加的幻灯片,单击"添加"按钮,此时在"在自定义放映中的幻灯片"列表框中显示了选择添加的需要自定义放映的幻灯片,同一张幻灯片可多次添加,幻灯片放映时,按照添加顺序进行放映。设置完成后,单击"确定"按钮,即完成自定义放映的建立。

(2)自定义放映:单击"幻灯片放映"选项卡"开始放映幻灯片"组中的"自定义幻灯片放映"按钮,从展开的下拉列表中单击已建立好的自定义放映名称,如图19-2所示,即可将演示文稿按照设置好的自定义方式进行放映。

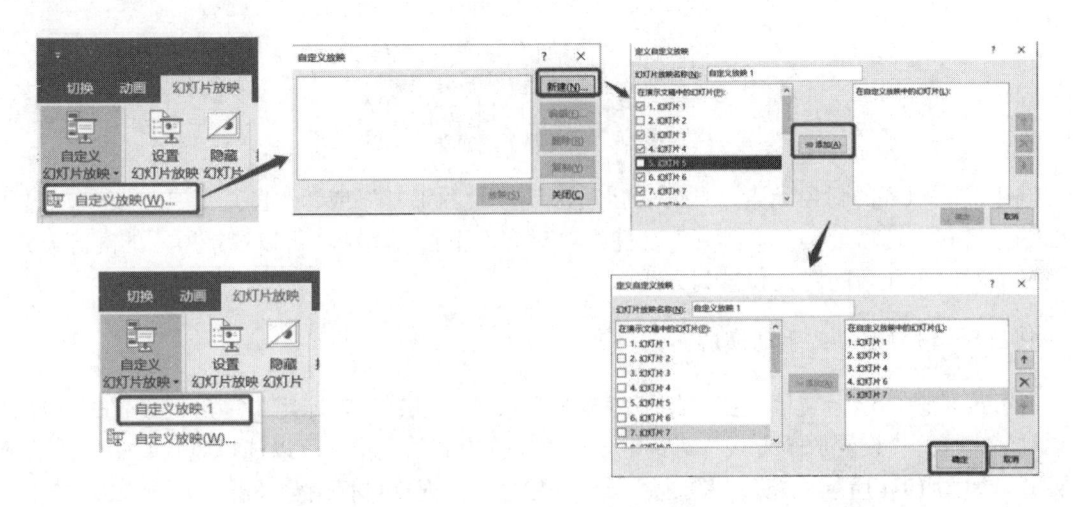

图 19-2 自定义放映

19.2.4　幻灯片页眉页脚

在PowerPoint中可以将幻灯片编号、演讲者姓名、自动更新的日期添加在每张幻灯片上,给用户工作带来便利。

(1)单击"插入"菜单"文本"功能组中的"页眉和页脚"按钮,弹出"页眉和页脚"对话框,如图19-3所示,可以根据需要在幻灯片中插入日期、幻灯片编号等。若只需插入日期和时间,则单击"文本"功能组中"日期和时间"按钮即可。若要给幻灯片添加编号,也可以直接单击"文本"功能组中的"幻灯片编号"按钮,同样可以打开"页眉和页脚"对话框,然后进行相应设置。

(2)若插入的元素只用于当前幻灯片,设置完成后直接单击"应用"按钮,若全部幻灯片都需添加这些元素,则单击"全部应用"按钮。

19.2.5　设置元素的对齐

在一张幻灯片中,通常会有多个对象元素,如有形状、图片、文本框、SmartArt图形等,如果这些对象之间随意排列,会显得杂乱无章,通常情况下,需要对这些对象元素进行对齐操作。

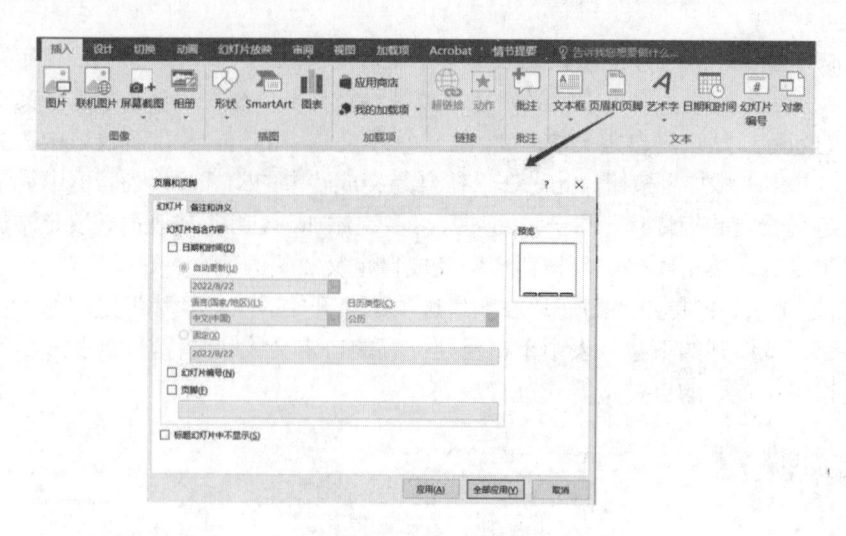

图 19-3　设置页眉页脚

选中需要对齐的对象元素，此时会自动出现"绘图工具"或者"图片工具"菜单，选择下面的"格式"选项卡，在"排列"功能组"对齐"下拉菜单中，可以选择所需的对齐方式，进而完成对对象元素的对齐和排列方式。

19.2.6　设置自动或手动换片

打开要放映的演示文稿，在"幻灯片放映"菜单"设置"功能组中单击"设置幻灯片放映"按钮，打开"设置放映方式"对话框，在"换片方式"组中，可以选择放映时幻灯片的换片方式，如图 19-4 所示。"演讲者放映（全屏幕）"和"观众自行浏览（窗口）"放映方式通常采用手动换片方式；"展台浏览（全屏幕）"方式通常进行了事先排练，可选择"如果存在排练时间，则使用它"换片方式，令其自行播放。

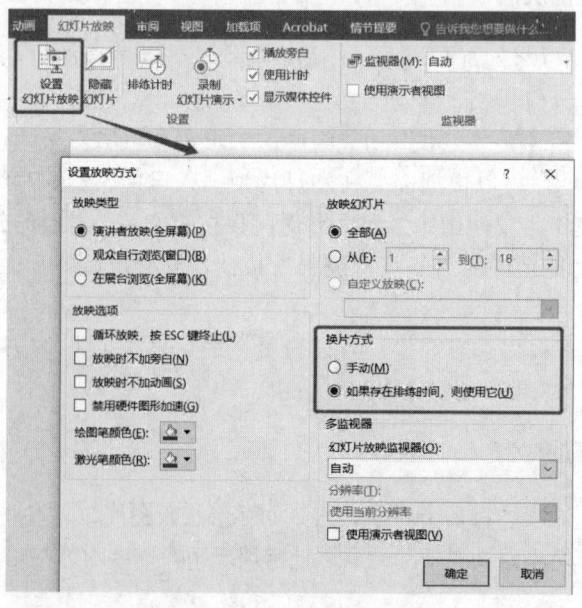

图 19-4　设置"换片方式"

19.2.7 调整幻灯片宽高比

一般情况下，幻灯片的大小为标准模式（宽高比为 4:3），幻灯片方向为横向，在实际使用过程中可以根据需要更改幻灯片的大小和方向。

具体操作如下：单击"设计"菜单"自定义"功能组"幻灯片大小"下拉三角按钮，此处可以快速选择"标准（4:3）"格式，也可以选择"宽屏（16:9）"格式，倘若仍旧无法满足要求，可以单击"自定义幻灯片大小"命令，打开"幻灯片大小"对话框，即可根据需要设置相应的大小即幻灯片的宽度和高度，同时也可以设置幻灯片的方向，如图 19-5 所示。

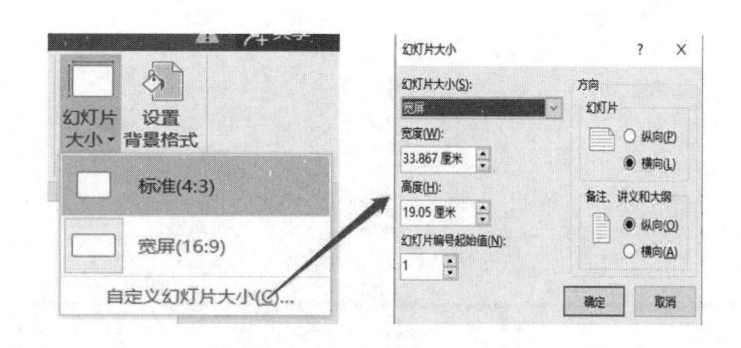

图 19-5　设置幻灯片大小

19.3　任 务 实 施

要求1　创建一个演示文稿，内容需要包含"校园网整改方案.docx"文件中的所有内容，包括：

①严格遵循文件的内容顺序，且内容仅需包含文件中所用的"标题 1""标题 2"和"标题 3"样式的文字。

②Word 中应用"标题 1"样式的文字为每页幻灯片标题，应用"标题 2"样式的文字为幻灯片的一级文本；应用"标题 3"样式的文字为幻灯片的二级文本。

在文件夹中右击，在快捷菜单中单击"新建"→"Microsoft PowerPoint 演示文稿"命令，打开新建的演示文稿，在"开始"菜单"幻灯片"功能组中单击"新建幻灯片"按钮，在下拉菜单中选择"幻灯片（从大纲）"命令，如图 19-6 所示，在打开的"插入大纲"对话框中，找到文件存放的路径，如图 19-7 所示，选中需要插入的文件"校园网整改方案.docx"，

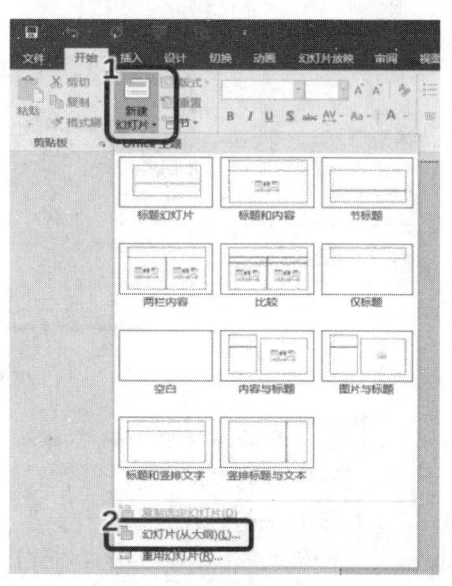

图 19-6　文本转换为演示文稿

单击"插入"按钮,即可在新建的演示文稿中自动生成 9 页幻灯片,其中文件中应用"标题 1"样式的文字自动转换成每页幻灯片的标题,应用"标题 2"样式的文字转换为幻灯片的一级文本;应用"标题 3"样式的文字转换为幻灯片的二级文本。

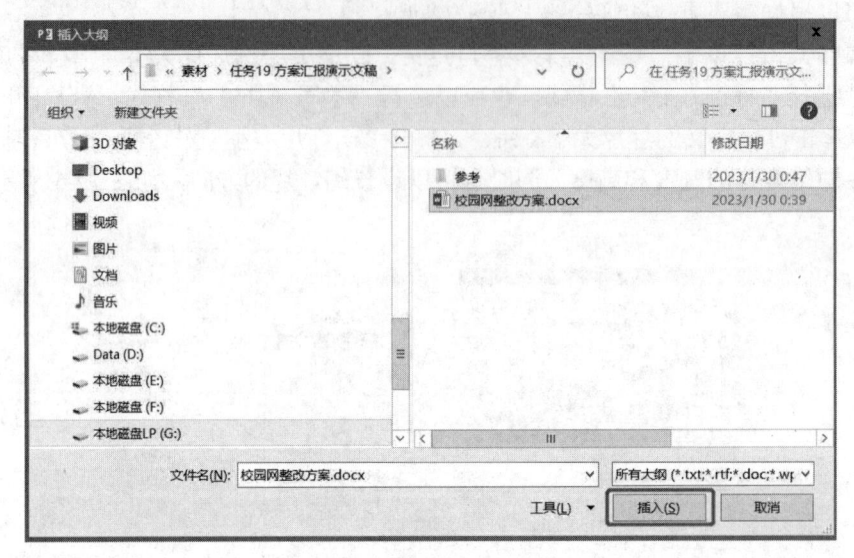

图 19-7 选择需要转换的文件

要求2 将幻灯片宽高比调整为自定义大小,宽 33 厘米,高 21 厘米。

在"设计"菜单"自定义"功能组中单击"幻灯片大小"按钮,在下拉菜单单击"自定义幻灯片大小"命令,如图 19-8 所示。在弹出的"幻灯片大小"对话框"幻灯片大小"下拉框中,选择"自定义",并将宽度、高度分别设置为 33 厘米、21 厘米,单击"确定"按钮,在弹出的对话框中,单击"确保合适"按钮,再次返回到"幻灯片大小"对话框,单击"确定"按钮,即可实现幻灯片大小的自定义设置。

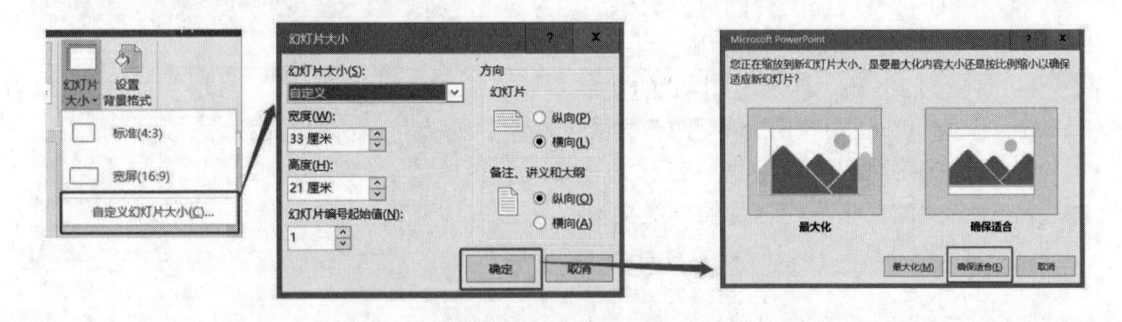

图 19-8 设置幻灯片大小

要求3 将演示文稿的第 1 张幻灯片,调整为"标题幻灯片"版式,并添加副标题,内容为"XX 高校"。

选中第 1 张幻灯片,在"开始"菜单"幻灯片"功能组中单击"版式"按钮,如图 19-9 所示,在下拉菜单中单击"标题幻灯片"命令。单击副标题占位符,如图 19-10 所示,输入文字"XX 高校"。

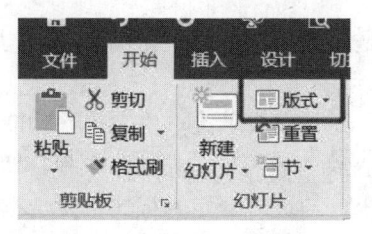

图 19-9　设置幻灯片版式　　　　　　　图 19-10　添加副标题

要求4　为演示文稿添加一个合适的主题。

在"设计"菜单"主题"下拉菜单中选择"剪切",即可对所有幻灯片应用该主题。

要求5　将演示文稿的第 5 张幻灯片,调整为"两栏内容"版式,分别输入文字"千兆以太网"和"无线局域网",并插入相应的图片。

选中第 5 张幻灯片,在"开始"菜单"幻灯片"功能组中单击"版式"按钮,在下拉菜单中单击"两栏内容"命令。单击左侧"单击此处添加文本"占位符,如图 19-11 所示,输入文字"千兆以太网",同样的在右侧输入文字"无线局域网"。

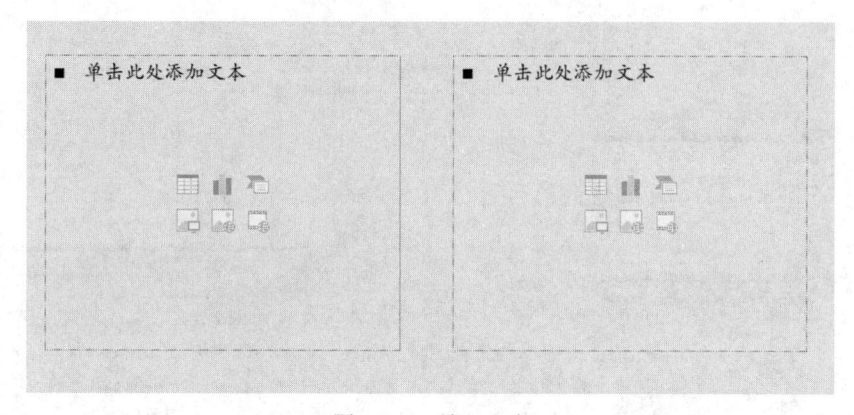

图 19-11　输入文字

在"插入"菜单"图像"功能组中,单击"图片"选项,打开"插入图片"对话框,找到图片存放位置,选中所需的图片,然后单击"插入"按钮,即可插入相应图片,如图 19-12 所示。

图 19-12　插入图片

用同样的方法,在右侧插入图片"无线局域网.png"。

任务 19　方案汇报演示文稿

要求6 将第 5 张幻灯片插入的两张图片调整至合适的大小，并将两张图片相对幻灯片"横向分布"，位置为"从左上角""8.5 厘米"。

选中左侧图片"千兆以太网.png"，单击"图片工具"下"格式"菜单"大小"功能组右下角的对话框启动按钮，打开"大小"功能组的启动框，激活"设置图片格式"菜单，切换到"大小和属性"，在"大小"组中设置"高度"为 8.5 厘米，勾选"锁定纵横比"复选框，宽度随之改变。单击"位置"折叠按钮，设置"垂直位置"为"从左上角""8.5 厘米"，如图 19-13 所示。

用同样的方法，设置图片"无线局域网.png"的高度为 8.5 厘米，锁定纵横比。

选中图片"千兆以太网.png"按下 Ctrl 键，然后选中图片"无线局域网.png"，此时二者处于同时选中状态，在"图片工具"下"格式"菜单"排列"功能组中单击"对齐"按钮，在下拉菜单中先单击"对齐幻灯片"命令，然后单击"横向分布"命令，如图 19-14 所示，此时两张图片相对于幻灯片水平方向上平均分布，效果如图 19-15 所示。

图 19-13　设置图片大小和位置　　　　　图 19-14　图片的横向分布

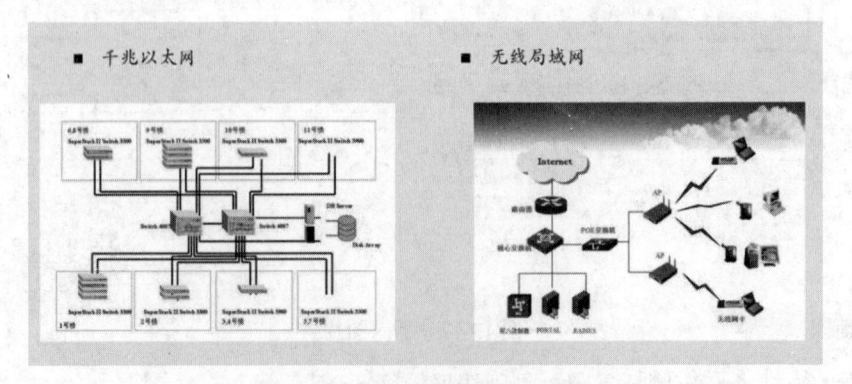

图 19-15　图片设置对齐后效果图

要求7　将第 2 张幻灯片中的文本转换为合适的 SmartArt 流程图形，并超链接到对应的幻灯片。

选中第 2 张幻灯片，单击文本占位符，在"开始"菜单"段落"功能组中，单击"转换为 SmartArt"按钮，在下拉菜单中选择"连续块状流程"，如图 19-16 所示，即可将文本转换为 SmartArt 图形。

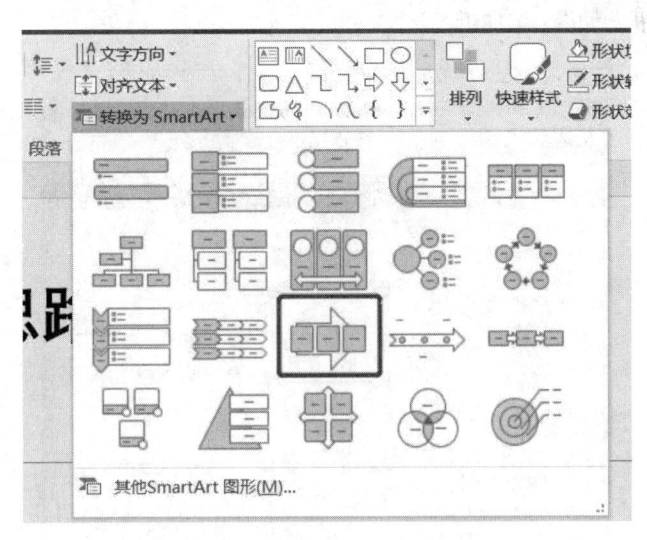

图 19-16　文本转换为 SmartArt 图形

选中 SmartArt 图形中的"校园网使用现状"文本，在"插入"菜单"链接"功能组中单击"超链接"选项，打开"插入超链接"对话框，在"本文当中的位置"中选择第 3 张"校园网使用现状"幻灯片，单击"确定"按钮，即可将 SmartArt 中文本"校园网使用现状"超链接到第三张幻灯片，如图 19-17 所示。用同样的方法将 SmartArt 图形中的文本"校园网使用需求"超链接到第 4 张幻灯片，将"整改方案"超链接到第 6 张幻灯片，将"方案价值"超链接到第 7 张幻灯片，将"方案优势"超链接到第 8 张幻灯片。

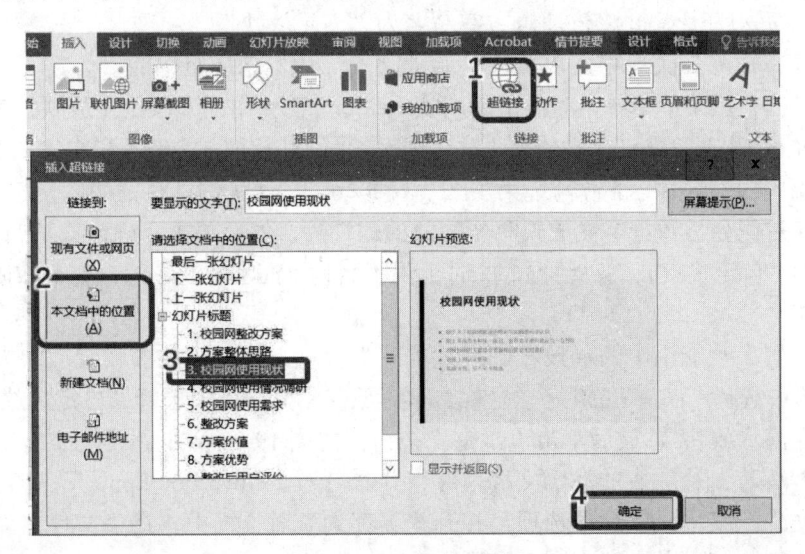

图 19-17　插入超链接

任务 19　方案汇报演示文稿　293

> **要求8** 给演示文稿中除张幻灯片外添加编号、自动更新的时间和页脚,页脚内容为"XX高校校园网整改方案"。

在"插入"菜单下,单击"文本"功能组中的"页眉和页脚"按钮,打开"页眉和页脚"对话框,勾选"日期和时间"复选框,选择"自动更新",勾选"幻灯片编号""页脚"及"标题幻灯片中不显示"复选框,在"页脚"文本框中输入文字"XX 高校校园网整改方案",单击"全部应用"按钮,如图 19-18 所示。

图 19-18　添加编号、页脚

> **要求9** 给所有幻灯片设置合适的切换方式,并对所有幻灯片设置为"手动换片"。

在"切换"菜单下,打开"切换到此幻灯片"下拉菜单,选择"覆盖","效果选项"选择"自左侧",在"计时"功能组中将"换片方式"选择"单击鼠标时",单击"全部应用"按钮。

> **要求10** 在该演示文稿中创建一个演示方案,该演示方案包含第 1、2、3、5、6、7、8 页幻灯片,并将该演示方案命名为"演示放映"。

在"幻灯片放映"菜单中,单击"开始放映幻灯片"功能组中的"自定义幻灯片放映"按钮,在弹出的下拉菜单中单击"自定义放映"命令,在弹出的"自定义放映"对话框中单击"新建"按钮,弹出"定义自定义放映"对话框,在"幻灯片放映名称"栏中输入"演示放映","在演示文稿中的幻灯片"下方勾选第 1、2、3、5、6、7、8 张幻灯片前面的复选框,单击"添加"按钮,在右侧会显示自定义放映时要播放的幻灯片,然后单击"确定"按钮,如图 19-19 所示,返回到"自定义放映"对话框,此时出现了名为"演示放映"的自定义放映,最后单击"关闭"按钮。

单击"设置"功能组中的"设置幻灯片放映"选项,在弹出的"设置放映方式"对话框"放映类型"中选择"演讲者放映"(全屏幕),"放映幻灯片"中选择"自定义放映",并在下拉框中选择"演示放映",最后单击"确定"按钮,如图 19-20 所示。

> **要求11** 保存制作完成的演示文稿,并将其命名为"PowerPoint.pptx"。

单击"文件"菜单"保存"选项,打开"另存为"对话框中,在"文件名"输入框中输入"PowerPoint.pptx",单击"保存"按钮。

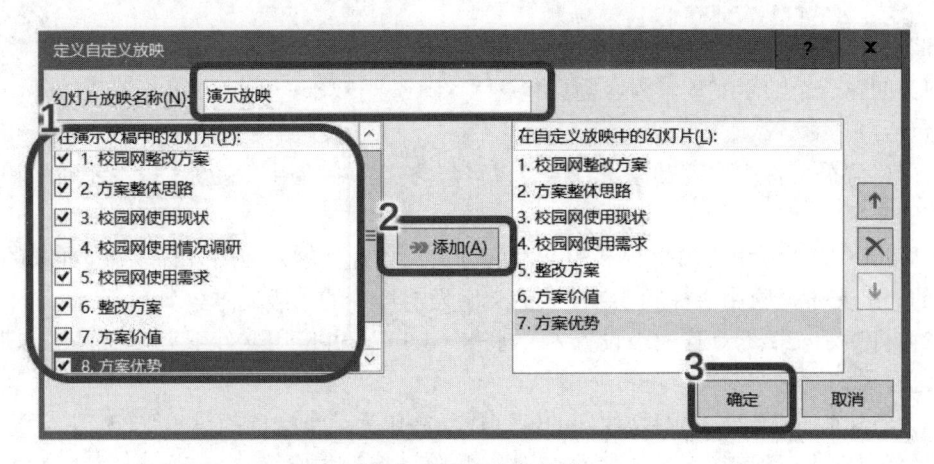

图 19-19　自定义放映

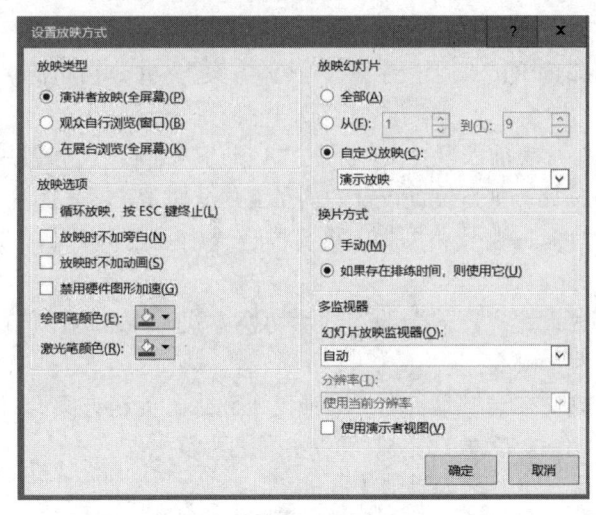

图 19-20　设置放映方式

19.4　思考与实训

【问题思考】

（1）文本转换为幻灯片时，对文本中内容格式有何要求，才能确保转换为幻灯片后逻辑不混乱，如幻灯片的标题如何确定。

（2）"两栏内容"版式的幻灯片，既要输入文字又要插入图片时，能否直接先单击图片按钮插入图片，然后再输入文字？

（3）设置图片对齐时，参考对象有哪些？多张图片对齐时以哪张图片为参照基准？

【实训案例】

"双十一"购物节即将到来，××公司提前拟定了"双十一"促销方案，请按照以下要求完成演示文稿的制作，案例如图 19-21 所示。

（1）创建一个演示文稿，内容需要包含"××公司双十一促销方案.docx"文件中的所有内容，包括：

1）严格遵循文件中内容顺序，且内容仅需包含文件中所用"标题 1""标题 2"和"标题 3"样式的文字。

2）Word 中应用"标题 1"样式的文字为每页幻灯片标题，应用"标题 2"样式的文字为幻灯片的一级文本，应用"标题 3"样式的文字为幻灯片的二级文本。

（2）将演示文稿幻灯片大小设置为"标准（4:3）"，并应用文件下夹"平面.thmx"主题，变体颜色设置为红色。

（3）新建版式为"标题幻灯片"的幻灯片，并作为演示文稿的第 1 张幻灯片，标题内容为"××公司双十一促销"，字体大小 48 磅，删除副标题占位符。

（4）新建一张版式为"标题和内容"的幻灯片，并作为演示文稿的第 2 张幻灯片，标题内容为"促销方案"，文本占位符中添加"垂直框列表"的 SmartArt 图形，文本内容为"促销主题""促销目的""促销时间""促销对象""具体方案"，并分别超链接至第 3、4、5、6、7 张幻灯片。

（5）在第 3 张幻灯片中插入素材文件下的"1.jpg""2.jpg"两张图片，将两张图片高度都调整为 6 厘米，锁定纵横比；垂直位置设置为从左上角 9 厘米，两张图片相对幻灯片横向分布。

（6）为所有幻灯片添加编号和页脚，页脚内容"中强英语双十一促销"，标题幻灯片不显示。

（7）为全部幻灯片设置"覆盖"的幻灯片切换方式，声音为"风声"，切换效果为"自左侧"，自动换片时间为 3 秒。

（8）设置自定义放映方案，命名为"中强英语双十一促销方案"，包含第 1、5、6、7 张幻灯片，且放映顺序为第 1、第 6、第 5、第 7 张幻灯片。

（9）保存演示文稿，重命名为"SX19.pptx"。

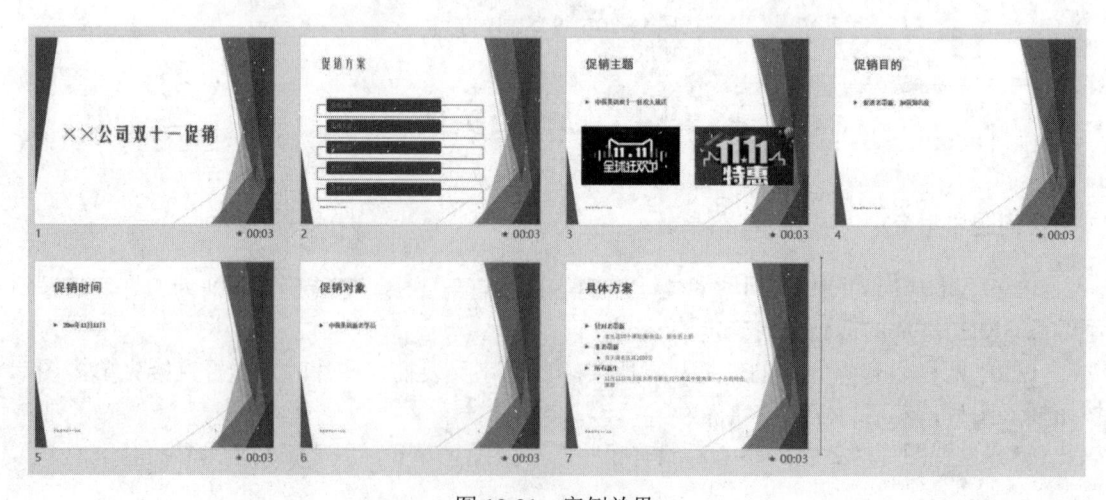

图 19-21　案例效果

任务 20　宣传演示文稿

20.1　任务描述

　　为弘扬中华优秀传统文化和传统美德，宣传普及传统节日知识，引导学生们感受传统、弘扬传统，让中华民族传统文化根植心间，一小学计划在学校展厅大屏幕上循环播放中国传统节日知识演示文稿。王老师是一名语文老师，现接到该项任务，请按照如下要求帮助她完成演示文稿的制作：

要求1　根据文件夹下的 Word 素材 "PPT 素材.docx" 创建初始包含 7 张幻灯片且名为 "PowerPoint.pptx" 的演示文稿，要求新生成的演示文稿中不包含素材中的任何格式。具体对应关系如下：

①第 1 张幻灯片版式为"标题幻灯片"，且标题为"节日介绍"，副标题为"中国传统节日知多少"。

②第 2 张幻灯片版式为"标题和内容"，标题为"中国传统节日介绍"，文字为素材中的文字。

③第 3～6 张幻灯片版式为"两栏内容"，标题为素材中给定的各节日名称，右侧文本框中内容为素材中的文字内容，左侧文本框中插入文件夹中给定的相应图片。

④第 7 张幻灯片版式为"标题和内容"，标题为"中国四大传统节日"，内容为素材中给定的文字（四大节日）。

要求2　设置演示文稿主题为文件夹下的"PPT 主题.thmx"样式。

要求3　将第 7 张幻灯片"中国四大传统节日"中文本更改为 SmartArt 图形中的"基本矩阵"，并设置美观的颜色和样式。在幻灯片右下角添加文本框，并输入文字"国家法定休假的传统节日"，对文本框设置美观的边框线颜色、线框宽度和颜色填充。

要求4　应用"重用幻灯片"功能，将"节日介绍.pptx"演示文稿中除"元旦"和"劳动节"外的其他幻灯片添加到新建的"PowerPoint.pptx"演示文稿中，不保留原有格式，并更改幻灯片版式为"两栏内容"。

要求5　在标题为"清明节"和"冬至节"两张幻灯片的图片下方添加文本框，文本框内容为"节日以节气命名"。设置文本框框线为 3 磅、蓝色，且与图片水平居中对齐，文字样式为微软雅黑。

要求6　运用幻灯片母版，对版式为"两栏内容"幻灯片批量设置格式，其中左侧图片添加紫色、3 磅的框线，右侧文字样式调整为微软雅黑、18 磅。

要求7　在最后新增一张版式为"标题和内容"的幻灯片，设置标题为"传统节日知多少"，文本位置添加"三维簇状条形图"，其中系列值为：春节 98%、清明节 90%、端午节 95%、中秋节 98%、元宵节 70%、七夕节 0.5%、中元节 0、重阳节 80%、

冬至节30%、除夕90%。对新生成的图表运用"样式9"的图表样式

要求8　运用母版批量为幻灯片右下角添加图片水印，图片为文件夹下"传统节日说.jpg"，适当调整图片大小，注意图片不要遮挡任何对象。

要求9　为每张幻灯片设置不少于2秒的自动换片，为演示文稿设置循环放映。

要求10　保存演示文稿。

20.2　相关考点

20.2.1　图表展示

与 Word 和 Excel 一样，在 PowerPoint 中可以插入多种数据图表和图形。这里的图表是指"柱形图""折线图""饼图"等，该图表以 Excel 数据表为基础，若修改 Excel 数据表则图表发生同步改变。

图表的插入方式有三种：通过单击"插入"菜单"图表"按钮插入；通过单击占位符插入；从 Excel 中直接复制粘贴。插入图表后，让图表处于选中状态，如图 20-1 所示，此时功能区会出现"图表工具—设计"和"图表工具—格式"两个菜单，通过这两个菜单可以对插入的图表进行设计和格式的调整。同时，幻灯片编辑区会出现插入的图形和 Excel 数据表，可以对图表进行元素的添加和修改等设计。

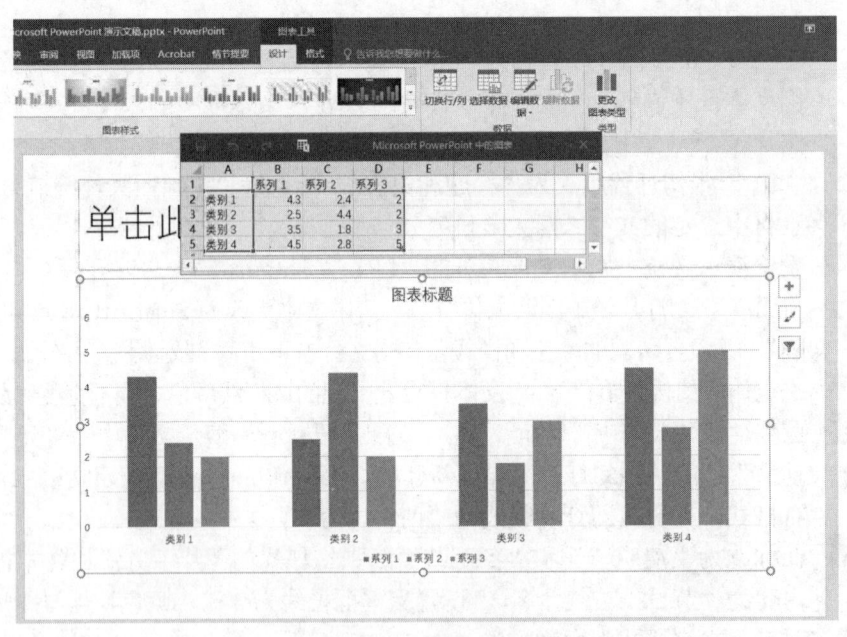

图 20-1　生成图表

20.2.2　重用幻灯片

在制作一批格式、内容大致相同的幻灯片时，只是通过幻灯片的复制、粘贴操作会浪费大量时间，也加大了工作量，效率又低又容易出错。"重用幻灯片"功能则很好地解决了这个

问题。"重用幻灯片"功能可以快速地从已有的演示文稿中选出所需的幻灯片按照一定的顺序插入到当前的演示文稿中。

如图 20-2 所示，在"开始"或"插入"选项卡"幻灯片"功能组"新建幻灯片"下拉菜单中单击"重用幻灯片"命令，打开其他的演示文稿，在"重用幻灯片"窗格幻灯片列表里，可以选择需要插入本文档中的幻灯片。

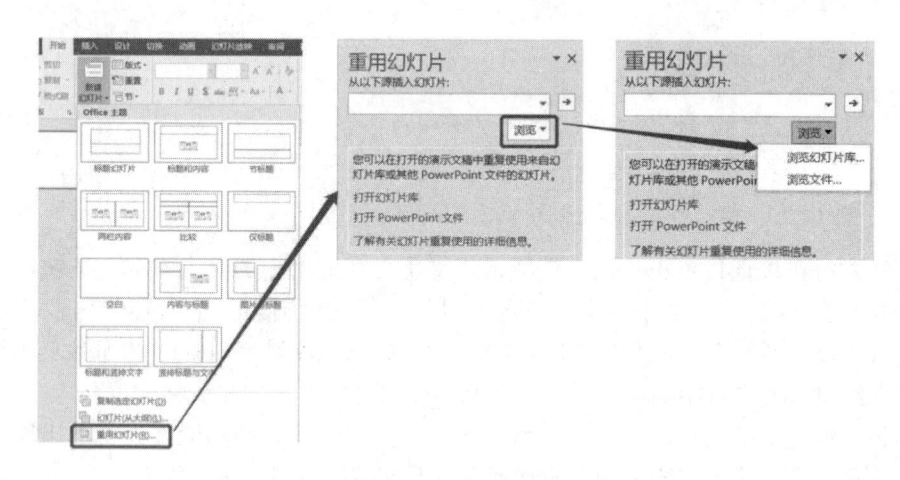

图 20-2　重用幻灯片

20.2.3　使用母版批量重复编辑

幻灯片母版是整个演示文稿的基础，它能控制整个演示文稿的外观，包括颜色、字体、背景、效果等。因此，想要高效地建立幻灯片，特别是想要每个幻灯片都保持着共同的设计元素时，最简单的办法就是将这些元素放进母版。利用母版建立幻灯片还有一个好处就是，放入母版的元素更容易维护，要修改时只需在母版上进行修改即可，而不用逐页逐项地修改。放入母版的元素在新建幻灯片时会被直接采用，无须再专门插入，这是高效实现个性化的演示文稿的最佳途径，也有利于维护演示文稿。

新建的演示文稿都有一个默认的空白母版，其中自带了 12 种版式。一组幻灯片母版包含了多张幻灯片，每一张都具有不同的样式。一份演示文稿可以包含多个幻灯片母版，每个幻灯片母版可以应用不同的主题，可以创建一个包含一个或多个幻灯片母版的演示文稿，将其另存为 PowerPoint 模板文件（.potx），然后可以基于该模板创建其他演示文稿。

如图 20-3 所示，在"视图"菜单"母版中的视图"功能组中单击"幻灯片母版"按钮切换到母版视图，并自动显示"幻灯片母版"菜单。幻灯片母版是最常用的母版，它包含 5 个区域：标题区、对象区、日期区、页脚区和数字区。这些区域就是占位符，通过对母版上的这些占位符进行格式设置，能控制所有基于该母版所创建的幻灯片的标题、文本及背景的格式，从而保证整个演示文稿中的所有幻灯片风格统一。

20.2.4　文本框的使用

文本框主要用来输入并编辑文字，在 PowerPoint 中可以直接在幻灯片的任意位置绘制文本框，进而在文本框中输入文本并设置文本格式。

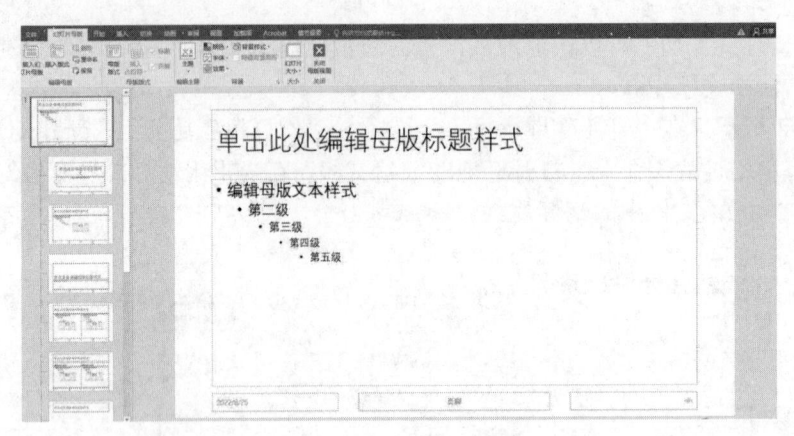

图 20-3　幻灯片母版视图

插入文本框可以通过单击"插入"菜单"文本"功能组中的"文本框"按钮，在下拉菜单中选择合适的文本框后，在目标位置直接拖动鼠标进行绘制。也可以通过"插入"菜单"插图"功能组中单击"形状"按钮，在下拉菜单中选择"基本形状"下的文本框或其他图形，然后鼠标拖动绘制。文本框绘制完成后可以在其中输入文字并设置相关格式。

文本框绘制完成后可以任意移动位置，选中一文本框后，在功能区会自动出现"绘图工具—格式"菜单，可通过该选项卡上的功能命令对文本框的格式进行设置。

20.2.5　粘贴时的格式

在做幻灯片时，通常需要从他处复制对象，如文本、图片、表格及幻灯片等，原有的对象都是带有格式的，为使幻灯片美观，保证风格统一，大多时候需要将这些对象设置成统一的格式。在复制、粘贴时即可采用选择性粘贴的方法，不仅可以将从网站复制过来的内容去掉格式，也可以把文本、图表、表格、幻灯片、对象组合粘贴成整张图片格式。

复制幻灯片时，若要保留原有格式，在粘贴时可右击，在快捷菜单中单击"保留原格式"命令，此时复制过来的幻灯片将不受现有幻灯片模板限制而是继续保留原有格式。

20.3　任务实施

要求1　根据文件夹下的 Word 素材 "PPT 素材.docx" 创建初始包含 7 张幻灯片且名为 "PowerPoint.pptx" 的演示文稿，要求新生成的演示文稿中不包含素材中的任何格式。具体对应关系如下：

①第 1 张幻灯片版式为"标题幻灯片"，且标题为"节日介绍"，副标题为"中国传统节日知多少"。

②第 2 张幻灯片版式为"标题和内容"，标题为"中国传统节日介绍"，文字为素材中的文字。

③第 3~6 张幻灯片版式为"两栏内容"，标题为素材中给定的各节日名称，右侧文本框中内容为素材中的文字内容，左侧文本框中插入文件夹中给定的相应图片。

④第 7 张幻灯片版式为"标题和内容"，标题为"中国四大传统节日"，内容为素材中给定的文字（四大节日）。

在文件夹中右击，在快捷菜单中单击"新建"→"Microsoft PowerPoint 演示文稿"命令，并命名为"PowerPoint.pptx"，打开新建的演示文稿，在"开始"菜单"幻灯片"功能组中单击"新建幻灯片"按钮，在下拉菜单中单击"标题幻灯片"命令，在新生成的幻灯片的标题栏文本框中输入文字"节日介绍"，副标题文本框中输入文字"中国传统节日知多少"。

用同样的方法新建第 2~7 张幻灯片，其中第 2 张、第 7 张幻灯片版式设置为"标题和内容"，第 3~6 张幻灯片版式为"两栏内容"。

在第 2 张幻灯片标题文本框中输入文字"中国传统节日介绍"，打开"PPT 素材.docx"文件，鼠标拖动选中对应的文字，按下 Ctrl+C 组合键，或者右击，在弹出的快捷菜单中单击"复制"命令，接着在第 2 张幻灯片文本所在的文本框中右击，在弹出的快捷菜单中单击"只保留文本"按钮，即可无格式粘贴，如图 20-4 所示。

图 20-4　选择性粘贴

选中第 3 张幻灯片，在标题栏文本框中输入文字"春节"，单击左侧文本框中图片按钮，在弹出的"插入图片"对话框中，找到图片所在位置，选中图片"春节.jpg"，单击"插入"按钮，即可插入图片"春节.jpg"，如图 20-5 所示。在"PPT 素材.docx"中复制"春节"下方的介绍文字，然后选中幻灯片右侧文本的文本框，右击，在弹出的快捷菜单中单击"只保留文本"按钮，将文字内容无格式粘贴到幻灯片中。

图 20-5　插入图片

用同样的方法完成第 4 张幻灯片"清明节"、第 5 张幻灯片"端午节"、第 6 张幻灯片"中秋节"的制作，制作完成后的幻灯片如图 20-6 所示。

任务 20　宣传演示文稿　301

图 20-6 完成后的 4 张幻灯片效果图

选中第 7 张幻灯片，在标题文本框中输入文字"中国四大传统节日"，打开"PPT 素材.docx"文件，鼠标拖动选中对应的文字，按下 Ctrl+C 组合键，或者右击，在弹出的快捷菜单中单击"复制"命令，接着在第 7 张幻灯片文本所在的文本框中右击，在弹出的快捷菜单中单击"只保留文本"按钮，即可无格式粘贴。

要求2 设置演示文稿主题为文件夹下的"PPT 主题.thmx"样式。

在"设计"菜单"主题"下拉菜单中单击"浏览主题"命令，如图 20-7 所示，在弹出的"选择主题或主题文档"对话框中选择给定的主题"PPT 主题.thmx"，如图 20-8 所示，最后单击"应用"按钮，即可为演示文稿添加主题。

图 20-7 选择给定主题

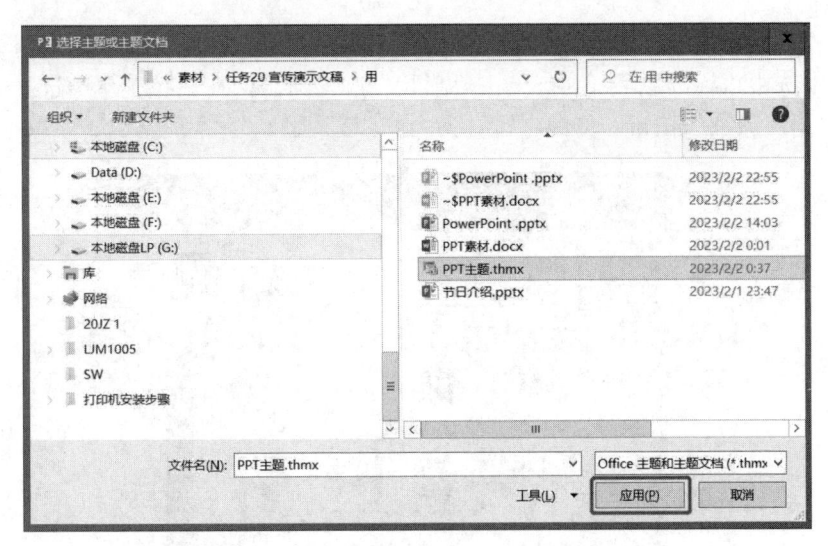

图 20-8　应用主题

要求3　将第 7 张幻灯片"中国四大传统节日"中文本更改为 SmartArt 图形中的"基本矩阵",并设置美观的颜色和样式。在幻灯片右下角添加文本框,并输入文字"国家法定休假的传统节日",对文本框设置美观的边框线颜色、线框宽度和颜色填充。

选中第 7 张幻灯片中文字所在的文本框,在"开始"菜单"段落"功能组中,单击"转换为 SmartArt"三角按钮,在弹出的下拉菜单中单击"其他 SmartArt 图形"命令,在弹出的"选择 SmartArt 图形"对话框中,选择"矩阵",在右侧列表框中选择"基本矩阵"样式,最后单击"确定"按钮,如图 20-9 所示,文本即可转换为 SmartArt 中的"基本矩阵"样式。

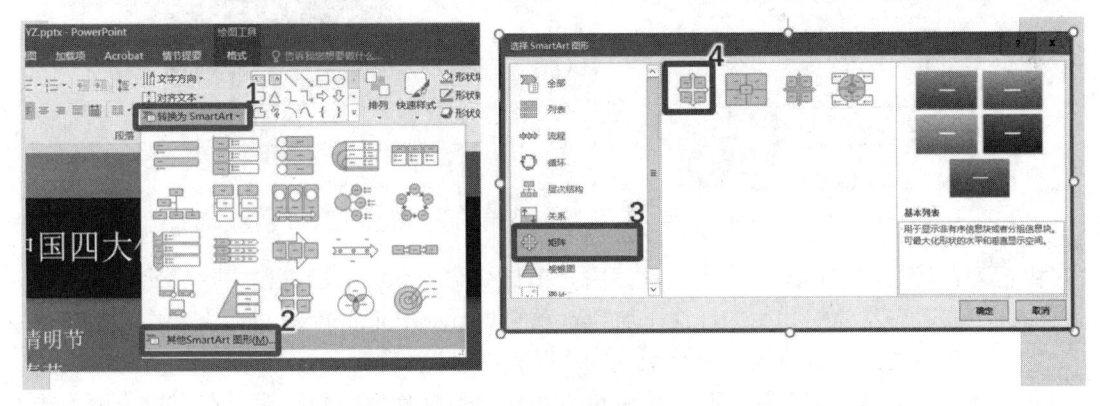

图 20-9　将文本转换为 SmartArt 图形

选中新生成的 SmartArt 图形,在工具栏上方自动弹出"SmartArt 工具—设计"和"SmartArt 工具—格式"菜单,在"SmartArt 工具"下"设计"菜单"SmartArt 样式"功能组中,单击"更改颜色"按钮,弹出的下拉菜单中选择"彩色,彩色范围-个性色 3 至 4",如图 20-10 所示。

单击"插入"菜单"文本"功能组中的"文本框"三角按钮,在弹出的下拉菜单中单击"横排文本框"命令,如图 20-11 所示,待光标变成"十"字型时,拖动鼠标,完成文本框的绘制,然后在文本框中输入文字"国家法定休假的传统节日"。单击文本框,在自动弹出的"绘

任务20　宣传演示文稿　303

图工具"下"格式"菜单"形状样式"功能组中,单击"形状填充"命令,如图 20-12 所示,在下拉菜单中选中"标准色-绿色",单击"形状轮廓"命令,在下拉菜单中选择"标准色-橙色",接着单击"粗细"按钮,将线宽设置为"3 磅"。

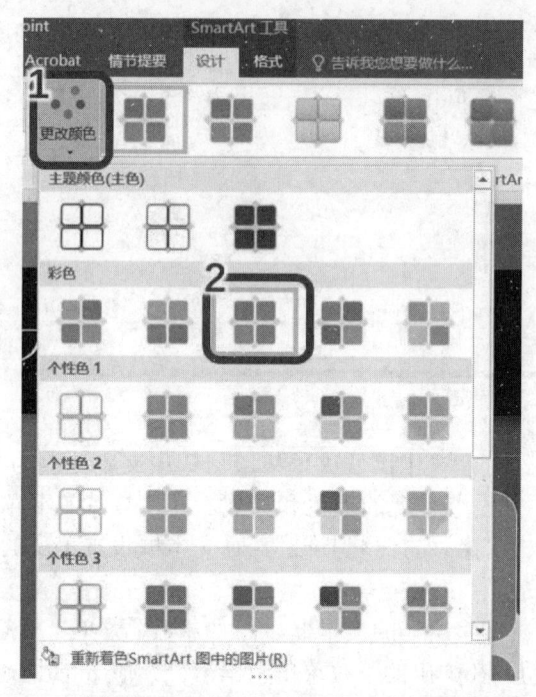

图 20-10 更改 SmartArt 图形的颜色

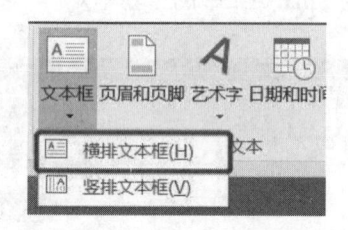

图 20-11 插入文本框

图 20-12 设置文本框格式

要求 4 应用"重用幻灯片"功能,将"节日介绍.pptx"演示文稿中除"元旦"和"劳动节"外的其他幻灯片添加到新建的"PowerPoint.pptx"演示文稿中,不保留原有格式,并更改幻灯片版式为"两栏内容"。

在"开始"菜单"幻灯片"功能组中单击"新建幻灯片"三角按钮,在下拉菜单中单击"重用幻灯片"命令,在幻灯片右侧工具栏中,弹出"重用幻灯片"窗口,单击"浏览"三角按钮,在下拉菜单中单击"浏览文件"命令,找到存放"节日介绍.pptx"文件的位置,选择"节日介绍.pptx"文件,单击"打开"按钮,返回到"重用幻灯片"窗口,此时在下方会出现"节日介绍.pptx"文件中的所有幻灯片,依次单击要插入的"元宵节""七夕节""中元节""重阳节""冬至节""除夕"幻灯片,即可将选中的幻灯片添加到该演示文稿中,如图 20-13 所示。

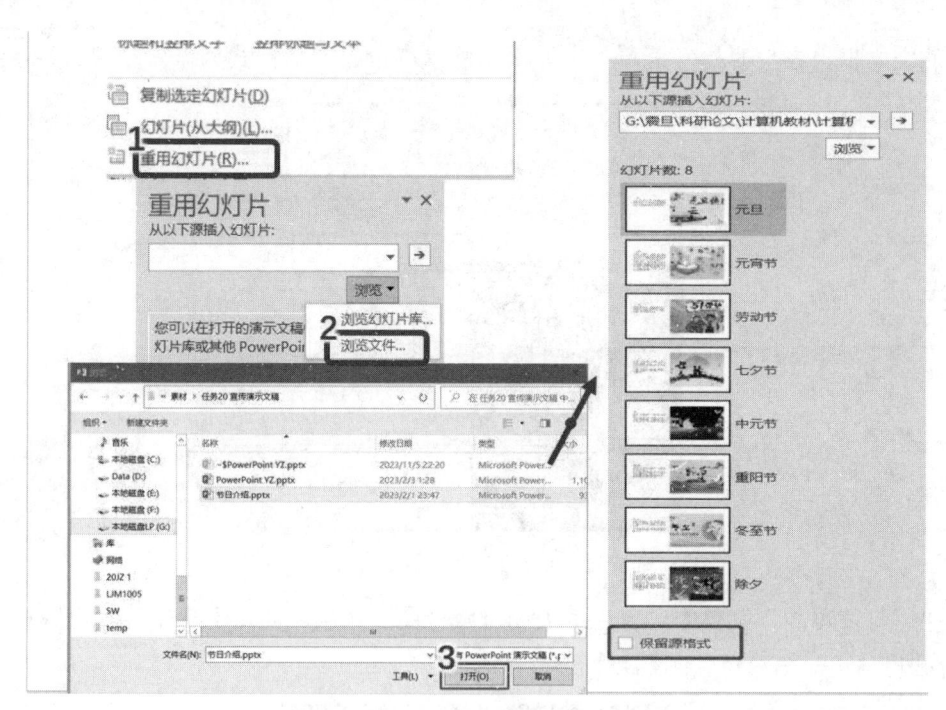

图20-13　重用幻灯片

注意：不要勾选"保留源格式"前面的复选框。

依次选中新添加的幻灯片，在"开始"菜单"幻灯片"功能组"版式"下拉菜单选择"两栏内容"，即可修改新添加幻灯片的版式。

要求5 在标题为"清明节"和"冬至节"两张幻灯片的图片下方添加文本框，文本框内容为"节日以节气命名"。设置文本框框线为3磅、蓝色，且与图片水平居中对齐，文字样式为微软雅黑。

选中第4张标题名为"清明节"的幻灯片，单击"插入"菜单"文本"功能组中的"文本框"三角按钮，弹出的下拉菜单中单击"横排文本框"命令，待光标变成"十"字型时，拖动鼠标，完成文本框的绘制，然后在文本框中输入文字"节日以节气命名"。

单击文本框，在"开始"菜单"字体"功能组中，将文字样式设置为微软雅黑。然后在"绘图工具"下"格式"菜单"形状样式"功能组中，单击"形状轮廓"按钮，在下拉菜单中选择"标准色-蓝色"，接着单击"粗细"按钮，将线宽设置为"3磅"。文本框依旧处于选中状态，按下Ctrl键，单击"清明节"图片，使两个对象处于同时选中状态，在"绘图工具"下"格式"菜单"排列"功能组中，单击"对齐"按钮，在下拉菜单中单击"水平居中"命令，如图20-14所示，即可使文本框与图片"水平居中"对齐。

要求6 运用幻灯片母版，对版式为"两栏内容"幻灯片批量设置格式，其中左侧图片添加紫色、3磅的框线，右侧文字样式调整为微软雅黑、18磅。

单击"视图"菜单"母版视图"功能组中的"幻灯片"母版选项，如图20-15所示，即可进入幻灯片母版编辑状态。在左侧导航条中，选择"两栏内容"版式，在右侧的编辑窗口，单击左侧文本框，在"绘图工具"下"格式"菜单"形状样式"功能组中，单击"形状轮廓"按钮，在下拉菜单中选择"标准色-紫色"，接着单击"粗细"按钮，将线宽设置为"3磅"。

任务20　宣传演示文稿

单击右侧文本框，在"开始"菜单"字体"功能组中设置字体样式为微软雅黑、18磅。

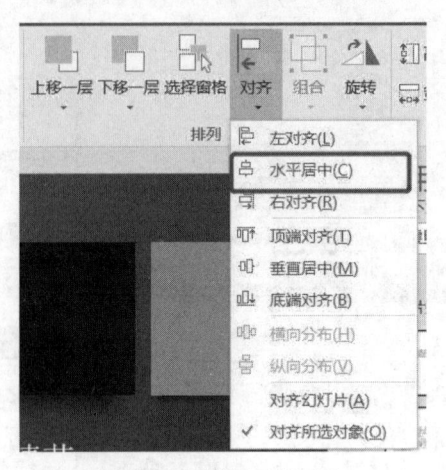

图 20-14　设置元素对齐

在"幻灯片母版"菜单中，单击"关闭母版视图"选项，即可退出幻灯片母版视图，如图 20-16 所示。

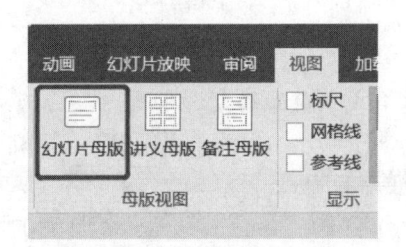

图 20-15　打开幻灯片母版

图 20-16　关闭母版视图

要求7　在最后新增一张版式为"标题和内容"的幻灯片，设置标题为"传统节日知多少"，文本位置添加"三维簇状条形图"，其中系列值为：春节 98%、清明节 90%、端午节 95%、中秋节 98%、元宵节 70%、七夕节 0.5%、中元节 0、重阳节 80%、冬至节 30%、除夕 90%。对新生成的图表运用"样式 9"的图表样式。

选中最后一张幻灯片在"开始"菜单"幻灯片"功能组中，单击"新建幻灯片"按钮，在下拉菜单选择"标题和内容"，在新建的幻灯片中输入标题"传统节日知多少"。单击文本框中的"插入图表"图标，弹出"插入图表"对话框，在左侧"所有图表"中选择"条形图"，在右侧选择"三维簇状条形图"，最后单击"确定"按钮，如图 20-17 所示，即可在幻灯片中插入图表。

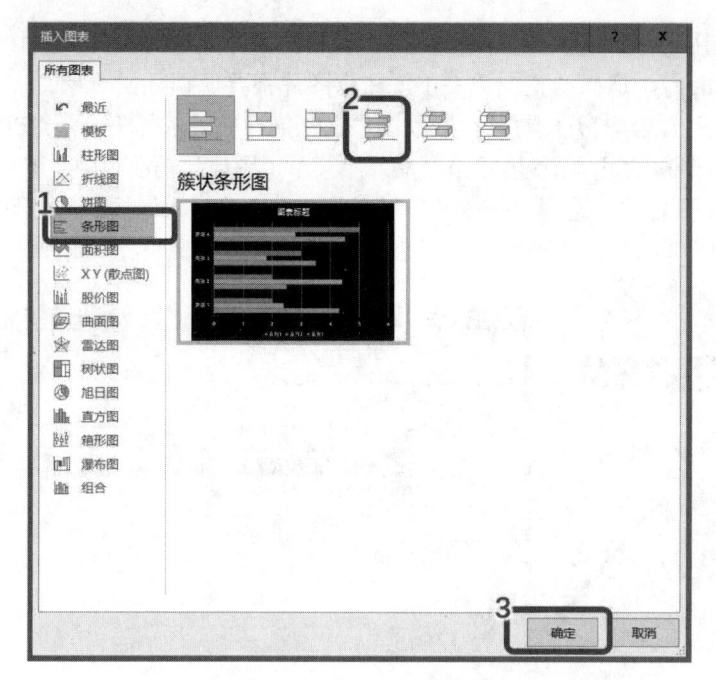

图 20-17　在幻灯片中插入图表

选择插入图表后，会自动弹出"Microsoft PowerPoint 中的图表"，在表格中做图 20-18 所示的修改。

图 20-18　修改图表数据

选中生成的图表，在工具栏上方自动弹出的"图表工具"下"设计"菜单"图表样式"功能组中选择"样式 9"，如图 20-19 所示。

图 20-19　设计图表样式

任务 20　宣传演示文稿

要求8　运用母版批量为幻灯片右下角添加图片水印，图片为文件夹下"传统节日说.jpg"，适当调整图片大小，注意图片不要遮挡任何对象。

依照前文所述方法，打开幻灯片母版视图，在左侧导航处选择第一张"PPT 主题，幻灯片母版，由幻灯片 1~14 使用"，接着单击"插入"菜单"图像"功能组中"图片"选项，在打开的"插入图片"对话框中，选择"传统节日说.jpg"，单击"插入"按钮，如图 20-20 所示，即可插入图片。

图 20-20　在幻灯片中插入图片

选中插入的图片，在"图片工具"下"格式"菜单中单击"大小"功能组右下角的"对话框启动器"按钮，打开"大小"启动框，在弹出的"设置图片格式"窗口中，设置"缩放高度 10%"，勾选"锁定纵横比"复选框，如图 20-21 所示，移动图片到幻灯片右下角，避免遮挡幻灯片上其他元素。

图 20-21　设置图片大小

关闭母版视图,退出幻灯片母版编辑状态。

要求9 为每张幻灯片设置不少于2秒的自动换片,为演示文稿设置循环放映。

在"切换"菜单"计时"功能组中,勾选"设置自动换片时间",并设置换片时间为2秒,如图20-22所示,单击"全部应用"选项。

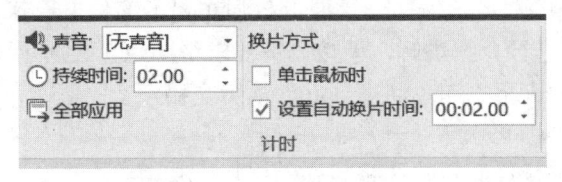

图20-22 设置自动换片

在"幻灯片放映"菜单"设置"功能组中单击"设置幻灯片放映"选项,在弹出的"设置放映方式"对话框中,设置"放映类型"为"在展台浏览",此时会自动勾选"循环放映,按ESC键终止",最后单击"确定"按钮,如图20-23所示。

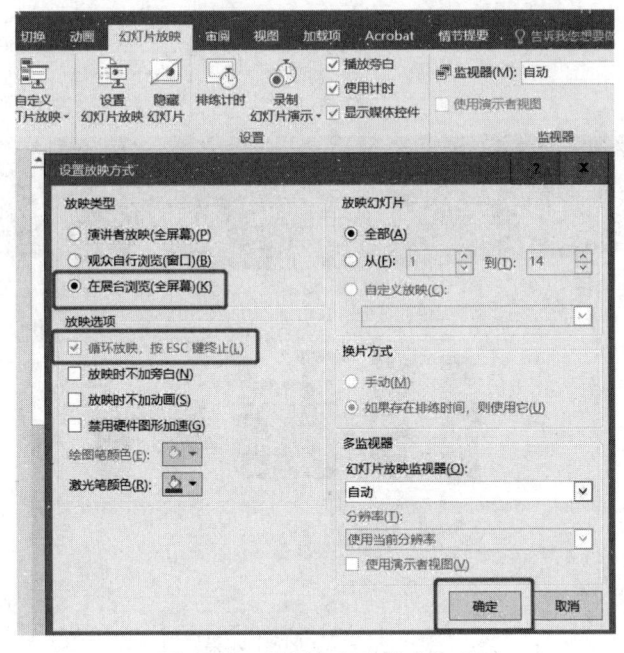

图20-23 设置幻灯片放映方式

要求10 保存演示文稿

单击"文件"菜单"保存"命令。

20.4 思考与实训

【问题思考】

(1)在幻灯片中插入图表时,若数据有误应如何更改?
(2)使用幻灯片母版批量编辑幻灯片时,如何精准选择需要批量编辑的幻灯片?

（3）重用幻灯片能否用复制、粘贴幻灯片替代？

（4）添加水印是否有其他方法？

【实训案例】

小刘是大学二年级的一名学生，一堂课上教师布置了宣传自己家乡的作业，并要求在课堂上以演示文稿的形式进行介绍讲解，请按以下要求帮助她完成演示文稿的制作：

（1）打开素材文件夹下"印象河南.pptx"演示文稿，参照案例，将第 2 张幻灯片中的文字转化为 SmartArt 图形中样式。

（2）在第 2 张幻灯片后面新建 5 张版式幻灯片，其中第 3、5、6 张幻灯片版式为"仅标题"，标题分别为"人口""风景名胜""美食"；第 4 张幻灯片版式为"标题和内容"；第 7 张幻灯片版式为"空白"。

（3）编辑第 4 张幻灯片，其中标题为"河南人口变化"，利用内容占位符中添加"三维簇状柱形图"图表，其中 2017 年人口 10852 万人，2018 年 10906 万人，2019 年 10952 万人，2020 年 9936 万人，2021 年 9883 万人，2022 年 9872 万人，按案例（图 20-24）进行图表格式的设计。

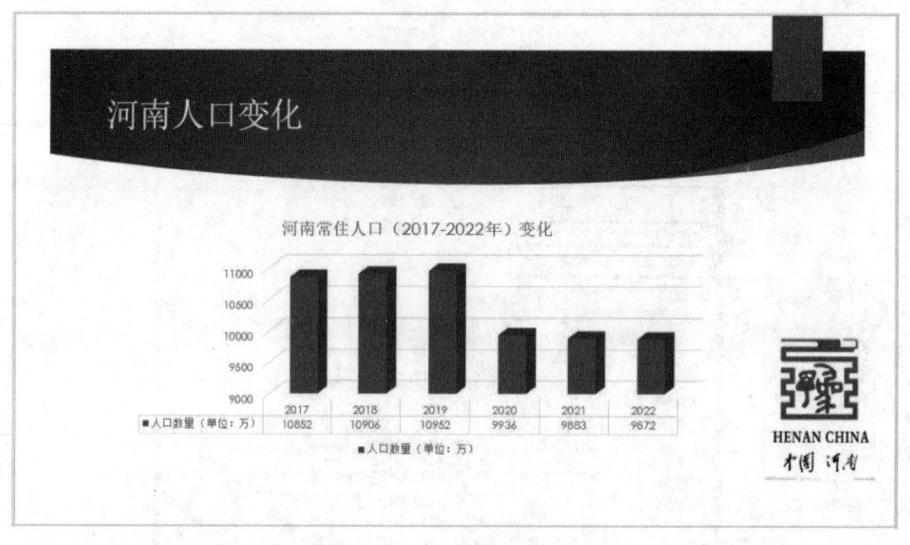

图 20-24　人口变化效果图

（4）在第 7 张空白幻灯片中添加文本框，文本框中输入文字"河南欢迎您！"，并参照案例设置合适的艺术字样式和文本效果。

（5）参照案例给演示文稿添加合适的主题。

（6）复制"河南美景.pptx"演示文稿中的两张幻灯片到"印象河南.pptx"演示文稿第 5 张幻灯片后，并保留原格式。

（7）应用"重用幻灯片"功能，将"河南美食.pptx"中的第 2～4 张幻灯片添加到"印象河南.pptx"演示文稿第 8 张幻灯片后，并保留源格式。

（8）依照案例（图 20-25），通过母版对部分幻灯片批量添加图片"河南.jpg"，并适当调整图片位置。

（9）保存演示文稿。

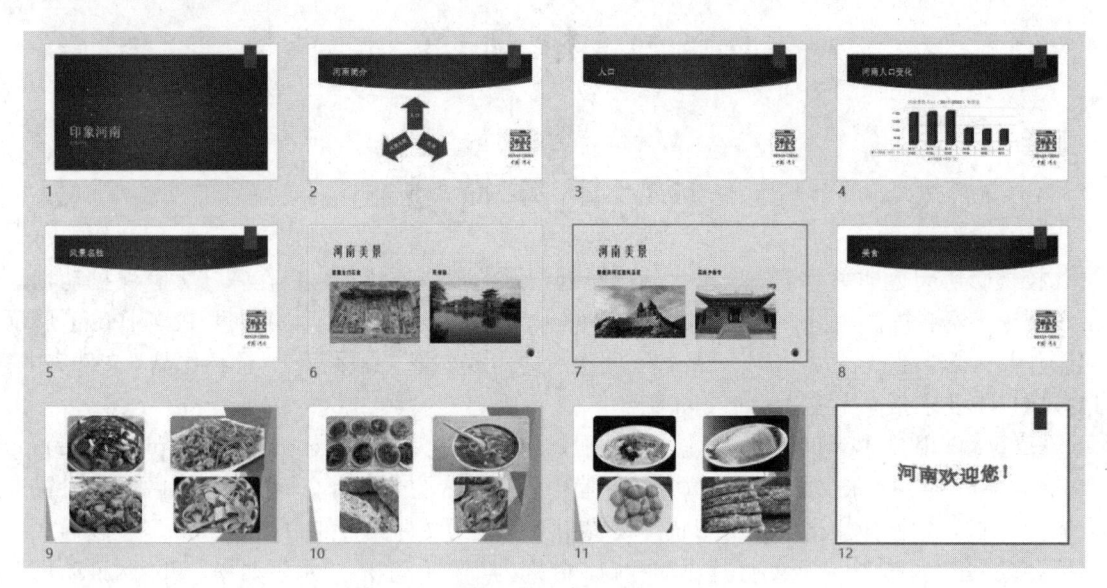

图 20-25　案例效果

任务 21　相　册　展　示

21.1　任　务　描　述

校摄影协会近期举办了一场以"动物"为主题的摄影展活动，旨在呼吁大家保护动物，活动要求参赛者提供的摄影作品中需以"不同生活习性"进行分类，并借助 PowerPoint 展示摄影作品。小李是一名大一学生，报名了此次活动，其摄影作品保存在"动物作品"文件夹中。请按照以下要求帮他完成 PowerPoint 制作。

要求1　利用 PowerPoint 新建一个相册，包含文件夹中的 picture(1).jpg～picture(12).jpg 共 12 张摄影作品。每张幻灯片中显示 4 张图片并带有标题，将每幅图片设置为"圆角矩形"相框形状，设置相册主题为文件夹中的"相册.thmx"主题样式。

要求2　为第 2～4 张幻灯片添加标题，分别为"陆生动物""水生动物"和"两栖动物"。

要求3　为第 2～4 张幻灯片添加备注，备注内容见文件夹中"备注素材.docx"。

要求4　为相册中每张幻灯片设置不同的切换效果。

要求5　在标题幻灯片后插入一张"标题和内容"版式的新幻灯片，在该新幻灯片的标题位置输入"作品展示"，并在该幻灯片的内容文本框中输入 3 行文字，分别为"陆生动物""水生动物"和"两栖动物"。

要求6　将"陆生动物""水生动物"和"两栖动物"3 行文字转换为样式为"图片题注"的 SmartArt 图形，并将 picture(1).jpg、picture(5).jpg 和 picture(9).jpg 定义为该 SmartArt 图形的显示图片。

要求7　为 SmartArt 图形添加垂直的"随机线条"动画效果，并要求在幻灯片放映时该 SmartArt 图形元素可以逐个显示。

要求8　将文件夹中的"bgm.mp3"音频文件作为本相册的背景音乐，在幻灯片开始播放时自动播放音乐，并隐藏音频图标。

要求9　在幻灯片最后添加一张"空白"版式的幻灯片，添加艺术字"谢谢观赏"，给设置幻灯片添加合适的"文本效果"。

要求10　新建标题为"作品展示"的"自定义幻灯片放映方式"，要求自动播放第 1、3～5 张幻灯片。

要求11　在该文件夹中，将该相册保存为"相册.pptx"文件。

21.2　相　关　考　点

21.2.1　批量导入图片

如果需要导入大量图片制作成幻灯片向观众展示，可以利用"相册"功能快速批量导入图片并完成幻灯片的制作。具体操作步骤如下：

(1)将需要导入的图片存放在同一文件夹中。

(2)打开需要批量导入图片的演示文稿,在"插入"菜单"图像"功能组中单击"相册"按钮,弹出"相册"对话框。

(3)单击"文件/磁盘"按钮,打开"插入新图片"对话框,然后打开储存图片的文件夹,通过 Ctrl 键或 Shift 键的辅助,选择需要导入的多张图片,即可完成相册的建立。

(4)在"相册版式"组中按照需要进行相关的设置。

21.2.2 编辑幻灯片的备注

图 21-1 为普通视图下 PowerPoint 工作窗口,在此窗口中,幻灯片下方为幻灯片的备注窗格,用于编辑对应幻灯片的备注性文本信息,主要用于用户查看注释、提示信息等,放映时一般不显示。

在普通视图和大纲视图模式下,在备注窗格中只能编写关于幻灯片的文本备注信息,并为文本设置格式,不能插入图形等对象,如果要在备注内容中增加更丰富的元素,可以将工作窗口切换为备注页视图。在备注页视图中,可以输入、编辑备注的内容,查看备注页的打印样式和文本格式的全部效果,可以检查备注的页眉和页脚,还可以添加形状、SmartArt 图形、艺术字、图表等对象,以丰富备注信息的内容和形式。

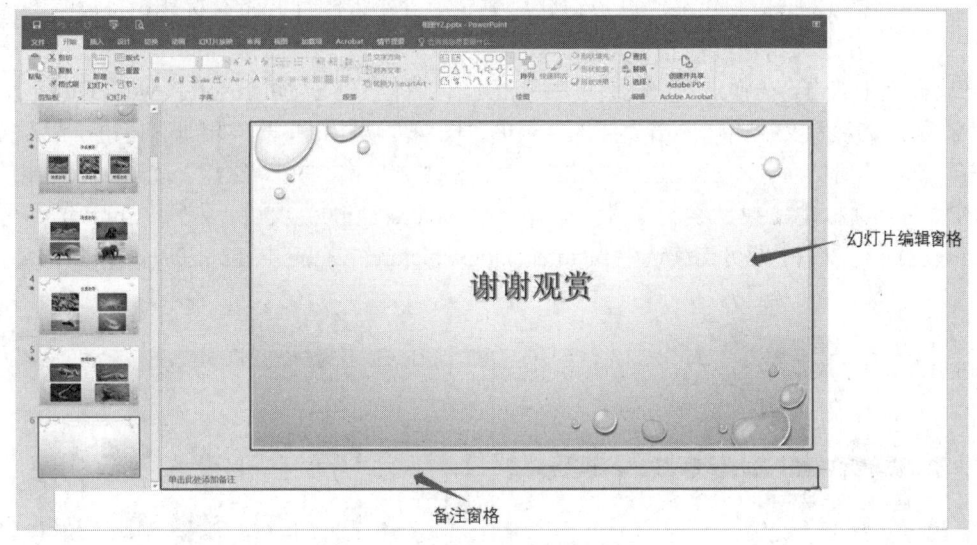

图 21-1 PowerPoint 工作窗口

21.2.3 设置背景音乐

通常情况下,演示文稿在放映时希望能有一些背景音乐来烘托气氛。PowerPoint 中不仅能插入图片、表格、文本等对象,还可以插入音频,在播放演示文稿时,插入的音频就可以作为背景音乐来丰富演示文稿。

可以在幻灯片中插入来自文件的音频和剪贴画音频,还可以通过"录制音频"命令来完成录音功能。当插入了音频对象后,在功能区会自动出现"音频工具—格式"和"音频工具—播放"菜单,利用其中的一些命令可以设置音频的格式和播放方式。

插入的音频对象以图标 🔊 的形式显示，拖动该图标可移动位置，在图标下方会出现一个播放条，在播放条上通过操作"播放""暂停"按钮，可以对插入的音频对象进行播放预览。若不希望声音图标显示，可以通过勾选"音频工具"下"播放"菜单"音频选项"功能组的"放映时隐藏"复选框将其隐藏。若要删除音频，直接选中图标，然后按 Delete 键。

21.2.4 艺术字

与 Word 一样，PowerPoint 提供了丰富的艺术字效果。插入艺术字可以通过单击"插入"菜单"文本"功能组中的"艺术字"按钮，在弹出的艺术字库中选择所需的艺术字样式并单击，在幻灯片中会出现艺术字的占位符"请在此位置放置您的艺术字"，同时会出现"绘图工具—格式"菜单。

输入艺术字后，可以利用"绘图工具—格式"菜单对艺术字格式进行设置，艺术字的字号、字体等参数可以通过"开始"菜单"字体"功能组中的命令进行设置。

21.3 任务实施

要求 1 利用 PowerPoint 新建一个相册，包含文件夹中的 picture(1).jpg～picture(12).jpg 共 12 张摄影作品。每张幻灯片中显示含 4 张图片并带有标题，将每幅图片设置为"圆角矩形"相框形状。

在文件夹中右击，在弹出的快捷菜单中单击选择"新建"→"Microsoft PowerPoint 演示文稿"命令，在新建的演示文稿中，单击"插入"菜单"图像"功能组中的"相册"按钮，在下拉菜单中单击"新建相册"命令。在弹出的"相册"对话框中，单击"文件/磁盘"选项，在弹出的"插入新图片"对话框中，找到素材文件夹，单击"picture(1).jpg"文件，按下 Shift 键，再单击"picture(12).jpg"文件，即可连续选中 picture(1).jpg～picture(12).jpg 共 12 张图片，如图 21-2 所示。

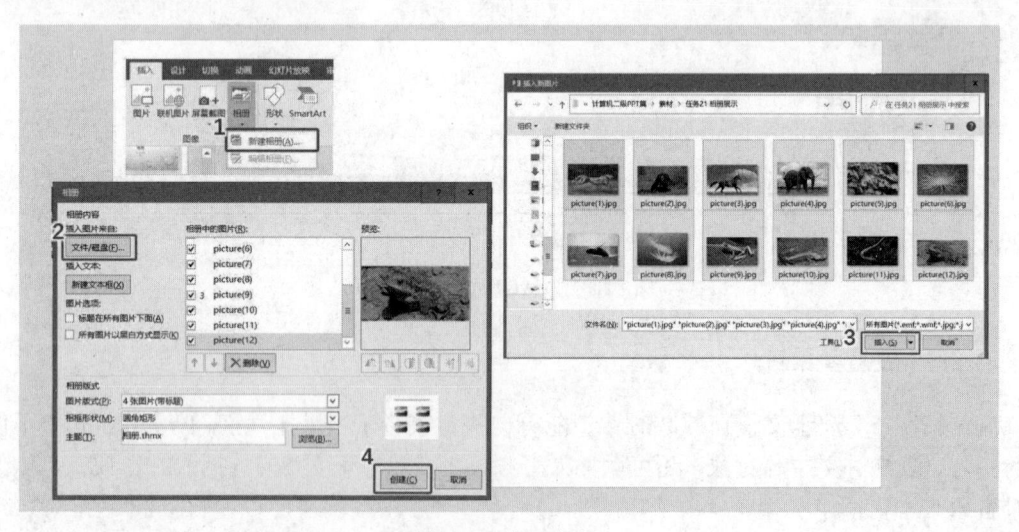

图 21-2 插入相册

单击"插入"按钮，返回到"相册"对话框，即可在"相册中的图片"中显示刚插入的 12 张图片，全选插入的图片，设置图片版式为"4 张图片带标题"，相框形状为"圆角矩形"。

单击"浏览"按钮，选择文件夹中的"相册.thmx"主题，设置完成后单击"创建"按钮，即可完成相册的建立。此时，会自动生成名为"演示文稿1"的演示文稿，包含4张幻灯片。

要求2 为第2～4张幻灯片添加标题，分别为"陆生动物""水生动物"和"两栖动物"。

选中第2张幻灯片，单击标题栏，输入标题"陆生动物"，同样的方法为第3张、第4张幻灯片依次添加标题"水生动物""两栖动物"。

要求3 为第2～4张幻灯片添加备注，备注内容见文件夹中"备注素材.docx"。

打开"备注素材.docx"，复制"陆生动物"下方的介绍文字，选中第2张幻灯片，在"普通视图"模式下，单击位于编辑区下方的"单击此处添加备注"占位符，如图21-3所示，将复制的文字粘贴到备注区。同样的方法为依次为第3张、第4张幻灯片添加备注。

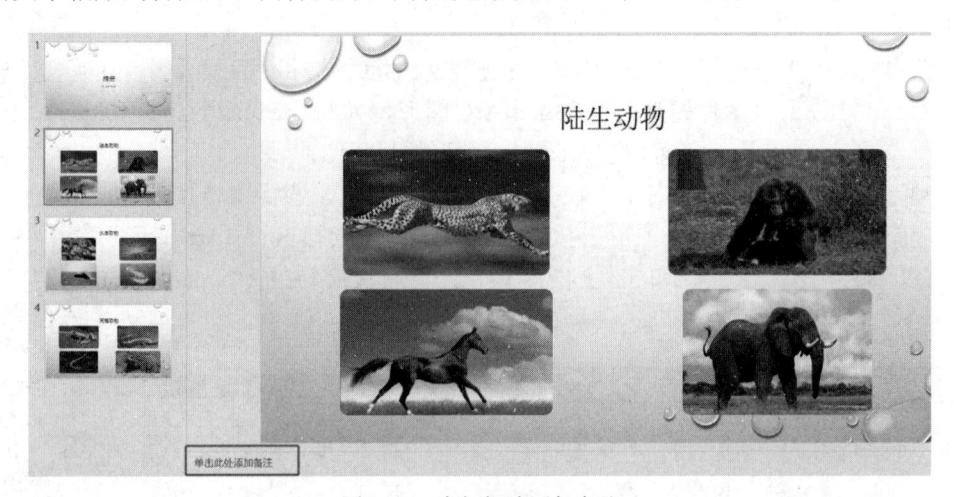

图21-3 为幻灯片添加备注

要求4 为相册中每张幻灯片设置不同的切换效果。

选中第1张幻灯片，单击"切换"菜单"切换到此幻灯片"功能组中的"覆盖"选项，单击"效果选项"按钮选项，在下拉菜单中选择"自左侧"，在"计时"功能组中勾选"设置自动换片时间"复选框，并设置换片时间为5秒，如图21-4所示。

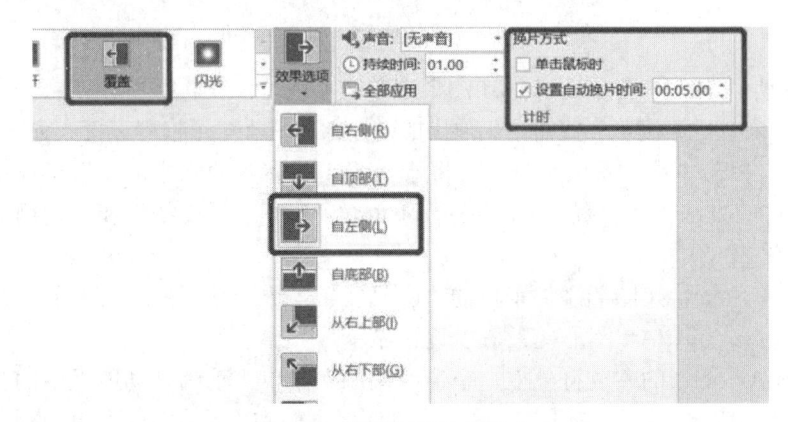

图21-4 设置幻灯片切换方式

用同样的方法为第2张幻灯片设置"自左侧"效果的"推进"切换方式，并设置5秒的自动换片。

为第 3 张幻灯片设置垂直效果的"百叶窗"切换方式,并设置 5 秒的自动换片。

为第 4 张幻灯片设置自左侧效果的"传送带"切换方式,并设置 5 秒的自动换片。

要求 5 在标题幻灯片后插入一张"标题和内容"版式的新幻灯片,在该新幻灯片的标题位置输入"作品展示",并在该幻灯片的内容文本框中输入 3 行文字,分别为"陆生动物""水生动物"和"两栖动物"。

选中第 1 张幻灯片或将光标位于第 1 张和第 2 张幻灯片中间,在"开始"菜单"幻灯片"功能组中单击"新建幻灯片"选项,在下拉菜单中选择"标题和内容",即可新建一张幻灯片。选中新建的幻灯片,单击右侧编辑区的标题占位符,输入文字"作品展示",单击下面的文本占位符,输入文字"陆生动物",按回车键,输入文字"水生动物",再按回车键输入文字"两栖动物"。

要求 6 将第 2 张幻灯片中的"陆生动物""水生动物"和"两栖动物"3 行文字转换为样式为"图片题注"的 SmartArt 图形,并将 picture(1).jpg、picture(5).jpg 和 picture(9).jpg 定义为该 SmartArt 图形的显示图片。

光标位于文字占位符中,右击,在弹出的快捷菜单中,选择"转换为 SmartArt",在下拉菜单中单击"其他 SmartArt 图形"按钮,在弹出的"选择 SmartArt 图形"菜单中,选择"图片"组中的"图片题注",单击"确定"按钮即可将文字转换为 SmartArt 图形,如图 21-5 所示。

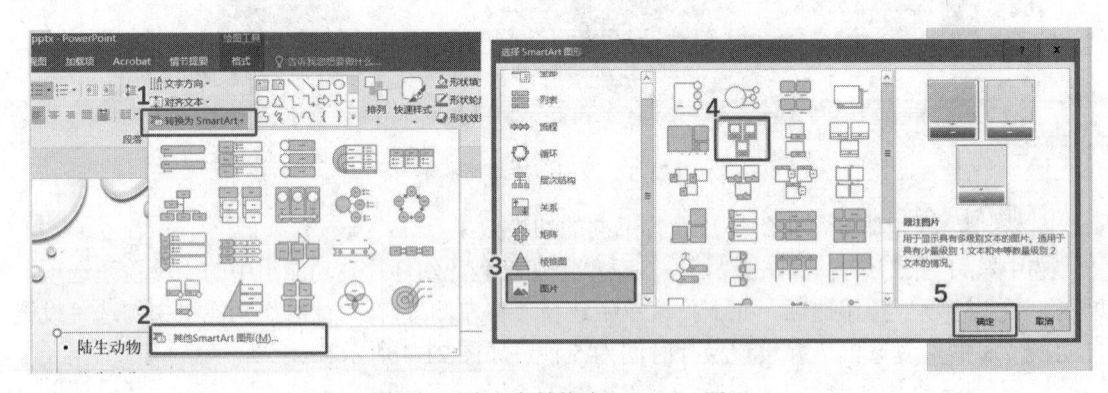

图 21-5 将文字转换为 SmartArt 图形

如图 21-6 所示,在生成的 SmartArt 图形上单击"图片"图标,弹出"插入图片"窗口,单击"从文件"右侧的"浏览"按钮,在弹出的"插入图片"对话框中,找到存放的图片路径,选择 picture(1),单击"插入"按钮,即可将 picture(1)设置为"陆生动物"SmartArt 图形的显示图片。用同样的方法依次设置 picture(5)、picture(9)为"水生动物"和"两栖动物"的显示图片,效果如图 21-7 所示。

要求 7 为 SmartArt 图形添加垂直的"随机线条"进入动画效果,并要求在幻灯片放映时该 SmartArt 图形元素可以逐个显示。

选中 SmartArt 图形的占位符外框,单击"动画"菜单"动画"功能组中的"随机线条"动画,然后单击"效果选项"按钮,在下拉菜单选择方向中"垂直",序列中选择"逐个",如图 21-8 所示,即可完成动画设置。

图 21-6 设置 SmartArt 图形的显示图片

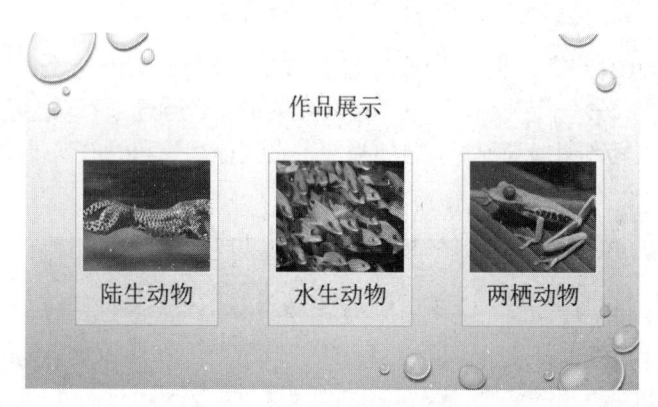

图 21-7 第 2 张幻灯片效果图

图 21-8 为 SmartArt 添加动画效果

任务 21 相册展示

要求8 将文件夹中的"bgm.mp3"音频文件作为本相册的背景音乐,在幻灯片开始播放时自动播放音乐,并隐藏音频图标。

选中第 1 张幻灯片,单击"插入"菜单"媒体"功能组中的"音频"选项,在弹出的下拉菜单中单击"PC 上的音频"命令,弹出"插入音频"对话框,找到要插入的音频的存放位置,选择"bgm.mp3",单击"插入"按钮,如图 21-9 所示。在第 1 张幻灯片中会出现 图表,表示已插入音频。

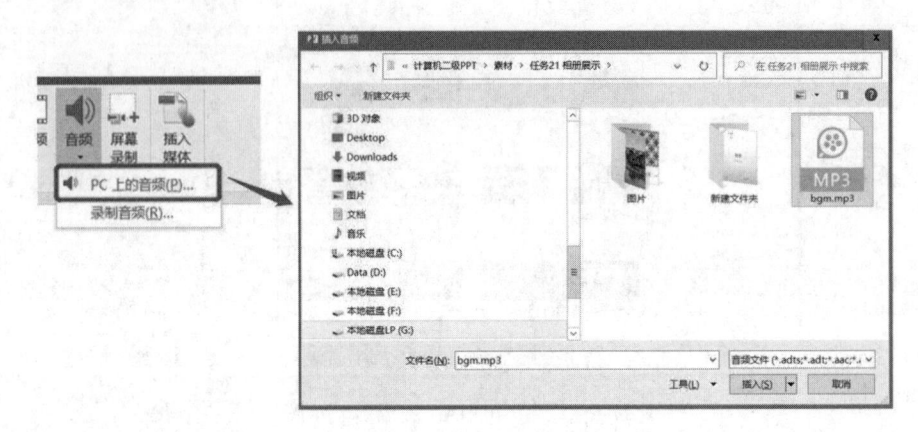

图 21-9 插入背景音乐

单击插入的音频图标 ,激活音频,此时在功能区会自动出现"音频工具—格式""音频工具—播放"菜单,在"音频工具"下"播放"菜单"音频选项"功能组中,将"开始"设置为"自动",勾选"跨幻灯片播放""循环播放,直到停止"和"放映时隐藏"复选框,如图 21-10 所示。

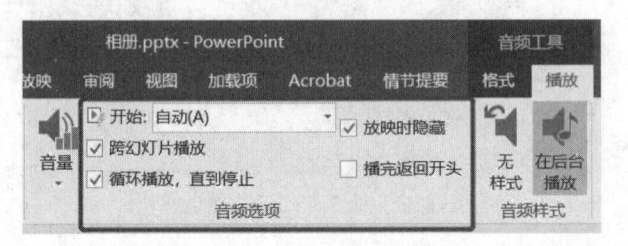

图 21-10 设置音频播放格式

要求9 在幻灯片最后添加一张"空白"版式的幻灯片,添加艺术字"谢谢观赏",给设置幻灯片添加合适的"文本效果"。

选中最后一张幻灯片,在"开始"菜单"幻灯片"功能组中单击"新建幻灯片按钮"选项,在弹出的菜单中选择"空白",即可插入一张"空白"版式的幻灯片。选中新添加的幻灯片,单击"插入"菜单"文本"功能组中的"艺术字"按钮,在下拉菜单中选择"填充-黑色,文本 1,轮廓-背景 1,清晰阴影-着色 1"艺术字样式,如图 21-11 所示,在幻灯片编辑区会跳出提示文字为"请在此放置您的文字"的艺术字占位符,在占位符中输入文字"谢谢观赏"。

选中插入的艺术字占位符,在单击"绘图工具"下"格式"菜单"艺术字样式"功能组中"文本效果"按钮,在下拉菜单中选择"abc 转换"组"弯曲"下的"腰鼓",如图 21-12 所示,即可为艺术字设置文本效果。

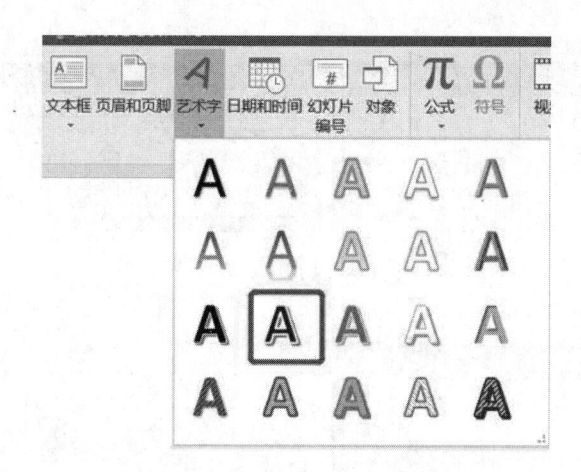

图 21-11　插入艺术字

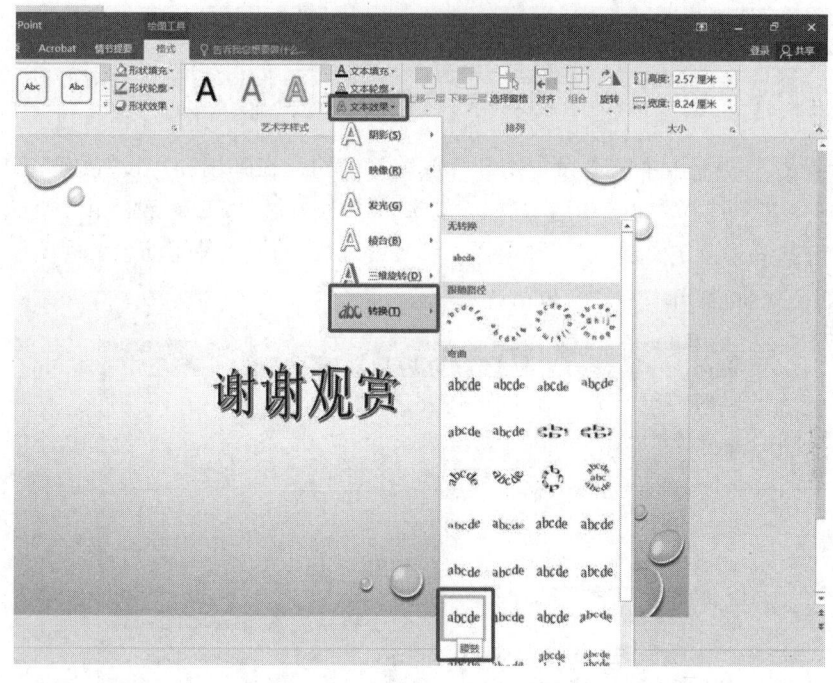

图 21-12　设置艺术字的文本效果

要求 10　新建标题为"作品展示"的"自定义幻灯片放映方式",要求自动播放第 1、3~5 张幻灯片。

单击"幻灯片放映"菜单"开始放映幻灯片"功能组中的"自定义幻灯片放映"按钮,在弹出的菜单中单击"自定义放映"命令,在弹出的"自定义放映"对话框中单击"新建"按钮,弹出"定义自定义放映"对话框,在"幻灯片放映名称"栏中输入"作品展示","在演示文稿中的幻灯片"下方勾选第 1 张和第 3~5 张幻灯片前面的复选框,单击"添加"按钮,在右侧会显示自定义放映时要播放的幻灯片,然后单击"确定"按钮,返回到"自定义放映"对话框,此时在自定义放映框中出现了名为"作品展示"的自定义放映,如图 21-13 所示,最后单击"关闭"按钮。

任务 21　相册展示　319

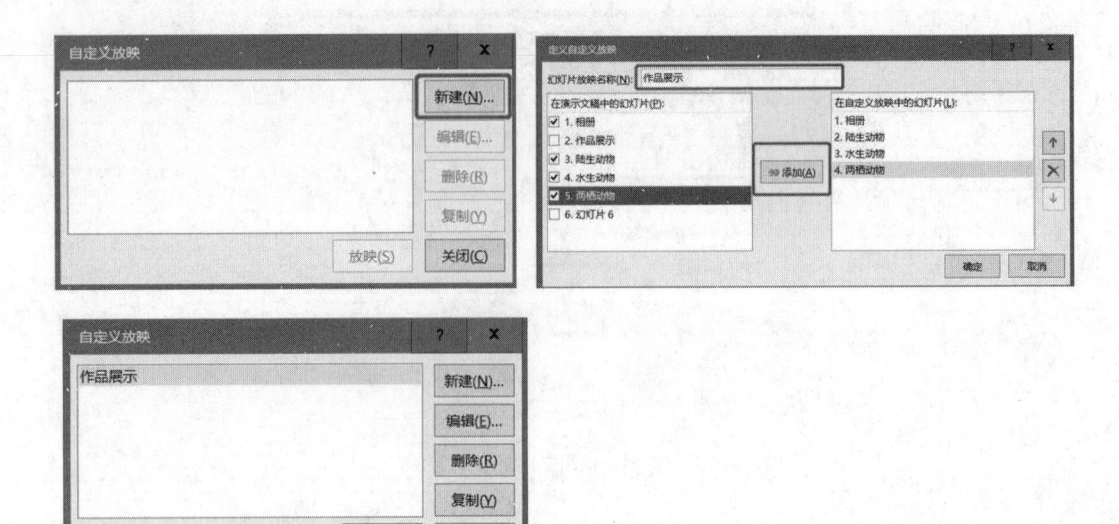

图 21-13　设置自定义放映

单击"设置"功能组中的"设置幻灯片放映"按钮，在弹出的"设置放映方式"对话框中，将"放映类型"选择为"演讲者放映"，勾选"循环放映，按 ESC 键终止"复选框，将"放映幻灯片"选择为"自定义放映"，并选择"作品展示"，勾选"使用演示者视图"复选框，如图 21-14 所示，最后单击"确定"按钮。

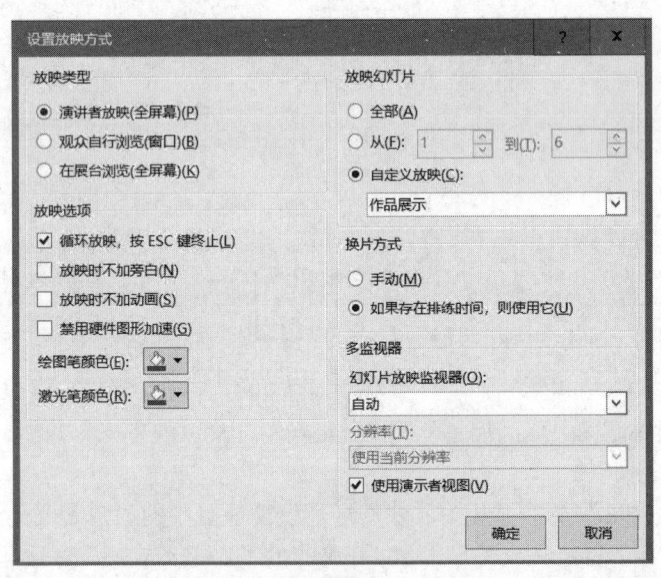

图 21-14　设置幻灯片的放映方式

在幻灯片放映过程中，右击鼠标，在弹出的快捷菜单中单击"显示演示者视图"命令，在播放时即可显示每张幻灯片的备注信息，如图 12-15 所示。若要关闭备注信息，只需右击鼠标，在弹出的快捷菜单中单击"隐藏演示者视图"命令。

图 21-15　显示幻灯片备注信息的方法

要求 11　在该文件夹中，将该相册保存为"相册.pptx"文件。

单击"保存"按钮，在弹出的对话框中，将文件名保存为"相册.pptx"。

21.4　思考与实训

【问题思考】

（1）播放幻灯片时如何显示幻灯片的备注信息？
（2）批量导入图片时如何将图片的大小统一？
（3）添加背景音乐时如何全程播放？

【实训案例】

小李是一名旅游达人且爱好摄像，最近她历时一年终于完成了杭州西湖四季不同风景的拍摄工作。她想借助演示文稿制作相册，来展示西湖四季不同的美，请按照如下要求帮她完成演示文稿的制作，案例如图 21-16 所示。

（1）打开素材文件夹下"SX21.pptx"文件，对所有幻灯片应用"主题.thmx"主题。

（2）对第 2 张幻灯片添加备注，备注内容为素材文件夹下"备注.docx"。

（3）利用素材文件夹下的 16 张图片（1.jpg～16.jpg）创建相册，要求每页幻灯片显示 4 张图片，并带有标题，相框的形状为"简单框架，白色"；将生成的相册中的第 2～5 张幻灯片复制到演示文稿"SX21.pptx"的最后，作为第 3～6 张幻灯片。

（4）设置所有幻灯片切换方式为"翻转"，效果选项"向右"，声音为"微风"，自动换片时间为 3 秒。

（5）将第 1 张幻灯片的标题文字"西湖美景"设置为艺术字，艺术字样式为"图案填充-青绿，个性色 3，窄横线，内部阴影"，文本效果为"两端远"。

（6）为第 2 张幻灯片中的文本添加合适的动画效果。

（7）设置素材"bgm.mp3"为演示文稿添加背景音乐，要求音乐在全部幻灯片放映过程中自动连续播放。

（8）设置自定义放映方案，命名为"西湖四季"，包括第1、3～6张幻灯片。
（9）保存演示文稿。

图 21-16　案例效果

任务 22 城市景点介绍

22.1 任务描述

小李在做一份关于上海景点介绍的演示文稿，请按照素材文件"上海热门景点介绍.docx"制作相应演示文稿，要求如下：

要求 1 新建一份演示文稿，并命名为"上海热门旅游景点介绍.pptx"。

要求 2 第 1 张幻灯片的版式为"仅标题"，并设置标题为"上海热门景点介绍"。

要求 3 第 2 张幻灯片的版式为"标题和内容"，标题为"上海热门景点"，在文本区域插入 SmartArt 图形中的"垂直曲形列表"，其内容为：上海外滩、南京路步行街、上海迪士尼乐园、东方明珠塔、上海科技馆，并修改颜色为"彩色-个性色"，设置 SmartArt 图形样式三维效果为"优雅"。

要求 4 第 3~7 张幻灯片依次介绍上海外滩、南京路步行街、上海迪士尼乐园、东方明珠塔、上海科技馆，并将版式设置为"图片与标题"，相应的素材为"上海热门景点介绍.docx"，图片为文件夹下相应图片，每个景点一张幻灯片。

要求 5 第 8 张幻灯片的版式为"仅标题"，标题为"上海美景展示"，下面文本框添加文件夹下的"ysh.mp4"视频，并适当调整视频显示的大小。

要求 6 最后一张幻灯片的版式设置为"空白"，插入艺术字"谢谢观赏"。

要求 7 将所有幻灯片设置合适的主题，并采用"样式 11"的"背景样式"。

要求 8 应用幻灯片母版进行批量编辑，将第 3~7 张幻灯片中图片高度调整为 12 厘米，宽度调整为 9 厘米；"位置"设置为"水平位置从左上角 22 厘米"；"对齐方式"设置为"垂直居中"；为图片添加 2.25 磅的黄色方框；母版标题、母版文本中字体颜色调整为"黑色"。

要求 9 为除标题外的幻灯片插入幻灯片编号、自动更新的日期和时间。

要求 10 为幻灯片中的所有图片添加"劈裂"的动画效果，动画效果为"左右向中央收缩"；为第 2 张幻灯片中的 SmartArt 图形设置"擦除"的动画效果，并设置"自顶部""逐个"、持续时间为 1 秒的动画效果。

要求 11 设置演示文稿的切换方式为"推进"，效果为"自左侧"，手动换片。

要求 12 保存演示文稿。

22.2 相关考点

22.2.1 插入图片

日常工作中，图片已经成为 PPT 的必备要素之一，好的图片，可以让画面更美观，让主题更突出，让内容更丰富形象，从而获得更佳的演示效果。

（1）插入联机图片：在幻灯片中单击内容占位符中的"联机图片"图标，或者从"插入"菜单"图像"功能组中单击"联机图片"选项，在弹出的"插入图片"对话框中根据需要插入联机图片。

（2）插入本地图片：在幻灯片占位符中单击"图片"图标，或者从"插入"菜单"图像"功能组中单击"图片"选项，在打开的"插入图片"对话框中选择目标图片的位置进而选择目标图片。

（3）获取屏幕截图：幻灯片中也可以直接插入屏幕截图，屏幕截图不需借助任何外在软件或者应用程序，直接在"插入"菜单"图像"功能组中单击"屏幕截图"选项即可。

（4）复制粘贴图片：幻灯片中也可以直接从 Word、Excel 中直接复制、粘贴图片。

在幻灯片中插入图片后，若图片处于选中状态，自动出现"图片工具—格式"菜单，利用该菜单上的功能按钮或命令可以对插入的图片进行格式的设置和调整。

22.2.2 添加视频

在幻灯片中插入或链接视频，可以丰富演示文稿的内容和表现力，可以插入来自文件、来自网站的视频和剪贴画视频。插入视频时可以直接将视频文件内嵌到演示文稿中，也可以链接到视频文件，二者区别是内嵌的视频文件为演示文稿的一部分，不会因为原视频文件的丢失或位置的移动而造成无法播放。链接到视频文件方式插入的视频应与演示文稿保存在同一文件夹中，才能确保视频链接能够顺利打开。

插入视频时，通过单击"插入"菜单"媒体"功能组中的"视频"下拉三角按钮，在其下拉菜单中选择合适的插入视频方法及视频位置即可。插入的视频文件以类似图片的形态插入到幻灯片，用户可以采用拖动方式移动其位置，也可以改变视频文件的大小。选中视频对象后，下方会出现一个播放条，单击该播放条上的按钮，可以预览视频。同样地，插入视频后会自动出现"视频工具—格式"和"视频工具—播放"菜单，通过选项卡上的相关设置，可以设置视频的格式和播放方式。

22.3 任务实施

要求1 在文件夹中新建一份演示文稿，并命名为"上海热门旅游景点介绍.pptx"。

在文件夹下，右击，在快捷菜单中单击"新建"→"Microsoft PowerPoint 演示文稿"命令，并命名为"上海热门旅游景点介绍"即可；或双击"PowerPoint2016"图标，打开空白演示文稿，然后在"文件"菜单单击"保存"→"另存为"命令将其命名即可。

要求2 第 1 张幻灯片的版式为"仅标题"，并设置标题为"上海热门景点介绍"。

右击普通视图左侧缩略视图中的第 1 张幻灯片，在快捷菜单中选择"版式"，将第一张幻灯片的版式改为"仅标题"。也可单击普通视图左侧缩略视图中的第一张幻灯片，然后在"开始"菜单"幻灯片"功能组中单击"版式"选项，在下拉菜单中选择"仅标题"命令。

在标题栏中输入标题"上海热门景点介绍"。

要求3 第 2 张幻灯片的版式为"标题和内容"，标题为"上海热门景点"，在文本区域插入 SmartArt 图形中的"垂直曲形列表"，其内容为：上海外滩、南京路步行街、上海迪士尼乐园、东方明珠塔、上海科技馆，并修改颜色为"彩色-个性色"，设置 SmartArt 图形样式三维效果为"优雅"。

在"开始"菜单"幻灯片"功能组中单击"新建幻灯片"选项，在下拉菜单中选择"标题和内容"。在标题栏中输入文字"上海热门景点"，在文本区域单击 SmartArt 图形图标，在弹出的"选择 SmartArt 图形"对话框中，选择"列表"中的"垂直曲形列表"，在"SmartArt 工具"下"设计"菜单中，单击"更改颜色"选项，将图形颜色调整为"彩色-个性色"，在 SmartArt 图形样式中，选择"三维效果-优雅"。

选中 SmartArt 图形任意一个列表，右击，在弹出的对话框中选择"添加形状"，根据需要增加形状个数。也可选中 SmartArt 图形，在"SmartArt 工具—设计"菜单"创建图形"功能组中，单击"添加形状"下拉三角按钮，在下拉菜单中单击"在后面添加形状"或"在前面添加形状"命令，如图 22-1 所示，适当增加形状个数，完成按照要求依次添加文字。

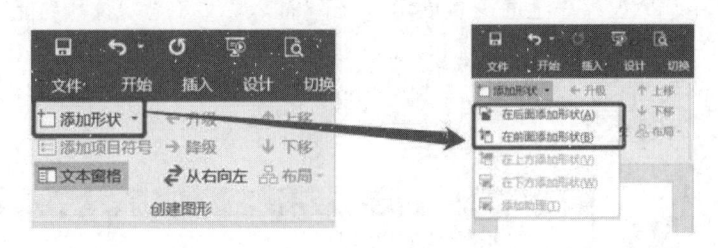

图 22-1　为 SmartArt 添加形状

在 5 个列表中依次输入上海外滩、南京路步行街、上海迪士尼乐园、东方明珠塔、上海科技馆，如图 22-2 所示，文字的输入可以在左侧窗口中输入，也可选中右侧列表框进行文字的输入。

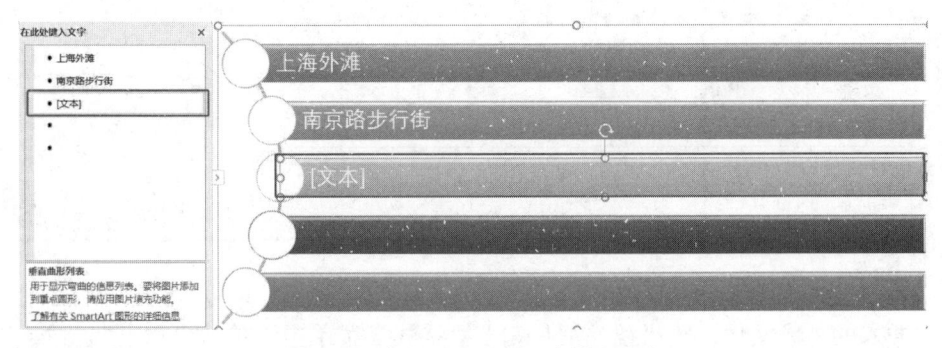

图 22-2　在 SmartArt 图形中输入文字

要求4　第 3~7 张幻灯片依次介绍上海外滩、南京路步行街、上海迪士尼乐园、东方明珠塔、上海科技馆，并将版式设置为"图片与标题"，相应的素材为"上海热门景点介绍.docx"，图片为文件夹下相应图片，每个景点一张幻灯片。

单击"开始"菜单"幻灯片"功能组"新建幻灯片"选项，在其下拉菜单中选择"图片与标题"版式，在标题占位符中输入上海外滩，文本内容从素材文件中直接复制、粘贴，单击"插入图片"图标，插入相对应的图片，如图 22-3 所示；用同样方法完成第 4~7 张幻灯片的制作。

要求5　第 8 张幻灯片的版式为"仅标题"，标题为"上海美景展示"，下面文本框添加文件夹下的"ysh.mp4"视频，并适当调整视频显示的大小。

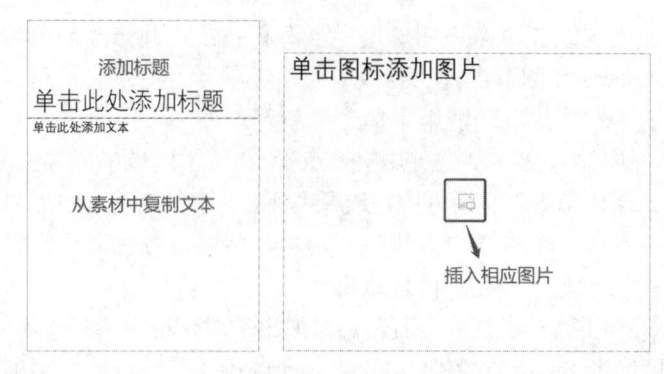

图 22-3　幻灯片编辑

在"开始"菜单"幻灯片"功能组中单击"新建幻灯片"选项，在下拉菜单中选择"仅标题"。在标题栏中输入文字"上海美景展示"，在"插入"菜单"媒体"功能组中单击"视频"下拉三角按钮，在其下拉菜单中单击"PC 上的视频"命令，在"插入视频文件"对话框中，找到文件"ysh.mp4"的存放位置，选择"ysh.mp4"文件，单击"插入"命令，即可在幻灯片中插入视频文件，如图 22-4 所示。

图 22-4　幻灯片中插入视频文件

选中插入的视频文件，在"视频工具"下"格式"菜单中，单击"大小"功能组右下角的"对话框启动器"按钮，打开"大小"启动框，在打开的"设置视频格式"对话框中，将"视频高度"和"缩放宽度"皆设置为 50%，如图 22-5 所示。最后鼠标拖动视频，移动到合适位置，不遮挡幻灯片上元素即可。

要求6　最后一张幻灯片的版式设置为"空白"，插入艺术字"谢谢观赏"。

光标移到第 7 张幻灯片，在"开始"菜单"幻灯片"功能组中单击"新建幻灯片"选项，在其下拉菜单中选择"空白"，在新生成的幻灯片中，单击"插入"菜单"文本"功能组中"艺术字"选项，在其下拉菜单中选择合适的艺术字样式，在生成的艺术字编辑区中输入文字"谢谢观赏"。

要求7　将所有幻灯片设置合适的主题，并采用"样式 11"的"背景样式"。

在"设计"菜单"主题"功能组下拉菜单选择"电路",将"背景样式"设置为"样式 11",并在右侧的"设置背景格式"窗口中,左下角单击"全部应用"按钮,即可对所有幻灯片统一应用样式。

要求8 应用幻灯片母版进行批量编辑,将第3~7张幻灯片中图片高度调整为 12 厘米,宽度调整为 9 厘米;"位置"设置为"水平位置从左上角 22 厘米";"对齐方式"设置为"垂直居中";为图片添加 2.25 磅的黄色方框;母版标题、母版文本中字体颜色调整为"黑色"。

在"视图"菜单"母版视图"功能组中单击"幻灯片母版"选项,选择"电路幻灯片母版"下的"图片与标题版式由幻灯片 3-7 使用",选择右侧幻灯片编辑区的图片占位符。在"绘图工具"下"格式"菜单"形状样式"功能组"形状轮廓"下拉菜单中设置框线为 2.25 磅、黄色。单击"形状样式"功能组右下角的对话框启动按钮,在右侧"设置形状格式",在"形状选项"中单击"大小与属性",在"大小"中将高度修改为 12 厘米,宽度修改为 9 厘米,取消勾选"锁定纵横比"复选框。在"位置"中将"水平位置"调整为从左上角 22 厘米。右侧图片占位符处于选中状态,在"绘图工具—格式"菜单"排列"功能组"对齐"下拉菜单中,选择"对齐幻灯片"后,选择"垂直居中",如图 22-6 所示。按下 Ctrl 键,选中"文本样式""标题样式"占位符,在"开始"菜单"字体"功能组中设置字体颜色为黑色。

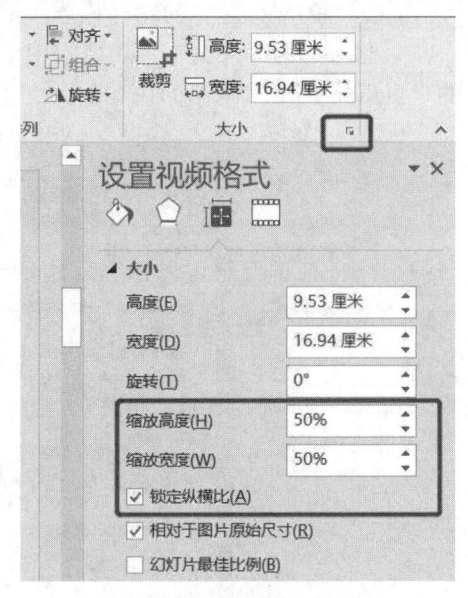

图 22-5 调整视频显示大小

图 22-6 批量设置图片格式

在"幻灯片母版"菜单中,单击"关闭幻灯片母版"按钮,退出幻灯片母版编辑状态。

要求9 为除标题外的幻灯片插入幻灯片编号、自动更新的日期和时间。

在"插入"菜单"文本"功能组中单击"日期和时间"或者"幻灯片编号"选项，在打开的"页眉和页脚"对话框中，单击"幻灯片"选项卡，做图22-7所示的设置。

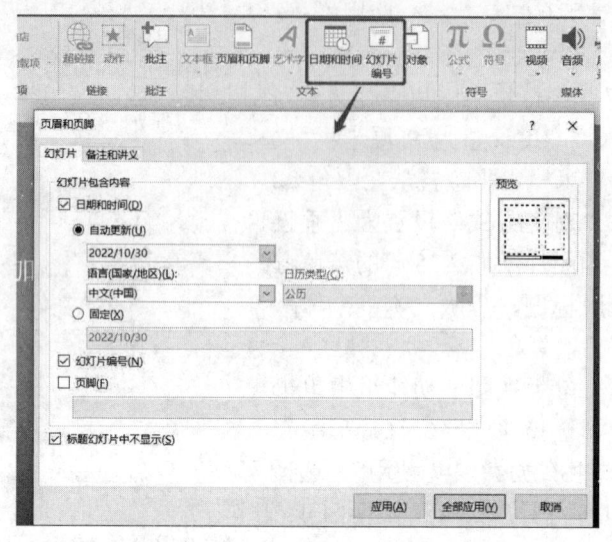

图22-7 幻灯片中插入时间和编号

要求10 为幻灯片中的所有图片添加"劈裂"的动画效果，动画效果为"左右向中央收缩"；为第2张幻灯片中的SmartArt图形设置"擦除"的动画效果，并设置"自顶部""逐个"、持续时间为1秒的动画效果。

选中第3张幻灯片中的图片，在"动画"菜单"动画"功能组下拉菜单中选择"进入"中的"劈裂"，"效果"设置为"左右向中央收缩"；选中插入动画后的图片，在"动画"菜单"高级动画"功能组中双击"动画刷"，然后分别单击第4～7张幻灯片上的图片，设置相同的动画效果，按下ESC键退出动画刷效果。

切换至第2张幻灯片，选中SmartArt图形，在"动画"菜单"动画"功能组下拉菜单中选择"进入"中的"擦除"，"效果"设置为"选择"自顶部"，"序列"选择"逐个"；在"计时"功能组中设置"持续时间"为1秒。

要求11 设置演示文稿的切换方式为"推进"，效果为"自左侧"，手动换片。

在"切换"菜单"切换到此幻灯片"功能组下拉菜单中选择"推进"，"效果选项"选择"自左侧"，单击"全部应用"按钮。

要求12 保存演示文稿。

在"文件"菜单单击"保存"选项，原名保存演示文稿。

22.4 思考与实训

【问题思考】

（1）应用动画刷时的注意事项有哪些？

（2）幻灯片中给多个对象添加动画后，如何调整动画播放的先后顺序？

（3）给幻灯片添加视频后，如何设置视频的播放？

【实训案例】

请按照以下要求完成演示文稿的制作：

（1）打开素材"SH22.pptx"，将第 1 张幻灯片版式修改为"标题幻灯片"，并删除副标题。

（2）将演示文稿应用素材文件夹下"离子会议室.thmx"主题。

（3）将第 2 张幻灯片版式修改为"名片"，在幻灯片右侧添加视频文件"bj.mp4"，适当调整视频大小和位置，并设置为自动放映。

（4）使用 SmartArt 图形展示第 3 张幻灯片内容占位符中的文本，图形版式为"水平项目符号列表"，图形颜色设置为"彩色范围-个性色 5 至 6"，样式设置为"优雅"。

（5）打开素材"4-7.pptx"，在四张幻灯片文本占位符中分别插入对应图片，并添加"阶梯状""右下"的动画效果，动画触发为"上一动画之后"。对所有幻灯片应用"框架.thmx"主题，并设置颜色"紫罗兰色"，样式为"背景样式 6"。

（6）将美化后的演示文稿"4-7.pptx"的四张幻灯片复制到"SH22.pptx"演示文稿中，作为其第 4～7 张幻灯片，并保留原有主题和格式。以后的操作均在演示文稿"SH22.pptx"中进行。

（7）在演示文稿最后新建"离子会议室"主题下版式为"空白"的幻灯片，插入横排文本框，内容为"北京欢迎您！"，字体为隶书、58 磅，艺术字样式为"填充-红色，着色 2，轮廓-着色 2"。插入图 22-8 所示的箭头形状，形状与文本框位置为相对幻灯片垂直居中，并在幻灯片中"横向分布"。

（8）对演示文稿"框架"主题下的四张幻灯片中的图片批量美化，添加 3 磅、黄色的轮廓，形状效果为"淡紫，11pt 发光，个性色 1"。

（9）为所有幻灯片设置"闪耀"的切换效果，声音为"风铃"，自动换片时间 5 秒。

（10）保存演示文稿。

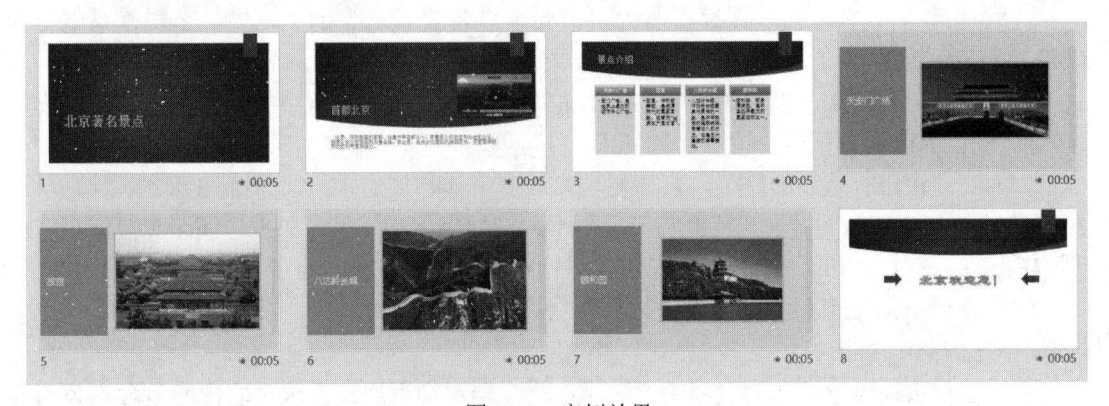

图 22-8　案例效果

附录 计算机二级（Office）真题训练

一、Word 操作

1. 某高校学生会计划举办一场"大学生网络创业交流会"的活动，拟邀请部分专家和老师给在校学生进行演讲。因此，校学生会外联部需制作一批邀请函，并分别递送给相关的专家和老师。请按如下要求，完成邀请函的制作：

（1）将"Word 素材.docx"另存为"Word.docx"文件，后续操作均基于此文件。

（2）调整文档版面，要求页面高度 18 厘米、宽度 30 厘米，上、下页边距为 2 厘米，左、右页边距为 3 厘米。

（3）将图片"背景图片.jpg"设置为邀请函背景。

（4）根据"Word—邀请函参考样式.docx"文件调整邀请函中内容文字的字体、字号和颜色。

（5）调整邀请函中内容文字的段落对齐方式。

（6）根据页面布局需要，调整邀请函中"大学生网络创业交流会"和"邀请函"两个段落的间距。

（7）在"尊敬的"和"（老师）"文字之间，插入拟邀请的专家和老师姓名，拟邀请的专家和老师姓名在"通讯录.xlsx"文件中。每页邀请函中只能包含 1 位专家或老师的姓名，所有的邀请函页面请另外保存在一个名为"Word—邀请函.docx"文件中。

（8）邀请函文档制作完成后，保存 Word 文件。

2. 书娟是海明公司的前台文秘，她的主要工作是管理各种档案，为总经理起草各种文件。新年将至，公司定于 2013 年 2 月 5 日下午 2:00，在中关村××大厦办公大楼五层多功能厅举办一个联谊会，重要客户名录保存在名为"重要客户名录.docx"的文档中，公司联系电话为 010-66668888。根据上述内容制作请柬，具体要求如下：

（1）制作一份请柬，以"董事长：王海龙"名义发出邀请，请柬中需要包含标题、收件人名称、联谊会时间、联谊会地点和邀请人。

（2）对请柬进行适当的排版，具体要求：改变字体、加大字号，且标题部分（"请柬"）与正文部分（以"尊敬的×××"开头）采用不相同的字体和字号；加大行间距和段间距；对必要的段落改变对齐方式，适当设置左右及首行缩进，以美观且符合中国人阅读习惯为准。

（3）在请柬的左下角位置插入一幅图片（图片自选），调整其大小及位置，不影响文字排列、不遮挡文字内容。

（4）进行页面设置，加大文档的上边距；为文档添加页眉，要求页眉内容包含本公司的联系电话。

（5）运用邮件合并功能制作内容相同、收件人不同（收件人为"重要客人名录.docx"中的每个人，采用导入方式）的多份请柬，要求先将合并主文档以"请柬 1.docx"为文件名进行保存，再进行效果预览后生成可以单独编辑的单个文档"请柬 2.docx"。

二、Excel 操作

1. 文涵是大地公司的销售部助理，负责对全公司的销售情况进行统计分析，并将结果提交给销售部经理。年底，她根据各门店提交的销售报表进行统计分析，请帮助文涵完成此项工作。

（1）将"Excel 素材.xlsx"另存为"计算机设备全年销售统计表.xlsx"文件，后续操作均基于此文件。

（2）将"sheet1"工作表命名为"销售情况"，将"sheet2"工作表命名为"平均单价"。

（3）在"店铺"列左侧插入一个空列，输入列标题为"序号"，并以"001、002、003……"的方式向下填充该列到最后一个数据行。

（4）将工作表标题跨列合并后居中，适当调整其字体、加大字号，并改变字体颜色。适当加大数据表行高和列宽，设置对齐方式及销售额数据列的数值格式（保留 2 位小数），并为数据区域增加边框线。

（5）将"平均单价"工作表中的区域 B3:C7 定义名称为"商品均价"。运用公式计算工作表"销售情况"中 F 列的销售额，要求在公式中通过 VLOOKUP 函数自动在"平均单价"工作表中查找相关商品的单价，并在公式中引用所定义的名称"商品均价"。

（6）为"销售情况"工作表中的销售数据创建一个数据透视表，放置在一个名为"数据透视分析"的新工作表中，要求针对各类商品比较各门店每个季度的销售额。其中，商品名称为报表筛选字段，店铺为行标签，季度为列标签，并对销售额求和。最后对数据透视表进行格式设置，使其更加美观。

（7）根据生成的数据透视表，在透视表下方创建一个簇状柱形图，图表中仅对各门店四个季度笔记本的销售额进行比较。

（8）保存"计算机设备全年销售统计表.xlsx"文件。

2. 小李今年毕业后，在一家计算机图书销售公司担任市场部助理，主要的工作职责是为部门经理提供销售信息的分析和汇总。请你根据销售数据报表（"Excel.xlsx"文件），按照如下要求完成统计和分析工作：

（1）将"Excel 素材.xlsx"另存为"Excel.xlsx"文件，后续操作均基于此文件。

（2）对"订单明细"工作表进行格式调整，通过套用表格格式方法将所有的销售记录调整为一致的外观格式，并将"单价"列和"小计"列所包含的单元格调整为"会计专用"（人民币）数字格式。

（3）根据图书编号，请在"订单明细"工作表的"图书名称"列中，使用 VLOOKUP 函数完成图书名称的自动填充。"图书名称"和"图书编号"的对应关系在"编号对照"工作表中。

（4）根据图书编号，请在"订单明细"工作表的"单价"列中，使用 VLOOKUP 函数完成图书单价的自动填充。"单价"和"图书编号"的对应关系在"编号对照"工作表中。

（5）在"订单明细"工作表的"小计"列中，计算每笔订单的销售额。

（6）根据"订单明细"工作表中的销售数据，统计所有订单的总销售金额，并将其填写在"统计报告"工作表的 B3 单元格中。

（7）根据"订单明细"工作表中的销售数据，统计《MS Office 高级应用》图书在 2012 年的总销售额，并将其填写在"统计报告"工作表的 B4 单元格中。

（8）根据"订单明细"工作表中的销售数据，统计隆华书店在 2011 年第 3 季度的总销售额，并将其填写在"统计报告"工作表的 B5 单元格中。

（9）根据"订单明细"工作表中的销售数据，统计隆华书店在 2011 年的每月平均销售额（保留 2 位小数），并将其填写在"统计报告"工作表的 B6 单元格中。

（10）保存"Excel.xlsx"文件。

三、PPT 操作

1. 打开演示文稿"yswg.pptx"，根据文件"PPT-素材.docx"，按照下列要求完善此文稿并保存。

（1）使文稿包含七张幻灯片，设计第 1 张为"标题幻灯片"版式，第 2 张为"仅标题"版式，第 3～6 张为"两栏内容"版式，第七张为"空白"版式；所有幻灯片统一设置背景样式，要求有预设颜色。

（2）第 1 张幻灯片标题为"计算机发展简史"，副标题为"计算机发展的四个阶段"；第 2 张幻灯片标题为"计算机发展的四个阶段"；在标题下面空白处插入 SmartArt 图形，要求含有四个文本框，在每个文本框中依次输入"第一代计算机"，……，"第四代计算机"，更改图形颜色，适当调整字体字号。

（3）第 3～6 张幻灯片标题内容分别为素材中各段的标题；左侧内容为各段的文字介绍，加项目符号，右侧为相对应的图片，在第 6 张幻灯片中需插入两张图片（"第四代计算机-1.JPG"在上，"第四代计算机-2.JPG"在下）；在第 7 张幻灯片中插入艺术字，内容为"谢谢!"。

（4）为第 1 张幻灯片的副标题、第 3～6 张幻灯片的图片设置动画效果，将第 2 张幻灯片的四个文本框超链接到相应内容幻灯片；为所有幻灯片设置切换效果。

2. 某学校初中二年级五班的物理老师要求学生两人一组制作一份物理课件。小曾与小张自愿组合，他们制作完成的第一章后三节内容见文档"第 3～5 节.pptx"，前两节内容存放在文本文件"第 1～2 节.pptx"中。小张需要按下列要求完成课件的整合制作：

（1）为演示文稿"第 1～2 节.pptx"指定一个合适的设计主题；为演示文稿"第 3～5 节.pptx"指定另一个设计主题，两个主题应不同。

（2）将演示文稿"第 3～5 节.pptx"和"第 1～2 节.pptx"中的所有幻灯片合并到"物理课件.pptx"中，要求所有幻灯片保留原来的格式。后续操作均在文档"物理课件.pptx"中进行。

（3）在"物理课件.pptx"的第 3 张幻灯片之后插入一张版式为"仅标题"的幻灯片，输入标题文字"物质的状态"，在标题下方制作一张射线列表式关系图，样例参考"关系图素材及样例.docx"，所需图片在文件夹中。为该关系图添加适当的动画效果，要求同一级别的内容同时出现、不同级别的内容先后出现。

（4）在第 6 张幻灯片后插入一张版式为"标题和内容"的幻灯片，在该张幻灯片中插入与素材"蒸发和沸腾的异同点.docx"文档中所示相同的表格，并为该表格添加适当的动画效果。

（5）将第 4 张、第 7 张幻灯片分别链接到第 3 张、第 6 张幻灯片的相关文字上。

（6）除标题页外，为幻灯片添加编号及页脚，页脚内容为"第一章物态及其变化"。

（7）为幻灯片设置适当的切换方式，以丰富放映效果。